# Dreamweaver CS3+ Flash CS3+ Fireworks CS3 创意网站

## 构建实例详解

范 明 王 明 等编著

电子工业出版社

Publishing House of Electronics Industry

北京·BEIJING

# 内容简介

制作一个网站需要很多技术，包括图像设计和处理、网页动画的制作和网页版面的布局。在各种各样的网页设计软件中，Dreamweaver、Fireworks、Flash无疑是佼佼者，已经成为网页设计的首选和必备软件，它们已经成为网页制作工具的梦幻组合，以其强大的功能和易学易用的特性，赢得了广大网页制作人员的青睐。

本书作者具有多年的教学和商业网站设计经验，书中使用了大量的网页实例，采用图解的方式讲解软件的使用和技巧，详细介绍了使用Dreamweaver CS3编辑网页、使用Fireworks CS3处理图形和图像，以及使用Flash CS3制作矢量动画的方法，通过制作实际工作中的网页实例，综合地介绍了三剑客软件在网站设计制作中所起的不同作用，使读者可以快速了解各个软件的操作功能，熟练掌握网页设计制作的标准流程，与实际工作接轨，使读者学以致用，快速成为网站设计制作高手。

本书适合Flash动画爱好者、Flash网站设计师、网页设计师、美术院校和培训学校的学生，以及想进入网页设计领域的自学人员参考阅读，可作为各大中专院校、职业院校和各类培训学校的网页设计与制作教材，也可供网页设计与制作爱好者作为自学参考书。

**图书在版编目（CIP）数据**

Dreamweaver CS3+Flash CS3+Fireworks CS3创意网站构建实例详解 / 范明，王明等编著.—北京：电子工业出版社，2008.3
ISBN 978-7-121-05772-4

I. D… II. ①范… ②王… III. 主页制作－图形软件，Dreamweaver CS3、Flash CS3、Fireworks CS3
IV. TP393.092

中国版本图书馆CIP数据核字（2008）第003926号

责任编辑：孙学瑛
印　　刷：北京中科印刷有限公司
装　　订：三河市万和装订厂
出版发行：电子工业出版社
　　　　　北京市海淀区万寿路173信箱　邮编100036
开　　本：880×1230　1/16　　印张：21.5　　字数：730千字　　彩插：8
印　　次：2008年3月第1次印刷
印　　数：5000册　　定价：49.80元（含光盘1张）

# 前言

制作一个网站需要很多技术，包括网页图像的设计处理、网页动画的制作和网页的排版布局等。Macromedia公司自推出软件套装Dreamweaver、Flash、Fireworks之后，它们以良好的无缝集成性能获得了广大网页设计爱好者的好评，被人们称为"梦幻组合"、"网页三剑客"，现在，网页三剑客已经成为网页制作的首选工具。

## 为什么写作本书

随着Macromedia公司被Adobe公司的收购，网页三剑客的功能将会更加强大。现在，Adobe公司又推出了Dreamweaver CS3、Flash CS3、Fireworks CS3，它们已经成为网页制作的梦幻工具组合，以其强大的功能和易学易用的特性，赢得了广大网页制作人员的青睐。

利用Fireworks CS3可以设计网页的整体效果，绘制和优化网页中所用到的图像，以及网页的按钮和简单动画的制作等。

Flash CS3是一款非常优秀的网页动画设计软件。它是一种交互式动画设计工具，用它可以将音乐、动画以及富有新意的界面融合在一起，以制作出高品质的网页动态效果。

Dreamweaver CS3用于对网页进行整体的布局和设计，以及对网站进行创建和管理，被称为网页三剑客之一，利用它可以轻而易举地制作出充满动感的网页。利用Dreamweaver CS3提供的众多可视化设计工具、应用开发环境以及代码编辑支持，开发人员和设计师能够快捷地创建功能强大的网络应用程序。

有人说："离成功最远的距离是从头到脚的距离。"对于网页设计师而言，可能会变成"最远的距离是从头到手的距离。"本书即是为您缩短这一"最远距离"而精心准备的，Just do it，因此本书在累积少许基础知识集中了10个行业的典型网站实例，每一章都是通过一个精美的典型案例串起所需要学习的相关知识点，首先从如何使用Fireworks设计页面着手，再到使用Flash CS3设计制作用于页面中的Flash动画，最后运用Dreamweaver将设计制作成网页。最新的学习方式，区别于以往同类图书系统的对这3个软件的使用方法分别进行介绍，使读者能够一步一步掌握软件的使用方法和各个知识点，并且熟练掌握各种类型的网站从设计到制作的全过程，从创意到色彩，从布局架构到实际制作，每个细节都会给您使用三剑客演练创意网站的快乐——让我们一起行动，在行动当中学习，在实践当中提升！

## 关于本书作者

本书作者有着多年的网页教学以及网页设计制作工作经验，先后在多家网络公司从事网页设计制作工作，积累了大量网页设计制作方面的经验，精通网页设计和制作的各种方法和技巧。本书基于目前最流行的网页三剑客Dreamweaver CS3、Flash CS3、Fireworks CS3软件，结合了多种类型的典型的网站实例，使读者能够快速地掌握目前流行的网页设计到动画制作，再到网页设计制作的方法和技巧。

## 本书主要内容

本书以目前最受大众欢迎的Dreamweaver CS3、Flash CS3和Fireworks CS3简体中文版为基础，全面介绍这三个软件的特点和使用方法，通过大量的精彩实例，介绍了如何建立网站、制作网页、网页图片面绘制和优化处理、网页动画的编辑制作、交互动作的设置以及三个软件之间的相互配合应用等内容。

本书共分为十章，分别讲解了十种不同类型的网站的设计制作，对这三个经典软件的功能与使用技巧分别进行了详细介绍。将最实用的技术、最快捷的技巧、最丰富的内容传达给每一位读者，是我们一直不变的追求。

# 前言

## 关于本书光盘

本书采用了图文结合的方式，全面展现了从网页的设计绘制到网页中动画的制作再到网页的设计制作过程中的细节，使得读者可以快速和高效地提升自己的网页设计制作技能。此外，附书光盘中包括了本书中所有实例的源文件，读者可以根据每章的制作步骤进行练习制作，并由此领悟实际应用中的难点和重点。

本书由范明、王明执笔，参于写作的人员还有李晓斌、张晓景、郑竣天、王权、刘强、梁革、邹志连、孟权国、贺春香、高鹏、周宝平、邹湖云、鲁爽、李玲玲、陈龙、魏华、刘钊、贾勇等。由于作者水平有限，书中不足及错误之处在所难免，敬请专家和读者给予批评指正。

意见反馈请发邮件至editor@broadview.com.cn或jsj@phei.com.cn。

编　者
2008年1月

**Fireworks**

## 不规则形状的绘制

**Flash**

## 引导层动画

**Dreamweaver**

## 站点规划

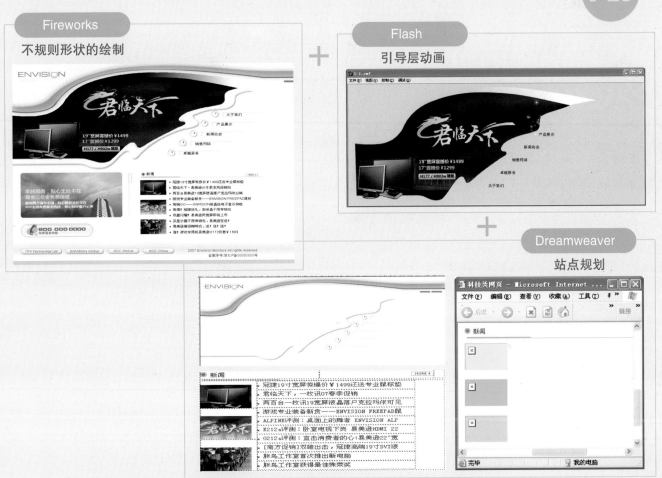

效果图

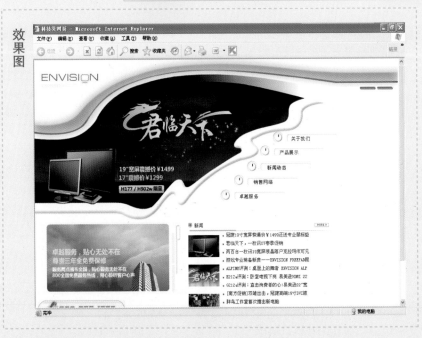

# 实例导学

您可据您自身的学习水平任选一章进行实例操作，在操作中领悟技巧。

## Flash
### 场景动画

## Fireworks
### 优雅渐变的应用

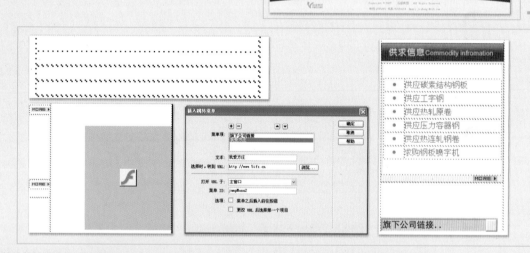

Dreamweaver

表格运用

供求信息 Commodity infromation

- 供应碳素结构钢板
- 供应工字钢
- 供应热轧原卷
- 供应压力容器钢
- 供应热连轧钢卷
- 求购钢板喷字机

旗下公司链接..

效果图

# 实例导学

您可据您自身的学习水平任选一章进行实例操作，在操作中领悟技巧。

## Fireworks

### 文字效果

\+

## Flash

### 轮换动画

## Dreamweaver

### CSS布局

\+

### 效果图

您可据您自身的学习水平任选一章进行实例操作,在操作中领悟技巧。

P116

Fireworks
选取艺术

Dreamweaver
多媒体元素

＋

效果图

＋

Flash
变形动画

Fireworks
图层的应用

＋

Dreamweaver
链接的应用

＋

Flash
幻灯动画
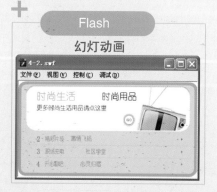

效果图

P149

# 实例导学

您可据您自身的学习水平任选一章进行实例操作，在操作中领悟技巧。

Fireworks

## 矩形布局

Flash

## 混合模式

效果图

Dreamweaver

## 框架的应用

效果图

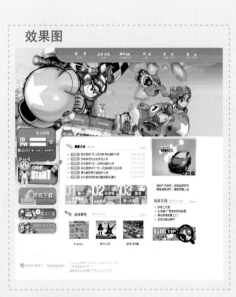

Fireworks

## 特效字

Dreamweaver

## 交互表单

Flash

## 运用滤镜

P186

P215

# 实例导学

您可据您自身的学习水平任选一章进行实例操作，在操作中领悟技巧。

P256

Flash

Banner动画

+

Fireworks

热点应用

+

背景音乐

Dreamweaver

效果图

## Dreamweaver
### 批量模板

+

## Fireworks
### 动态按钮

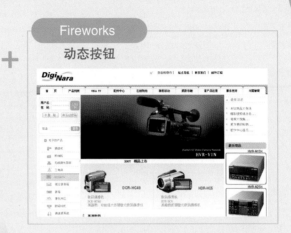

效果图

+

## Flash
### 菜单动画

## Fireworks

### 引入动画

+

## Flash

### 按钮动画

+

## Dreamweaver

### 行为艺术

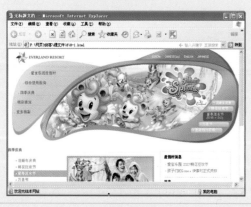

### 效果图

# 目　录

# 第 1 章　网页制作基础

　　要制作出精美的网页，不仅要熟练使用网页设计软件，还要掌握网页的一些基本概念、网页设计基本原则，以及网站开发的流程。本章主要介绍网页制作的基础知识，包括网页的基本概念、网页设计的基本原则、网页制作常用工具，以及网站建设的基本流程等内容。

**↘ 本章学习目标**

- 了解网页的基本概念
- 理解网页设计的基本原则
- 掌握网页制作的常用工具
- 了解网站建设的基本流程

**↘ 本章学习流程**

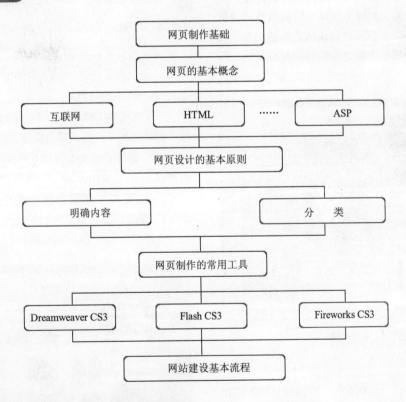

## 1.1　网页的基本概念

　　要学习网页制作，首先要了解网页中的一些基本概念，例如什么是互联网、网页、HTML、URL、ASP、数据库等。本节将首先介绍网页中的一些基本概念，为后面设计制作复杂的网页打下良好的基础。

### 1.1.1　互联网

　　国际互联网即 Internet，Internet 的基础建立于 20 世纪 70 年代发展起来的计算机网络群之上。如今 Internet 飞速发展，已经成为人们生活中的一部分。Internet 是一个很庞大的网络，是将以往相互独立的、散落在各个地方的单独的计算机或是相对独立的计算机局域网，借助已经发展得有相当规模的电信网络，通过一定的通信协议而实现的高层次互联。在这个互联网络中，一些超级服务器通过高速主干网络相连，而一些较小规模的网络则通过众多的分支与这些巨型服务器连接。这些连接包括物理连接和软件连接。所谓物理连接就是各主机之间利用常规电话线、高速数据线、卫星、微波或光纤等各种通信手段连接。软件连接是指全球网络中的电脑使用同一种语言进行交流。

Internet 不仅是一个计算机网络，更是一个庞大的、实用的、可共享的信息源。世界各地上亿的人可以用 Internet 通信和共享信息资源：可以送出或接收电子邮件通信；可以与别人建立联系并互相索取信息；可以在网上发布公告，宣传信息；可以参加各种专题小组讨论；可以免费享用大量的信息资源和软件资源，等等。

### 1.1.2 网页

网页是 Internet“展示信息的一种形式”。一般网页上都会有文本和图片信息，复杂一些的网页上还会有声音、视频、动画等多媒体内容。进入网站首先看到的是这个网站的主页，主页集成了指向二级页面及其他网站的链接，浏览者进入主页后可以浏览最新的消息，找到感兴趣的主题，通过单击超链接跳转到其他网页，如图 1-1 所示。

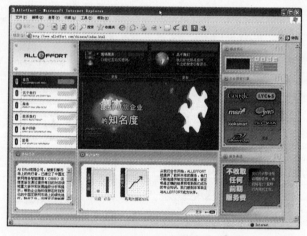

图 1-1 主页示例

### 1.1.3 HTML

HTML 的英文全称是 Hyper Text Markup Language（超文本标记语言）。它是一种标识性语言，包括一系列标记，通过这些标记将网络上的文档统一格式，使分散的 Internet 资源连接为一个逻辑整体。如图 1-2 所示为一个网页的 HTML 代码。

```
<!DOCTYPE html PUBLIC "-//W3C//DTD XHTML 1.0 Transitional//EN" "http://www.w3.org/TR/xhtml1/DTD/xhtml1-transitional.dtd">
<html xmlns="http://www.w3.org/1999/xhtml">
<head>
<meta http-equiv="Content-Type" content="text/html; charset=utf-8" />
<title>插入图像、设置图像属性</title>
<style type="text/css">
<!--
.STYLE1 {
    font-size: 12px;
    color: #CA4411;
    font-weight: bold;
}
.STYLE2 {
    font-size: 12px;
    color: #624E3C;
}
-->
</style>
</head>

<body>
<table width="590" border="0" align="center" cellpadding="0" cellspacing="0">
  <tr>
    <td><img src="images/601.gif" width="161" height="37" /></td>
  </tr>
  <tr>
    <td height="248" background="images/602.gif"><table width="100%" border="0" cellspacing="0" cellpadding="0">
      <tr>
        <td height="20" colspan="3"> </td>
        </tr>
      <tr>
        <td width="16" height="212"> </td>
        <td width="558"><table width="100%" border="0" cellspacing="0" cellpadding="0">
          <tr>
            <td width="293" height="99"><table width="260" border="0" cellspacing="0" cellpadding="0">
              <tr>
                <td width="130"><img src="images/604.gif" alt="魔法天书" width="116" height="99" border="0" /></td>
                <td><table width="100%" border="0" cellspacing="0" cellpadding="0">
                  <tr>
```

图 1-2 网页 HTML 代码

超文本是一种组织信息的方式，它通过超级链接的方法将文本中的文字、图表与其他信息媒体相关联。这些相互关联的信息媒体可能在同一文本中，也可能在其他文件中，或者是其他远程的计算机上。这种组织信息的方式将分布在不同位置的信息资源用随机方式进行连接，为浏览者查找、检索信息提供方便。

### 1.1.4 URL

URL 英文全称是 Uniform Resource Locator，即统一资源定位符，它是一种通用的地址格式，指出了文件在 Internet 中的位置。

一个完整的 URL 地址由协议名、服务器地址、在服务器中的路径和文件名 4 部分组成。如 http://games.sina.com.cn/z/css/indexpage.shtml，其中“http://”指定协议名，“games.sina.com.cn”是服务器的地址，“z/css”是文件在服务器中的路径，“indexpage.shtml”是文件名。URL 中的路径一定要是绝对路径，如图 1-3 所示为 URL 绝对路径网页。

图 1-3 URL 绝对路径网页

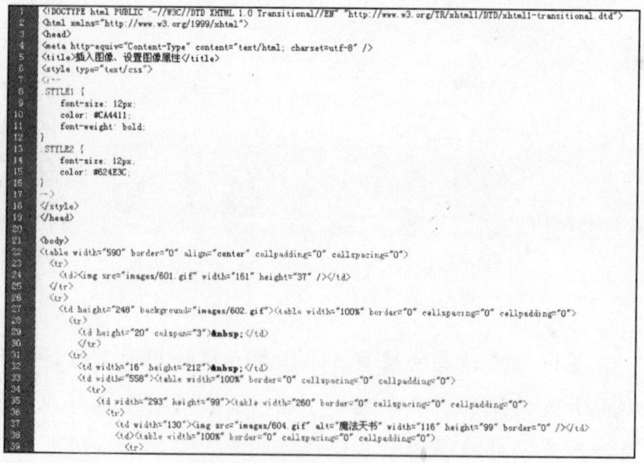

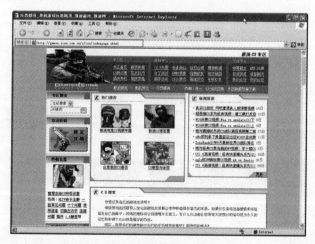

## 1.1.5　ASP

ASP（Activer Server Page）即动态网页，是包含脚本程序的网页。ASP 是服务器端脚本编写环境，可以创建和运行动态、交互的 Web 服务器应用程序。使用 ASP 可以组合 HTML 页、脚本命令和 ActiveX 组件，以创建交互的 Web 页和基于 Web 的功能强大的应用程序。

ASP 文件必须经过服务器解析后才能够浏览。只有将 ASP 文件上传到支持 ASP 运行的服务器，才能够被用户访问浏览。可以将安装 Windows 操作系统的计算机设置为服务器，ASP 运用所需要的环境为 Windows 中的 IIS 或 PWS。利用 IIS 发布以后的动态 ASP 网页如图 1-4 所示。

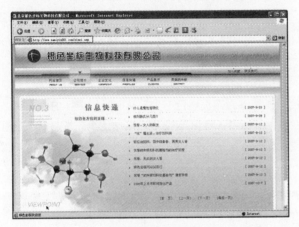

图 1-4　ASP 网页

## 1.1.6　数据库

数据库是计算机中用于存储、处理大量数据的软件，是关于某个特定主题信息的集合。数据库表面看上去像是电子表格，在其中可以按照行或列来表示信息。一般来说，表的每一行称为一个"记录"，而表的每一列称为一个"字段"，字段和记录是数据库中最基本的术语。记录描述了表中某一个实体的所有内容，而字段则描述表中所有实体的某一种类型的内容，数据库表中的记录和字段如图 1-5 所示。

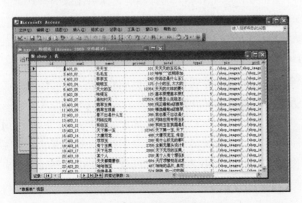

图 1-5　数据库表中的记录和字段

## 1.2　网页设计的基本原则

建立网站的目的是为浏览者提供所需的信息，这样客户才会愿意光顾，网站才有其真实意义，但有太多网站显然忘了这个目的，复杂的创意技巧跃居主角，内容信息反而沦为末端。因此，笔者提出网页设计的几条基本原则。

- 明确内容

在建立一个网站之前，首先应该考虑网站的内容，包括网站的功能是什么、用户需要什么，整个设计都应该围绕这两方面来进行。内容可以包括文字、图片、影像和声音等。

- 抓住用户

如果用户不能够迅速地进入您的网站，或操作不便捷，网站设计就是失败的。不要让用户因为网站操作不方便而对网站失去兴趣。

- 首页很重要

首页设计是网站成功与否的关键，反映网站给人的整体感觉，能否吸引浏览者留在站点上，全凭首页设计的效果。首页中最好有很清楚的、人性化的类别选项，让访问者可以很快找到需要的主题。

- 分类

网站内容的分类也很重要，可以按主题分类、按性质分类、按组织结构分类，或按人们的思考方式分类等。但无论哪一种分类方法，都要让访问者很容易找到目标。而且分类方法最好尽量保持一致，若要混用多种分类方法，要掌握不让浏览者搞混的原则。

- 互动性

互联网的另一特色就是互动性。好的网站首页必须与用户有良好的互动性，包括在整个设计呈现、使用界面引导上等，都应该掌握互动的原则，让用户感觉他的每一步都确实得到适当的回应，这部分需要一些设计上的技巧和软硬件支持。

- 图像应用技巧

图像是网站的特色之一，它具有醒目、吸引人以及传达信息的功能，好的图像应用可以给网页增色，但不恰当的图像应用则会带来反效果。使用图像时一定要考虑图像下载时间的问题。在图像使用上，尽量采用一般浏览器均支持的压缩图像格式，如果需要放置大型图像文件，最好将图像文件与网页分开，在页面中先显示一个具有链接功能的缩小图像或一行说明文字，然后加上该图像文件大小的说明，如此不仅可以加快页面的传输速度，而且可以让浏览者判断是否继续打开放大后的图像，如图 1-6 所示。

图 1-6　网页中的图像

- 避免滥用技术

技术是令人着迷的东西，许多网页设计者喜欢使用各种网页设计制作技术。好的技术运用会让网页栩栩如生，给浏览者一种全新的感觉，但不当地使用技术则适得其反，反而会使浏览者失去对网页的兴趣。

- 及时更新维护

浏览者希望看到新鲜的东西，没有人对过时的信息感兴趣，所以网站信息一定要注意及时性，随时保持新鲜感很重要。

## 1.3　网页制作常用工具

自从 Macromedia 公司推出网页三剑客之后，网页三剑客就成为制作网页的必备工具。Adobe 收购 Macromedia 公司后推出了全新的 Dreamweaver CS3, Flash CS3, Fireworks CS3, 它们已经成为网页制作的梦幻工具组合。

### 1.3.1　网页编辑排版软件 Dreamweaver CS3

Dreamweaver 是一个所见即所得的网页编辑工具，能够使网页和数据库相关联，支持最新的 HTML 和 CSS，用于对 Web 站点、Web 页和 Web 应用程序进行设计、编码和开发。Dreamweaver CS3 有一个崭新、简洁、高效的工作界面，性能也得到了改进。它不仅是专业人员制作网站的首选工具，并且普及到了广大网页制作爱好者中。Dreamweaver CS3 的工作界面如图 1-7 所示。

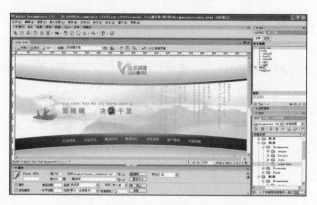

图 1-7　Dreamweaver CS3 工作界面

### 1.3.2　网页动画制作软件 Flash CS3

随着网络技术的发展，网页上出现了越来越多的 Flash 动画。Flash 是一种矢量图像编辑与动画制作工具，它是专业的动画制作软件，目前最新版本是 Flash CS3。

Flash 动画已经成为当今网站必不可少的部分，美观的动画能够为网页增色不少，从而吸引更多的浏览者。美观的 Flash 动画不仅需要对制作工具非常熟悉，更重要的是设计者独特的创意。Flash CS3 的工作界面如图 1-8 所示。

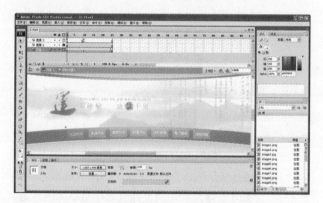

图 1-8　Flash CS3 工作界面

### 1.3.3　网页图像制作软件 Fireworks CS3

Fireworks 是创建、编辑和优化网页图像的多功能应用程序。随着版本的不断升级、功能不断加强，它受到越来越多的图像网页制作者的青睐。目前最新版本 Fireworks CS3 更是以它方便快捷的操作模式，以及位图编辑、矢量图形处理和 Gif 动画制作功能上的多方面优秀整合，赢得诸多好评。

Fireworks CS3 是专业的网页作图软件。利用 Fireworks CS3 的新增功能，可以更方便地在网站上添加图像和交互元素，对于有经验的网页设计人员、HTML 开发人员及网页新手来说，Fireworks CS3 都可以最大限度地提高工作效率。Fireworks CS3 的工作界面如图 1-9 所示。

图 1-9　Fireworks CS3 工作界面

# 1.4　网站建设基本流程

在开始建设网站之前应该有一个整体的规划和目标，规划好网页的大致构架后就可以着手设计了。当整个网站制作、测试完成后，就可以发布到网络上。下面介绍一下网站建设的基本流程。

## 1.4.1　网站需求分析

规划一个网站时，可以用树状结构先把每个页面的内容大纲列出来。尤其当要制作一个很大的网站的时候，特别需要把架构规划好，还要考虑到以后的扩充性，免得做好后再更改整个网站的结构。

### 1．确定网站主题

网站主题就是网站所要包含的主要内容，网站必须有明确的主题。要明确网页使用的语言和页面所体现的站点主题，调动一切手段充分表现网站的个性和特点，这样才能给浏览者留下深刻的印象。

### 2．收集素材

明确了网站的主题之后，就要围绕主题搜集素材了。要想让自己的网站有声有色，能够吸引客户，就要收集精美素材，包括图片、文字、音频、视频和动画等。这些素材的准备很重要，搜索的素材越充分，以后制作网站就越容易。素材的准备既可以从网上搜集，也可以自己制作。将收集的素材进行整理，以便制作网站制作时使用。

### 3．规划站点

一个网站设计成功与否，很大程序上取决于设计者的规划水平。网站规划包含的内容很多，如网站的结构、颜色搭配、版面布局、文字图片的运用等。只有在制作网页之前把这些方面都考虑到了，才能在制作时驾轻就熟，制作出的网页才能够有特点、有吸引力。

## 1.4.2　设计制作页面

网页设计制作是一个复杂而细致的过程，一定要按照先大后小、先简单后复杂的顺序来进行。所谓先大后小，就是在制作网页时，先把大的结构设计好，然后再逐步完善小的结构设计。所谓先简单后复杂，就是先设计出简单的内容，然后再设计复杂的内容，以便出现问题时好进行修改。

在制作大型网站时可以灵活运用模板和库，这样可以大大提高制作效率。如果很多网页使用相同的版面设计，就应为这个版面设计一个模板，然后以此模板为基础创建网页。以后如果想要改变所有网页的版面设计，只需要简单地改变模板即可，如图 1-10 所示为一个套用模板的网站页面。

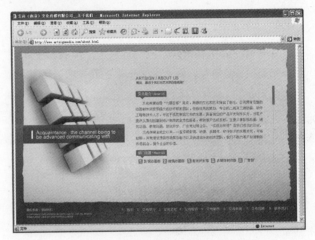

图 1-10　套用模板的网站页面

## 1.4.3　网站的发布

### 1．域名的申请

要想拥有属于自己的网站，首先要拥有域名。域名在互联网上代表网站的名字，只有靠这个名字，浏览者才能在互联网上访问到您的网站。在整个互联网上，没有重复的域名。域名的形式是以若干个英文字母和数字组成，由 "." 分隔成几部分，如 sina.com 就是域名。

域名是 Internet 上的名字，是具有商标性质的无形资产，域名对于企业来讲显得格外重要。

### 2．开通网站空间

网站空间有以下两种常见的主机类型。

- 主机托管：将购置的网络服务器托管于网络服务机构，每年支付一定数额的费用。要架设一台最基本的服务器，购置成本需要数万元，配套软件更要花一笔相当高的费用，另外还需要聘请技术人员负责网站建设及维护。如果是中小企业和个人网站，没有必要采用这种方式。

- 虚拟主机：使用虚拟主机，不仅节省了购买相关软硬件设施的费用，公司也无须招聘或培训更多的专业人员，因而其成本也较主机托管低很多。不过，虚拟主机只适合于小型、结构简单的网站，对于大型网站来说还应该采用主机托管的形式，否则在网站管理上会十分麻烦。

### 3. 网站的上传

网站的上传有多种方式，可以使用 Dreamweaver 中的"文件"面板来上传站点。Dreamweaver 在传输期间会创建站点文件活动的日志，还会记录所有 FTP 文件传输活动。此外，也可以使用专业的网站上传软件进行站点的上传，如 CutFTP，FlashFXP 等软件。

## 1.4.4 网站推广

互联网的应用和繁荣为我们提供了广阔的电子商务市场和商机，但是互联网上大大小小的网站数以百万计，如何让更多的人都能够迅速访问到您的网站是一个十分重要的问题。企业网站建好以后，如果不进行推广，那么企业的产品与服务在网上仍然不为人所知，起不到建立站点的目的，所以企业在建立网站后就应该着手利用各种手段推广自己的网站。网站的宣传推广方式有很多种，下面介绍一些常用的方法。

### 1. 注册到搜索引擎

经权威机构调查，全世界 85%以上的互联网用户采用搜索引擎来查找信息，而通过其他形式访问网站的，只占 15%不到。这就意味着当今互联网上最为经济、实用和高效的网站推广形式就是加入搜索引擎。目前比较有名的搜索引擎主要有：百度（http://www.baidu.com）、谷歌（http://www.google.cn）、雅虎（http://www.yahoo.com.cn）等。

### 2. 交换广告链接

交换广告链接是宣传网站较为有效的一种方法。登录到广告交换网，填写一些主要的信息，如广告图像、网站网址等，之后它会要求将一段 HTML 代码加入到网站中，这样网站的广告链接就可以出现在其他网站上了。当然，您的网站上也出现别的网站的广告链接。

另外也可以跟一些合作伙伴或者朋友的公司交换友情链接。当然，这些网站最好是点击率比较高的。友情链接包括文字链接和图像链接。文字链接一般是公司或网站的名称，图像链接包括 Logo 和 Banner 链接等，如图 1-11 所示。

图 1-11  网页中的广告链接

### 3. 直接跟客户宣传

一个稍具规模的公司一般都有业务部、市场部或者客户服务部。可以通过业务员跟客户打交道的时候直接将公司网站的网址告诉给客户，或者直接给客户发 E-mail 等形式。

### 4. 不断维护更新网站

网站的维护包括网站的更新和改版。更新主要是网站文本内容和一些小图像的增加、删除或修改，总体版面的风格保持不变。网站的改版是对网站总体风格进行调整，包括版面、配色等各个方面。改版后的网站让客户感觉焕然一新。

### 5. 网络广告

网络广告最常见的方式是图像和 Flash 动画广告，如各门户网站页面上的横幅广告。

# 第 2 章　初识 Dreamweaver CS3

Dreamweaver CS3 是 Adobe 公司最新推出的集网页制作和网站管理于一身的所见即所得的网页编辑软件，被称为网页三剑客之一，利用它可以轻而易举地制作出充满动感的网页。Dreamweaver CS3 提供了众多的可视化设计工具、应用开发环境以及代码编辑支持。开发人员和设计师能够快捷地创建代码，构建功能强大的网络应用程序，集成度非常高，开发环境精简而高效。本章主要介绍 Dreamweaver CS3 的基本操作界面和新增功能。

**↘ 本章学习目标**

- 了解什么是 Dreamweaver 和 Dreamweaver 的特点
- 熟悉 Dreamweaver CS3 的操作界面
- 了解 Dreamweaver CS3 的新增功能

**↘ 本章学习流程**

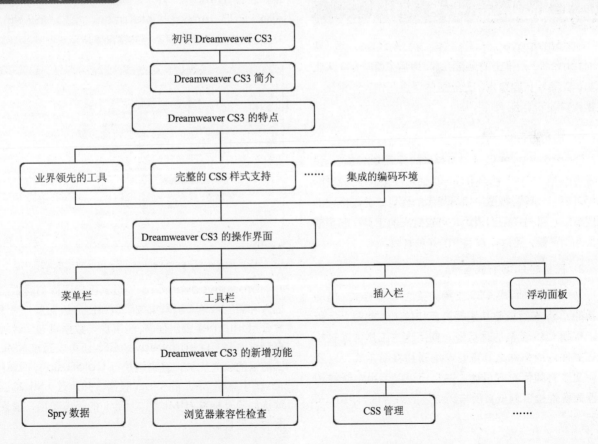

## ⇨ 2.1　Dreamweaver CS3 简介

Dreamweaver CS3 是 Adobe 公司推出的用于网站设计与开发的业界领先工具的最新版本，Dreamweaver CS3 提供了强大应用开发功能、代码编辑支持和可视化布局工具，使设计和开发人员能够有效地创建非常吸引人的、基于标准的网站和应用。

Dreamweaver CS3 新增了多种新功能特性，包括适合于 Ajax 的 Spry 框架，浏览器兼容性检查，以及全新的 CSS 布局等。此外它还增强了易用性，例如缩放和代码折叠功能使开发流程变得更加顺畅，能更容易地把 FLV 格式的视频添加到网页中等。可以说，Dreamweaver CS3 适合从业余到专业的所有网页制作人员。Dreamweaver CS3 的启动界面如图 2-1 所示。

图 2-1　Dreamweaver CS3 启动画面

## 2.2　Dreamweaver CS3 的特点

Dreamweaver CS3 作为 Adobe 收购 Macromedia 后推出的全新版本，增强了面向专业人士的基本工具和可视技术，与一般的网页制作软件相比，主要具有以下特点。

### 1. 业界领先的工具

Dreamweaver CS3 具有强大的灵活性和功能，设计者可以在"设计"视图中进行页面可视化的设计制作，也可以在"代码"视图中编写复杂的代码。通过标记的文档窗口、可对接的面板组、可自定义的工具栏和集成的文件浏览器，可以节省宝贵的开发时间。

### 2. 完整的 CSS 样式支持

Dreamweaver CS3 支持完整的 CSS 样式，借助全新的 CSS 布局能够快速提高工作效率，如图 2-2 所示。可视 CSS 工具的优势是，使用这些工具可以轻松地在文件内或文件之间查看、编辑和移动样式，以及查明更改将如何影响设计，并且还可以运用全新的浏览器兼容性检查测试页面与浏览器的兼容性，如图 2-3 所示。

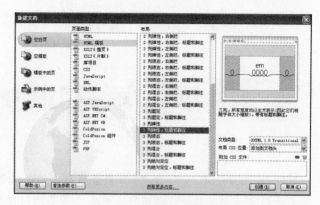

图 2-2　完整的 CSS 样式支持

图 2-3　浏览器兼容性检查

### 3. 支持业界领先的技术

Dreamweaver CS3 支持业界领先的 Web 开发技术，包括 HTML，XHTML，CSS，XML，JavaScript，Ajax，PHP，Adobe ColdFusion，ASP，ASP.NET 和 JSP，并支持多种数据库，如图 2-4 所示。

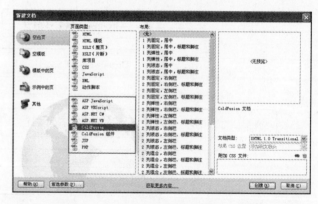

图 2-4　Dreamweaver CS3 对多种技术支持

Dreamweaver CS3 通过利用代码库创建数据库插入和更新表单、记录集导航页和用户认证页，快速开发公用 Internet 应用程序，利用现场数据填充设计视图来测试布局。Dreamweaver CS3 还可以通过 XML 保持前沿的领先优势，轻易地执行 ColdFusion，.NET 和 Java 中基于 XML 的 Web 服务，并通过 XML 输出的默认创建及标准 HTML 到 XHTML 的简单转换，确保标准的一致性。

### 4. 轻松的 XML

Dreamweaver CS3 使用 XSL 或适合于 Ajax 的 Spry 框架，快速集成 XML 内容。指向 XML 文件或 XML feed URL，Dreamweaver CS3 将显示其内容，这使设

计者能够将适当的字段拖放到页面上。

### 5. 集成的工作流

在 Dreamweaver CS3 中不仅可以进行网页设计、开发和维护,同时还可以使用其他 Adobe 工具 (包括 Adobe Flash CS3, Fireworks CS3, Photoshop CS3, Contribute CS3 及用于创建移动设备内容的全新 Adobe Device Central CS3) 的智能集成,从而提供了一个高度可配置的工作区。Dreamweaver CS3 工作区如图 2-5 所示。

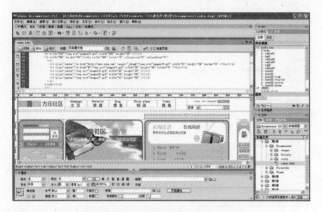

图 2-5　Dreamweaver CS3 工作区

### 6. 集成的编码环境

Dreamweaver CS3 中提供了强大的编码功能,例如代码提示、标记编辑器、代码折叠、可扩展的颜色编码、标记选择器、代码片断和代码确认等,可以提高代码编写的速度。在设计者不懂代码的情况下,也能够制作出动态效果的网页。Dreamweaver CS3 的客户端行为能方便地生成网页的动态效果,如果是熟悉代码的设计者,可以大大提高书写代码的时间。Dreamweaver CS3 编码如图 2-6 所示。

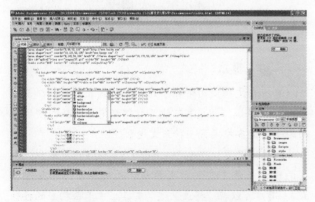

图 2-6　Dreamweaver CS3 编码视图

### 7. 支持 FLV 视频

在 Dreamweaver CS3 中可以轻松地在页面中插入 Flash 视频,只需要选择"插入"栏上的"媒体"下拉列表中的"Flash 视频"选项,即可轻松地将 FLV 视频文件添加到页面中,如图 2-7 所示。并且还可以自定义视频环境以匹配所制作的网页。

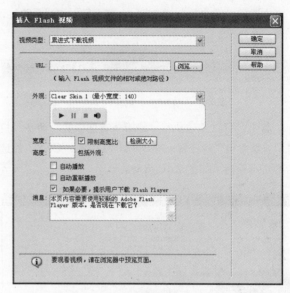

图 2-7　"插入 Flash 视频"对话框

### 8. 跨平台支持

Dreamweaver CS3 可用于基于 Intel 或 PowerPC 的苹果计算机,也可用于 Windows XP 和 Windows Vista 系统。用户可以在首选平台中设计,然后跨平台交付更加可靠、一致和高性能的结果。

## 2.3　Dreamweaver CS3 的操作界面

在学习 Dreamweaver CS3 之前,先了解一下它的工作环境。Dreamweaver CS3 的工作区将多个文档集中到一个界面中,如图 2-8 所示,不仅降低了系统资源的占用,而且可以更加方便地操作文档。Dreamweaver CS3 的操作界面包括几个部分,即标题栏、菜单栏、工具栏、插入栏、文档窗口、浮动面板、状态栏和"属性"面板。

图 2-8　Dreamweaver CS3 工作环境

### 2.3.1　Dreamweaver CS3 菜单栏

Dreamweaver CS3 的主菜单共分 10 种，即"文件"、"编辑"、"查看"、"插入记录"、"修改"、"文本"、"命令"、"站点"、"窗口"和"帮助"，如图 2-9 所示。

图 2-9　Dreamweaver CS3 菜单栏

其中，可以通过执行"编辑→首选参数"命令，打开"首选参数"对话框，对 Dreamweaver CS3 的首选参数进行设置，如图 2-10 所示。

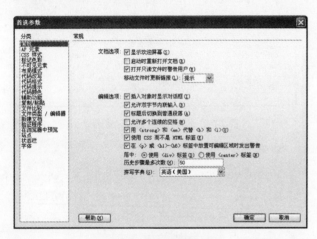

图 2-10　"首选参数"对话框

### 2.3.2　Dreamweaver CS3 工具栏

"文档"工具栏包含各种按钮，它们提供各种"文档"窗口视图（如"设计"视图、"代码"视图）的选项，各种查看选项和一些常用操作（如在浏览器中预览页面）。"文档"工具栏如图 2-11 所示。

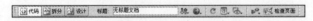

图 2-11　"文档"工具栏

在"文档"工具栏中还包含一些与查看文档、在本地和远程站点间传输文档有关的常用命令和选项。

"标准"工具栏包含来自"文件"和"编辑"菜单下的一般操作的按钮："新建"、"打开"、"在 Bridge 中浏览"、"保存"、"保存全部"、"剪切"、"复制"、"粘贴"、"撤销"和"重做"，如图 2-12 所示。

图 2-12　"标准"工具栏

### 提示

在 Dreamweaver CS3 的默认状态下，"标准"工具栏是隐藏的，如果需要显示"标准"工具栏，可以执行"查看→工具栏→标准"菜单命令来显示它。

"编码"工具栏包含可进行多种标准编码操作的按钮。"编码"工具栏仅在"代码"视图中可见，它以垂直方式显示在"文档窗口"的左侧，如图 2-13 所示。

图 2-13　"编码"工具栏

### 提示

用户不能取消停靠或移动"编码"工具栏，但是可以通过"首选参数"对话框，将其隐藏。

"样式呈现"工具栏（默认情况下隐藏）包含一些按钮，如果使用依赖于媒体的样式表，利用这些按钮能够查看设计在不同媒体类型中的呈现方式。它还包含一个允许用户启用或禁用 CSS 样式的按钮。可以执行"查看→工具栏→样式呈现"菜单命令，显示"样式呈现"工具栏，如图 2-14 所示。

图 2-14　"样式呈现"工具栏

### 提示

只有在文档使用依赖于媒体的样式表时，此工具栏才有用。例如，样式表可能为打印指定某种正文规则，而为手持设备指定另一种正文规则。

默认情况下，Dreamweaver CS3 会显示屏幕媒体类型的设计（该类型显示页面在计算机屏幕上的呈现方式）。用户可以在"样式呈现"工具栏中单击相应的按钮来查看其媒体类型的呈现。

### 2.3.3　Dreamweaver CS3 插入栏

网页的内容包括文字、图像、表格、导航条、程序等，虽然多种多样，但是都可以被称为对象，大部分对象都可以通过"插入栏"插入，如图 2-15 所示。

图 2-15　"插入"栏

在插入栏上有多个选项卡可供选择，用鼠标单击某个选项卡，就可以切换到该选项卡中。

在插入栏中包含了用于将各种类型的页面元素（如图像、表格和层）插入到文档中的按钮。每一个对象都是一段 HTML 代码，允许用户在插入它时设置不同的属性。例如，用户可以在插入栏中单击"图像"按钮，插入一个图像。

可以通过插入栏上的"收藏夹"选项卡，分组和组织最常用的按钮，还可以在"收藏夹"选项卡中添加、管理和删除按钮。

在插入栏上单击鼠标右键，在弹出菜单中选择"自定义收藏夹"选项，如图 2-16 所示。弹出"自定义收藏夹对象"对话框，按照用户的需要可以添加、删除和更改收藏夹中的对象，如图 2-17 所示。

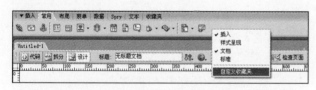

图 2-16　选择"自定义收藏夹"选项

图 2-17　"自定义收藏夹对象"对话框

 提示

插入栏可以通过"窗口→插入记录"菜单命令打开，插入栏中的项目都可以在编辑窗口上方的"插入记录"菜单下找到。

### 2.3.4　Dreamweaver CS3 中的面板

浮动面板是 Dreamweaver CS3 操作界面的一大

特色，面板可以浮动于文档窗口之上，可以随意调整面板的位置，以扩充文档窗口，节省屏幕空间。用户可以根据需要显示浮动面板，也可以拖曳面板脱离面板组。通过在三角图标上单击鼠标可展开或折叠浮动面板，如图 2-18 和图 2-19 所示。

图 2-18　展开的浮动面板

图 2-19　折叠的浮动面板

网页设计中的对象都有各自的属性，比如文字有字体、字号、对齐方式等属性，图形有大小、链接、替换文字等属性。所以在有了上面的对象之后，就要有相应的面板对对象进行设置。这就要用到"属性"面板，"属性"面板的设置项目会根据对象的不同而变化，选中图像时"属性"面板上的内容如图 2-20 所示。

图 2-20　"属性"面板

"属性"面板可以通过"窗口→属性"菜单命令打开，"属性"面板上的大部分内容都可以在编辑窗口上方的"修改"菜单中找到。

 提示

面板打开之后可能随意放置在屏幕上，有时会很杂乱，这时候选择编辑窗口上方的"窗口→工作区布局"菜单命令中的一种布局方式，面板就能够整齐地摆放在屏幕上。当需要更大的编辑窗口时，可以按 F4 快捷键，所有的面板都会隐藏；再按一下 F4 快捷键，面板又会在原来的位置出现。对应的菜单项是"窗口→显示面板"或"窗口→隐藏面板",但还是使用快捷键方便。

## 2.4 Dreamweaver CS3 的新增功能

Dreamweaver CS3 是 Dreamweaver 的最新版本,它同以前的 Dreamweaver 8 版本相比,增加了一些新的功能,并且还增强了很多原有的功能。

### 1. 适合于 Ajax 的 Spry 框架

Dreamweaver CS3 中通过适合于 Ajax 的 Spry 框架,以可视方式设计、开发和部署动态用户界面,在减少页面刷新的同时,增加交互性、速度和可用性。Dreamweaver CS3 中提供了 Spry 框架选项卡,如图 2-21 所示。

图 2-21　Spry 选项卡

### 2. Spry 数据

使用 XML 从 RSS 服务或数据库将数据集成到 Web 页中。集成的数据很容易进行排序和过滤。

### 3. Spry 窗口组件

借助来自适合于 Ajax 的 Spry 框架的窗口组件,轻松地将常见界面组件(如列表、表格、选项卡、表单验证和可重复区域)添加到 Web 页中。

### 4. Spry 效果

借助适合于 Ajax 的 Spry 效果,轻松地向页面元素添加视觉过渡,以使它们扩大选取、收缩、渐隐、高光等。

### 5. Adobe Photoshop 和 Fireworks 集成

直接从 Adobe Photoshop CS3 或 Fireworks CS3 复制和粘贴到 Dreamweaver CS3 中,以利用来自于已完成项目的原型资源。

### 6. 浏览器兼容性检查

借助全新的浏览器兼容性检查,节省时间并确保跨浏览器和操作系统的更加一致的体验。Dreamweaver CS3 提供了"浏览器兼容性检查"面板,如图 2-22 所示,生成识别各种浏览器中与 CSS 相关的问题的报告,而不需要启动浏览器。

图 2-22　"浏览器兼容性检查"面板

### 7. CSS Advisor 网站

借助全新的 CSS Advisor 网站(具有丰富的用户提供的解决方案和见解的一个在线社区),查找浏览器特定 CSS 问题的快速解决方案。

### 8. CSS 布局

可以在"新建文档"对话框中选择全新的 CSS 布局,如图 2-23 所示,将 CSS 轻松合并到项目中。在每个模板中都有大量的注释解释布局,初级和中级设计人员可以快速学会。可以为项目自定义每个模板,如图 2-24 所示。

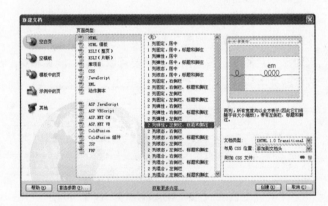

图 2-23　预设多种 CSS 布局模板

图 2-24　CSS 布局代码

### 9. CSS 管理

轻松移动 CSS 代码,范围从行中到标题,从标题到外部表,从文档到文档,或在外部表之间。清除旧页面中的 CSS 从未像现在这样容易。CSS 管理如图 2-25 所示。

图 2-25　CSS 管理

**10．Adobe Device Central CS3**

使用 Adobe Device Central CS3　（现在已集成

到整个 Adobe Creative Suite 3 中），设计、预览和测试移动设备内容。Adobe Device Central CS3 界面如图 2-26 所示。

图 2-26　Adobe Device Central CS3 界面

# 第 3 章　初识 Flash CS3

Flash 是一款优秀的网页动画设计软件。它是一种交互式动画设计工具，可以将音乐、动画及富有新意的界面融合在一起，制作出高品质的网页动态效果。Flash CS3 以便捷、完美、舒适的动画编辑环境，深受广大动画制作者喜爱。Flash CS3 界面是用户和 Flash CS3 进行交互制作应用程序的接口，它在 Flash 8 版本的基础上有所改进，比如取消了原来在界面上直接出现的帮助面板，扩大了工作区；改变了部分菜单命令的位置，使 Flash 操作起来更加容易。在学习制作动画之前，本章将对 Flash 的概念和新增功能进行介绍。

### ↘ 本章学习目标

- 了解什么是 Flash CS3 和 Flash CS3 的特点
- 熟悉 Flash CS3 的操作界面
- 了解 Flash CS3 的新增功能

### ↘ 本章学习流程

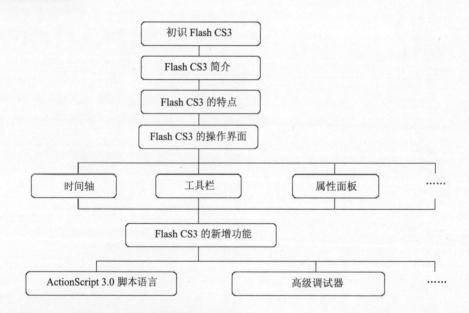

## 3.1　Flash CS3 简介

Flash 是一种矢量图像编辑与动画制作工具，目前最新版本是 Flash CS3，它是专业的动画制作软件。Flash 不仅在网页动画设计及网页组织上显示出巨大的生命力，各领域都开始使用 Flash 动画，它的应用前景令人鼓舞。

基于矢量图形的 Flash 动画，即使随意调整缩放其尺寸，也不会影响图像的质量和文件的大小。流式技术允许用户在动画文件全部下载完之前播放已下载的部分，并在不知不觉中下载完剩余的动画。

Flash 提供的物体变形和透明技术使得创建动画更加容易，并为 Web 动画设计者的丰富想象提供了实现手段；交互设计让用户可以随心所欲地控制动画，赋予用户更多的主动权；优化的界面设计和强大的工具使 Flash CS3 更简单实用；同时 Flash 还具有导出独立运行程序的能力。

## 3.2　Flash CS3 的特点

与其他的网页动画制作类软件相比，Flash 有如下几个优点。

### 1．动画体积小

由于网络带宽的限制，在网页上放置过大的文件是不现实的，但是静态的网页又会大大降低网页的吸引力。Flash 提供了解决方案：使用 Flash 制作的矢量动画体积小，且是基于矢量的图形系统，各元素都是矢量的，只要用少量矢量数据就可以描述一个复杂的对象，占用的存储空间只是位图的几千分之一，非常适合在网络上使用。

### 2．动画可无限放大

Flash 制作的动画是基于矢量的图形系统，而矢量图像可以做到真正的无限放大，无论用户的浏览器使用多大的窗口，动画始终可以完全显示，并且不会降低画面质量。

### 3．插件工作方式

Flash 使用插件方式工作，用户只要安装一次插件，以后就可以快速启动并观看动画，而不必像 Java 那样每次都要启动虚拟机。由于 Flash 生成的动画一般都很小，所以调用的时候速度很快。Flash 插件也不大，只有170KB 左右，很容易下载并安装。

### 4．"流"形式

Flash 影片其实是一种准"流"形式文件。就是在观看一个大动画的时候，可以不必等影片全部下载到本地后再观看，而是随时可以观看，哪怕后面的内容还没有完全下载到硬盘，也可以开始欣赏动画。

### 5．交互功能

一般的多媒体素材制作软件不能提供这种功能，制作出来的多媒体素材只能按顺序播放，使用 Flash 软件可以制作出具有交互功能的动画。

### 6．独特的过渡动画效果

Flash 软件不仅支持帧与帧之间的动画，还支持过渡动画，只要编辑出两个关键帧，中间的过渡过程可由系统自动生成，这样可以大大减少工作量，缩小文件的尺寸，而且过渡效果特别好。

### 7．支持 Alpha 通道的使用

使用 Alpha 可以控制图像中像素的透明度，它可以实现由无到有、淡入淡出的图像效果。

### 8．支持遮罩层的使用

遮罩层将一部分内容遮盖起来，只让某部分内容透出。在 Flash 的使用中适当使用遮罩层往往会使动画产生独特的动态透视效果。

## 3.3　Flash CS3 的操作界面

Flash CS3 工作界面由标题栏、菜单栏、工具栏、时间轴、舞台、"属性"面板及其他各种浮动面板组成，如图 3-1 所示，下面分别进行介绍。

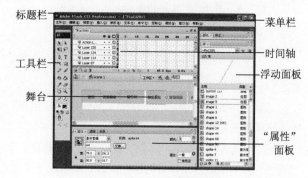

图 3-1　Flash CS3 操作界面

### 3.3.1　时间轴

时间轴主要用于组织和控制影片中图层和帧的内容，使这些内容随着时间的推移而发生。时间轴最重要的组成部分是帧、图层和播放头。影片中的图层位于"时间轴"面板的左边，动画播放头在"时间轴"面板的上方，它显示场景中的当前帧。帧频的单位是"帧/秒（fps）"，其默认值是 12 帧/秒，如图 3-2 所示。

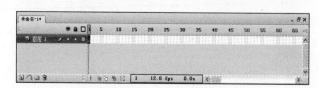

图 3-2　"时间轴"面板

 提示

在 Flash CS3 中帧频不能设置得太大。因为设计者要充分考虑到浏览者的 CPU 速度。如果设置得太大，而用户的 CPU 速度较低，动画播放就会产生不连续的停顿现象。一般来说，帧频最好不要超过 20 fps。要定位时间轴中的某帧，只需要将播放头移动到该帧即可。要改变时间轴中帧的显示方式，可以单击时间轴面板右上角的"帧的显示设定"按钮，然后从弹出的列表中选择适当的选项。

### 3.3.2　工具栏

利用工具栏中的工具，用户可以绘制、选择和修改图形，为图形填充颜色，或者改变场景的显示等。工具栏如图 3-3 所示。

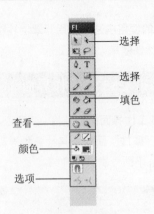

图 3-3　工具栏

### 3.3.3　"属性"面板

"属性"面板中的内容不是固定的，它会随选择对象的不同而显示不同的设置选项。

① 选择工作区时的"属性"面板如图 3-4 所示。在"属性"面板中进行工作区的基本设置，如影片的尺寸、背景色和帧频等影片的各种属性。

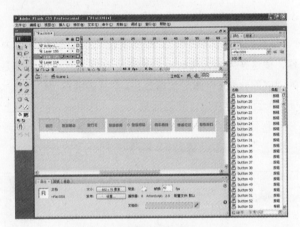

图 3-4　选择工作区时的"属性"面板

② 选择帧时的"属性"面板如图 3-5 所示。在该面板中有关于帧的功能和各选项，可以设置帧标签和帧之间进行的各种影片效果。

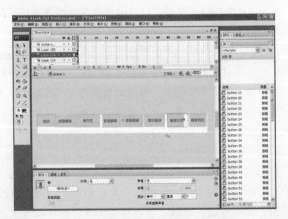

图 3-5　选择帧时的"属性"面板

③ 选择对象时的"属性"面板如图 3-6 所示。选择使用绘图工具绘制的图形，"属性"面板中会提供边缘线、填充颜色及边缘样式。

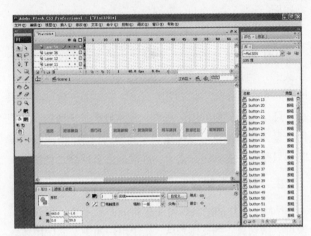

图 3-6　选择对象时的"属性"面板

④ 选择元件时的"属性"面板如图 3-7 所示。"属性"面板中会提供元件的类型、大小等相关选项的设置。

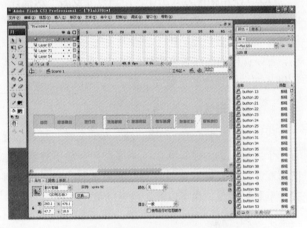

图 3-7　选择元件时的"属性"面板

### 3.3.4　其他面板

使用其他面板可以帮助用户预览、组织、改变文档中的元素，利用面板中的可用选项可控制元件、实例、颜色、文字、帧及其他元素的特征。例如，使用"影片浏览器"面板可以了解影片的层次结构，利用"对齐"面板可以设置文档中元素的对齐方式，使用"变形"面板可以将所选对象变形，利用"场景"面板可以管理场景等。

从 Flash MX 开始，就删除了原有版本中的"文字"面板、"帧"面板和"声音"面板，这些面板的功能被整合在"属性"面板中，从而减少了面板数量，合理分配了有限的空间。

在"窗口"菜单中包含·"动作"等面板，它们的级联菜单中包含不同的功能命令，如图 3-8 所示。

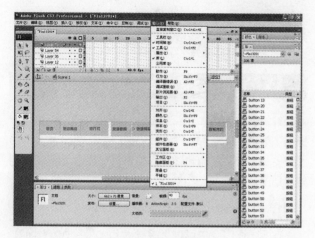

图 3-8 "窗口"菜单

❶ 选择"窗口"菜单后，在其中选择任意面板名称，可以打开该面板，此时在菜单中该面板前有一个"√"，表示该面板处于显示状态。例如选择菜单栏中的"窗口>对齐"菜单命令，打开"对齐"面板，此时菜单中该面板名称前显示"√"，如图 3-9 所示。

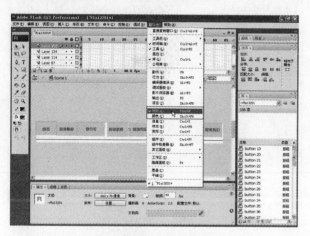

图 3-9 选择"对齐"面板

❷ 如果要暂时隐藏面板，单击面板的标题栏，可以隐藏选项部分，节省窗口所占的空间。再次单击该面板的标题栏，可以显示选项部分，如图 3-10 所示。

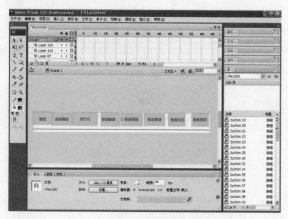

图 3-10 面板组

❸ 如果要关闭面板，将"窗口"菜单中相应的面板名称取消勾选，或者右键单击面板标题栏后，在快捷菜单中选择"关闭面板"菜单命令，如图 3-11 所示。

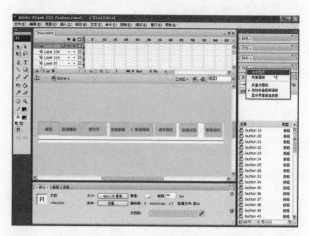

图 3-11 关闭面板

### 3.3.5 场景和舞台

一个 Flash 动画文件可以包含几个场景，每个场景中又包含若干个层和帧。每个场景上的内容可能是某个相同主题的动画。Flash 利用不同的场景组织不同的动画主题。一个场景就像话剧中的一幕，一个出色的 Flash 动画就是由一幕幕场景组成的。

场景的顺序和动画播放的顺序有关。在播放动画时，场景与场景之间可以通过交互响应进行切换。如果没有交互切换，将按照它们在"场景"面板中的排列顺序依次播放。

利用"场景"面板可以对场景进行编辑，还可以方便地删除或新建场景。执行"窗口>其他面板>场景"菜单命令，即可打开"场景"面板，如图 3-12 所示。利用该面板可以完成在动画的各个场景之间的切换，其中突出显示的是当前场景。如果要查看其他场景，只需要单击对应的场景名称即可。

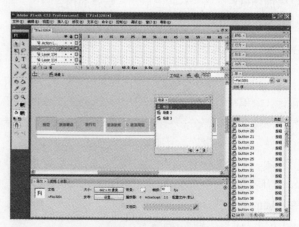

图 3-12 "场景"面板

通过"场景"面板底部的工具按钮，可以添加、复制或删除场景。

**①** 单击"添加场景"图标 **+** 可以在当前所选的场景之后添加一个新的场景。

**②** 选中某个场景后，单击"直接复制场景"图标，在面板上出现一个和原场景名称相同的场景，只是多了"拷贝"字样，表示它是该场景的副本。

**③** 若要删除某个场景，在"场景"面板中选择该场景后单击"删除场景"图标，就会弹出提示信息，如图 3-13 所示。这是因为删除场景的操作是不能恢复的，该提示信息提示用户是否确认要删除该场景。单击"确定"按钮，则所选场景被删除。

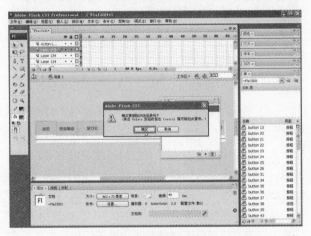

图 3-13　弹出的提示对话框

如果要更改某个场景的名称，可以在"场景"面板中双击对应的场景名称，此时该名称会突出显示，表示处于编辑状态，直接输入新的名称即可。再单击画板时，会发现场景名称已经改变。如果要调整场景的顺序，在"场景"面板中单击并拖动场景名称，将其放到需要的位置即可。

舞台是用户编辑动画内容的平台，当用户切换到要编辑的场景后，舞台中就显示对应场景的内容，用户根据需要在舞台上添加、修改或删除所显示的内容即可。

### 3.3.6　菜单栏

Flash CS3 的界面窗口也采用典型的 Windows 窗口设计，菜单栏位于标题栏的下方。菜单栏是 Flash CS3 界面的重要组成部分，它提供了几乎所有的命令，包括"文件"、"编辑"、"视图"、"插入"、"修改"、"文本"、"命令"、"控制"、"调试"、"窗口"和"帮助"共 11 个菜单。用户可以根据不同的功能类型，在相应的菜单下找到需要的功能选项，如图 3-14 所示。

图 3-14　Flash CS3 菜单栏

## 3.4　Flash CS3 的新增功能

针对初学者，Flash CS3 增加了一些新功能，进一步提高了效率，增加了对 PhotoShop 和 Illustrator 文件的本地支持，以及复制和移动。下面将介绍 Flash CS3 的新增功能。

### 1. PhotoShop 和 Illustrator 导入

在 Flash CS3 中可以直接导入 PhotoShop（PSD）和 Illustrator（AI）文件，如图 3-15 所示。并且可以保留图层和结构，如图 3-16 所示。在 Flash CS3 中可以编辑它们，并且可以使用高级选项在导入过程中优化和自定义文件。

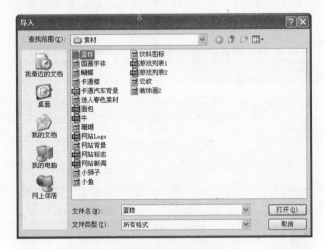

图 3-15　导入文件

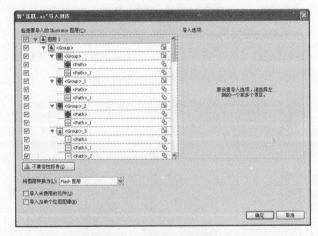

图 3-16　保留图层和结构

### 2. 将动画转换为 ActionScript

在 Flash CS3 中可以将时间轴动画转换为 ActionScript 3.0 代码，这样设计者可以轻松地编辑和再次使用该代码，并将动画从一个对象复制到另一个对象。

### 3. 统一的 Adobe 界面

Flash CS3 是 Macromedia 被 Adobe 收购后推出的全新版本，其界面更加简洁，并且与其他一同推出的 Adobe Creative Suite 3 应用程序保持了一致性。在 Flash CS3 中还可以自定义工作区，以改进工作流程和最大化工作区空间，如图 3-17 所示。

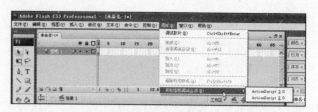

图 3-19 高级调试器

### 6. Adobe Device Central

在 Adobe 推出的新套装 Adobe Creative Suite 3 中加入了 Adobe Device Central，如图 3-20 所示。在 Adobe Device Central 中可以设计、预览和测试移动设备内容，包括可以测试交互式 Adobe Flash Lite 应用程序和界面。

图 3-17 统一的 Adobe 界面

### 4. ActionScript 3.0 脚本语言

在 Flash CS3 中提供了对最新的 Action Script 3.0 脚本语言的支持，如图 3-18 所示。该语言具有改进的性能、增强的灵活性，以及更加直观和结构化的开发等特点。

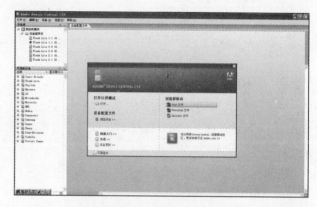

图 3-20 Adobe Device Central

### 7. 丰富的绘图功能

在 Flash CS3 中可以使用"智能形状绘制工具"以可视的方式调整工作区中的形状属性，改进的"钢笔"工具可以创建精确的矢量图形，如图 3-21 所示。还可以从 Illustrator CS3 中将插图粘贴到 Flash CS3 中。

图 3-18 Action Script 3.0 脚本语言

### 5. 高级调试器

在 Flash CS3 中提供了全新的功能强大的 Action Script 调试器，测试脚本语言的正确性，如图 3-19 所示。该调试器具有极好的灵活性和用户反馈，并且能够与 Adobe Flex Builder 2 调试保持一致性。

图 3-21 改进的"钢笔"工具

### 8. 用户界面组件

Flash CS3 提供了全新的、可以轻松设置外观的界面组件，如图 3-22 所示，为 Action Script 3.0 创建交互式内容。使用绘图工具可以以可视的方式修改组件的外观，而不需要进行编码。

图 3-22　界面组件

### 9. 高级 QuickTime 导出

在 Flash CS3 中提供了高级的 QuickTime 导出器，如图 3-23 所示。使用它可以将在 SWF 文件中发布的内容渲染为 QuickTime 视频。导出包含嵌套的 MovieClip 的内容、Action Script 生成的内容和运行时的效果（例如投影和模糊等）。

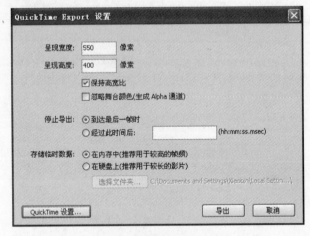

图 3-23　高级 QuickTime 导出

### 10. 复杂的视频工具

新的 Flash Video 使用全面的视频支持，创建、编辑和部署流和渐进式下载，如图 3-24 所示。并且新的 Flash 视频工具使用独立的视频编码器、Alpha 通道支持、高质量视频编解码器、嵌入的提示点、视频导入支持、QuickTime 导入和字幕显示等，确保获得最佳的视频质量和功能。

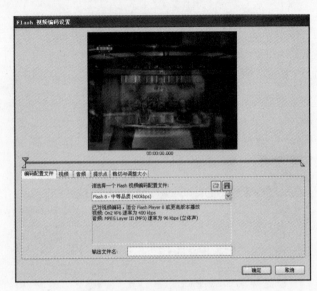

图 3-24　Flash 视频编码设置对话框

### 11. 省时编码工具

Flash CS3 中新的代码编辑器增强了功能并且能够节省编码的时间，如图 3-25 所示。还可以使用代码折叠和注释功能对相关的代码进行操作，并使用错误导航功能跳到代码错误。

图 3-25　省时编码工具

# 第4章 初识 Fireworks CS3

Adobe Fireworks CS3 是用来设计和制作专业化网页图形的终极解决方案。它是第一个可以帮助网页图形设计人员和开发人员解决所面临的特殊问题的制作环境。使用 Fireworks，可以在一个专业化的环境中创建和编辑网页图形、进行动画处理、添加高级交互功能，以及优化图像。

↘ 本章学习目标

- 了解 Fireworks CS3
- 熟悉 Fireworks CS3 的操作界面
- 掌握如何在 Fireworks CS3 中编辑位图图像
- 掌握如何在 Fireworks CS3 中编辑矢量图形
- 了解 Fireworks CS3 的新增功能

↘ 本章学习流程

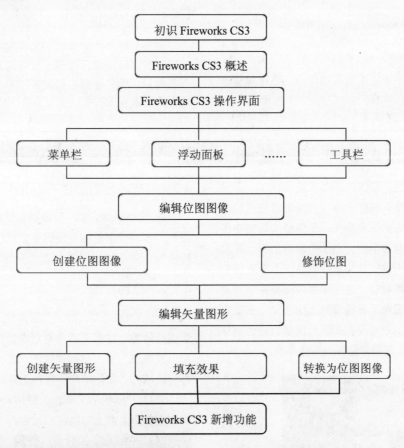

## 4.1 Fireworks CS3 概述

Fireworks CS3 可以在单个应用程序中创建和编辑位图和矢量两种图形，并且所有元素都可以随时被编辑。除此之外，工作流可以实现自动化，从而满足耗费时间的更新和更改要求。

## 4.2 Fireworks CS3 操作界面

第一次在 Fireworks CS3 中打开文档时，Fireworks CS3 会激活工作环境，其中包括菜单栏、工具栏、文档窗口、"属性"面板和其他浮动面板。

工具栏位于屏幕的左侧，分成了多个类别并用标签标明，其中包括"选择"、"位图"、"矢量"和"Web"等工作组。"属性"面板在文档底部显示，它最初显示文档属性；当选择新工具或文档中的对象时，属性也随之更改。面板组最初沿屏幕右侧成组停放。Fireworks CS3 的工作界面如图 4-1 所示。

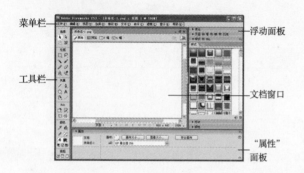

图 4-1　Fireworks CS3 操作界面

### 4.2.1　菜单栏

菜单栏的选项几乎能完成所有的操作，在可编辑状态下，菜单栏中包括"文件"、"编辑"、"视图"、"选择"、"修改"、"文本"、"命令"、"滤镜"、"窗口"和"帮助"10 个菜单。

### 4.2.2　工具栏

工具栏被编排为 6 个类别："选择"、"位图"、"矢量"、"Web"、"颜色"和"视图"。有些工具按钮的右下角有一个小三角，说明这个工具包含其他的工具，按住小三角不放就能显示其他工具。

### 4.2.3　文档窗口

文档窗口用来显示正在编辑的图像内容。在工作区上不仅可以绘制矢量图，还可以直接处理位图。工作区上有 4 个选项卡，当前是"原始"窗口，也就是工作区，只有在此窗口中才能编辑图像文件。而在"预览"窗口中则可以预览制作好的图像。"2 幅"和"4 幅"选项卡则分别打开 2 个或 4 个窗口，可以对各种导出方案做比较，以决定最优方案。

### 4.2.4　"属性"面板

"属性"面板是一个上下文关联面板，它显示当前选区的属性、当前工具选项或文档的属性。默认情况下，"属性"面板位于工作区的底部。

### 4.2.5　浮动面板

浮动面板用来处理帧、层、元件、颜色等。每个面板既可相互独立进行排列，又可与其他浮动面板合成一个新面板，但各面板的功能依然相互独立。单击面板上的名称可展开或折叠该面板。

## 4.3　编辑位图图像

在编辑位图图像时，修改的不是曲线和线条，而是像素。位图图像是由排列在显示器中的像素网格点组成的。位图图像的质量与分辨率有关。图像是由网格中每个像素的位置和颜色值决定的，每个像素被指定一种颜色。放大位图图像是指将这些像素在网格中重新进行分布，以正常的分辨率查看时，这些像素像马赛克一样紧密地拼合在一起形成图像，而图像的边缘通常会呈现锯齿状，如图 4-2 所示。在一个分辨率比图像自身分辨率低的输出设备上显示位图图像会降低图像品质。

图 4-2　图像的边缘呈现锯齿状

### 4.3.1　创建位图图像

在 Fireworks 中，要绘制位图图像，可以使用位图绘制工具，或者复制并粘贴像素选区，或者将矢量图像转换为位图图像。

### 4.3.2　修饰位图

Fireworks CS3 提供了强大的工具来为绘制出的图像进行修饰。这些工具中可以调整图像的大小，减弱或突出其重点，或者复制图像的一部分并将其"仿制"到另一区域。下面简单介绍各种工具的用处。

（1）"模糊"工具 ◔：使用"模糊"工具可以将图像中相邻像素点上的颜色相融合。

（2）"锐化"工具 ◮：使用"锐化"工具可以将图像中模糊的像素点锐化。

（3）"减淡"工具 ◢：使用"减淡"工具可以淡化图像中的部分区域。

（4）"加深"工具：使用"加深"工具可以加深图像中的部分区域。

（5）"涂抹"工具：使用"涂抹"工具可以用拾取的颜色在图像中沿拖动的方向涂色。

（6）"橡皮图章"工具：使用"橡皮图章"工具可以将图像的一个区域复制或克隆到另一个区域。

（7）"替换颜色"工具：使用"替换颜色"工具可以在图像中先拾取一种颜色，再拾取一种颜色并覆盖到拾取的第一种颜色上。

（8）"红眼消除"工具：使用"红眼消除"工具可以将图像中出现的红眼消除。

## 4.4 编辑矢量图形

Fireworks CS3 提供了多种编辑矢量对象的方法，可以通过移动、添加或删除点来更改对象形状。除了能够运用大量的矢量工具进行图形编辑外，Fireworks CS3 还集照片编辑、矢量绘图和绘画应用程序的功能于一身。

### 4.4.1 创建矢量图形

Fireworks 有许多矢量对象绘制工具，使用这些工具可以逐点绘制基本形状、自由变形路径和复杂形状。也可以绘制自动形状，它们是矢量对象组，具有可用于调整其属性的特殊控制点。

### 4.4.2 填充效果

Fireworks CS3 中可以为矢量图形、文本和像素选区创建各种填充。填充有 4 种选项，分别是"填充颜色"、"填充类别"、"填充边缘"和"纹理名称"，如图 4-3 所示。填充的 4 种选项可以在"属性"面板上设置，在"填充选项"弹出菜单中设置，以及在"填充选项"弹出窗口中设置。

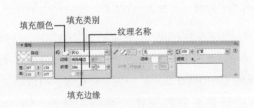

图 4-3 填充的 4 种选项

### 4.4.3 转换为位图图像

在 Fireworks CS3 中可以将所选矢量对象转换成位图图像，但是不能将所选的位图图像转换为矢量图形。矢量图形转换成位图图像的具体操作如下。

 提示

如果已将矢量图形转换为位图图像，只有执行"编辑→撤销"菜单命令，才可以将位图图像转换回矢量图形。

① 打开 Fireworks CS3，选择一个矢量图形，如图 4-4 所示。执行"窗口→层"菜单命令，打开"层"面板，查看矢量图形的图层，如图 4-5 所示。

图 4-4 选择矢量图形

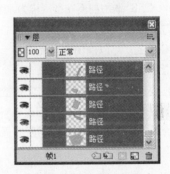

图 4-5 打开"层"面板

② 执行"修改→平面化所选"菜单命令，矢量图形将被转换为位图图像，如图 4-6 所示。这时"层"面板的图层也转换为"位图"图层，如图 4-7 所示。

图 4-6 转换为位图图像

图 4-7 "层"面板

## 4.5 Fireworks CS3 新增功能

### 1. 创建丰富元件

在 Fireworks CS3 中全面增强了元件功能。通过元件拖至文档并使用新的"元件属性"面板编辑与元件相关的参数，可以快速创建用户界面模型。使用 JavaScript 文件可以创建能够自由缩放和有特定属性的图形元件。

### 2. 元件的智能缩放

元件在缩放变形时，整个对象一起变形。对于某些种类的对象，缩放变形后外观上会有些扭曲。

Fireworks CS3 增加的新功能（称为 9 切片缩放），用于以智能方式缩放矢量元件或位图元件。通过将一组辅助线置于图片上，可以确切定义元件每一部分的缩放方式。可以指定 9 个不同区域中的任何一个沿水平、垂直方向缩放，或同时沿水平和垂直方向缩放。也可以设置此功能为缩放 9 个区域。9 切片缩放与新增的"自动形状"库组合时，在创建网站和应用程序原型时比以往的速度更快。

### 3. 向单个文档添加多个页面

Fireworks CS3 可以使用单个 PNG 文件构建复杂的多个页面。每个页面都包含各自的文档属性，这些属性可以在每个页面中设置，也可以在文档的所有页面中以全局方式进行设置。

Fireworks CS3 的层对多页面有很大的帮助，可以用于单个页面。为了快速创建原型，可以使用多个页面上的超链接和热点行为创建工作流程。还可以在浏览器中预览所有页面，或同时将其全部导出为多个 HTML 页面。

### 4. 创建基于 Flash 的幻灯片放映

在 Fireworks CS3 中可以自动创建图像幻灯片放映。执行"命令→创建幻灯片放映"菜单命令，可以轻松创建 Flash 幻灯片放映。只需选择包含图像的文件夹，添加幻灯片放映选项，选择 Fireworks 相册播放器用于最终输出，并对所需的针对 Web 优化的缩略图图像和完整尺寸的图像自动进行批处理即可。

### 5. 具有层次结构的层

在 Fireworks CS3 中，文档中的层可以根据用户需要采用简单或复杂的结构，系统将保留所有具有层次结构的层。创建新文件时，将在同一级别以非层次结构方式组织所有项目，用户可以根据需要创建新的图层并将项目移到这些子层中，也可以随时将元素从一层移动到另一层，还可以创建多个图层并对其进行分组。

### 6. 使用 Photoshop 文件

使用 Fireworks CS3，可以从 Photoshop 中直接导入 PSD 文件。Fireworks 设计的小样和图像现在也可以另存为本机的 Photoshop 文件，并可在 Photoshop 或 Fireworks CS3 中打开时保留其图层。

### 7. 将 Fireworks 文件导入 Adobe Flash

在使用 Fireworks CS3 时可以将 Fireworks PNG 文件快速导入到 Flash CS3 Professional 中，同时保留重要的结构，包括多个页面、共享的图层、具有层次结构的图层、帧、9 切片缩放设置以及许多效果。这样，Fireworks 中的原型创建和 Flash 中的制作变得更简单轻松。

### 8. 使用 Illustrator 文件

可以在 Fireworks 中打开 Illustrator 文件的同时保留图层、图案、链接的图像、文本属性、透明度等。Fireworks 还可以导出到 Adobe Illustrator 8.0 中。

### 9. Adobe Bridge

使用 Adobe Bridge 可以简化 Fireworks 和 Adobe Creative Suite 中的文件处理，有效地浏览、标记、搜索和处理图像。有效地使用 Bridge 和 Fireworks，可以在文件中充分利用 XMP 元数据。

 提示

Adobe XMP 是一种技术，可帮助用户将文件信息添加到以 PNG，GIF，JPEG，PSD 和 TIFF 格式保存的文件中。

# 第5章 科技类网站页面

随着信息技术的发展，因特网及其相关技术非常迅速地发展着。受信息技术的影响，我们的生活也发生了翻天覆地的变化。与科技有关的网站正迅猛地发展着，它们的种类也越来越多。由于科技类网站应该让浏览者感受到其最尖端的技术，要让人们很容易看到最新的信息，因此，网站页面的设计需要从美学角度和技术层面来表现出较高的水准，所以洗练的感觉和富有创意的手法是非常重要的。本章将详细介绍科技类网站的设计制作。

⬎ 本章学习目标

- 了解科技类网站页面的色彩及布局特点
- 掌握网页设计的方法
- 掌握网页遮罩动画的制作方法
- 掌握如何创建网站的本地站点
- 学习如何设置页面的属性
- 学习在网页中插入图像及相关操作

⬎ 本章学习流程

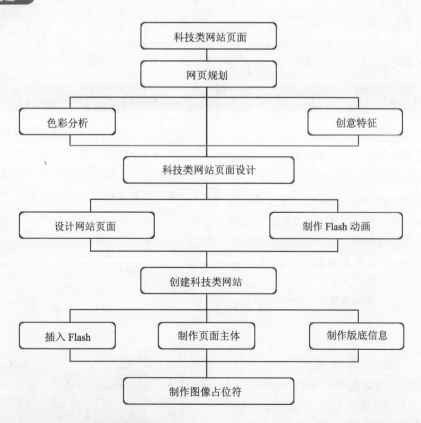

## 5.1 网页规划

科技类网站应该把尖端的技术和最新的信息融入到网页里面去，设计出既简便又洗练的界面。在界面上应把鲜明的图片和排列有序的文本有机结合起来，从而把产品的性能和优点最大限度地表现出来。本章将向大家介绍如何设计制作科技类网站，效果如图5-1

所示。

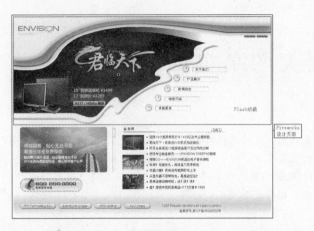

图 5-1

### 5.1.1　科技类网站分析

目的原则：科技类网站通常是用于表现企业的某种高科技产品或是先进的技术，使更多的浏览者能够了解这种高科技产品或是技术。在设计制作科技类网站时一定要有侧重点，着重介绍某一种高科技产品或技术，不能大而全，使网站没有重点。

整体原则：科技类网站整体应该使浏览者感受到科技的魅力，网站应该清晰、简单，把需要介绍的高科技产品或技术介绍清楚就可以了。网站的结构与板块的划

分也应该能够方便浏览者的操作和使用。

内容原则：确定了网站的目的性，就可以围绕网站的目标群体出发，提供科技产品或技术的专业信息，以使浏览者能够很详细地了解网站想要表达的内容。

实用原则：科技类网站需要从浏览者的角度去考虑，不能因为要体现高科技的感觉，而在网站中加入很多不必要的功能和效果，使浏览者操作起来很不方便。科技类网站同样需要以用户访问的便利性为基础。

美观原则：网站应该在创意设计上多下工夫，遵循美观的原则，设计的网站界面既符合科技产品的特点，又能够体现出科技感，给浏览者留下深刻的印象。

### 5.1.2　科技类网站的创意形式

科技类网站最重要的是创意而不是技术。因为科技类网站通常都属于小型网站，页面数量和信息量都比较少，所以在设计这一类型的网站时，设计者一定要通过非常个性的方式将所要展示的信息表达出来，给人留下深刻的印象并能够感受到科技的气氛。要在页面中把所要表现的信息组织体现出来，而使页面内容看起来又不会凌乱或单一，这就需要设计者有一定的设计水平。建议读者多看看成功的作品，多从创作者的角度思考问题，才能快速提高设计制作水平。

## 5.2　君临天下——使用 Fireworks 设计科技类网站

**案例分析**

本实例设计制作的科技网站主要是向浏览者介绍最新的科技产品，使浏览者对新产品有更深入的了解。

色彩分析：本实例主要以白色为底色，使页面内容清晰，一目了然。配以灰白的渐变颜色，灰色随着配色的不同可以很动人，也可以很平静。灰色较为中性，象征知性、老年、虚无等，使人联想到工厂、都市等。灰色可以营造保守、稳重的气氛，表现出均衡感和洗练的氛围，可以和大部分的颜色配合使用。本实例使用灰色表现出高科技的感觉。

布局设计：在页面布局设计上，本实例的页面构成比较简单，信息量较少。在页面头部精心设计了形状很特别的 Flash 动画，下面为页面的正文内容，分为左右两部分，以图文相结合的方式，使页面看起来更加丰富和饱满。页面头部的 Flash 动画为整个页面增加了不少生机。

### 5.2.1　技术点睛：文本沿路径排列

可以先将文本转换为路径，然后就像对待矢量那样，

编辑文字的形状。将文本转化为路径后，即可以使用所有的矢量编辑工具对其进行编辑。

① 单击工具栏中"文本"工具 **A**，在"属性"面板上设置"文本颜色"值为#FF3300，并设置相应的文本属性，如图 5-2 所示。在舞台中输入文本，如图 5-3 所示。

图 5-2　设置"文本"属性

图 5-3　输入文本

❷ 单击工具栏中的"椭圆"工具⬭，按住键盘上的 Shift 键，在舞台中的相应的位置绘制一个正圆，如图 5-4 所示。

❸ 在舞台中同时选择前面输入的文字和刚刚绘制的正圆，如图 5-5 所示。

图 5-4　绘制正圆

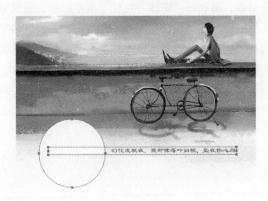

图 5-5　选择对象

❹ 执行"文字→附加到路径"菜单命令，如图 5-6 所示，文字就被附加到了封闭路径上，此时文字与路径成了一个整体，而且该封闭路径会暂时失去其笔触、填充及效果属性。随后对该路径所用的任何笔触、填充或效果属性都将应用到文字当中，而不是路径，文字效果如图 5-7 所示。

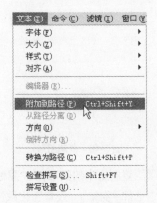

图 5-6　执行"附加到路径"菜单命令

图 5-7　文字效果

❺ 如果觉得文字附加到路径的位置不理想，可以通过文本"属性"面板上的"文本偏移"进行设置。输入"-170"时是将文本逆时针偏移 170 像素，如图 5-8 所示，文本效果如图 5-9 所示。

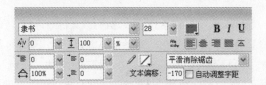

图 5-8　设置"文本偏移"属性

图 5-9　文本效果

❻ 对于附加在路径上的文本不仅可以改变其位置，执行"文本→倒转方向"菜单命令，如图 5-10 所示，还可以改变文本的路径内外的方向，文本效果如图 5-11 所示。

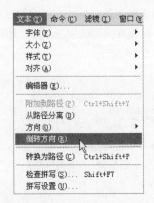

图 5-10　执行"倒转方向"菜单命令

图 5-11　文本效果

如果要解除文本附加到路径的使用，只要选中文本与路径后执行"文本→从路径分离"菜单命令，即可分开附加在路径上的文本。文本从路径脱离出来后，该路径会重新获得其笔触、填充及效果属性。

### 5.2.2　绘制步骤

❶ 打开 Fireworks CS3，执行"文件→新建"菜单命令，弹出"新建文档"对话框，新建一个 1001×746 像素，分辨率为 300 像素/英寸，画布颜色为"白色"的 Fireworks 文件，如图 5-12 所示。并执行"文件→保存"菜单命令，将文件保存为"CD\源文件\第 5 章\Fireworks\1.png"。

图 5-12　新建文档

❷ 单击工具栏中"钢笔"工具 ✎，在舞台中绘制图形，选择刚刚绘制的图形，在"属性"面板的"填充类型"下拉列表中选择"实心"，设置"填充颜色"值为#474747，并设置图形的相应属性，如图 5-13 所示，图形效果如图 5-14 所示。

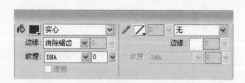

图 5-13　设置图形属性

图 5-14　图形效果

❸ 选择刚刚绘制的图形，执行"编辑→复制"菜单命令，再执行"编辑→粘贴"菜单命令，选择复制出来的图形，在"属性"面板的"填充类型"下拉列表中选择"实心"，设置"填充颜色"值为#DFDDE0，并向上调整图形的位置，效果如图 5-15 所示。

❹ 选择刚刚调整位置的图形，执行"编辑→复制"菜单命令，再执行"编辑→粘贴"菜单命令，选择复制出来的图形，在"属性"面板的"填充类型"下拉列表中选择"实心"，设置"填充颜色"值为#908E91，效果如图 5-16 所示。

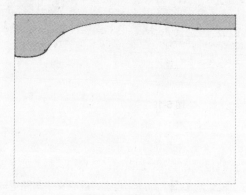

图 5-15　复制图形

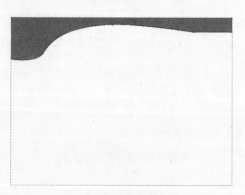

图 5-16　复制图形

❺ 选择刚刚复制出来的图形，在"属性"面板的"边缘"下拉列表中选择"羽化"，设置羽化数量值为"25"，如图 5-17 所示，图形效果如图 5-18 所示。

图 5-17　设置"属性"面板

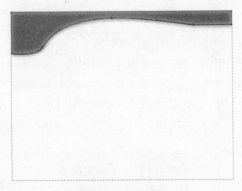

图 5-18　图形效果

❻ 单击工具栏中"钢笔"工具 ，在舞台中绘制图形，选择刚刚绘制的图形，在"属性"面板上设置"填充类型"为"实心"，设置"填充颜色"值为#F7F7F7，并设置相应的图形属性，如图 5-19 所示，图形效果如图 5-20 所示。

图 5-19　设置"属性"面板

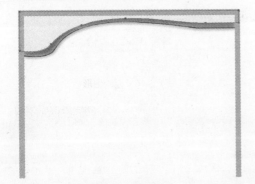

图 5-20　图形效果

❼ 选择刚刚绘制的图形，在"属性"面板上单击"添加动态滤镜或选择预设"按钮 ，在弹出的下拉列表中选择"阴影和光晕→内侧光晕"，设置"内侧光晕"颜色值为#CCCCCC，并设置相应的选项，如图 5-21 所示，图形效果如图 5-22 所示。

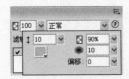

图 5-21　设置"内侧光晕"选项

图 5-22　图形效果

❽ 单击工具栏中"钢笔"工具 ，在舞台中绘制图形，选择刚刚绘制的图形，在"属性"面板上设置"填充类型"为"实心"，设置"填充颜色"值为#FFFFFF，并设置相应的图形属性，如图 5-23 所示，图形效果如图 5-24 所示。

图 5-23　设置"属性"面板

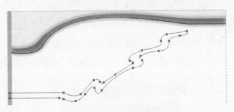

图 5-24　图形效果

❾ 选择刚刚绘制的图形，在"属性"面板上单击"添加动态滤镜或选择预设"按钮 ，在弹出的下拉列表中选择"斜角和浮雕→内斜角"，设置"内斜角"相应的选项，如图 5-25 所示，图形效果如图 5-26 所示。

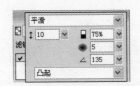

图 5-25　设置"内斜角"选项

图 5-26　图形效果

❿ 单击工具栏中"钢笔"工具 ，在舞台中绘制图形，选择刚刚绘制的图形，在"属性"面板上设置"填充类型"为"实心"，设置"填充颜色"值为#FFFFFF，并设置相应

的图形属性，如图 5-27 所示，图形效果如图 5-28 所示。

图 5-27　设置"属性"面板

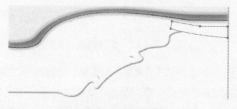

图 5-28　图形效果

⑪ 单击工具栏中"圆角矩形"工具▢，在舞台中绘制圆角矩形，选择刚刚绘制的圆角矩形，在"属性"面板上设置"填充类型"值为"实心"，设置"填充颜色"值为#686669，并设置相应的图形属性，如图 5-29 所示，圆角矩形效果如图 5-30 所示。

⑫ 选择刚刚绘制的图形，在"属性"面板上单击"添加动态滤镜或选择预设"按钮➕，在弹出的下拉列表中选择"斜角和浮雕→凸起浮雕"，设置"凸起浮雕"相应的选项，如图 5-31 所示，图形效果如图 5-32 所示。

图 5-29　设置"属性"面板

图 5-30　图形效果图

图 5-31　设置"凸起浮雕"选项

图 5-32　图形效果

⑬ 用相同的方法绘制其他的图形，如图 5-33 所示。

⑭ 执行"文件→导入"菜单命令，将图像"CD\源文件\第 5 章\ Fireworks\素材\201.png"导入到舞台中，如图 5-34 所示。

图 5-33　图形效果

图 5-34　导入图像

⑮ 单击工具栏中"椭圆"工具◯，在舞台中绘制图形，选择刚刚绘制的图形，在"属性"面板上设置"填充类型"值为"实心"，设置"填充颜色"值为#F7F7F7，并设置相应的图形属性，如图 5-35 所示，图形效果如图 5-36 所示。

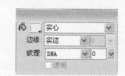

图 5-35　设置"属性"面板

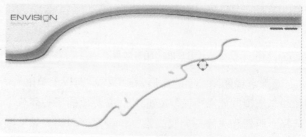

图 5-36　图形效果

⑯ 选择刚刚绘制的图形，在"属性"面板上单击"添加动态滤镜或选择预设"按钮➕，在弹出的下拉列表中选择"斜角和浮雕→内斜角"，设置"内斜角"相应的

选项，如图 5-37 所示，图形效果如图 5-38 所示。

图 5-37 设置"内斜角"属性

图 5-38 图形效果

⑰ 单击工具栏中"椭圆"工具 ，在舞台中绘制图形，选择刚刚绘制的图形，在"属性"面板上设置"填充颜色"值为#F7F7F7，"描边颜色"值为#CCCCCC，设置相应的图形属性。单击"添加动态滤镜或选择预设"按钮 ，在弹出的下拉列表中选择"斜角和浮雕→内斜角"，设置"内斜角"相应的选项，如图 5-39 所示，图形效果如图 5-40 所示。

图 5-39 设置"属性"面板

图 5-40 图形效果

⑱ 单击工具栏中"矩形"工具 ，在舞台中绘制图形，选择刚刚绘制的图形，在"属性"面板上设置"填充颜色"值为#3B393C，图形效果如图 5-41 所示。

⑲ 单击工具栏中"圆角矩形"工具 ，在舞台中绘制图形，选择刚刚绘制的图形，在"属性"面板上设置"填充颜色"值为#FFFFFF，单击"添加动态滤镜或选择预设"按钮 ，在弹出的下拉列表中选择"阴影和光

晕→内侧阴影"，设置"内侧阴影"相应的选项，如图 5-42 所示，图形效果如图 5-43 所示。

图 5-41 图形效果

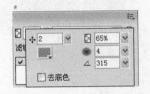

图 5-42 设置"内侧阴影"属性

图 5-43 图形效果

⑳ 单击工具栏中"文本"工具 ，在"属性"面板上设置"文本颜色"值为#3B3B3B，并设置相应的文本属性，如图 5-44 所示。在舞台中输入文字，如图 5-45 所示。

图 5-44 设置"文本"属性

图 5-45 输入文字

㉑ 用相同的方法绘制其他的部分，如图 5-46 所示。

㉒ 执行"文件→导入"菜单命令，将图像"CD\源文件\第 5 章\ Fireworks\素材\207.png"导入到舞台中，如图 5-47 所示。

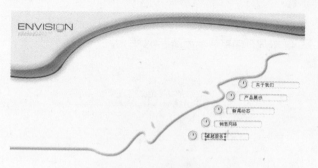

图 5-46　图形效果

图 5-47　导入图像

㉓ 执行"文件→导入"菜单命令，将图像"CD\源文件\第 5 章\Fireworks\素材\202.png"导入到舞台中，如图 5-48 所示。

㉔ 单击工具栏中"圆角矩形"工具 ，在舞台中绘制图形，选择刚刚绘制的图形，在"属性"面板上设置"填充颜色"值为#FFFFFF，单击"添加动态滤镜或选择预设"按钮 ，在弹出的下拉列表中选择"阴影和光晕→内侧阴影"，设置"内侧阴影"相应的选项，如图 5-49 所示，图形效果如图 5-50 所示。

图 5-48　导入图像

图 5-49　设置"内侧阴影"属性

图 5-50　图形效果

㉕ 单击工具栏中"圆角矩形"工具 ，在舞台中绘制图形，选择刚刚绘制的图形，在"属性"面板上设置"填充颜色"值为#FFFFFF，"描边颜色"值为#BCBABB，单击"添加动态滤镜或选择预设"按钮 ，在弹出的下拉列表中选择"斜角和浮雕→内斜角"，设置"内斜角"相应的选项，如图 5-51 所示，图形效果如图 5-52 所示。

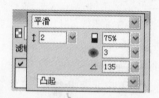

图 5-51　设置"内斜角"属性

图 5-52　图形效果

㉖ 单击工具栏中"椭圆"工具 ，在舞台中绘制图形，选择刚刚绘制的图形，在"属性"面板上设置"填充颜色"值为#FFFFFF，"描边颜色"值为#474A51，设置相应的图形属性，如图 5-53 所示，图形效果如图 5-54 所示。

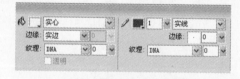

图 5-53　设置"属性"面板

图 5-54　图形效果

㉗ 用相同的方法绘制椭圆，选择刚刚绘制的图形，在"属性"面板上设置"填充颜色"值为#FFFFFF，并设置相应的图形属性，如图 5-55 所示，图形效果如图 5-56 所示。

图 5-55　设置"属性"面板

图 5-56　图形效果

㉘ 单击工具栏中"文本"工具，在"属性"面板上设置"文本颜色"值为#3B3B3B，并设置相应的文本属性，如图 5-57 所示。在舞台中输入文本，如图 5-58 所示。

图 5-57　设置"文本"属性

图 5-58　输入文本

㉙ 单击工具栏中"直线"工具 ／，在"属性"面板上设置"描边颜色"值为#A6A6A6，并设置相应的直线属性，如图 5-59 所示。在舞台中绘制直线，如图 5-60 所示。

㉚ 用相同的方法绘制直线，如图 5-61 所示。

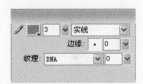

图 5-59　设置"直线"属性

◉ 新闻

图 5-60　直线效果

◉ 新闻

图 5-61　直线效果

㉛ 根据前面的方法绘制图形，如图 5-62 所示。

㉜ 执行"文件→导入"菜单命令，将图像"CD\源文件\第 5 章\ Fireworks\素材\203.png"导入到舞台中，如图 5-63 所示。

㉝ 用相同的方法导入其他图像，如图 5-64 所示。

图 5-62　图形效果

◉ 新闻

图 5-63　导入图像

图 5-64　导入其他图像

㉞ 单击工具栏中"矩形"工具 ▢，在"属性"面板上的"填充类型"下拉列表中选择"实心"，设置"填充颜色"值为#08090D，在舞台中绘制图形，效果如图 5-65 所示。

㉟ 单击工具栏中"文本"工具 Ａ，在"属性"面板上设置"文本颜色"值为#3B3B3B，在舞台中输入文本，如图 5-66 所示。

㊱ 用相同的方法输入其他的文本，如图 5-67 所示。

图 5-65　图形效果

图 5-66　输入文本

图 5-67　文本效果

**37** 执行"文件→导入"菜单命令，将图像"CD\源文件\第 5 章\ Fireworks\素材\206.png"导入到舞台中，如图 5-68 所示。]

图 5-68　导入图像

**38** 单击工具栏中"矩形"工具 ，在舞台中绘制图形，效果如图 5-69 所示。

图 5-69　绘制图形

**39** 选择刚刚绘制的图形，在"属性"面板上的"填充类型"下拉列表中选择"渐变→线性"，打开"填充色"对话框，从左向右分别设置渐变滑块颜色值为 #FFFFFF、#E4E4E4、#FFFFFF，如图 5-70 所示，图形效果如图 5-71 所示。

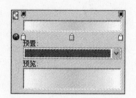

图 5-70　设置渐变填充颜色

图 5-71　图形效果

**40** 单击工具栏中"圆角矩形"工具 ，在舞台中绘制图形，选择刚刚绘制的图形，在"属性"面板上的"填充类型"下拉列表中选择"实心"，设置"填充颜色"值为#FFFFFF，并设置相应的属性，如图 5-72 所示，图形效果如图 5-73 所示。

图 5-72　设置"圆角矩形"属性

图 5-73　图形效果

**41** 选择刚刚绘制的图形，在"属性"面板上单击"添加动态滤镜或选择预设"按钮 ，在弹出的下拉列表中选择"阴影和光晕→内侧阴影"，设置"内侧阴影"颜色值为#999999，并设置相应的选项，如图 5-74 所示，图形效果如图 5-75 所示。

图 5-74　设置"内侧阴影"属性

图 5-75　图形效果

❷ 单击工具栏中"圆角矩形"工具 🔲，在舞台中绘制图形，选择刚刚绘制的图形，在"属性"面板上的"填充类型"下拉列表中选择"渐变→线性"，打开"填充色"对话框，从左向右分别设置渐变滑块颜色值为#FFFFFF、#CCCCCC，如图 5-76 所示，设置"描边颜色"值为#AAA8AB，并设置其他的相应属性，如图 5-77 所示，图形效果如图 5-78 所示。

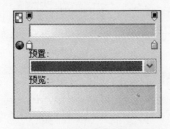

图 5-76　设置渐变填充颜色

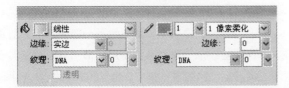

图 5-77　设置"属性"面板

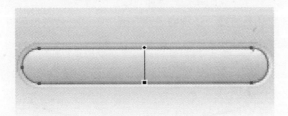

图 5-78　图形效果

❸ 选择刚刚绘制的图形，在"属性"面板上单击"添加动态滤镜或选择预设"按钮 ➕，在弹出的下拉列表中选择"斜角和浮雕→内斜角"，设置"内斜角"相应的选项，如图 5-79 所示，图形效果如图 5-80 所示。

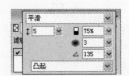

图 5-79　设置"内斜角"属性

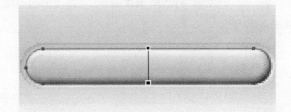

图 5-80　图形效果

❹ 单击工具栏中"文本"工具 Ａ，在"属性"面板上设置"文本颜色"值为#FFFFFF，并设置相应的属性，如图 5-81 所示。在舞台中输入文本，如图 5-82 所示。

❺ 用相同的方法在舞台中输入其他文字，如图 5-83 所示。

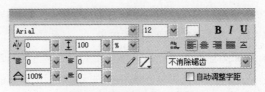

图 5-81　设置"文本"属性

图 5-82　输入文字

图 5-83　输入其他文字

❻ 根据前面的方法，绘制其他的部分，如图 5-84 所示。

❼ 根据前面的方法，输入文本，如图 5-85 所示。

图 5-84　图形效果

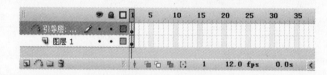

图 5-85　输入文本

48 执行"文件→保存"菜单命令，完成页面的绘制，如图 5-86 所示。

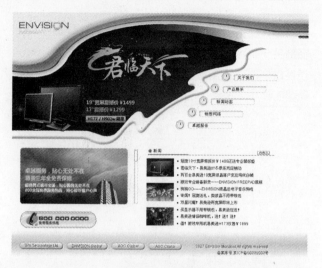

图 5-86　完成效果

# 5.3　流光异彩——Flash 制作引导层动画

## 5.3.1　动画分析

网站的导航在整个页面中起到了很大的作用，很难想象一个没有导航的网站是什么效果。所以，网站导航的好坏，将直接影响到整体的效果。

网站导航的基本作用是为了让用户在浏览网站过程中不至迷失，并且可以方便用户进行各种相关页面的跳转。网站信息是否可以有效地传递给用户影响着用户对网站的感受。因此，网站导航系统也成为评价网站是否专业、是否具有网络营销导向的基本指标之一。

本章讲述了 Flash CS3 中网站导航的应用制作，通过制作网站导航，动画制作中常用的动作脚本，读者要能充分理解，并综合利用。

## 5.3.2　技术点睛

### 1. 引导线动画

单纯依靠设置关键帧，有时仍然无法实现一些复杂的动画效果，有很多运动路线是弧线或不规则的，如月亮围绕地球旋转、鱼儿在大海里遨游等。这样的不规则路线运动效果，可以通过引导线来实现。

将一个或多个层链接到一个运动引导层，使一个或多个对象沿同一条路径运动的动画形式被称为"引导线动画"。这种动画可以使一个或多个元件完成曲线或不规则路径运动。

引导线动画是通过引导层和引导线两部分来完成的，这两部分都是不可缺少的，其具体概念如下。

引导线：引导线起轨迹或辅助线的作用。它让物体沿着引导线路径运行，即物体运动的轨迹，一般使用"钢笔"工具来制作。

引导层：引导线必须制作在引导层中，而需要使用引导线作为运动轨迹线的物体所在层必须在引导层的下方，如图 5-87 所示。一个引导层可以为多个图层提供运动轨迹，在一个引导层中也可以有多条运动轨迹。

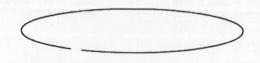

图 5-87　引导层

（1）环形引导线

环形引导线，是在引导层中绘制一个圆环形状的路径以作为引层线来引导对象。使用环形引导线可以实现对象沿圆形运动的效果，被广泛地运用在各种动画中。

在绘制环形引导线时，多采用 Flash 中"椭圆"工具绘制一条椭圆路径，再通过使用"橡皮擦" 工具将圆环的某处擦掉，这样便出现了两个端点，分别为引导动画的起始点和结束点，如图 5-88 所示。

图 5-88　绘制环形路径

（2）拼接引导线

在制作引导动画时，经常遇到对象运动的路径不是简单的圆环或直线的情形，这时可以使用路径拼接的方法，将多条引导线拼接在一起，成为一条路径。其方法很简单，使用工具栏上"选择"工具选中并移动一条路径到另一条路径处，使两条路径的一个端点重合在一起，便可以使两条路径融合为一条路径来引导对象运动。效果如图 5-89 所示。

图 5-89　绘制拼接路径

### 2．遮罩动画

在 Flash 作品中，我们常常看到很多眩目神奇的效果，而其中很多都是用最简单的"遮罩"来完成的，如水波、万花筒、百页窗、放大镜、望远镜……。

在 Flash CS3 中实现"遮罩"效果有两种做法，一种是用补间动画的方法，另一种是用 actions 指令的方法，这里只介绍第一种做法。

（1）遮罩动画的概念

在 Flash CS3 中，"遮罩动画"通过"遮罩层"来有选择地显示位于其下方的"被遮罩层"中的内容。在一个遮罩动画中，"遮罩层"只有一个，"被遮罩层"可以有任意个，效果如图 5-90 所示。

图 5-90　遮罩层和被遮罩层

遮罩层的主要用途有两种，一种是用在整个场景或一个特定区域中，使场景外的对象或特定区域外的对象不可见；另一种是用来遮罩住某一元件的一部分，从而实现一些特殊的效果。

（2）创建遮罩层

在 Flash CS3 中没有专门的按钮来创建遮罩层，只要在某个图层上单击右键，在弹出菜单中选择"遮罩层"选项，如图 5-91 所示，该图层就会生成遮罩层，"层图标"就会从普通层图标变为遮罩层图标，系统会自动把遮罩层下面的一层关联为"被遮罩层"，在缩进的同时图标变为被遮罩层图标，如图 5-92 所示。

图 5-91　快捷菜单

图 5-92　"遮罩层"图标

一个遮罩层可以遮罩多个被遮罩层，其方法为在需要被遮罩的图层上单击鼠标右键，在弹出的菜单选项中选择"属性"选项，在弹出的"图层属性"对话框中选择"被遮罩"选项即可，如图 5-93 所示。也可以在"时间轴"面板上将需要被遮罩的图层拖至遮罩层下方，软件会自动将其转为被遮罩层，如图 5-94 所示。

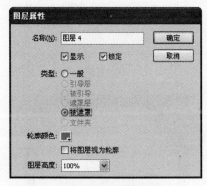

图 5-93　设置"图层属性"

图 5-94　时间轴效果

### 5.3.3 制作步骤

❶ 执行"文件→新建"命令，新建一个 Flash 文档，单击"属性"面板上"文档属性"按钮，弹出"文档属性"对话框，设置文档大小为 990×410 像素，"背景颜色"为#D0D0D0，"帧频"为"20"fps，如图 5-95 所示。

图 5-95 "文档属性"对话框

❷ 执行"插入→新建元件"命令，弹出"创建新元件"对话框，创建一个"图形"元件，名称为"光点"，如图 5-96 所示。单击"图层 1"第 1 帧位置，单击"工具"面板上"椭圆"工具按钮，在场景中绘制一个 51×51 像素的正圆，如图 5-97 所示。

图 5-96 新建元件

图 5-97 绘制图像

❸ 打开"混色器"面板，设置"混色器"面板如图 5-98 所示。单击"工具"面板上"颜料桶"工具按钮，对场景中的图形进行填充，效果如图 5-99 所示。

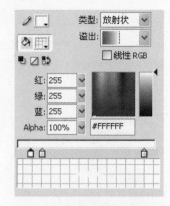

图 5-98 设置"混色器"面板

图 5-99 图形效果

❹ 执行"插入→新建元件"命令，弹出"创建新元件"对话框，创建一个"影片剪辑"元件，名称为"光点动画"，如图 5-100 所示。单击"图层 1"第 1 帧位置，将"光点"元件拖入场景中，如图 5-101 所示。

图 5-100 新建元件

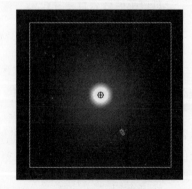

图 5-101 拖入元件

❺ 单击"图层 1"第 60 帧位置，按 F6 键插入关键帧。单击"图层 1"第 1 帧位置，设置"属性"面板上"补间类型"为"动画"，时间轴效果如图 5-102 所示。

图 5-102　时间轴效果

**6** 单击"时间轴"面板上"添加运动引导层"按钮 ，新建"引导层：图层 1"。单击"工具"面板上"铅笔"工具按钮，在场景中绘制引导路径，效果如图 5-103 所示，时间轴效果如图 5-104 所示。

图 5-103　绘制引导层

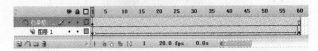

图 5-104　时间轴效果

**提 示**

在绘制"引导层"中引导线时应该注意其连贯性，这样有助于引导动画的连贯性，不至于引导动画失效。

**7** 单击"图层 1"第 1 帧位置，调整元件位置如图 5-105 所示。单击第 60 帧位置，调整元件位置如图 5-106 所示。

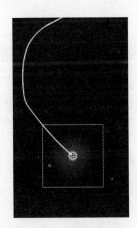

图 5-105　调整元件位置

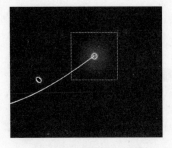

图 5-106　调整元件位置

**8** 执行"插入→新建元件"命令，弹出"创建新元件"对话框，创建一个"影片剪辑"元件，名称为"光点脚本动画"，如图 5-107 所示。单击"图层 1"第 1 帧位置，将"光点动画"元件拖入场景中，如图 5-108 所示。

图 5-107　新建元件

图 5-108　拖入元件

**9** 在"库"面板中右键单击"光点动画"名称位置，弹出快速菜单，选择"链接"选项，弹出"链接属性"对话框，设置如图 5-109 所示。单击"时间轴"面板上"插入图层"按钮，新建"图层 2"，单击"图层 2"第 1 帧位置，执行"窗口→动作"命令，打开"动作-帧"面板，输入脚本代码，如图 5-110 所示。

图 5-109　设置"链接属性"

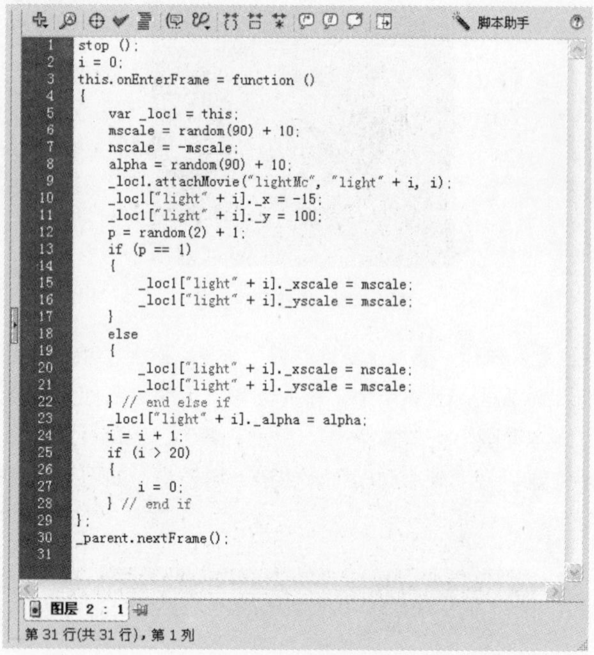

```
1   stop ();
2   i = 0;
3   this.onEnterFrame = function ()
4   {
5       var _loc1 = this;
6       mscale = random(90) + 10;
7       nscale = -mscale;
8       alpha = random(90) + 10;
9       _loc1.attachMovie("lightMc", "light" + i, i);
10      _loc1["light" + i]._x = -15;
11      _loc1["light" + i]._y = 100;
12      p = random(2) + 1;
13      if (p == 1)
14      {
15          _loc1["light" + i]._xscale = mscale;
16          _loc1["light" + i]._yscale = mscale;
17      }
18      else
19      {
20          _loc1["light" + i]._xscale = nscale;
21          _loc1["light" + i]._yscale = mscale;
22      } // end else if
23      _loc1["light" + i]._alpha = alpha;
24      i = i + 1;
25      if (i > 20)
26      {
27          i = 0;
28      } // end if
29  };
30  _parent.nextFrame();
31
```

图 5-110　输入脚本代码

⑩ 执行"插入→新建元件"命令,弹出"创建新元件"对话框,创建一个"按钮"元件,名称为"按钮1",如图 5-111 所示。单击"图层 1"上"弹起"帧位置,执行"文件→导入→导入到舞台"命令,将图形"CD\源文件\第 5 章\Flash\素材\image4.png"导入场景中,如图 5-112 所示。

图 5-111　新建元件

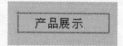

图 5-112　导入素材

⑪ 单击"图层 1"上"点击"帧位置,按 F5 键插入帧。单击"时间轴"面板上"插入图层"按钮,新建"图层 2",单击"图层 2"上"指针经过"帧位置,按 F6 键插入关键帧,将"光点脚本动画"元件拖入场景中并调整元件的大小和位置,效果如图 5-113 所示,时间轴效果如图 5-114 所示。

图 5-113　拖入元件

图 5-114　时间轴效果

⑫ 用同样的方法制作其他的按钮元件,效果如图 5-115 所示。

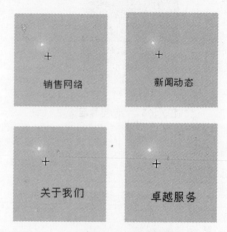

图 5-115　元件效果

⑬ 执行"插入→新建元件"命令,弹出"创建新元件"对话框,创建一个"图像"元件,名称为"遮罩层",如图 5-116 所示。单击"图层 1"上第 1 帧位置,单击"工具"面板上的"钢笔"工具按钮,设置"笔触颜色"为#FFFFFF,在场景中绘制图形如图 5-117 所示。

图 5-116　新建元件

图 5-117　绘制图形

⑭ 执行"插入→新建元件"命令，弹出"创建新元件"对话框，创建一个"图形"元件，名称为"闪光"，如图 5-118 所示。单击"图层 1"上第 1 帧位置，单击"工具"面板上的"椭圆"工具按钮⬮，在场景中绘制图形如图 5-119 所示。

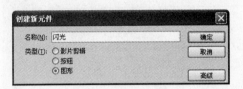

图 5-118　新建元件

图 5-119　绘制图形

⑮ 打开"混色器"面板，设置如图 5-120 所示。单击"工具"面板上"颜料桶工具"按钮🪣，对场景中的图形进行填充，效果如图 5-121 所示。

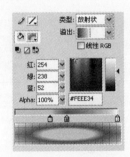

图 5-120　设置"混色器"面板

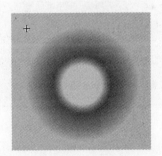

图 5-121　图形效果

 提示

在设置"颜色"面板的"放射状"渐变时，其顺序为：左端为中心，右端为放射状效果的外围。

⑯ 执行"插入→新建元件"命令，弹出"创建新元件"对话框，创建一个"图形"元件，名称为"背景"，如图 5-122 所示。单击"图层 1"上第 1 帧位置，执行"文件→导入→导入到舞台"命令，将图形"CD\源文件\第 5 章\Flash\image1.jpg"导入场景中，如图 5-123 所示。

图 5-122　新建元件

图 5-123　导入素材

⑰ 用同样的方法制作其他的图形元件，效果如图 5-124 所示。

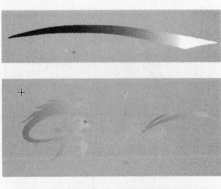

图 5-124　元件效果

⑱ 单击"时间轴"面板上"场景 1"标签，返回场景中，单击"图层 1"第 1 帧位置，将"背景"元件拖入场景中，效果如图 5-125 所示。单击"图层 1"第 140 帧位置，按 F6 键插入关键帧，时间轴效果如图 5-126 所示。

图 5-125　拖入元件

图 5-126　时间轴效果

⑲ 单击"图层 1"第 10 帧位置，单击"工具"面板上的"任意变形工具"按钮，调整元件大小，效果如图 5-127 所示。单击"图层 1"第 1 帧位置，调整元件大小如图 5-128 所示。

图 5-127　调整元件大小

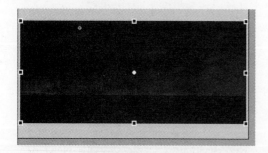

图 5-128　调整元件大小

⑳ 分别单击"图层 1"第 1 帧和第 10 帧位置，依次设置"属性"面板的"补间类型"为"动画"，时间轴效果如图 5-129 所示。

图 5-129　时间轴效果

㉑ 单击"时间轴"面板上"插入图层"按钮，新建

"图层 2"，单击"图层 2"第 1 帧位置，将"文字"元件拖入场景中，效果如图 5-130 所示。单击"图层 2"第 140 帧位置，按 F6 键插入关键帧，时间轴效果如图 5-131 所示。

图 5-130　拖入元件

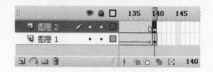

图 5-131　时间轴效果

㉒ 单击"图层 2"第 10 帧位置，单击"工具"面板上的"任意变形工具"按钮，调整元件大小，效果如图 5-132 所示。单击"图层 2"第 1 帧位置，调整元件大小如图 5-133 所示。

图 5-132　调整元件大小

图 5-133　调整元件大小

㉓ 分别单击"图层 2"第 1 帧和第 10 帧位置，依次设置"属性"面板的"补间类型"为"动画"，时间轴效果如图 5-134 所示。

图 5-134　时间轴效果

㉔ 单击"时间轴"面板上"插入图层"按钮，新建"图层 3"，单击"图层 3"第 1 帧位置，将"闪光"元件拖入场景中，效果如图 5-135 所示。单击"图层 3"第 5 帧位置，按 F6 键插入关键帧，并调整元件的位置和大小，效果如图 5-136 所示。

图 5-135　拖入元件

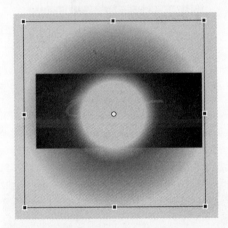

图 5-136　调整元件的大小和位置

㉕ 单击"图层 3"第 10 帧位置，选中元件，调整元件的大小和位置，效果如图 5-137 所示。分别单击"图层 3"第 1 帧和第 5 帧位置，依次设置其"属性"面板的"补间类型"为"动画"，时间轴效果如图 5-138 所示。

图 5-137　调整元件大小和位置

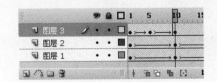

图 5-138　时间轴效果

㉖ 单击"时间轴"面板上"插入图层"按钮，新建"图层 4"，单击"图层 4"第 10 帧位置。按 F6 键插入关键帧，将"闪光"元件拖入场景中，并调整元件的大小和位置，效果如图 5-139 所示。单击"图层 4"第 20 帧位置，按 F6 键插入关键帧，并调整元件的大小和形状，效果如图 5-140 所示。

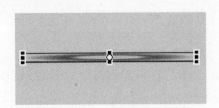

图 5-139　拖入元件

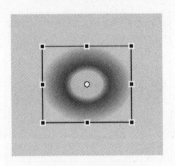

图 5-140　拖入元件

㉗ 单击"图层 4"第 10 帧位置，设置其"属性"面板的"补间类型"为"动画"，时间轴效果如图 5-141 所示。

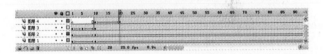

图 5-141　时间轴效果

㉘ 单击"时间轴"面板上"插入图层"按钮，新建"图层 5"，单击"图层 5"第 1 帧位置，将"遮罩层"元件拖入场景中，效果如图 5-142 所示。右键单击"图层 5"名称处，弹出快捷菜单，选择"遮罩层"选项，如图 5-143 所示。

图 5-142　拖入元件

图 5-143 选择"遮罩层"选项

图 5-147 拖入元件

㉙ 选中"图层 4"，执行"修改→时间轴→图层属性"选项，弹出"图层属性"对话框，设置如图 5-144 所示。用同样的方法设置其他图层的属性，时间轴效果如图 5-145 所示。

㉛ 单击"时间轴"面板上"插入图层"按钮，新建"图层 8"，单击"图层 8"第 1 帧位置，将"文字 2"元件拖入场景中，效果如图 5-148 所示。单击"时间轴"面板上"插入图层"按钮，新建"图层 9"，单击"图层 9"第 1 帧位置，将"按钮 1"元件至"按钮 5"元件拖入场景中，效果如图 5-149 所示。

图 5-144 设置"图层属性"对话框

图 5-148 拖入元件

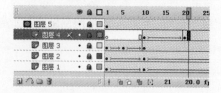

图 5-145 时间轴效果

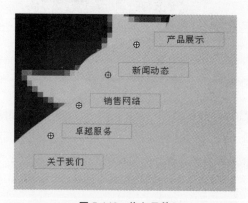

图 5-149 拖入元件

 提示

一个遮罩层可以有多个被遮罩层，但是不可以有多个遮罩层。如果需要多个遮罩动画，就需要在不同图层制作遮罩动画效果。

㉚ 单击"时间轴"面板上"插入图层"按钮，新建"图层 6"，单击"图层 6"第 1 帧位置，将"高光"元件拖入场景中，效果如图 5-146 所示。单击"时间轴"面板上"插入图层"按钮，新建"图层 7"，单击"图层 7"第 1 帧位置，将"电脑背景"元件拖入场景中，效果如图 5-147 所示。

㉜ 完成 Flash 动画的制作，执行"文件→保存"命令，保存文件，按 Ctrl+Enter 键测试动画效果，效果如图 5-150 所示。

图 5-146 拖入元件

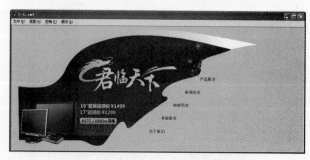

图 5-150 动画完成

## 5.4　站点规划——Dreamweaver 制作科技类网站

### 5.4.1　页面制作分析

科技类网站页面的特点在于体现高科技动感。本实例的页面内容较少，页面构成比较简单，在页面的最上部运用 Flash 动画体现出页面的主题内容和科技感，使页面有一种焕然一新的感觉。页面正文部分采用图文结合的排版方式，突出页面的正文内容。首页，需要通过 Dreamweavr 新建该网站的本地站点，再按照上、中、下的顺序，运用表格布局页面的方法，布局制作页面。

### 5.4.2　技术点睛

#### 1. 创建本地站点

在开始制作网页的时候，首先要在 Dreamweaver 中建立网站站点，如图 5-151 所示。这是为了更好地利用站点对文件进行管理，也可以尽可能减少错误，如路径出错、链接出错等。新手在制作网页时，条理性和结构性需要加强。他们往往一个文件放在这里，另一个文件放在那里，或者所有文件都放在同一文件夹内，显得很乱。建议建立一个文件夹用于存放网站的所有文件，再在文件内建立几个子文件夹，将文件分类。如图片放在 images 文件夹内，HTML 文件放在根目录下。如果站点比较大，文件比较多，可以先按栏目分类，在栏目里再分类。

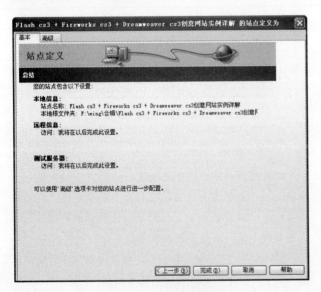

图 5-151　创建本地站点

#### 2. 新建文档

Dreamweaver 提供了多种文档类型，如图 5-152 所示。Dreamweaver 为处理各种 Web 设计和开发文

档提供了灵活的环境。除了 HTML 文档以外，它还可以创建和打开各种基于文本的文档，如 CFML，ASP，JavaScript 和 CSS。Dreamweaver 还支持源代码文件，如 Visual Basic，.NET.C# 和 Java 等。

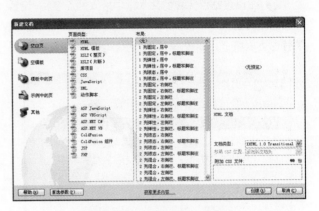

图 5-152　"新建文档"对话框

（1）设置页面边距

新建了一个文档之后，在制作页面之前，需要考虑页面与浏览器边框的距离，通常情况下，页面都是与浏览器边框靠在一起的，这就需要在"页面属性"对话框中将页面边距都设置为 0，如图 5-153 所示。

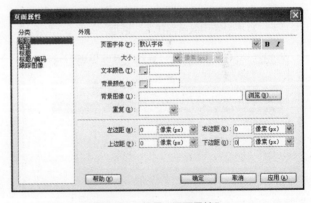

图 5-153　设置"页面属性"

（2）设置页面标题

在制作页面前，还需要设置页面标题，即给页面取个名字，如图 5-154 所示。

图 5-154　设置页面标题

图像是网页构成中最重要的元素之一，美观的图像会为网站增添生命力，同时也加深用户对网站良好的印象。

在使用图像前，一定要有目的。最好先用图像处理软件美化一下，否则插入的图像可能不美观。

### 5.4.3　制作页面

**①** 打开 Dreamweaver，执行"站点→新建站点"菜单命令，弹出"站点定义为"对话框，有"基本"和"高级"两个选项卡，选择"基本"选项卡。

**②** 在设置站点名称的文本框中输入站点名称，设置"您的站点的 HTTP 地址是什么？"文本框为空不填，如果有也可以填上，如图 5-155 所示。

图 5-155　设置新建站点的名称

**③** 单击"下一步"按钮，切换到新建站点第 2 步。选中"否，我不想使用服务器技术"选项，如图 5-156 所示。

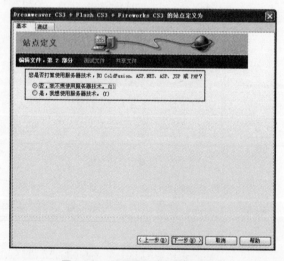

图 5-156　设置是否使用服务器技术

**④** 单击"下一步"按钮，切换到新建站点第 3 步，选择在本地计算机进行编辑，并浏览本地文件存储的位置，如图 5-157 所示。

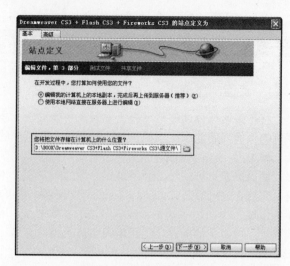

图 5-157　选择在何处使用文件

**⑤** 单击"下一步"按钮，切换到新建站点第 4 步，在"您如何连接到远程服务器？"下拉列表中选择"无"选项，因为在这里建立的是一个本地的站点，如图 5-158 所示。

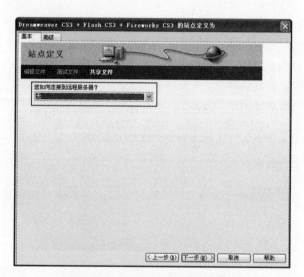

图 5-158　选择是否连接到远程服务器

 **提示**

此处讲解的是使用 Dreamweaver CS3 如何定义一个本地站点，如果需要定义远程站点，则需要在"您如何连接到远程服务器？"下拉列表中选择合适的连接远程服务器的方式，并设置连接远程服务器的相应信息。

**⑥** 单击"下一步"按钮，切换到站点定义完成对话框，从中可以看到站点定义的基本信息，包括本地信息、远程信息和测试服务器，如图 5-159 所示。

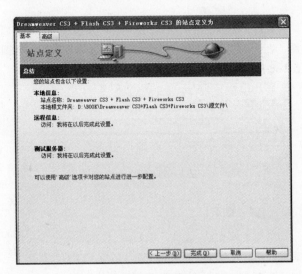

图 5-159　设置完成

⑦ 单击"完成"按钮，完成新建站点对话框的设置，在"文件"面板就可以看到新建立的本地站点，如图 5-160 所示。

图 5-160　"文件"面板

 提示

在"站点定义为"对话框中有"基本"和"高级"两个选项卡，前面介绍了使用"基本"选项卡定义本地站点的过程，"高级"选项卡定义站点的过程与"基本"选项卡定义站点的过程类似，读者可以试着使用"高级"选项卡来定义本地站点。

⑧ 执行"文件→新建"命令，弹出"新建文档"对话框，在对话框左侧选择"空白页"选项，在"页面类型"列表中选择"HTML"选项，在"布局"列表中选择"无"，如图 5-161 所示。

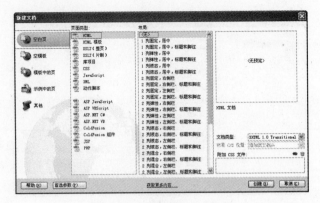

图 5-161　"新建文档"对话框

 提示

Dreamweaver CS3 为 Web 设计提供了方便的编辑环境，可以编辑 HTML，CFML，ASP，JavaScript 和 CSS 等文档，以及 Visual Basic，.NET，C#，和 Java 等语言。在"新建文档"对话框中，在对话框左侧可以选择"空白页"、"空模板"、"模板中的页"、"示例中的页"或"其他"选项，然后从右侧的列表中选择要创建的文档类型。

⑨ 单击"创建"按钮，新建一个 HTML 页面，执行"文件→保存"命令，保存页面为"CD\源文件\第 5 章\Dreamweaver\index.html"。

⑩ 单击"CSS 样式"面板上的"附加样式表"按钮 ，弹出"附加外部样式表"对话框。单击"浏览"按钮，选择需要的外部 CSS 样式表文件"CD\源文件\第 5 章\Dreamweaver\style\style.css"，如图 5-162 所示。单击"确定"按钮，完成"链接外部样式表"对话框，执行"文件→保存"菜单命令，保存页面。

⑪ 单击"属性"面板上的"页面属性"按钮  页面属性... ，弹出"页面属性"对话框，设置"页面字体"为"宋体"，"大小"为"12"，"文本颜色"为"#3f4344"，"背景颜色"为"#FFFFFF"，单击"背景图像"后的按钮 浏览(B)... ，将图像"CD\源文件\第 5 章\Dreamweaver\images\15.gif"插入到背景图像中，"重复"下拉列表中选择"不重复"，"左边距"、"右边距"、"上边距"、"下边距"都为"0"，如图 5-163 所示。

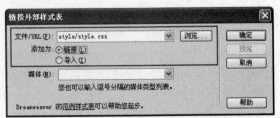

图 5-162　"链接外部样式表"对话框

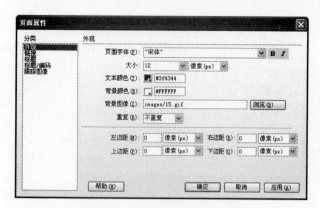

图 5-163　设置"页面属性"对话框

⑫ 单击"确定"按钮，完成"页面属性"对话框设置，页面效果如图 5-164 所示。

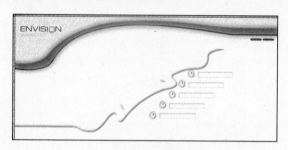

图 5-164　页面效果

⑬ 在"文档"工具栏上的"标题"文本框中输入页面的标题"科技类网页"，如图 5-165 所示。

图 5-165　设置网页标题

⑭ 单击"插入"栏上的"表格"按钮，在工作区中插入一个 2 行 1 列的表格，"表格宽度"为"100%"，"边框粗细"、"单元格边距"、"单元格间距"均为"0"，如图 5-166 所示。

图 5-166　插入表格

⑮ 光标移至刚刚插入表格的第 1 行单元格中，在"插入"栏上单击"Flash"按钮，将 Flash 动画"CD\源文件\第 5 章\Dreamweaver\images\1-1.swf"插入到单元格中，如图 5-167 所示。

图 5-167　插入 Flash 动画

⑯ 光标选中刚刚插入的 Flash，转换到"代码"视图，在代码视图中加入 Flash 动画背景透明代码，如图 5-168 所示。

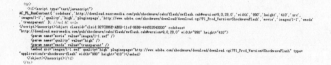

图 5-168　输入代码

**提示**

刚刚加的代码，是为了让 Flash 动画的背景在页面中变成透明，从而可以显示出 Flash 动画下方的背景图。合理运用 Flash 透明，会使页面变得整齐美观。

⑰ 光标移至表格第 2 行单元格中，在"属性"面板上设置"高"为"335"，在"属性"面板上的"样式"下拉列表中选择样式表 bg01 应用，效果如图 5-169 所示。

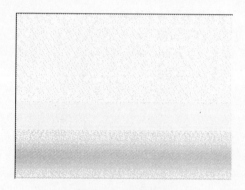

图 5-169　页面效果

⑱ 光标移至表格第 2 行单元格中，在"属性"面板上设置"垂直"属性为"顶端"，单击"插入"栏上的"表格"按钮，在单元格中插入一个 2 行 1 列的表格，"表格宽度"为"100%"，"边框粗细"、"单元格边距"、"单元格间距"均为"0"，如图 5-170 所示。

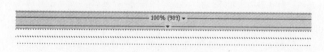

图 5-170　插入表格

⑲ 光标移至刚刚插入表格的第 1 行单元格中，单击"插入"栏上的"表格"按钮，在单元格中插入一个 1 行 2 列的表格，"表格宽度"为"100%"，"边框粗细"、"单元格边距"、"单元格间距"均为"0"，如图 5-171 所示。

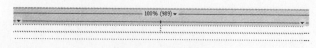

图 5-171　插入表格

⑳ 光标移至刚刚插入表格的第 1 列单元格中，在"属性"面板上设置"宽"为"421"；单击"插入"栏上的"表格"按钮，在单元格中插入一个 2 行 1 列的表格，"表格宽度"为"409"像素，"边框粗细"、"单元格边距"、"单元格间距"均为"0"；光标选中刚刚插入的表格，在"属性"面板上设置"对齐"属性为"居中对齐"，如图 5-172 所示。

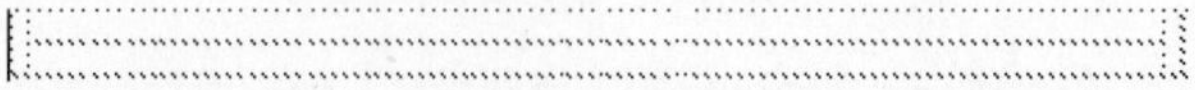

图 5-172　插入表格

㉑ 光标移至刚刚插入表格的第 1 行单元格中，在"属性"面板上设置"高"为"196"，"垂直"属性为"顶端"，在"插入"栏上单击"Flash"按钮，将 Flash 动画"CD\源文件\第 5 章\Dreamweaver\images\1-2.swf"插入到单元格中，如图 5-173 所示。

㉒ 光标移至第 2 行单元格中，在"属性"面板上设置"高"为"69"，"垂直"属性为"顶端"，单击"插入"栏上的"图像"按钮，将图像"CD\源文件\第 5 章\Dreamweaver\images\2.gif"插入到单元格中，如图 5-174 所示。

图 5-173　插入 Flash 动画

图 5-174　插入图像

㉓ 光标移至上一级表格的第 2 列单元格中，在"属性"面板上设置"垂直"属性为"顶端"，单击"插入"栏上的"表格"按钮，在单元格中插入一个 3 行 1 列的表格，"表格宽度"为"403"像素，"边框粗细"、"单元格边距"、"单元格间距"均为"0"，如图 5-175 所示。

图 5-175　插入表格

㉔ 光标移至刚刚插入表格的第 1 行单元格中，单击"插入"栏上的"表格"按钮，在单元格中插入一个 1 行 2 列的表格，"表格宽度"为"386"像素，"边框粗细"、"单元格边距"、"单元格间距"均为"0"，如图 5-176 所示。

图 5-176　插入表格

㉕ 光标移至刚刚插入表格的第 1 列单元格中，在"属性"面板上设置"高"为"21"，单击"插入"栏上的"图像"按钮，将图像"CD\源文件\第 5 章\Dreamweaver\images\4.gif"插入到单元格中，在刚刚插入的图像后输入相应的文字，如图 5-177 所示。

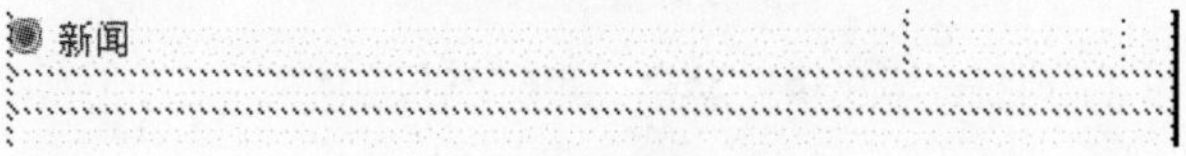

图 5-177　输入图像后的文字

㉖ 光标移至第 2 列单元格中，在"属性"面板上设置"水平"属性为"右对齐"，单击"插入"栏上的"图像"按钮，将图像"CD\源文件\第 5 章\Dreamweaver\images\5.gif"插入到单元格中，如图 5-178 所示。

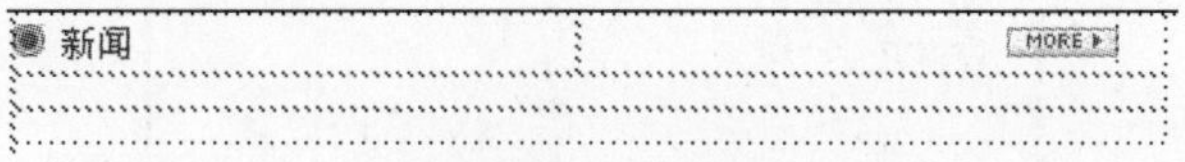

图 5-178　插入图像

㉗ 光标移至第 2 行单元格中，将图像"CD\源文件\第 5 章\Dreamweaver\images\3.gif"插入到单元格中，如图 5-179 所示。

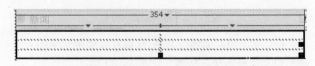

图 5-179　插入图像

㉘ 光标移至第 3 行单元格中，单击"插入"栏上的"表格"按钮，在单元格中插入一个 3 行 2 列的表格，"表格宽度"为"354"像素，"边框粗细"、"单元格边距"、"单元格间距"均为"0"，如图 5-180 所示。

图 5-180　插入表格

㉙ 光标移至刚刚插入表格的第 1 行第 1 列单元格中，在"属性"面板上设置"宽"为"95"，"高"为"65"，"垂直"属性为"底部"，单击"插入"

工具栏的"常用"选项卡中"图像"按钮旁边的下拉按钮，在下拉菜单中选择"图像占位符"选项，如图5-181 所示。

图 5-181　选择"图像占位符"选项

⑩ 弹出"图像占位符"对话框，在该对话框中可以设置占位符的大小和颜色，并为占位符设置"替换文本"，设置如图 5-182 所示。

图 5-182　设置"图像占位符"对话框

 提示

图像占位符不是在浏览器中显示的图形图像。在发布站点之前，应该用适用于 Web 的图形（例如 GIF 或 JPEG）替换所有页面上添加的图像占位符。

㉛ 单击"确定"按钮，在该单元格中插入图像占位符，如图 5-183 所示。

图 5-183　插入图像占位符

㉜ 使用相同的制作方法，可以在其他单元格插入符合各自图像大小的占位符，如图 5-184 所示。

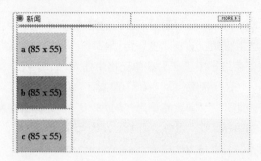

图 5-184　插入占位符

㉝ 执行"文件→保存"菜单命令，保存页面。单击"文档"工具栏上的"预览"按钮，在浏览器中预览整个页面效果，如图 5-185 所示。

图 5-185　页面预览效果

㉞ 删除前面所制作的图像占位符，将光标移至第 1 行第 1 列单元格中，单击"插入"栏上的"图像"按钮，将图像 "CD\ 源文件\ 第 5 章 \Dreamweaver\images\6.gif"插入到单元格中，如图 5-186 所示。

图 5-186　插入图像

㉟ 用相同方法在其他单元格中插入相应的图像，如图 5-187 所示。

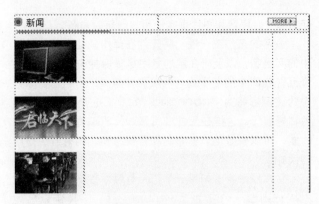

图 5-187 插入其他图像

㊱ 拖动光标选中第 2 列第 1，2，3 行单元格，在"属性"面板上单击"合并所选单元格"按钮，合并单元格；光标移至刚刚合并的单元格中，单击"插入"栏上的"表格"按钮，在单元格中插入一个 10 行 1 列的表格，"表格宽度"为"260"像素，"边框粗细"、"单元格边距"、"单元格间距"均为"0"，如图 5-188 所示。

㊲ 执行"文件→保存"菜单命令，保存页面。单击"文档"工具栏上的"预览"按钮，在浏览器中预览整个页面效果，如图 5-189 所示。

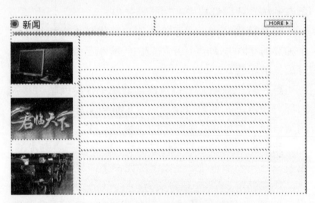

图 5-188 插入表格

图 5-189 预览页面效果

㊳ 拖动光标选中刚刚插入表格的所有单元格，在

"属性"面板上设置"高"为"21"，光标移至第 1 行单元格中，单击"插入"栏上的"图像"按钮，将图像"CD\源文件\第 5 章\Dreamweaver \images\9.gif"插入到单元格中，在刚刚插入的图像后输入相应的文字，如图 5-190 所示。

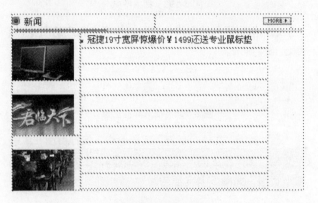

图 5-190 输入文字

㊴ 用相同方法在其他单元格中插入相应的图像，输入相应的文字，如图 5-191 所示。

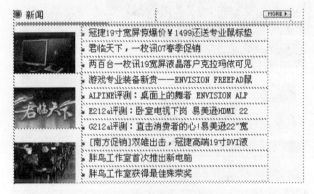

图 5-191 输入其他文字

㊵ 光标移至上级表格的第 2 行单元格中，在"属性"面板上设置"高"为"70"，单击"插入"栏上的"表格"按钮，在单元格中插入一个 1 行 5 列的表格，"表格宽度"为"863"像素，"边框粗细"、"单元格边距"、"单元格间距"均为"0"。选中刚刚插入的表格，在"属性"面板上设置"对齐"属性为"居中对齐"，如图 5-192 所示。

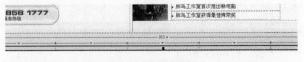

图 5-192 插入表格

㊶ 光标移至刚刚插入表格的第 1 列单元格中，在"属性"面板上设置"水平"属性为"居中对齐"，单击"插入"栏上的"图像"按钮，将图像"CD\源文件\第 5 章\Dreamweaver\images\10.gif"插入到单

元格中，如图 5-193 所示。

图 5-193　插入图像

❷ 用相同方法在其他单元格中插入相应的图像，如图 5-194 所示。

图 5-194　插入其他图像

❸ 执行"文件→保存"菜单命令，保存页面，单击"文档"工具栏上的"预览"按钮 ，在浏览器中预览整个页面，如图 5-195 所示。

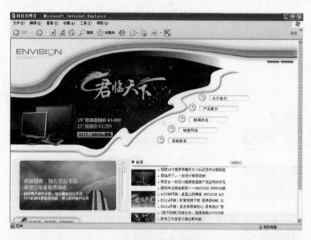

图 5-195　页面效果

## 5.5　技巧集合

### 5.5.1　在 Fireworks 中如何更改快捷键

Fireworks 使用快捷键可以快速执行简单的动作，从而提高了工作效率。如果习惯了使用其他应用程序（FreeHand，Illustrator，Photoshop）的快捷键，您可以切换到更喜欢的快捷键设置。

执行"编辑→快捷键"菜单命令，打开"快捷键"对话框，在"命令"区域中选择需要更改的命令，在下面的"按键"文本框中输入新的快捷键，单击"更改"按钮，然后单击"确定"，就完成了更改快捷键的设置。

### 5.5.2　Flash 元件命名规则

库中元件的命名：对库中的元件采用中文命名的方式，后边添加特定元件的后缀，比如新建一个"导航"元件，按钮则命名为"导航 btn"，影片剪辑命名为"导航 mc"，声音和图片直接使用"导航"命名。

命名的三步统一性：将元件在库中的名字、在场景中的实例名，以及所在层的名字尽量保持统一。比如一个元件在库中的名字为"导航影片剪辑"，则它在场景中的实例名将为"daohang_mc"，它所在的层名将为"导航"。这样在元件非常多、代码编写量非常大的时候，可以有效地节省命名和查找时间，同时避免引用错误。

文本域命名：如果一个影片剪辑中仅有一个动态文本域，则统一命名为"wenben_txt"，其变量名为"wenben_var"。如果有两个以上动态文本域，则根据其功能进行命名。

### 5.5.3　Flash 动画架构习惯

三层分离：基本按主场景层、动画层、代码功能层进行分离。由于数据加载完成时，会导致短暂的动画不流畅，所以我一般在 loading 场景中把数据一起加载完成，然后进入动画场景。大量的时间轴动画会导致项目结构混乱，所以我一般又会把动画也处理成独立场景，将动画最后一帧复制，然后建立新的功能场景并粘贴，所有的核心代码都集中在功能场景中。

影片剪辑结构：由于每个影片剪辑基本上相当于一个独立的 Flash 动画，所以它的结构也尽量遵从"三层分离"的思想。

影片剪辑双帧式：每个影片剪辑都保持两帧。尽管大部分情况下，都可以用一帧完成任务，但我还是会专门留一帧，为可能的帧数据刷新留有余地。

元件嵌套结构一般不超过三层，迫不得已的情况下，也要保证代码不写在三层以下的元件上。

外部调用 SWF 全部定义为：_lockroot = true。

外部调用的 SWF 中绝不使用_level0，除非特别需要。

### 5.5.4　Dreamweaver 图像标签辅助功能属性

在"图像标签辅助功能属性"对话框中，"替换文本"的作用是当鼠标指针移动到这些图片上时，如果给图像加上了"替换文本"，浏览器可以在鼠标指针右下方弹出一个黄底的说明框，为浏览者提供提示。当浏览器禁止显示图片时，如果给图像加上了"替换文本"，可以在图片的位置显示出这些文本。"详细说明"的作用是当在"详细说明"文本框中输入用户单击图像时显示的文件位置，该文本框提供指向与图像相关的文件的链接。

如果用户在插入图片时不想出现"图像标签辅助功能属性"对话框，可以在"首选参数"对话框中进行设置，如图 5-196 所示。

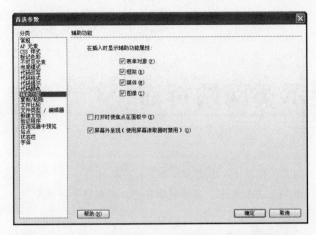

图 5-196　设置"首选参数"对话框中的"辅助功能"选项

### 5.5.5　在 Dreamweaver 中设置低分辨率图像

　　首先必须准备一个低分辨率或灰度版本的图供浏览器最终显示；第二步，在插入图片处插入浏览器最终显示图像；第三步，选中插入的图像，在"属性"面板上

的"低解析度源"处设置其低分辨率图像，如图 5-197 所示。

图 5-197　设置"低解析度源"

### 5.5.6　在 Dreamweaver 中将图像占位符替换图像

　　如果用户只是把图像占位符替换成一张不会变化的普通图像，只需要选中图像占位符，在"属性"面板上的"源文件"处设置它的源文件即可，这样图像占位符就会被替换成想要的图片，如图 5-198 所示。

图 5-198　设置"属性"面板的"源文件"

# 第6章 企业展示类网站页面

企业展示类网站主要供外界了解企业自身，树立良好企业形象，并提供一定服务。根据行业特性的差别，每一个企业网站都需要根据自身行业来选择适当的表现形式。网站需要贴近企业文化，有鲜明的特色，具有历史的连续性、个体性、创新性。本章将详细介绍企业展示类网站的设计制作。

### ↘ 本章学习目标

- 了解企业展示类网站页面的色彩及布局特点
- 掌握网页设计的方法
- 掌握网页补间动画的制作方法
- 掌握如何使用表格布局制作整个页面
- 学习表格的各种使用方法和操作技巧

### ↘ 本章学习流程

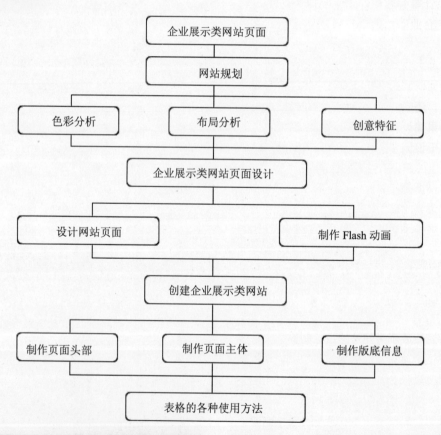

## 6.1 网页规划

企业展示类网站的整体设计应该很好地体现企业CI，整体风格同企业形象相符合，适合目标对象的特点。通常企业展示类网站所能够传达的信息量较少，要在有限的页面空间中合理安排页面中的图像和文字，使页面中主题突出。还可以在网中运用 Flash 动画等特效丰富页面内容。本章主要向大家介绍如何设计制作企业网站，效果如图 6-1 所示。

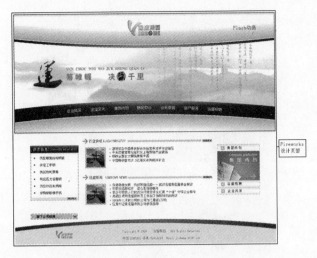

图 6-1

## 6.1.1　企业展示类网站分析

第一原则：在建设企业网站之前，首先需要考虑该企业网站的目标群体以及针对相应的目标群体所要达到的目的。在企业网站的建设过程中，网站的类型、功能、页面美工设计等各方面都会受到目标群体的直接影响，所以确定企业网站的目标群体是建设企业网站的第一原则。

目的原则：明确企业网站的目的是什么，达到什么样的效果。建设企业网站的主要目的是为了宣传企业产品、介绍企业文化，还是为了提高企业的知名度或是实现网络销售等，如果建设网站的目的不是惟一的，有多重目的，那么还需要设计者在设计制作企业网站时分出不同目的之间的轻重关系，有一定的侧重点。

整体原则：网站需要能够使浏览者更方便地操作，就需要设计者在建设网站前对网站有一个合理、清晰的版块和结构划分。在整个网站中，首页面应该与其他的

二级页面在页面布局和色彩风格上保持统一的风格，使整个网站看起来是一个有机的整体。

内容原则：确定了企业网站的目标群体，就需要从目标群体出发，提供目标群体所需要的专业信息，网站信息内容需要能够充分展现企业的专业特性。企业网站的目的就是对目标群体详细介绍企业自身的文化和内涵，以及企业的业务范围、性质和实力，从而使浏览者能够更加清楚地了解企业。

实用原则：企业网站所提供的信息内容既要切实符合浏览者需要，又要体现出本企业的特点。不要提供与目标群体无关的信息内容。这样不仅浪费网站的资源，也会减弱浏览者对网站的印象。

美观原则：网页设计需要能够吸引浏览者的眼球，应该遵循美观原则，符合企业的自身特点和形象，给浏览者一种耳目一新的感觉。

精简原则：企业网站页面中的内容应该尽量精简，提供给目标群体最需要的、最重要的信息，不要加上不必要的或是次要的内容，这样会使浏览者反感。页面也不宜过长，尽量不超过浏览器一屏的 200%。有大量信息的页面应该使用分页显示相关的内容信息。

## 6.1.2　企业展示类网站的创意形式

企业展示类网站的设计如果不好，就无法给顾客信赖感，所以洗练而又新颖的网页界面设计非常重要。一般来说，主页过于华丽反而不如使用充分的留白和简单的布局，这样可以给人洗练的印象。但也可以使用华丽的 Flash 动画给浏览者留下鲜明、富有活力的感觉。

企业网站的配色很重要的一点是如何处理留白，这是因为在一般企业宣传广告中，留白是另外一个非常重要的展示空间。

## 6.2　运筹帷幄——使用 Fireworks 设计页面

**案例分析**

本章主要讲解企业展示类网站的设计制作，企业展示类网站需要在贴近企业特点、形象的基础上向外界展示企业自身的文化和信息，树立良好企业形象。

- 色彩分析：本实例，以白色为底色，给浏览者洗练的感觉，配以深红色和灰色，体现企业的热情与专业，显示企业有积极向上、勇于创新的精神。
- 布局设计：在页面布局上，本实例采用了最基本的页面构成，在页面中应用大量的留白，给浏览者一种干净、洗练的感觉。特别是页面头

部的宣传 Flash 动画，为整个页面添色不少。页面头部的 Flash 动画采用弧形设计，页面底部的版底信息同样设计成弧形，与页面头部的 Flash 动画首尾呼应，使页面与众不同。

## 6.2.1　技术点睛

### 1."选取框"工具

使用"选取框"工具可以在位图图像中定义一个矩形的选区，通过配合快捷键也可以定义正方形的选区。

单击工具栏中的"选取框"工具，如图 6-2 所示。在图像上要进行选择的位置单击鼠标定义一个锚点，拖

曳鼠标到对角锚点处释放鼠标，定义一个矩形选取框，如图 6-3 所示。在拖曳鼠标的同时，按住 Shift 键，可以锁定矩形选取框的纵横比例为 1:1，定义的选取框为正方形，如图 6-4 所示。

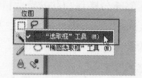

图 6-2 单击"选取框"工具

图 6-3 定义矩形选取框

图 6-4 定义正方形选取框

### 2．"椭圆选取框"工具

使用"椭圆选取框"工具可以在位图图像中定义一个椭圆形的选区，通过配合快捷键也可以定义圆形选区。

单击工具栏中的"椭圆选取框"工具按钮，如图 6-5 所示。在图像上要进行选择的位置单击鼠标，定义一个锚点，拖曳鼠标到对角锚点处释放鼠标，定义一个椭圆形选取框，如图 6-6 所示。在拖曳鼠标的同时按住 Shift 键，可以锁定椭圆选取框的纵横比例为 1:1，定义的选取框为圆形，如图 6-7 所示。

图 6-5 单击"椭圆选取框"工具

图 6-6 定义椭圆形选取框

图 6-7 定义圆形选取框

### 3．"套索"工具

使用"套索"工具选择的区域形状是不规范的，"套索"工具在图像中可以选择自由变形像素区域。

单击工具栏中的"套索工具"，如图 6-8 所示。拖曳鼠标在要进行选取的区域边缘进行勾勒，如图 6-9 所示。当要封闭选区时，可以将鼠标放置到开始处，再释放鼠标，此时软件将在开始处和结尾处连成一条直线进行封闭，如图 6-10 所示。

图 6-8 单击"套索"工具

图 6-9 拖曳鼠标进行勾勒

图 6-10　封闭选区

## 6.2.2　绘制步骤

🎨 绘制页面"供求信息"框

① 打开 Fireworks CS3，执行"文件→新建"菜单命令，弹出"新建文档"对话框，新建一个 1007 像素×865 像素，分辨率为 72 像素/英寸，画布颜色为"透明"的 Fireworks 文件，如图 6-11 所示。执行"文件→保存"菜单命令，将文件保存为"CD\源文件\第 6 章\Fireworks\2.png"。

② 单击文档底部"状态栏"上的"缩放比率"按钮，弹出菜单，选择"50%"选项，如图 6-12 所示，设置文档的缩放比率为 50%，使页面呈 50%显示。

图 6-11　新建 Flash 文档

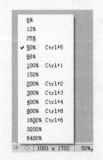

图 6-12　设置页面缩放比率

③ 单击工具栏中的"矩形"按钮工具 □，在舞台中绘制一个"颜色"值为#FFFFFF 的矩形，在"属性"面板上设置矩形的"宽"为"1007"，"高"为"865"，如图 6-13 所示，矩形效果如图 6-14 所示。

图 6-13　设置矩形属性　　　图 6-14　矩形效果

④ 执行"文件→导入"菜单命令，将"CD\源文件\第 6 章\Fireworks\素材\image1.jpg"导入到舞台中的适当位置，如图 6-15 所示，该图片将会在 Flash CS3 中制作成动画效果。

图 6-15　导入素材

⑤ 单击工具栏中的"矩形"工具 □，在舞台的适当位置绘制一个矩形，选择刚刚绘制的矩形，在"属性"面板上的"填充类别"下拉列表中选择"渐变→线性"，打开"填充色"对话框，从左向右分别设置渐变滑块颜色值为#E8E6F1、#F7F6FE，如图 6-16 所示。

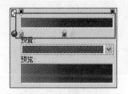

图 6-16　设置填充颜色

⑥ 在"边缘"下拉列表中选择"清除锯齿"，如图 6-17 所示。设置矩形的"宽"为"184"，"高"为"26"，如图 6-18 所示，舞台中的矩形效果如图 6-19 所示。

图 6-17　设置矩形属性　　　图 6-18　调整矩形大小

图 6-19　矩形效果

⑦ 单击工具栏中的"线条"工具 ／，在"属性"面板上设置线条"颜色"为#800217，"笔尖大小"为"1"，"描边种类"为"实线"，"不透明度"为"100"，

"混合模式"为"正常",如图 6-20 所示。在场景的适当位置绘制线条,如图 6-21 所示。

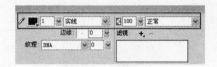

图 6-20 设置线条属性

图 6-21 绘制线条

⑧ 用同样的方法绘制矩形周围其他的线条,如图 6-22 所示。

图 6-22 绘制其他线条

⑨ 单击工具栏中的"线条"工具,在"属性"面板上设置线条"颜色"为#800217,"笔尖大小"为"1","描边种类"为"实线","不透明度"为"100","混合模式"为"正常",如图 6-23 所示。在场景的适当位置绘制线条,如图 6-24 所示。

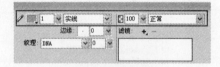

图 6-23 设置线条属性

图 6-24 绘制线条

⑩ 用同样的方法绘制矩形周围其他的线条,如图 6-25 所示。

图 6-25 绘制其他线条

⑪ 单击工具栏中的"线条"工具,在"属性"

面板上设置线条"颜色"为#EEEEEE,"笔尖大小"为"1","描边种类"为"实线","不透明度"为"100","混合模式"为"正常",如图 6-26 所示。在场景的适当位置绘制线条,如图 6-27 所示。

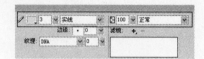

图 6-26 设置线条属性

图 6-27 绘制线条

⑫ 单击工具栏中的"文本"工具A,打开"属性"面板,设置"字体"为"宋体","大小"为"13","文本颜色"为#FFFFFF,在"消除锯齿级别"下拉列表中选择"不消除锯齿"选项,如图 6-28 所示。在舞台的适当位置输入文本,如图 6-29 所示。

图 6-28 设置文本属性

图 6-29 输入文本

⑬ 单击工具栏中的"文本"工具A,打开"属性"面板,设置"字体"为"Arial","大小"为"11","文本颜色"为#CBCCD0,在"消除锯齿级别"下拉列表中选择"不消除锯齿"选项,如图 6-30 所示。在舞台的适当位置输入文本,如图 6-31 所示。

图 6-30 设置文本属性

图 6-31 输入文本

⑭　单击工具栏中的"圆角矩形"工具 ▢，在舞台的适当位置绘制一个圆角矩形。选择刚刚绘制的圆角矩形，打开"属性"面板，设置"填充颜色"为#FF0000，"填充类别"为"实心"，在"边缘"下拉列表中选择"消除锯齿"，如图 6-32 所示。

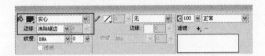

图 6-32　设置圆角矩形属性

⑮　选择刚刚绘制的圆角矩形，在"属性"面板上设置圆角矩形的"宽"为"5"，"高"为"5"，如图 6-33 所示，圆角矩形效果如图 6-34 所示。

图 6-33　调整圆角矩形大小　　图 6-34　圆角矩形效果

⑯　用同样的方法绘制出其他圆角矩形，如图 6-35 所示。

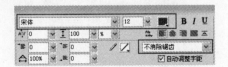

图 6-35　绘制其他圆角矩形

⑰　单击工具栏中的"文本"工具 Ａ，打开"属性"面板，设置"字体"为"宋体"，"大小"为"12"，"文本颜色"值为#FF0000，在"消除锯齿级别"下拉列表中选择"不消除锯齿"选项，如图 6-36 所示，在舞台的适当位置输入文本，如图 6-37 所示。

图 6-36　设置文本属性

图 6-37　输入文本

⑱　同样的方法输入其他文本，如图 6-38 所示。

图 6-38　输入其他文本

⑲　单击工具栏中的"矩形"工具 ▢，在舞台的适当位置绘制一个矩形。选择刚刚绘制的矩形，打开"属性"面板，设置"填充颜色"值为#C1C1C1，"填充类别"为"实心"，在"边缘"下拉列表中选择"消除锯齿"，如图 6-39 所示。

图 6-39　设置矩形属性

⑳　在"属性"面板上设置矩形的"宽"为"37"，"高"为"9"，如图 6-40 所示，舞台中矩形效果如图 6-41 所示。

图 6-40　调整矩形大小　　　　　图 6-41　矩形效果

㉑　单击工具栏中的"文本"工具 Ａ，打开"属性"面板，设置"字体"为"Arial"，"大小"为"8"，"文本颜色"值为#000000，在"消除锯齿级别"下拉列表中选择"不消除锯齿"选项，如图 6-42 所示，在舞台的适当位置输入文本，如图 6-43 所示。

图 6-42　设置文本属性

图 6-43　输入文本

㉒ 单击工具栏中的"多边形"工具 ○ ，打开"属性"面板，设置"填充颜色"值为#333333，"填充类别"为"实心"，在"边缘"下拉列表中选择"消除锯齿"选项，在"形状"下拉列表中选择"多边形"选项，设置"边"为"3"，如图 6-44 所示。

图 6-44　设置多边形属性

㉓ 在舞台的适当位置绘制多边形，选择刚刚绘制的多边形，在"属性"面板上设置"宽"为"3"，"高"为"5"，如图 6-45 所示，舞台中多边形效果如图 6-46 所示。

图 6-45　调整多边形大小　　　图 6-46　多边形效果

㉔ 供求信息部分制作完成，如图 6-47 所示。

图 6-47　完成效果

### 绘制页面版底信息

① 单击工具栏中的"钢笔"工具 ◊ ，打开"属性"面板，设置"填充颜色"值为#EDEDED，"填充类别"为"实心"，在"边缘"下拉列表中选择"消除锯齿"选项，设置"纹理总量"为"0"，设置"笔触颜色"为无，如图 6-48 所示。

图 6-48　设置绘制路径属性

② 在舞台的适当位置绘制路径，如图 6-49 所示。

图 6-49　绘制路径

③ 单击工具栏中的"部分选定"工具 ◊ ，选择刚刚绘制的路径的各个锚点，依次调整各个锚点的方向轴，如图 6-50 所示，使其调整到适当的方向，最后路径效果如图 6-51 所示。

图 6-50　调整锚点上的方向轴

图 6-51　调整路径后效果

④ 单击工具栏中的"钢笔"工具 ◊ ，打开"属性"面板，在"填充类别"下拉列表中选择"渐变→条状"，打开"填充色"对话框，从左向右分别设置渐变滑块颜色值为#EA5F4C、#66021C，如图 6-52 所示。

图 6-52　设置填充颜色

⑤ 在"边缘"下拉列表中选择"消除锯齿"选项，"纹理"为"50%"，设置"笔触颜色"为#CC3300，在"描边种类"下拉列表中选择"1 像素柔化"选项，如图 6-53 所示。根据上述绘制路径的方法，在舞台中绘制路径并进行调整，调整后的路径效果如图 6-54 所示。

图 6-53　设置路径属性

图 6-54　绘制并调整路径

⑥ 选择刚刚绘制的路径，在"属性"面板上单击"添加动态滤镜或选择预设"按钮 + ，在弹出的下拉列表中选择"阴影和光晕→内侧光晕"，如图 6-55 所示。

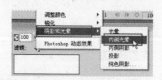

图 6-55　添加滤镜属性

⑦ 在弹出的"内侧光晕"对话框中设置"宽度"为"3"，"光晕颜色"值为#666666，"不透明度"为"49%"，

"柔化"为"5","光晕偏移"为"0",设置如图 6-56
所示,设置滤镜后的路径效果如图 6-57 所示。

图 6-56　设置滤镜属性

图 6-57　路径效果

⑧ 执行"文件→导入"菜单命令,将"CD\源文
件\第 6 章\Fireworks\素材\image4.jpg"导入到舞台
中的适当位置,如图 6-58 所示。

图 6-58　导入素材

⑨ 单击工具栏中"文本"工具 A,打开"属性"
面板,设置"字体"为"宋体","大小"为"12",
"字体颜色"值为#999999,设置"消除锯齿级别"为
"不消除锯齿",如图 6-59 所示。在页面中合适的位置
输入文字,页面如图 6-60 所示。

图 6-59　设置文本属性

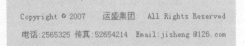

图 6-60　输入文本

⑩ 用同样方法在舞台中的适当位置输入其他文本,
如图 6-61 所示。完成版底信息部分的制作,最后效果如
图 6-62 所示。

图 6-61　输入其他文本

图 6-62　版底信息部分制作效果

⑪ 完成整个页面的绘制,页面效果如图 6-63 所示。

图 6-63　页面效果

## 6.3　决胜千里——Flash 制作场景动画

### 6.3.1　动画分析

　　企业网站中的 Flash 大多是表现企业的宗旨以及企
业的理念等信息,所以大多为比较大气,而且采用震撼
的手法,给人留下深刻的印象。而且这类 Flash 在用色
上会比较保守,传达给用户较为可靠的感觉。

### 6.3.2　技术点睛

#### 1.　创建形状补间动画

　　形状补间动画,是在 Flash 的"时间轴"面板上,
在一个时间点(关键帧)绘制一个形状,然后在另一个
时间点(关键帧)更改该形状或绘制另一个形状,Flash
根据二者之间的帧的值或形状来创建的动画被称为"形
状补间动画"。

　　形状补间动画可以实现两个图形之间颜色、形状、
大小、位置的相互变化,其变形的灵活性介于逐帧动画
和动作补间动画二者之间,使用的元素多为用鼠标或压
感笔绘制出的形状。

　　形状补间动画建好后,时间帧面板的背景色变为淡
绿色,在起始帧和结束帧之间有一个长长的箭头,以表
示在该"时间轴"内的动画形式为形状补间动画。"时
间轴"效果如图 6-64 所示。

图 6-64　"时间轴"效果

　　在"时间轴"面板上动画开始播放的地方创建或选
择一个关键帧并设置要开始变形的形状,一般一帧中以
一个对象为好。在动画结束处创建或选择一个关键帧并
设置要变成的形状,再单击开始帧,在"属性"面板上

"补间"下拉选项中选择"形状",如图 6-65 所示。此时,"时间轴"上的两个关键帧之间背景将变为淡绿色,即表示创建了形状补间动画。

图 6-65  设置"属性"面板

### 2. 创建动作补间动画

在 Flash 的"时间轴"面板上,在一个时间点(关键帧)放置一个元件,然后在另一个时间点(关键帧)改变这个元件的大小、颜色、位置、透明度等,Flash 根据二者之间帧的值创建的动画被称为动作补间动画。运用动作补间动画,可以设置元件的大小、位置、颜色、透明度、旋转等种种属性,配合其他的手法,制作出独特的动画效果。

动作补间动画也是 Flash 中非常重要的表现手段之一,与形状补间动画不同的是,动作补间动画的对象必须是"元件"或"成组对象",包括影片剪辑、图形元件、按钮等。除了元件,其他元素包括文本都不能创建补间动画,只有把形状"组合"或者转换成"元件"后才可以制作动作补间动画。

动作补间动画建立后,时间帧面板的背景色变为淡紫色,在起始帧和结束帧之间有一个长长的箭头,以表示该时间段内的动画类型为动作补间动画,效果如图 6-66 所示。

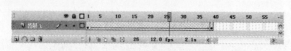

图 6-66  制作动作补间动画

### 3. 对象的缩放与淡出

当动画需要缩放效果时,可以使用动作补间动画来实现。其具体做法是将对象元件拖入场景中,在需要缩放的起始帧位置插入关键帧,在缩放对象的结束帧位置同样插入关键帧,并对元件进行缩放,再单击起始关键帧,在"属性"面板中"补间"下拉选项中选择"动作"选项,即可创建缩放的补间动画。

使元件实现淡出的方法同缩放的方法类似,同样需要插入起始和结束的关键帧。不同的是淡出的效果是单击起始帧位置,在"属性"面板的"颜色"下拉选项中选择"Alpha"选项,再在右侧的 Alpha 值的文本框中输入需要的透明度数值即可实现元件的淡出效果。

### 4. 对象的旋转与颜色变化

对象的旋转是在创建完动作补间动画的基础上,在动画的起始帧位置设置元件的角度,再在结束帧的位置设置对象的角度,在"属性"面板的"旋转"选项中可以选择元件的旋转方向,并可以设置在动画的时间段里旋转的次数。在此基础上同样可以加上前面所讲的淡出的效果。

当在特定帧内改变实例的颜色时,Flash 会在播放该帧时立即进行这些更改。要进行渐变颜色更改,必须通过补间动画来实现。

颜色变化同样是在创建完动作补间动画的基础上,在起始帧与结束帧的位置,设置元件不同的颜色参数。其做法为,选中动画的起始帧或结束帧,在"属性"面板的"颜色"下拉选项中选择需要的颜色变化选项。

### 5. 对象的滤镜变化与变形

在动作补间动画中,可以对元件添加各种滤镜,来实现较为复杂的效果变化。其用法简单,同样是选中动画的关键帧,在"滤镜"面板中选择想要的滤镜效果即可。

在补间动画中,同样可以将元件变形。其做法简单,是在创建完补间动画的基础上,选中起始帧或结束帧,单击"工具"栏上"任意变形工具"按钮,将元件调整为想要的形状即可。

### 6.3.3  制作步骤

❶ 执行"文件→新建"命令,新建一个 Flash 文档,单击"属性"面板上"文档属性"按钮,弹出"文档属性"对话框,设置文档大小为 1007 像素×449 像素,"背景颜色"为 #FFFFFF,"帧频"为"100"fps,如图 6-67 所示。

图 6-67  设置文档属性

❷ 执行"插入→新建元件"命令,弹出"创建新元件"对话框,创建一个"图形"元件,名称为"光点",如图 6-68 所示。单击"图层 1"第 1 帧位置,执行"文

件→导入→导入到舞台"命令，将图形"CD\源文件\
第 6 章\Flash\素材\image3.jpg"导入场景中，如图
6-69 所示。

图 6-68　新建元件

图 6-69　导入素材

③ 执行"插入→新建元件"命令，弹出"创建新元
件"对话框，创建一个"图形"元件，名称为"文字"，
如图 6-70 所示。单击"工具"面板上"文本工具"按钮，
并输入文字。选中文字并执行"修改→分离"命令，如
图 6-71 所示，元件效果如图 6-72 所示。

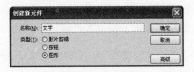

图 6-70　新建元件

图 6-71　"修改"菜单

图 6-72　元件效果

 提示

将位图导入场景后，可以对其执行"分离"命令，
这样就可以对位图进行简单修改了。

④ 选中"图层 1"上的图形，执行"编辑→复制"
命令，并修改其颜色。单击"时间轴"面板上"插入图
层"按钮，新建"图层 2"，单击"图层 2"第 1 帧位置，

执行"编辑→粘贴到当前位置"，效果如图 6-73 所示。

图 6-73　图形效果

⑤ 执行"插入→新建元件"命令，弹出"创建新元
件"对话框，创建一个"按钮"元件，名称为"反应区"，
如图 6-74 所示。单击"图层 1"上"点击"帧位置，单
击"工具"面板上"矩形工具"按钮，在场景中绘制一
个矩形，如图 6-75 所示。

图 6-74　新建元件

图 6-75　绘制矩形

⑥ 执行"插入→新建元件"命令，弹出"创建新元
件"对话框，创建一个"图形"元件，名称为"导航背
景 1"，如图 6-76 所示。单击"图层 1"第 1 帧位置，
执行"文件→导入→导入到舞台"命令，将图形"CD\
源文件\第 6 章\Flash\素材\image4.png"导入场景
中，如图 6-77 所示。

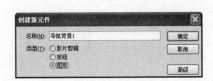

图 6-76　新建元件

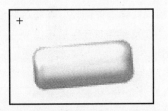

图 6-77　导入素材

⑦ 执行"插入→新建元件"命令，弹出"创建新元
件"对话框，创建一个"图形"元件，名称为"导航动
画 1"，如图 6-78 所示。单击"图层 1"第 1 帧位置，
将"导航背景 1"元件拖入场景中，如图 6-79 所示。

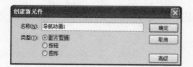

图 6-78　新建元件

图 6-79　拖入元件

⑧ 分别单击"图层 1"第 10 帧和第 25 帧位置，依次按 F6 键插入关键帧，单击"图层 1"第 1 帧位置，调整元件的大小如图 6-80 所示。设置其"属性"面板上"颜色"样式下"Alpha"值为"0%"，如图 6-81 所示。

图 6-80　调整元件大小　　图 6-81　设置"Alpha"值

⑨ 分别单击"图层 1"第 1 帧和第 10 帧位置，依次设置其"属性"面板上"补间类型"为"动画"，"时间轴"效果如图 6-82 所示。

图 6-82　"时间轴"效果

⑩ 单击"时间轴"面板上"插入图层"按钮，新建"图层 2"。单击"图层 2"第 1 帧位置，将"反应区"元件拖入场景中，并调整元件的位置和大小，效果如图 6-83 所示。选中元件，执行"窗口→动作"命令，打开"动作-帧"面板，输入脚本代码，如图 6-84 所示，"时间轴"效果如图 6-85 所示。

图 6-83　拖入元件　　图 6-84　输入脚本代码

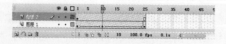

图 6-85　"时间轴"效果

⑪ 单击"时间轴"面板上"插入图层"按钮，新建"图层 3"。分别单击"图层 3"第 1 帧和第 10 帧位置，

依次按 F6 键插入关键帧，执行"窗口→动作"命令，打开"动作-帧"面板，输入"stop();"代码，"时间轴"效果如图 6-86 所示。

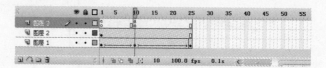

图 6-86　"时间轴"效果

⑫ 用同样的方法制作其他的导航元件，如图 6-87 所示。

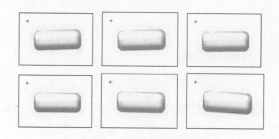

图 6-87　制作其他元件

⑬ 执行"插入→新建元件"命令，弹出"创建新元件"对话框，创建一个"图形"元件，名称为"文字效果"，如图 6-88 所示。单击"图层 1"第 1 帧位置，执行"文件→导入→导入到舞台"命令，将图形"CD\源文件\第 6 章\Flash\素材\image11.png"导入场景中，如图 6-89 所示。

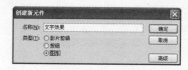

图 6-88　新建元件

图 6-89　导入素材

⑭ 执行"插入→新建元件"命令，弹出"创建新元件"对话框，创建一个"影片剪辑"元件，名称为"文字动画"，如图 6-90 所示。单击"图层 1"第 1 帧位置，将"文字效果"元件拖入场景中，如图 6-91 所示。

图 6-90　新建元件

图 6-91　拖入元件

⑮ 分别单击"图层 1"第 20 帧、第 40 帧和第 280 帧位置，依次按 F6 键插入关键帧，"时间轴"效果如图 6-92 所示。

图 6-92　"时间轴"效果

⑯ 单击"图层 1"第 20 帧位置，选中元件，设置其"属性"面板上"颜色"样式下"高级"选项如图 6-93 所示，元件效果如图 6-94 所示。

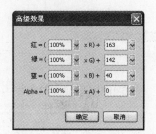

图 6-93　设置"高级效果"对话框

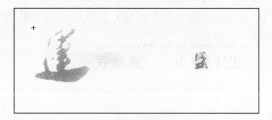

图 6-94　元件效果

⑰ 分别单击"图层 1"第 1 帧和第 20 帧位置，依次设置其"属性"面板上"补间类型"为"动画"，"时间轴"效果如图 6-95 所示。

图 6-95　"时间轴"效果

⑱ 执行"插入→新建元件"命令，弹出"创建新元件"对话框，创建一个"图形"元件，名称为"鹰"，如图 6-96 所示。单击"图层 1"第 1 帧位置，执行"文件→导入→导入到舞台"命令，将图形"CD\源文件\第 6 章\Flash\素材\image13.png"导入场景中，如图 6-97 所示。

图 6-96　新建元件

图 6-97　导入素材

⑲ 执行"插入→新建元件"命令，弹出"创建新元件"对话框，创建一个"图形"元件，名称为"云"，如图 6-98 所示。单击"图层 1"第 1 帧位置，执行"文件→导入→导入到舞台"命令，将图形"CD\源文件\第 6 章\Flash\素材\image14.png"导入场景中，如图 6-99 所示。

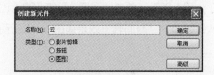

图 6-98　新建元件

图 6-99　导入素材

⑳ 执行"插入→新建元件"命令，弹出"创建新元件"对话框，创建一个"影片剪辑"元件，名称为"云动画"，如图 6-100 所示。单击"图层 1"第 1 帧位置，将"云"元件拖入场景中，如图 6-101 所示。

图 6-100　新建元件

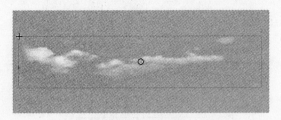

图 6-101　拖入元件

㉑ 单击"图层 1"第 350 帧位置，按 F6 键插入关键帧，并调整元件的位置，效果如图 6-102 所示。

图 6-102　调整元件位置

㉒ 单击"图层 1"第 1 帧位置，设置其"属性"面板上"补间类型"为"动画"，"时间轴"效果如图 6-103 所示。

图 6-103　"时间轴"效果

㉓ 单击"时间轴"面板上"场景 1"标签返回场景中，单击"图层 1"第 1 帧位置，将"背景"元件拖入场景中，效果如图 6-104 所示。单击"图层 1"第 600 帧位置，按 F6 键插入关键帧，"时间轴"效果如图 6-105 所示。

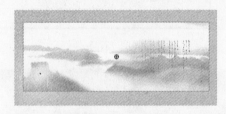

图 6-104　拖入元件

图 6-105　"时间轴"效果

 提示

当文档中只存在一个场景的时候，单击"场景 1"标签即可返回场景中，而在拥有多个场景的时候，必须对场景进行选择才可以回到相应的场景中去。

㉔ 单击"图层 1"第 1 帧位置，设置其"属性"面板上"补间类型"为"动画"，"时间轴"效果如图 6-106 所示。

图 6-106　"时间轴"效果

㉕ 单击"时间轴"面板上"插入图层"按钮，新建"图层 2"。单击"图层 2"第 1 帧位置将"云动画"元件拖入场景中，效果如图 6-107 所示，"时间轴"效果如图 6-108 所示。

图 6-107　拖入元件

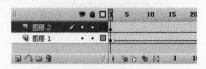

图 6-108　"时间轴"效果

㉖ 单击"时间轴"面板上"插入图层"按钮，新建"图层 3"。单击"图层 3"第 130 帧位置，按 F6 键插入关键帧，将"云动画"元件拖入场景中，并调整元件的大小及位置，效果如图 6-109 所示，"时间轴"效果如图 6-110 所示。

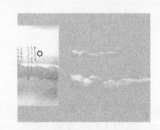

图 6-109　拖入元件

图 6-110　"时间轴"效果

㉗ 单击"时间轴"面板上"插入图层"按钮，新建"图层 4"。单击"图层 4"第 1 帧位置，执行"文件→导入→导入到舞台"命令，将图形"CD\源文件\第 6 章\Flash\素材\image2.png"导入场景中，如图 6-111 所示。选中图形，执行"编辑→复制"命令，复制图形。执行"编辑→粘贴到当前位置"命令，并调整元件的角度和位置，效果如图 6-112 所示。

图 6-111　导入素材

图 6-112　调整元件的位置

㉘ 单击"时间轴"面板上"插入图层"按钮，新建"图层 5"。单击"图层 5"第 1 帧位置，执行"文件→导入→导入到舞台"命令，将图形"CD\源文件\第 6 章\Flash\素材\image1.png"导入场景中，如图 6-113 所示，"时间轴"效果如图 6-114 所示。

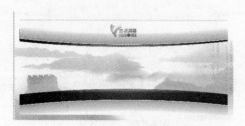

图 6-113　导入素材

图 6-114　"时间轴"效果

㉙ 单击"时间轴"面板上"插入图层"按钮，新建"图层 6"。单击"图层 6"第 1 帧位置，将"导航动画 1"至"导航动画 7"元件拖入场景中，效果如图 6-115 所示。

图 6-115　拖入元件

㉚ 单击"时间轴"面板上"插入图层"按钮，新建"图层 7"。单击"图层 7"第 1 帧位置，将"文字"元件拖入场景中，效果如图 6-116 所示。

图 6-116　拖入元件

㉛ 单击"时间轴"面板上"插入图层"按钮，新建"图层 8"。单击"图层 8"第 1 帧位置，将"文字动画"元件拖入场景中，效果如图 6-117 所示。单击"图层 8"第 50 帧位置，按 F6 键插入关键帧，并调整元件的位置，效果如图 6-118 所示。

图 6-117　拖入元件

图 6-118　调整元件位置

㉜ 单击"图层 8"第 1 帧位置，选中元件，设置其"属性"面板上"颜色"样式下"Alpha"值为"0%"，如图 6-119 所示，元件效果如图 6-120 所示。

图 6-119　设置 Alpha 值

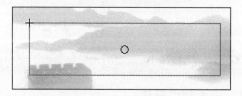

图 6-120　元件效果

㉝ 单击"图层 8"第 1 帧位置，设置其"属性"面板上"补间类型"为"动画"，"时间轴"效果如图 6-121 所示。

图 6-121　"时间轴"效果

㉞ 单击"时间轴"面板上"插入图层"按钮，新建"图层 9"。单击"图层 9"第 1 帧位置，将"鹰"元件拖入场景中，效果如图 6-122 所示。单击"图层 9"第 30 帧位置，按 F6 键插入关键帧，并调整元件的位置和

大小，效果如图 6-123 所示。

图 6-122　拖入元件　　　　图 6-123　调整元件位置

㉟ 单击"图层 9"第 30 帧位置，选中元件，设置其"属性"面板上"颜色"样式下"Alpha"值为"0%"，如图 6-124 所示，元件效果如图 6-125 所示。

图 6-124　设置 Alpha 值　　　图 6-125　元件效果

㊱ 单击"图层 9"第 1 帧位置，设置其"属性"面板上"补间类型"为"动画"，"时间轴"效果如图 6-126 所示。

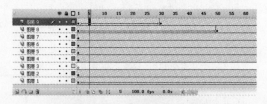

图 6-126　"时间轴"效果

㊲ 单击"时间轴"面板上"插入图层"按钮，新建"图层 10"。单击"图层 10"第 600 帧位置，按 F6 键插入关键帧，执行"窗口→动作"命令，打开"动作-帧"面板，输入"stop();"脚本代码，"时间轴"效果如图 6-127 所示。

图 6-127　"时间轴"效果

㊳ 完成 Flash 动画的制作，执行"文件→保存"命令，保存文件。按 Ctrl+Enter 键测试动画效果，如图 6-128 所示。

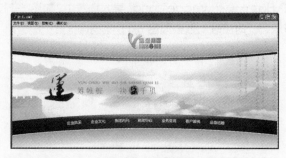

图 6-128　测试效果

## 6.4　表格运用——Dreamweaver 制作页面

### 6.4.1　页面制作分析

本实例采用基本的页面构成形式，将网站的导航菜单与企业文化宣传的 banner 条融合在一起，制作成 Flash 动画的效果，使页面更具有现代感。中间是页面的正文部分，正文部分采用普通的左、中、右三栏排法。最下面为页面的版底信息。整个页面使用弧线的形式，打破页面平整的布局风格，使页面与众不同。并且在页面的头部和底部做出弧线的对应，使页面看起来又是一个整体，自然大方。

### 6.4.2　技术点睛

#### 1．表格的作用

表格是网页中用途非常广泛的工具，除了排列数据和图像外，更多用于网页布局。在 Dreamweaver 中制作网页，表格的运用是非常重要的，它是在页面上显示表格式数据以及对文本和图形进行布局的强有力工具。

Dreamweaver 提供了两种查看和操作表格的方式：在"标准"模式中，表格显示为行和列的网格；而在"布局"模式下，允许将表格用做基础结构的同时，还可以在页面上绘制、调整方框的大小以及移动方框。本例将重点介绍如何插入表格及表格属性的设置。"表格"对话框如图 6-129 所示。

图 6-129　"表格"对话框

## 2．拆分单元格

在插入表格时，可能对表格的行数和列数没有指定确切的数字，在设计过程中也可能会按照不同的版面需要将单元格拆分、合并或进行其他的操作，可以将单元格拆分成任意数目的行或列。如果需要拆分某个单元格，可以将光标移至该单元格中，单击"属性"面板上的"拆分单元格为行或列"按钮，弹出"拆分单元格"对话框，如图 6-130 所示，进行设置。

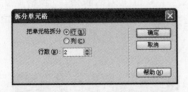

图 6-130　"拆分单元格"对话框

## 3．合并单元格

拖动光标，选中相邻的单元格，单击"属性"面板上的"合并所选单元格"按钮，即可将所选单元格合并，只要整个选择部分的单元格形成一个矩形，便可以合并，以生成一个跨多个列或行的单元格，如图 6-131 所示为合并后的单元格效果。

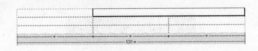

图 6-131　合并单元格

## 4．去除单元格中的空格代码

在制作页面时，有时需要设置单元格的高度比较小，例如高度为 10 像素，而在页面显示状态下，实际的高度也许比 10 像素要高。这是因为在该单元格中有空格代码所致，所以，就需要转换到代码视图，将单元格中的空格代码删除，如图 6-132 所示。

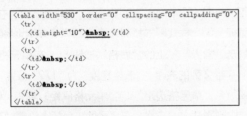

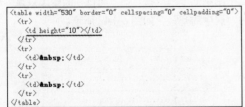

图 6-132　删除单元格中空格代码

在网页制作中，应用嵌套表格布局网页是最常用的

方式。嵌套表格是在一个表格的单元格中的表格。可以像对任何其他表格一样对嵌套表格进行格式设置，但是，其宽度受所在单元格宽度的限制，此类表格的应用在上一章的例子中都有用到。

### 6.4.3　制作页面

❶　执行"文件→新建"菜单命令，弹出"新建文档"对话框，新建一个空白的 HTML 文件，并保存为"CD\源文件\第 6 章\Dreamweaver\2-1.html"。

❷　单击"CSS 样式"面板上的"附加样式表"按钮，弹出"附加外部样式表"对话框。单击"浏览"按钮，选择需要的外部 CSS 样式表文件"CD\源文件\第 6 章\Dreamweaver\style\style.css"，单击"确定"按钮，完成"链接外部样式表"对话框设置。执行"文件→保存"菜单命令，保存页面。

❸　单击"插入"栏上的"表格"按钮，弹出"表格"对话框，在工作区中插入一个 3 行 1 列的表格，"表格宽度"为"100%"，"边框粗细"、"单元格边距"、"单元格间距"均为"0"，如图 6-133 所示，效果如图 6-134 所示。

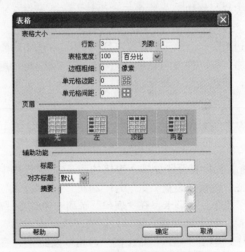

图 6-133　设置"表格"对话框

图 6-134　插入表格

❹　光标选中刚刚插入的表格，在"属性"面板中设置"对齐"属性，如图 6-135 所示。

图 6-135　表格"属性"面板

**提示**

表格"属性"面板的"边框"属性是指表格边框的粗细数值,"填充"属性是指表格内容与表格边框的间距,"间距"属性是指表格边框与边框之间的间距。

**提示**

选择表格的另外两种方法:可以将光标置于表格的尾部,向左拖动选中表格;或者将光标置于单元格内,在状态栏中选择此<td→标签为选中该单元格,选择距<td→最近的<tr→标签为选中该单元格所在的单元行,选择距<td→最近的<table→标签即选中该单元格所在的表格。

⑤ 光标移至刚刚插入表格的第 1 行单元格中,在"插入"栏上单击"Flash"按钮 🔁,将 Flash "CD\源文件\第 6 章\Dreamweaver\images\2-1.swf"插入到单元格中,如图 6-136 所示。

图 6-136　插入 Flash 动画

⑥ 光标移至第 2 行单元格中,单击"插入"栏上的"表格"按钮 🎞,在单元格中插入一个 1 行 3 列的表格,"表格宽度"为"947"像素,"边框粗细"、"单元格边距"、"单元格间距"均为"0"。选中刚刚插入的表格,在"属性"面板设置"对齐"属性为"居中对齐",如图 6-137 所示。

图 6-137　插入表格

⑦ 光标移至刚刚插入表格的第 1 列单元格中,在"属性"面板上设置"宽"为"247",在"插入"栏上选择"表单"选项卡,在"表单"选项卡中单击"表单"按钮 🞖,在页面中插入表单域。光标移至刚刚插入的表单域中,单击"插入"栏上的"表格"按钮 🎞,在表单中插入一个 2 行 1 列的表格,"表格宽度"为"186"像素,"边框粗细"、"单元格边距"、"单元格间距"均为"0",如图 6-138 所示。

图 6-138　插入表单域和表格

⑧ 转换到代码视图中,修改代码,将红色虚线的表单区域隐藏。返回设计视图,光标选中刚刚插入的表格,在"属性"面板上设置"对齐"属性为"右对齐",如图 6-139 所示。

图 6-139　插入表格

⑨ 光标移至刚刚插入表格的第 1 行单元格中,在"属性"面板上设置"高"为"250","垂直"属性为"底部"。单击"插入"栏上的"表格"按钮 🎞,在单元格中插入一个 3 行 1 列的表格,"表格宽度"为"186"像素,"边框粗细"、"单元格边距"、"单元格间距"均为"0",如图 6-140 所示。

图 6-140　插入图像

⑩ 光标移至刚刚插入表格的第 1 行单元格中,单击"插入"栏上的"图像"按钮 🞈,将图像"CD\源文件\第 6 章\Dreamweaver\images\1.gif"插入到单元格中。用相同的方法在第 3 行单元格中插入相应的图像,如图 6-141 所示。

图 6-141　页面效果

⑪ 光标移至第 2 行单元格中,在"属性"面板上设置"高"为"165","水平"属性为"居中对齐",在"属性"面板上的"样式"下拉列表中选择样式表 table01 应用。单击"插入"栏上的"表格"按钮 🎞,在单元格中插入一个 6 行 2 列的表格,"表格宽度"为"179"像素,"边框粗细"、"单元格边距"、"单元格间距"均为"0"。光标选中刚刚插入的表格,在"属性"面板上设置"对齐"属性为"居中对齐",如图 6-142 所示。

图 6-142　插入图像

⑫ 光标移至刚刚插入表格的第 1 行第 1 列单元格中，在"属性"面板上设置"宽"为"32"，"高"为"20"，"水平"属性为"居中对齐"，将图像"CD\源文件\第 6 章\Dreamweaver\images\11.gif"插入到单元格中，如图 6-143 所示。

⑬ 光标移至第 1 行第 2 列单元格中，在单元格中输入文字，拖动光标选中刚刚输入的文字，在"属性"面板的"样式"下拉列表中选择样式表 font01 应用。

⑭ 用相同方法完成其他单元格的制作，如图 6-144 所示。

图 6-143　页面效果 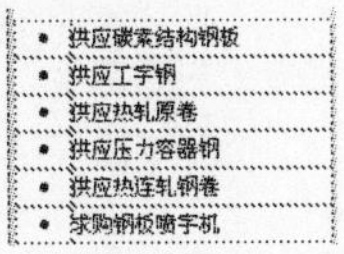　　　图 6-144　页面效果

### 提示

如果要求每行单元格高度都是一样的，逐个设置会给工作造成很大的麻烦。这里提供一个好的方法：首先拖动光标将需要设置为相同高度的单元格全部选中，在"属性"面板中设置高度和宽度，则所有选中的单元格都会变成相同的高度，大大节省了时间。

⑮ 光标移至上级表格的第 2 行单元格中，在"属性"面板上设置"高"为"73"，"垂直"属性为"底部"。在"插入"栏上选择"表单"选项卡，在"表单"选项卡中单击"跳转菜单"按钮，弹出"插入跳转菜单"对话框。在"文本框"中输入名称，在"选择时，转到 URL"文本框中输入需要链接的地址，设置完毕后单击左上角的"添加项"按钮，添加新的项目。用相同方法设置新添加的项目。选中刚刚插入的跳转菜单，在"属性"面板的"类"下拉列表中选择 table02 应用，如图 6-145 所示。

图 6-145　设置与插入跳转菜单

⑯ 光标移至上级表格第 2 列单元格中，在"属性"面板上设置"宽"为"516"。单击"插入"栏上的"表格"按钮，在单元格中插入一个 4 行 1 列的表格，"表格宽度"为"500"像素，"边框粗细"、"单元格边距"、"单元格间距"均为"0"。光标选中刚刚插入的表格，在"属性"面板上设置"对齐"属性为"右对齐"，如图 6-146 所示。

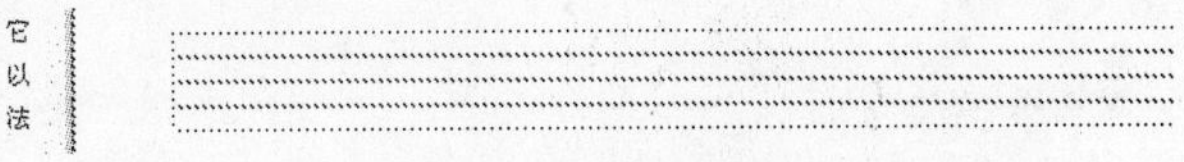

图 6-146　插入表格

⑰ 光标移至刚刚插入表格的第 1 行单元格中，单击"插入"栏上的"表格"按钮，在单元格中插入一个 1 行 3 列的表格，"表格宽度"为"500"像素，"边框粗细"、"单元格边距"、"单元格间距"均为"0"，光标选中刚刚插入的表格，如图 6-147 所示。

图 6-147　插入表格

⑱ 光标移至刚刚插入表格的第 1 列单元格中，在"属性"面板上设置"宽"为"168"。单击"插入"栏上的"图像"按钮，将图像"CD\源文件\第 6 章\Dreamweaver\images\4.gif"插入到单元格中。用相同的方法在第 3 列单元格中插入相应的图像，如图 6-148 所示。

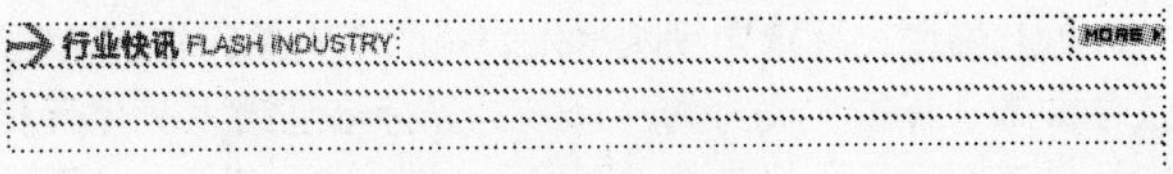

图 6-148　插入图像

⑲ 光标移至第 2 列单元格中，在"属性"面板上的"样式"下拉列表中选择样式表 bg01 应用，如图 6-149 所示。

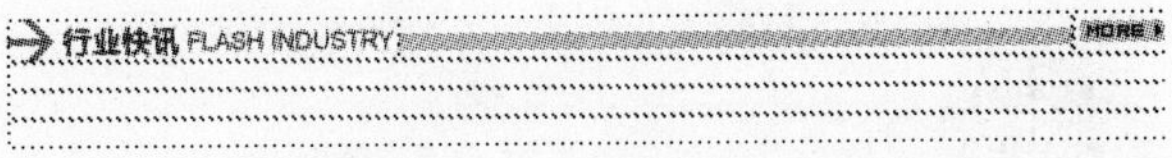

图 6-149　页面效果

⑳ 光标移至上级表格的第 2 行单元格中，在"属性"面板上设置"高"为"118"。单击"插入"栏上的"表格"按钮，在单元格中插入一个 1 行 2 列的表格，"表格宽度"为"352"像素，"边框粗细"、"单元格边距"、"单元格间距"均为"0"，如图 6-150 所示。

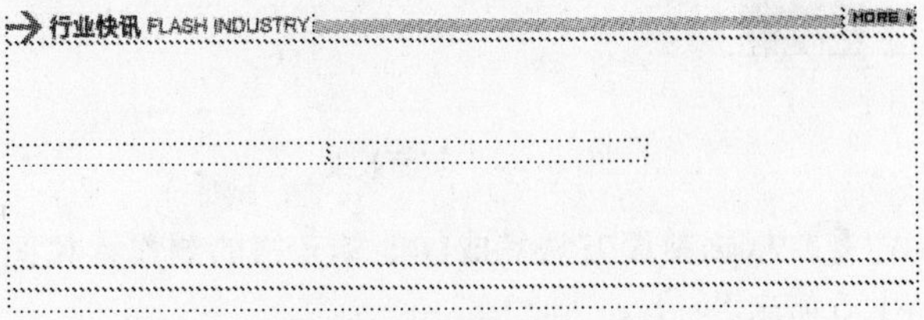

图 6-150　插入表格

㉑ 光标移至刚刚插入表格的第 1 列单元格中，在"属性"面板上设置"宽"为"102"，"水平"属性为"居中对齐"，单击"插入"栏上的"图像"按钮，将图像"CD\源文件\第 6 章\Dreamweaver\images\7.gif"插入到单元格中，如图 6-151 所示。

图 6-151　插入图像

㉒ 光标移至第 2 列单元格中，在"属性"面板上设置"垂直"属性为"顶端"，单击"插入"栏上的"表格"按钮，在单元格中插入一个 4 行 1 列的表格，"表格宽度"为"252"像素，"边框粗细"、"单元格边距"、"单元格间距"均为"0"，如图 6-152 所示。

图 6-152　插入表格

㉓ 拖动光标选中刚刚插入表格的所有单元格，在"属性"面板上设置"高"为"16"。光标移至第 1 列单元格中，单击"插入"栏上的"图像"按钮，将图像"CD\源文件\第 6 章\Dreamweaver\images\9.gif"插入到单元格中，在刚刚插入的图像后输入文字，如图 6-153 所示。

图 6-153　页面效果

㉔ 用相同的方法在其他单元格中插入相应图像的文字，如图 6-154 所示。

图 6-154　页面效果

㉕ 根据前面方法完成其他单元格的制作，如图 6-155 所示。

图 6-155　页面效果

㉖ 光标移至上级表格的第 3 列单元格中，在"属性"面板上设置"水平"属性为"右对齐"，在"插入"栏上单击"Flash"按钮，将 Flash "CD\源文件\第 6 章\Dreamweaver\images\2-2.swf"插入到单元格中，如图 6-156 所示。

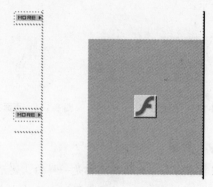

图 6-156　插入 Flash 动画

㉗ 光标移至上级表格的第 3 行单元格中，在"属性"面板上设置"高"为"92"，在"属性"面板上的"样式"下拉列表中选择样式表 bg02 应用，如图 6-157 所示。

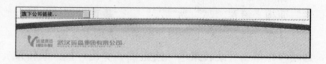

图 6-157　页面效果

㉘ 光标移至第 3 行单元格中，在"属性"面板上设置"垂直"属性为"底部"。单击"插入"栏上的"表格"按钮，在单元格中插入一个 1 行 2 列的表格，"表格宽度"为"734"像素，"边框粗细"、"单元格边距"、"单元格间距"均为"0"。光标选中刚刚插入的表格，在"属性"面板上设置"对齐"属性为"居中对齐"，如图 6-158 所示。

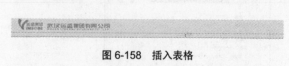

图 6-158　插入表格

㉙ 光标移至刚刚插入表格的第 1 列单元格中，在"属性"面板上设置"宽"为"289"，"高"为"46"，光标移至第 2 列单元格中，输入相应的文字，如图 6-159 所示。

图 6-159　输入文字

㉚ 执行"文件→保存"菜单命令，保存页面，单击"文档"工具栏上的"预览"按钮，在浏览器中预览整个页面，如图 6-160 所示。

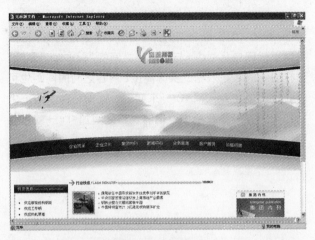

图 6-160　页面效果

# 6.5　技巧集合

## 6.5.1　Fireworks

### "自由变形工具"使用技巧

使用"自由变形"工具可以直接对矢量对象执行弯曲和变形操作，而不是对各个点执行操作，可以推动或拉伸路径的任何部分而不管点的位置如何。在更改矢量对象的形状时，Fireworks 会自动添加、移动或删除路径上的点。

在按住鼠标左键的同时，按住键盘上的"2"键可以增加指针的宽度。

在按住鼠标左键的同时，按住键盘上的"1"键可以减小指针的宽度。

如果要设置指针大小，并设置指针所影响的路径段的长度，先取消选择文档中的所有对象，然后在"属性"检查器的"大小"文本框中输入一个范围从 1 到 500 的值，该值指示指针的大小（以像素为单位）。

## 6.5.2　在 Flash 中使用预定义函数

函数是指在动画中任何地方都可以重用的ActionScript 代码块。如果传递特定的值（称为参数）给函数，该函数将对这些值进行操作，并返回一个值。Flash 拥有一些预定义函数，如表 6-1 所示，使用这些函数可以访问某些信息，完成某些任务。例如，冲突检测（hitTest），获取最近一次按键的值（keycode），获取动画中设定的播放器版本号（getVersion）等。

表 6-1　预定义函数

| Boolean | getTimer | isFinite | nevline | Scroll |
|---|---|---|---|---|
| escape | getVersion | isNaN | number | String |
| eval | globalToLocal | keycode | parseFloat | targetPath |
| false | hitTest | localToGlbal | parseInt | True |
| getPrope rty | int | maxscroll | random | unescape |

## 6.5.3　在 Flash 中调用函数

可以从任何"时间轴"（包括已载入的电影剪辑）调用任一"时间轴"内的函数。每个函数都有它自己的特点，有些函数要求传递参数。如果传递的参数多于函数所要求的个数，多余的值将被忽略。如果没有传递要求的参数，空参数被赋予 undefined（未定义）数据类型，在导出脚本时就会发生错误。必须在播放头已到达的帧中调用函数。

## 6.5.4　在 Flash 中使用相等和赋值操作符

可以使用相等操作符（==）来判断两个操作数的值是否相等。这种比较返回一个逻辑值（true 或 false）。如果操作数是字符串、数值或逻辑值，就以传值方式进行比较。如果操作数是对象或数组，就以传址方式进行比较。

可以用赋值操作符（=）给变量赋值，如下所示：

```
password = "Sk8tEr";
```

也可以在同一个表达式中给多个变量赋值：

```
a = b = c = d;
```

也可以使用复合赋值操作符来组合操作。复合操作符对两个操作数进行操作，然后把新的值赋给第一个操作数。表 6-2 列出了常用的赋值操作符。

表 6-2　常用赋值操作符

| 操作符 | 执行的操作 |
|---|---|
| = | 赋值 |
| += | 加后赋值 |
| -= | 减后赋值 |
| *= | 乘后赋值 |
| %= | 取模后赋值 |
| /= | 除后赋值 |
| $#@60; $#@60;= | 左移位后赋值 |
| $#@62; $#@62;= | 右移位后赋值 |
| $#@62; $#@62; $#@62;= | 填 0 右移位后赋值 |
| ^= | 位异或后赋值 |
| \|= | 位或后赋值 |
| &= | 位与后赋值 |

### 6.5.5 在 Dreamweaver 中的表格

表格"属性"面板中各选项含义如下
- 对齐：设置表格的对齐方式，共包含 4 个选项："默认"、"左对齐"、"居中对齐"和"右对齐"。
- 背景颜色：用来设置表格的背景颜色。
- 背景图像：用来设置表格的背景图像。
- 边框颜色：用来设置表格的边框颜色。
- 填充：用来设置单元格内容和单元格边界之间的像素值。
- 间距：用来设置相邻的表格单元格间的像素值。
- 边框：用来设置表格框的宽度。
- ：用于清除列宽。
- ：用于清除行高。
- ：将表格宽度转换成像素。
- ：将表格宽度转换成百分比。

#### 1．合并拆分单元格

选择要合并或拆分的单元格，单击鼠标右键，在弹出的快捷菜单中选择"表格→合并单元格"或"表格→拆分单元格"菜单命令，即可合并或拆分的单元格。

#### 2．删除空格代码

在调整页面内容的间距时，可以设置间距的表格高为 10 像素，但实际看到的并不是 10 个像素的高，必须在网页代码中将<td→与</td→之间的" "删除，这样显示的才是表格的实际高度。内容之间的间距也可以在代码中加入代码<br→来实现。例如在两个边框之间加间距，只要在两个边框的表格之间加<br→就可以实现。

# 第7章 资讯类网站页面

资讯类网站主要展示给浏览者某一行业或与其相关的资讯内容。资讯类网站大多以有效地传递信息为目的，以浏览者对网站使用的便利性为中心。但无论怎样便利，如果没有简洁洗练的设计为后盾，网站也不会给访问者留下好的印象。本章将详细介绍资讯类网站的设计制作。

**↘ 本章学习目标**

- 了解资讯类网站页面的色彩及布局特点
- 掌握资讯类网站页面设计的方法
- 掌握网页动画的制作方法
- 掌握网站页面的制作方法
- 掌握如何使用 CSS 样式表对网站页面进行美化

**↘ 本章学习流程**

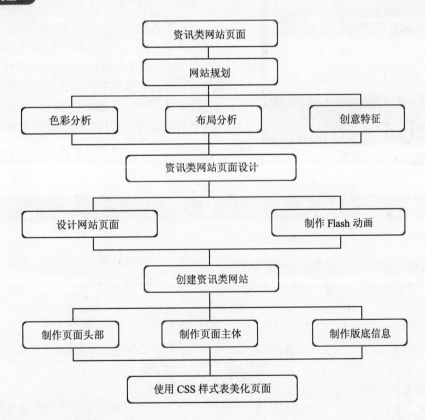

## 7.1 网页规划

资讯类网站通常使用文本传达信息，所以在选择文本时必须多注意。可以将链接的色彩、文本的大小以及文字间隔等设置为统一的样式。本章主要向大家介绍如何设计制作资讯网站，效果如图7-1所示。

图 7-1

### 7.1.1 资讯类网站分析

内容原则：资讯类网站的信息具有广泛性和专业性，所以通常内容比较多，页面比较大，包罗专业方面的各种信息。

功能原则：资讯类网站应该有一些最基本的功能，包括信息检索（搜索引擎）、信息交流（聊天室和各种论坛）和信息传递等。

色彩原则：资讯类网站都要有很高的可信赖度，注重信息量，为了强调页面正文，通常都会使用白色作为背景色，使页面简单、清楚，便于浏览者查找相关信息。

整体原则：资讯类网站大多以有效地传递信息为目的，以浏览者使用的便利性为中心，所以在设计上通常都是中规中矩，不追求个性，而追求实用性，给人信任感和有规矩的感觉。

### 7.1.2 资讯类网站创意形式

与其他网站相比，资讯类网站特别要注意信息的专业性和时效性，以及便于浏览者的阅读性和便利性。资讯类网站的色彩设计多用纯白色作为网站底色，运用不同色块区别网站信息内容，以便浏览者能够快速查找相关信息。行业资讯网站常使用该行业的代表色作为页面主色调，在正文部分还是使用纯白色调进行处理。

所以，资讯类网站在把重点放在传达信息和使用便利的同时，也着力营造一种亲和、洗练的氛围。在这种情况下，导航要素设置得简单方便，布局设计得井然有序，内容整理得简洁、精练，并保持一贯性就是很必要的。

## 7.2 放眼世界——使用 Fireworks 设计页面

**案例分析**

该实例属于专业资讯类网站，应用简单的页面布局，简单地处理网页中的文本和图像，使整个页面看起来很舒服，条理很清晰，带给浏览者一种特别亲切、熟识的感觉。

色彩分析：在本实例中，页面以深蓝色为背景色。蓝色可以使人联想到大海、湖水、天空。蓝色象征青春。由于工作服常常为蓝色，所以也象征劳动，象征着成功。蓝色还被认为象征着正直和信用等。

布局设计：在页面布局设计上，本实例采用基本的页面构成形式，把页面 Banner 放在页面最上方，制作成通栏的 Flash 动画形式，使页面大气又不失动感。页面正文采用常用的左右两栏排法，左侧放置网站中的常用选项和功能，如登录和快速链接导航等；右侧为页面的正文部分，突出页面的重要信息。

### 7.2.1 技术点睛

**1. 编辑文本格式**

同其他软件一样，在 Fireworks CS3 的"属性"面板中可以编辑文本的格式。

单击工具栏中的"文本"工具 **A**，如图7-2所示，在文档中输入文字，如图7-3所示。

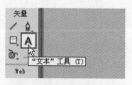

图 7-2 单击文本工具

图 7-3　输入文字

选中刚刚输入的文字，在"属性"面板设置"字体"为"经典趣体简"，"大小"为"30"，"文本颜色"为#990000，如图 7-4 所示，文字效果如图 7-5 所示。

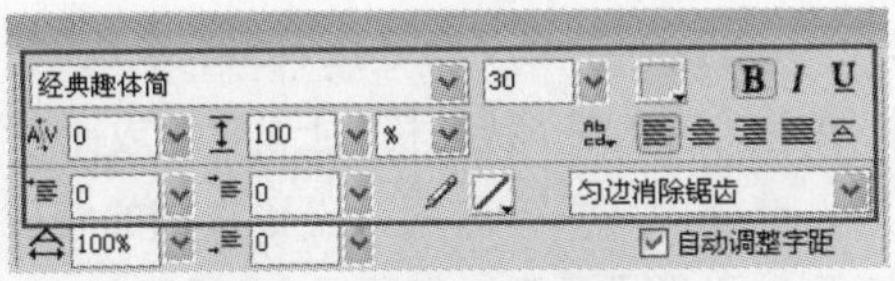

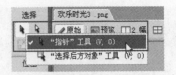

图 7-6　选择"指针"工具

图 7-7　拖动鼠标移动文字位置

图 7-4　设置文本属性

### 3．文字的缩放

单击"缩放"工具按钮，如图 7-8 所示，在文本框内会出现 8 个控制点和 1 个缩放的中心点。将鼠标指针移到控制点上时指针会变成双向箭头形状，此时拖动该控制点即可改变对象的大小，如图 7-9 所示。而当鼠标指针移到任意一个控制点的 4 个边角附近时，指针会变为圆形箭头形状，此时拖动该控制点进行移动，即可旋转改变文字的方向，如图 7-10 所示，此时改变缩放中心的位置就改变旋转点的中心位置。文字调整后的效果如图 7-11 所示。

图 7-5　文字效果

### 2．移动文本对象

可以像操作任何其他对象那样选择文本块并将其移动到文档中的任何位置。在拖动鼠标创建文本块时，也可以移动该文本块。

单击工具栏中的"指针"工具按钮，如图 7-6 所示。在文档中选中文字，拖动鼠标到任意位置，如图 7-7 所示。

图 7-8　单击"缩放"工具

图 7-9　放大文字

图 7-10　旋转文字

图 7-11　文字调整后的效果

**4．对文字应用效果**

利用"样式"面板可以对文本快速应用效果。单击工具栏中的"文本"工具，在舞台上输入文字，执行"窗口→样式"菜单命令，打开"样式"面板，如图 7-12 所示，单击其中的样式，此时可以看到对文本应用了样式，如图 7-13 所示。

图 7-12　"样式"面板

图 7-13　对文本应用样式

### 7.2.2　绘制步骤

① 打开 Fireworks CS3，执行"文件→新建"菜单命令，弹出"新建文档"对话框，新建一个 1003 像素×1403 像素，分辨率为 72 像素/厘米，画布颜色为"透明"的 Fireworks 文件，如图 7-14 所示。执行"文件→保存"菜单命令，将文件保存为"CD\源文件\第 7 章\Fireworks \7.png"。

② 单击文档底部"状态栏"上的"缩放比率"按钮，弹出菜单，选择"50%"选项，设置文档的缩放比率为50%，将页面呈 50%显示，如图 7-15 所示。

图 7-14　新建 Flash 文档

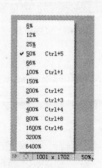

图 7-15　设置页面缩放比率

③ 单击工具栏中的"矩形"工具 ，在舞台的适当位置绘制一个矩形。选择刚刚绘制的矩形，打开"属性"面板，设置"填充颜色"值为#00274E，"填充类别"为"实心"，在"边缘"下拉列表中选择"实边"

选项，设置"纹理总量"为"0"，如图 7-16 所示。

图 7-16　设置矩形属性

④　选中刚刚绘制的矩形，在"属性"面板上设置矩形的"宽"为"1003"，"高"为"1403"，如图 7-17 所示，舞台中矩形效果如图 7-18 所示。

图 7-17　调整矩形大小

图 7-18　矩形效果

⑤　单击工具栏中的"圆角矩形"工具 ，在舞台的适当位置绘制一个圆角矩形。选择刚刚绘制的圆角矩形，打开"属性"面板，设置"填充颜色"值为#FFFFFF，"填充类别"为"实心"，在"边缘"下拉列表中选择"实边"选项，设置"纹理总量"为"0"，如图 7-19 所示。

图 7-19　设置圆角矩形属性

⑥　选择刚刚绘制的圆角矩形，在"属性"面板上设置圆角矩形的"宽"为"926"，"高"为"160"，如图 7-20 所示，圆角矩形效果如图 7-21 所示。

图 7-20　调整圆角矩形大小

图 7-21　圆角矩形效果

⑦　单击工具栏中的"钢笔"工具 ，打开"属性"面板，设置"填充颜色"值为#FFFFFF，"填充类别"为"实心"，在"边缘"下拉列表中选择"实边"选项，设置"纹理总量"为"0"，"笔触颜色"为无，如图 7-22 所示。

图 7-22　设置绘制路径的属性

⑧　在舞台的适当位置绘制路径，如图 7-23 所示。

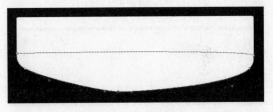

图 7-23　绘制路径

⑨　单击工具栏中的"部分选定"工具 ，选择刚刚绘制的路径的各个锚点，依次调整各个锚点的方向轴，如图 7-24 所示，使其调整到适当的方向，最后路径效果如图 7-25 所示。

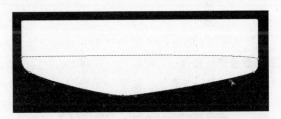

图 7-24　调整锚点上的方向轴

图 7-25　调整路径后的效果

⑩　同时选中刚刚绘制的两个图形，执行"修改→组合"菜单命令，将两个图形组合到一起，如图 7-26 所示。组合后的图形"宽"为"926"，"高"为"238"，如图 7-27 所示。

图 7-26　组合图形

图 7-27　组合后图形的宽、高

⑪ 用同样方法绘制出另外两个形状相同的图形,并将两个图形组合,组合效果如图 7-28 所示,组合后的"宽"为"956","高"为"250",如图 7-29 所示,将组合后图形的"填充颜色"设为#FFFFFF。

图 7-28　组合图形

图 7-29　组合后图形的宽、高

⑫ 选择刚刚组合的图形,在"属性"面板上单击"添加动态滤镜或选择预设"按钮，在弹出的对话框中选择"阴影和光晕→投影",如图 7-30 所示。

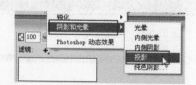

图 7-30　添加滤镜属性

⑬ 在弹出的"投影"对话框中设置"距离"为"3","投影颜色"为#333333,"不透明度"为"65%","柔化"为"4","角度"为"315",如图 7-31 所示,图形效果如图 7-32 所示。

图 7-31　设置滤镜属性

图 7-32　图形效果

⑭ 单击工具栏中的"圆角矩形"工具，在舞台的适当位置绘制一个圆角矩形。选择刚刚绘制的圆角矩形,打开"属性"面板,设置"填充颜色"值为#000000,"填充类别"为"实心",在"边缘"下拉列表中选择"羽化"选项,设置"纹理总量"为"0",如图 7-33 所示。

图 7-33　设置圆角矩形属性

⑮ 选择刚刚绘制的圆角矩形,在"属性"面板上设置圆角矩形的"宽"为"103","高"为"32",如图 7-34 所示,圆角矩形效果如图 7-35 所示。

图 7-34　调整圆角矩形大小

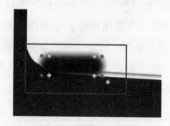

图 7-35　圆角矩形效果

⑯ 用同样方法绘制出另外一个羽化的圆角矩形,如图 7-36 所示。

图 7-36　绘制另外的圆角矩形

⑰ 在"层"面板中将刚刚绘制的两个羽化的圆角矩形层移到前面所绘制的第一个组合图形层的下层,效果如图 7-37 所示。

图 7-37 移动层后的效果

⑱ 单击工具栏中的"圆角矩形"工具 ，在舞台的适当位置绘制一个圆角矩形，选择刚刚绘制的圆角矩形，打开"属性"面板，设置"填充颜色"值为#FFFFFF，"填充类别"为"实心"，在"边缘"下拉列表中选择"消除锯齿"选项，设置"纹理总量"为"0"，如图 7-38 所示。

图 7-38 设置圆角矩形属性

⑲ 选择刚刚绘制的圆角矩形，在"属性"面板上设置圆角矩形的"宽"为"956"，"高"为"974"，如图 7-39 所示。在"层"面板中将刚绘制的圆角矩形层移到羽化后圆角矩形层的下面，圆角矩形效果如图 7-40 所示。

图 7-39 调整圆角矩形大小

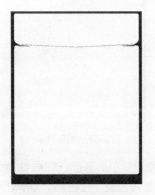

图 7-40 圆角矩形效果

⑳ 单击工具栏中的"圆角矩形"工具 ，在舞台的适当位置绘制一个圆角矩形。选择刚刚绘制的圆角矩形，在"属性"面板上的"填充类别"下拉列表中选择"渐变→线性"选项，打开"填充色"对话框，从左向右分别设置渐变滑块颜色值为#EEEEEE、#FCFCFC、#FFFFFF，如图 7-41 所示。

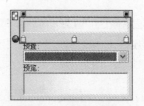

图 7-41 设置填充颜色

㉑ 设置"笔触颜色"为无，设置圆角矩形的"宽"为"945"，"高"为"58"，如图 7-42 所示，圆角矩形效果如图 7-43 所示。

图 7-42 设置圆角矩形属性

图 7-43 绘制圆角矩形

㉒ 执行"文件→导入"菜单命令，将"CD\源文件\第 7 章\Fireworks\素材"\路径下的 108.png 和 102.png 文件导入到舞台中的适当位置，如图 7-44 所示。

图 7-44 导入素材

㉓ 单击工具栏中的"文本"工具按钮 ，打开"属性"面板，设置"字体"为"黑体"，"大小"为"16"，"文本颜色"值为#747473，在"消除锯齿级别"下拉列表中选择"匀边消除锯齿"选项，如图 7-45 所示，在舞台的适当位置输入文本，如图 7-46 所示。

图 7-45 设置文本属性

图 7-46 输入文本

㉔ 单击工具栏中的"铅笔"工具 ，在"属性"

面板上设置"笔触颜色"值为#ACACAC，如图 7-47 所示。在舞台的适当位置绘制如图 7-48 所示的图形，图形的"宽"为"1"，"高"为"15"，如图 7-49 所示。

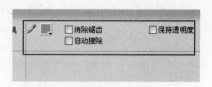

图 7-47　设置铅笔工具属性

图 7-48　绘制图形

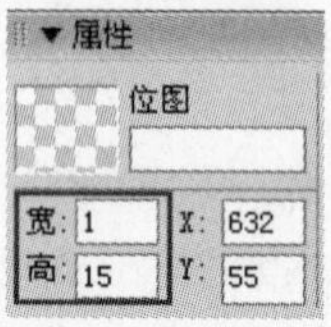

图 7-49　绘制后大小

㉕ 执行"文件→导入"菜单命令，将"CD\源文件\第 7 章\Fireworks\素材\103.png"导入到舞台中的适当位置，如图 7-50 所示。

图 7-50　导入素材

㉖ 单击工具栏中的"文本"工具 **A**，打开"属性"面板，设置"字体"为"宋体"，"大小"为"12"，"文本颜色"值为#676767，在"消除锯齿级别"下拉列表中选择"不消除锯齿"选项，如图 7-51 所示，在舞台的适当位置输入文本，如图 7-52 所示。

图 7-51　设置文本属性

图 7-52　输入文本

㉗ 用同样方法制作出导航的其他部分，如图 7-53 所示。

图 7-53　页面效果

㉘ 单击工具栏中的"矩形"工具 □，打开"属性"面板，设置"填充颜色"值为#FFFFFF，"填充类别"为"实心"，在"边缘"下拉列表中选择"实边"选项，设置"纹理总量"为"0"，"笔触颜色"值为#E0E0E0，"描边种类"为"1 像素柔化"，如图 7-54 所示。

图 7-54　设置矩形属性

㉙ 在舞台的适当位置绘制矩形，选择刚刚在舞台绘制的矩形，在"属性"面板上设置"宽"为"168"，"高"为"149"，如图 7-55 所示，调整后的矩形效果如图 7-56 所示。

图 7-55　调整矩形大小

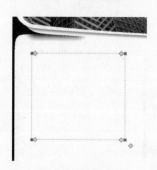

图 7-56　矩形效果

㉚ 选择刚刚绘制的矩形，在"属性"面板上单击"添加动态滤镜或选择预设"按钮 ，在弹出的对话框中选择"阴影和光晕→光晕"，如图 7-57 所示。

图 7-57　添加滤镜属性

㉛ 在弹出的"光晕"对话框中设置"宽度"为"2"，

"光晕颜色"值为#999999，"不透明度"为"10%"，"柔化"为"4"，"偏移"为"0"，设置如图 7-58 所示，矩形效果如图 7-59 所示。

图 7-58　设置滤镜属性

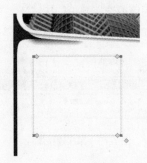

图 7-59　矩形效果

㉜ 单击工具栏中的"圆角矩形"工具 ，在舞台的适当位置绘制一个圆角矩形。选择刚刚绘制的圆角矩形，打开"属性"面板，设置"填充颜色"值为#003466，"填充类别"为"实心"，在"边缘"下拉列表中选择"消除锯齿"选项，设置"纹理总量"为"0"，如图 7-60 所示。

图 7-60　设置圆角矩形属性

㉝ 选择刚刚绘制的圆角矩形，在"属性"面板上设置圆角矩形的"宽"为"8"，"高"为"20"，如图 7-61 所示，调整圆角矩形，最后效果如图 7-62 所示。

图 7-61　调整圆角矩形大小

图 7-62　圆角矩形效果

㉞ 单击工具栏中的"文本"工具 **A**，打开"属性"面板，设置"字体"为"宋体"，"大小"为"12"，"文本颜色"值为#4E4E4E，在"消除锯齿级别"下拉列表中选择"不消除锯齿"选项，如图 7-63 所示，在舞台的适当位置输入文本，如图 7-64 所示。

㉟ 用同样方法输入其他文本，如图 7-65 所示。

图 7-63　设置文本属性

图 7-64　输入文本

图 7-65　输入其他文本

㊱ 单击工具栏中的"矩形"工具 ，打开"属性"面板，设置"填充颜色"值为#FFFFFF，"填充类别"为"实心"，在"边缘"下拉列表中选择"实边"选项，设置"纹理总量"为"0"，"笔触颜色"值为#999999，"笔尖大小"为"1"，"描边种类"为"实线"，如图 7-66 所示。

图 7-66　设置矩形属性

㊲ 在舞台的适当位置绘制矩形，选择刚刚在舞台中绘制的矩形，在"属性"面板上设置"宽"为"88"，"高"为"16"，如图 7-67 所示，调整后的矩形效果如图 7-68 所示。

图 7-67　调整矩形大小

图 7-68　绘制矩形

㊳ 同样的方法制作出会员登入栏的其他部分,如图 7-69 所示。

图 7-69　绘制其他部分

㊴ 单击工具栏中的"圆角矩形"工具 ,在舞台的适当位置绘制一个圆角矩形。选择刚刚绘制的圆角矩形,打开"属性"面板,设置"填充颜色"值为#FFFFFF,"填充类别"为"实心",在"边缘"下拉列表中选择"实边"选项,设置"纹理总量"为"0","笔触颜色"值为#DCDCDC,"笔尖大小"为"1","描边种类"为"实线",如图 7-70 所示。

图 7-70　设置圆角矩形

㊵ 在舞台中绘制圆角矩形,在"属性"面板上设置圆角矩形的"宽"为"169","高"为"42",如图 7-71 所示,圆角矩形效果如图 7-72 所示。

图 7-71　调整圆角矩形大小

图 7-72　绘制圆角矩形

㊶ 选择刚刚绘制的圆角矩形,在"属性"面板上单击"添加动态滤镜或选择预设"按钮 ,在弹出的菜单中选择"阴影和光晕→光晕",如图 7-73 所示。

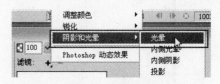

图 7-73　添加滤镜属性

㊷ 在弹出的"光晕"对话框中设置"宽度"为"2","光晕颜色"值为#999999,"不透明度"为"10%","柔化"为"4","偏移"为"0",设置如图 7-74 所示,圆角矩形效果如图 7-75 所示。

图 7-74　设置滤镜属性

图 7-75　圆角矩形效果

㊸ 根据前面介绍的绘制矩形及设置文本属性并输入文本的方法,绘制两个矩形如图 7-76 所示,并输入相应的文本,如图 7-77 所示。

图 7-76　绘制矩形

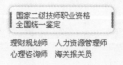

理财规戈师　人力资源管理师
心理咨询师　海关报关员

图 7-77　输入文本

㊹ 执行"文件→导入"菜单命令,将"CD\源文

件\第 7 章\Fireworks\素材\106.png”导入到舞台中的适当位置，如图 7-78 所示。

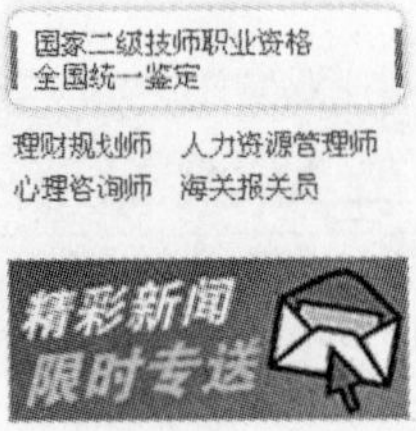


图 7-78　导入素材

㊺ 用同样方法制作出左侧导航的其他部分，如图 7-79 所示。

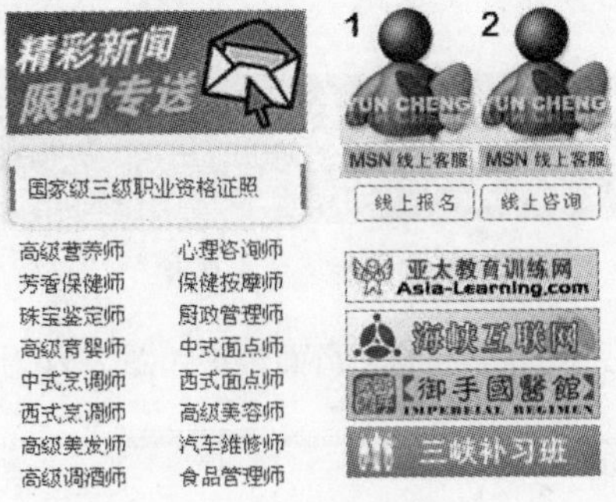

图 7-79　制作其他部分

㊻ 执行“文件→导入”菜单命令，将“CD\源文件\第 7 章\Fireworks\素材\”路径下的 115.png 和 116.png 文件导入到舞台中的适当位置，如图 7-80 所示，该图片将会在 Flash CS3 中被制作成动画效果。

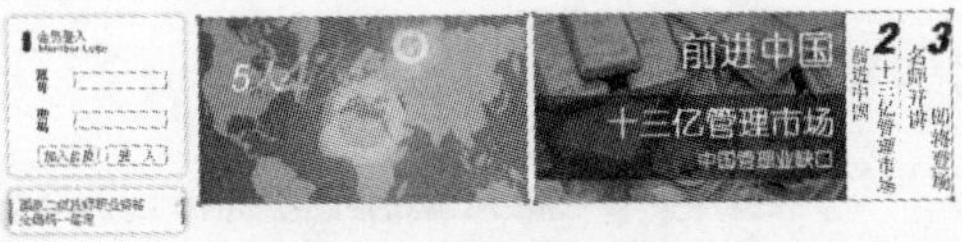

图 7-80　导入素材

㊼ 单击工具栏中的“矩形”工具▭，打开“属性”面板，设置“填充颜色”值为#003363，“填充类别”为“实心”，在“边缘”下拉列表中选择“实边”选项，设置“纹理总量”为“0”，“笔触颜色”为无，如图 7-81 所示。

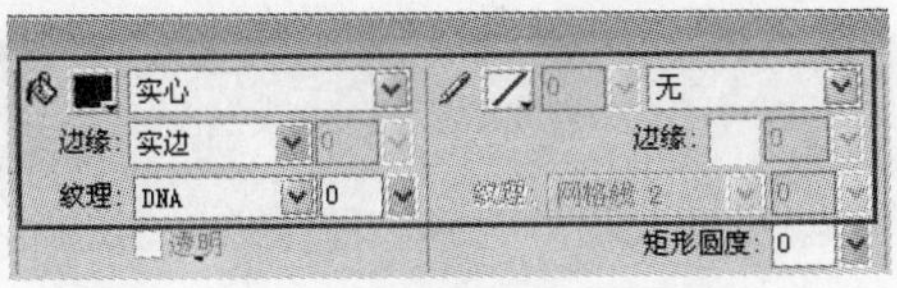

图 7-81　设置矩形属性

㊽ 在舞台的适当位置绘制矩形，选择刚刚在舞台中绘制的矩形，在“属性”面板上设置“宽”为“713”，“高”为“22”，如图 7-82 所示，调整后的矩形效果如图 7-83 所示。

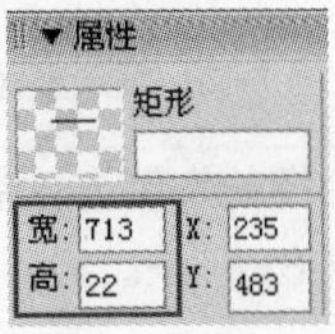


图 7-82　调整大小

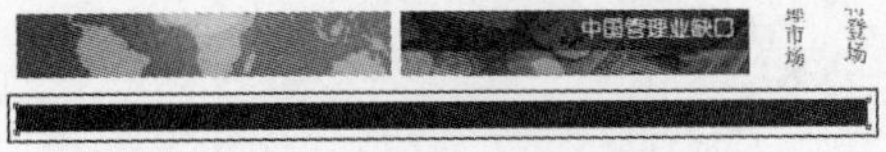

图 7-83　调整后的矩形效果

㊾ 用同样的方法绘制出另外一个矩形，如图 7-84 所示。

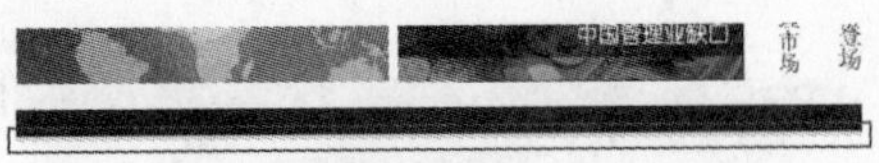

图 7-84　绘制其他矩形

㊿ 单击工具栏中的“文本”工具A，打开“属性”面板，设置“字体”为“黑体”，“大小”为“15”，“文本颜色”值为#FFFFFF，在“消除锯齿级别”下拉列表中选择“不消除锯齿”选项，如图 7-85 所示，在舞台的适当位置输入文本，如图 7-86 所示。

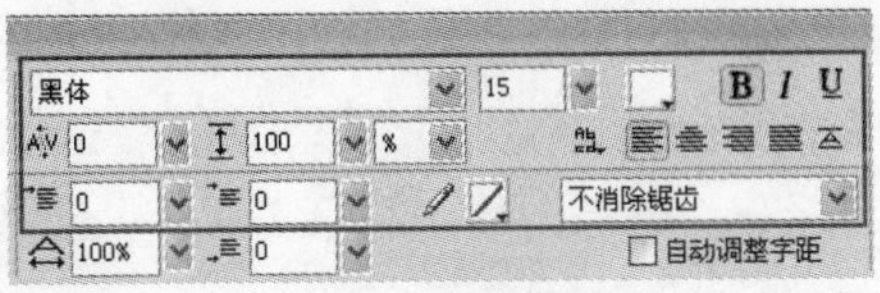

图 7-85　设置文本属性

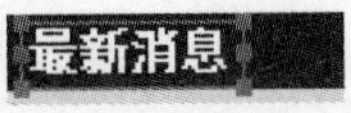


图 7-86　输入文本

(51) 用同样方法输入其他文本，如图 7-87 所示。

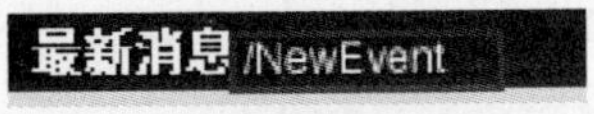


图 7-87　输入其他文本

(52) 执行“文件→导入”菜单命令，将“CD\源文件\第 7 章\Fireworks\素材\113.png”导入到舞台中的适当位置，如图 7-88 所示。

图 7-88　导入素材

**53** 根据前面介绍的绘制方法制作出最新消息的其他部分，效果如图 7-89 所示。

图 7-89　页面效果

**54** 根据前面所讲解的绘制方法，可以完成页面中相同部分的绘制，效果如图 7-90 所示。

图 7-90　页面效果

**55** 执行 "文件→导入" 菜单命令，将 "CD\源文件\第 7 章\Fireworks\素材\ 117.png" 导入到舞台中的适当位置，如图 7-91 所示。

图 7-91　导入素材

**56** 单击工具栏中的 "圆角矩形" 工具 ，在舞台的适当位置绘制一个圆角矩形。选择刚刚绘制的圆角矩形，在 "属性" 面板上的 "填充类别" 下拉列表中选择 "渐变→线性" 选项，打开 "填充色" 对话框，从左向右分别设置渐变滑块颜色值为#EEEEEE、#FFFFFF、#EDEDED，如图 7-92 所示。

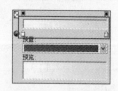

图 7-92　设置填充颜色

**57** 设置 "笔触颜色" 为无，设置圆角矩形的 "宽" 为 "946"，"高" 为 "40"，如图 7-93 所示，圆角矩形效果如图 7-94 所示。

图 7-93　设置圆角矩形属性

图 7-94　绘制圆角矩形

**58** 根据前面设置文本属性及输入文本的方法，输入如图 7-95 所示的文本。

图 7-95　输入文本

**59** 完成页面绘制，页面效果如图 7-96 所示。

图 7-96　完成后的效果预览

## 7.3 轮换动画——Flash 制作广告动画

### 7.3.1 动画分析

在网页中只有导航远远不够，越来越多的网页运用 Flash 动画来制作网站的快速导航。Flash 快速导航制作精美，能够增强页面的互动感，并且能够吸引浏览者的目光，因此现在的网页中或多或少都会存在一些快速导航。

在 Flash 中元件可以分为三个类型：图形、按钮和影片剪辑。在前面制作的实例中这三种元件都经常被用到，其中影片剪辑元件具有 Alpha 属性等。影片剪辑元件是非常重要的，熟练掌握和使用它可以提高 Flash 的编程能力，更能够快速提高 Flash 动画的制作水平，制作出更多漂亮的效果。

### 7.3.2 技术点睛

#### 1．线条颜色的使用

单击"工具"面板上的"笔触颜色"按钮，如图 7-97 所示，可以选择笔触颜色。椭圆和矩形对象可以既有笔触颜色又有填充颜色；使用线条、钢笔和铅笔工具绘制图形时，只有笔触颜色。

图 7-97 选择笔触颜色绘制图形

#### 2．选择颜色的方法

单击颜色弹出窗口中的"颜色选择器"按钮，然后从"颜色选择器"中选择一种颜色或在颜色弹出窗口的文本框中键入颜色的十六进制值，如图 7-98 所示。

单击工具栏中的"默认填充和笔触"按钮，恢复默认颜色设置。

单击颜色弹出窗口中的"无颜色"按钮，删除所有笔触或填充。

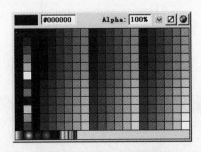

图 7-98 设置"颜色选择器"

#### 3．填充颜色

单击工具栏中的"填充颜色"按钮，可以选择纯色或渐变的填充颜色。

"工具"面板中"笔触颜色"和"填充颜色"按钮，可设置使用绘制工具或填色工具的涂色属性。要用这些按钮来更改现有对象的涂色属性，必须首先在舞台中选择对象。

#### 4．墨水瓶的使用

使用"墨水瓶"工具可以对要更改的线条或者形状轮廓添加笔触颜色、宽度和样式。它可以一次更改多个对象的笔触属性，而不是选择个别的线条。其"属性"面板和效果如图 7-99 所示。

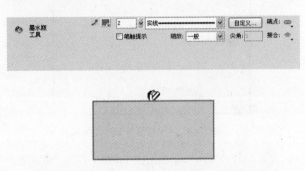

图 7-99 设置"属性"面板并对场景中的图形进行填充

#### 5．滴管工具的使用

使用滴管工具可以从一个对象内复制填充和笔触属性，然后立即将它们应用到其他对象。滴管工具还允许从位图图像中取样用做填充。效果如图 7-100 所示。

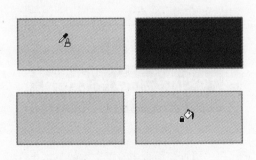

图 7-100 滴管使用效果

#### 6．使用调色板

每一个 Flash 文件都包含自己的调色板，并存储在 Flash 文档中。Flash 将文件的调色板显示为"填充颜色"和"笔触颜色"控件。要导入、导出和修改文件的调色板，可以使用"颜色样本"面板。可以直接复制颜色，从调色板中删除颜色，更改默认调色板，在替换后重新加载 Web 安全调色板，或者根据色相对调色板进行排序。

### 7.3.3 制作步骤

📝 制作广告动画

① 执行"文件→新建"命令，新建一个 Flash 文档，单击"属性"面板上的"文档属性"按钮，弹出"文档属性"对话框，设置文档大小为 312 像素×177 像素，"背景颜色"为#000000，"帧频"为"30"fps，如图 7-101 所示。

图 7-101 "文档属性"对话框

② 执行"插入→新建元件"命令，弹出"创建新元件"对话框，创建一个"图形"元件，名称为"文字 1"，如图 7-102 所示。单击"工具"面板上的"文本"工具按钮 T，在场景中输入文字，效果如图 7-103 所示。

图 7-102 新建元件

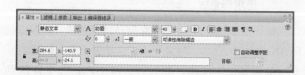

图 7-103 输入文字

③ 在"属性"面板中设置文本的基本属性，如图 7-104 所示。

图 7-104 设置"属性"面板

💡 **提示**

文字有三种文本效果，在制作动画效果时，应当使用"静态文本"效果。

④ 用同样的方法制作其他的文字元件，如图 7-105 所示。

图 7-105 输入其他文字

⑤ 执行"插入→新建元件"命令，弹出"创建新元件"对话框，创建一个"图形"元件，名称为"背景"，如图 7-106 所示。单击"工具"面板上"矩形"工具按钮 🔲，在场景中绘制一个 600 像素×177 像素的矩形，如图 7-107 所示。

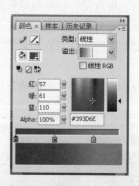

图 7-106 新建元件

图 7-107 绘制矩形

⑥ 打开"颜色"面板，设置"颜色"面板，如图 7-108 所示。单击"工具"面板上的"颜料桶"工具 🪣，对场景中的矩形进行填充，效果如图 7-109 所示。

图 7-108 设置"颜色"面板

图 7-109 填充矩形

⑦　执行"插入→新建元件"命令，弹出"创建新元件"对话框，创建一个"图形"元件，名称为"地图"，如图 7-110 所示。执行"文件→导入→导入到舞台"命令，将图形"CD\源文件\第 7 章\Flash\ 素材\image1.png"导入场景中，如图 7-111 所示。

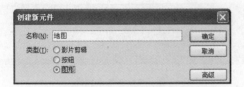

图 7-110　新建元件

图 7-111　导入素材

⑧　执行"插入→新建元件"命令，弹出"创建新元件"对话框，创建一个"影片剪辑"元件，名称为"文字动画"，如图 7-112 所示。单击"图层 1"第 1 帧位置，将"文字 1"元件拖入场景中，如图 7-113 所示。

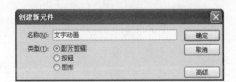

图 7-112　新建元件

图 7-113　拖入元件

⑨　单击"图层 1"第 10 帧位置，按 F6 键插入关键帧，选中第 1 帧上元件，设置其"属性"面板上"颜色"样式下的"Alpha"值为"0%"，如图 7-114 所示。单击"工具"面板上的"任意变形"工具按钮，调整元件的大小，效果如图 7-115 所示。

图 7-114　设置 Alpha 值

图 7-115　元件效果

⑩　单击第 1 帧位置，设置"属性"面板上"补间类型"为"动画"，时间轴效果如图 7-116 所示。

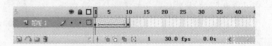

图 7-116　时间轴效果

⑪　分别单击"图层 1"第 20 帧和第 35 帧位置，依次按 F6 键插入关键帧。选中第 35 帧上元件，设置其"属性"面板上"颜色"样式下"Alpha"值为"0%"，效果如图 7-117 所示。单击第 20 帧位置，设置"属性"面板上"补间类型"为"动画"，时间轴效果如图 7-118 所示。

图 7-117　设置 Alpha 值

图 7-118　时间轴效果

⑫　单击"时间轴"面板上"插入图层"按钮，新建"图层 2"。单击"图层 2"第 35 帧位置，按 F6 键插入关键帧。将"文字 2"元件拖入场景中，效果如图 7-119 所示，时间轴效果如图 7-120 所示。

图 7-119　拖入元件

图 7-120　时间轴效果

⑬　单击"图层 2"第 45 帧位置，按 F6 键插入关键帧。选中第 35 帧上元件，设置其"属性"面板上"颜色"样式下"Alpha"值为"0%"，如图 7-121 所示。单击"工具"面板上的"任意变形"工具按钮，调整元件

的大小，效果如图 7-122 所示。

图 7-121　设置 Alpha 值

图 7-122　元件效果

⑭ 单击第 35 帧位置，设置"属性"面板上"补间类型"为"动画"，时间轴效果如图 7-123 所示。

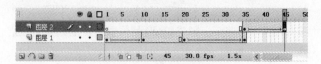

图 7-123　时间轴效果

⑮ 分别单击"图层 2"第 45 帧和第 70 帧位置，依次按 F6 键插入关键帧。选中第 70 帧上元件，设置其"属性"面板上"颜色"样式下"Alpha"值为"0%"，效果如图 7-124 所示。单击第 45 帧位置，设置"属性"面板上"补间类型"为"动画"，时间轴效果如图 7-125 所示。

图 7-124　设置 Alpha 值

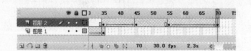

图 7-125　时间轴效果

⑯ 单击"时间轴"面板上"插入图层"按钮，新建"图层 3"。单击"图层 3"第 70 帧位置，按 F6 键插入关键帧。执行"窗口→动作"命令，打开"动作-帧"面板，并输入"stop();"脚本代码。

⑰ 执行"插入→新建元件"命令，弹出"创建新元件"对话框，创建一个"影片剪辑"元件，名称为"背景动画"，如图 7-126 所示。单击"图层 1"第 1 帧位置，将"文字 1"元件拖入场景中，如图 7-127 所示。

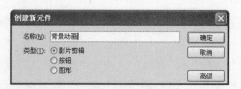

图 7-126　新建元件

图 7-127　拖入元件

⑱ 单击"图层 1"第 50 帧位置，按 F6 键插入关键帧，调整元件位置，效果如图 7-128 所示。单击"图层 1"第 1 帧位置，设置"属性"面板上"补间类型"为"动画"，时间轴效果如图 7-129 所示。

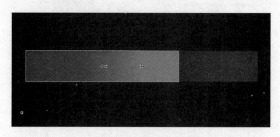

图 7-128　调整元件位置

图 7-129　时间轴效果

⑲ 单击"时间轴"面板上"插入图层"按钮，新建"图层 2"。单击"图层 2"第 50 帧位置，按 F6 键插入关键帧。执行"窗口→动作"命令，打开"动作-帧"面板，并输入 stop();"脚本代码，时间轴效果如图 7-130 所示。

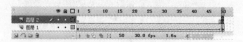

图 7-130　时间轴效果

⑳ 单击"时间轴"面板上"场景 1"按钮，返回场景中。单击"图层 1"第 1 帧位置，将"背景动画"元件拖入场景中，效果如图 7-131 所示。

图 7-131　拖入元件

㉑ 单击"图层1"第70帧位置，按F6键插入帧，时间轴效果如图7-132所示。单击"时间轴"面板上"插入图层"按钮，新建"图层2"。单击"图层2"第1帧位置，将"文字动画"元件拖入场景中，效果如图7-133所示。

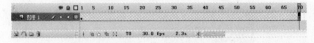

图 7-132　时间轴效果

图 7-133　拖入元件

㉒ 单击"时间轴"面板上"插入图层"按钮，新建"图层3"。单击"图层3"第60帧位置，将"地图"元件拖入场景中，并调整元件的大小，效果如图 7-134所示，时间轴效果如图7-135所示。

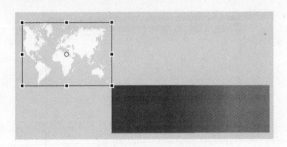

图 7-134　拖入元件

图 7-135　时间轴效果

㉓ 单击"图层3"第70帧位置，按F6键插入关键帧。选中元件，设置其"属性"面板上"颜色"样式下"Alpha"值为"50%"，如图7-136所示。调整元件位置，效果如图7-137所示。

图 7-136　设置 Alpha 值

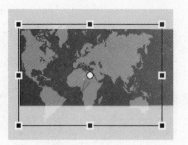

图 7-137　元件效果

㉔ 单击"图层3"第60帧位置，设置"属性"面板上"补间类型"为"动画"，时间轴效果如图 7-138所示。设置"属性"面板上"缓动"选项为"100"，如图7-139所示。

图 7-138　时间轴效果

图 7-139　设置"缓动"选项

㉕ 执行"文件→导入→打开外部库"命令，将"CD\源文件\第7章\flash\素材.fla"打开，如图7-140所示。单击"时间轴"面板上"插入图层"按钮，新建"图层4"。单击"图层4"第70帧位置，按F6键插入关键帧，将"库-素材.fla"中"圆圈动画"元件拖入场景中，如图7-141所示。

图 7-140　外部库面板

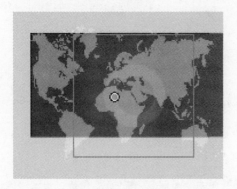

图 7-141  拖入元件

 提 示

在制作动画时，可以打开以前做好的文件作为共享库，这样就可以大大提高制作速度。

㉖ 单击"时间轴"面板上"插入图层"按钮，新建"图层 5"。单击"图层 5"第 70 帧位置，按 F6 键插入关键帧。将"库-素材.fla"中"文字动画 2"元件拖入场景中，如图 7-142 所示，时间轴效果如图 7-143 所示。

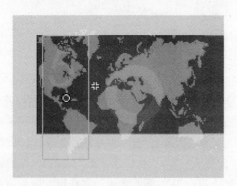

图 7-142  拖入元件

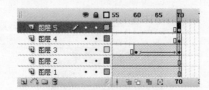

图 7-143  时间轴效果

㉗ 单击"时间轴"面板上"插入图层"按钮，新建"图层 6"。单击"图层 6"第 70 帧位置，按 F6 键插入关键帧。执行"窗口→动作"命令，打开"动作-帧"面板，输入"stop();"语句，时间轴效果如图 7-144 所示。

图 7-144  时间轴效果

㉘ 完成 Flash 动画的制作，执行"文件→保存"命令，保存文档。按 Ctrl+Enter 键，测试动画效果，如图 7-145 所示。

图 7-145  测试动画效果

🖼 制作快速导航动画

① 执行"文件→新建"命令，新建一个 Flash 文档。单击"属性"面板上"文档属性"按钮，弹出"文档属性"对话框，设置文档大小为 393 像素×177 像素，"背景颜色"为#000000，"帧频"为"30" fps，如图 7-146 所示。

图 7-146  "文档属性"对话框

② 执行"插入→新建元件"命令，弹出"创建新元件"对话框，创建一个"按钮"元件，名称为"反应区"，如图 7-147 所示。单击"图层 1"上"点击帧"位置，按 F6 键插入关键帧。单击"工具"面板上的"矩形"工具按钮，在场景中绘制一个 100 像素×177 像素的矩形，效果如图 7-148 所示。

图 7-147  新建元件

图 7-148　绘制图形

③ 执行"插入→新建元件"命令，弹出"创建新元件"对话框，创建一个"图形"元件，名称为"菜单 1"，如图 7-149 所示。单击"图层 1"第 1 帧位置，按 F6 键插入关键帧。单击"工具"面板上的"矩形"工具按钮，在场景中绘制一个 50 像素×177 像素的矩形，设置"笔触颜色"和"填充颜色"均为"#FFFFFF"，效果如图 7-150 所示。

图 7-149　新建元件

图 7-150　绘制矩形

④ 单击"时间轴"面板上"插入图层"按钮，新建"图层 2"。单击"工具"面板上的"文本"工具按钮 T，在场景中输入文字，效果如图 7-151 所示，设置"属性"面板如图 7-152 所示。

图 7-151　输入文字

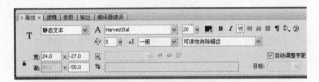

图 7-152　设置"属性"面板

⑤ 用同样的方法制作其他的文字元件，效果如图 7-153 所示。

图 7-153　制作其他元件

⑥ 执行"插入→新建元件"命令，弹出"创建新元件"对话框，创建一个"图形"元件，名称为"图 1"，如图 7-154 所示。单击"图层 1"第 1 帧位置，执行"文件→导入→导入到舞台"命令，将图形"CD\源文件\第 1 章\Flash\素材\image4.jpg"导入场景中，如图 7-155 所示。

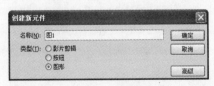

图 7-154　新建元件

图 7-155 导入素材

⑦ 用同样方法制作其他元件，如图 7-156 所示。

图 7-156 导入素材

⑧ 执行"插入→新建元件"命令，弹出"创建新元件"对话框，创建一个"影片剪辑"元件，名称为"菜单动画 1"，如图 7-157 所示。单击"图层 1"第 1 帧位置，将"图 1"元件拖入场景中，如图 7-158 所示。

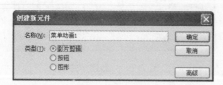

图 7-157 新建元件

图 7-158 拖入元件

⑨ 单击"时间轴"面板上"图层 1"第 20 帧位置，按 F6 键插入帧。单击"时间轴"面板上的"插入图层"按钮，新建"图层 2"。单击"图层 2"第 1 帧位置，将"菜单 1"元件拖入场景中，效果如图 7-159 所示，时间轴效果如图 7-160 所示。

图 7-159 拖入元件

图 7-160 时间轴效果

⑩ 单击"时间轴"面板上"插入图层"按钮，新建"图层 3"。单击"图层 3"第 2 帧位置，按 F6 键插入关键帧，将"图 1"元件拖入场景中，效果如图 7-161 所示，时间轴效果如图 7-162 所示。

图 7-161 拖入元件

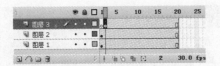

图 7-162 时间轴效果

⑪ 单击"图层 3"第 10 帧位置，按 F6 键插入关键帧。选中"图层 3"第 2 帧上元件，设置其"属性"面板上"颜色"样式下"高级"选项如图 7-163 所示，效果如图 7-164 所示。

图 7-163 设置"高级效果"对话框

图 7-164 元件效果

 提 示

使用"高级"选项可以将颜色调整得更加精细，但是调整的方法相对比较烦琐。

⑫ 单击"图层 3"第 2 帧位置，设置"属性"面板上"补间类型"为"动画"，时间轴效果如图 7-165 所示。

图 7-165 时间轴效果

⑬ 单击"时间轴"面板上"插入图层"按钮，新建"图层 4"。单击"图层 4"第 1 帧位置，将"反应区"元件拖入场景中，效果如图 7-166 所示。单击"图层 4"第 2 帧位置，按 F7 键插入空白关键帧，时间轴效果如图 7-167 所示。

图 7-166 拖入元件

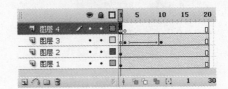

图 7-167 时间轴效果

⑭ 选中"图层 4"第 1 帧上元件，执行"窗口→动作"命令，打开"动作-帧"面板，输入脚本代码，如图 7-168 所示。

图 7-168 输入脚本代码

⑮ 单击"时间轴"面板上"插入图层"按钮，新建"图层 5"。单击"图层 5"第 1 帧位置，设置"属性"面板上帧标签为"off"，如图 7-169 所示，时间轴效果如图 7-170 所示。

图 7-169 设置"帧"标签

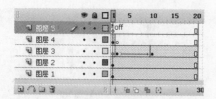

图 7-170 时间轴效果

⑯ 单击"图层 2"第 2 帧位置，按 F7 键插入空白关键帧，并设置其"属性"面板上帧标签为"on"，如图 7-171 所示，时间轴效果如图 7-172 所示。

图 7-171 设置帧标签

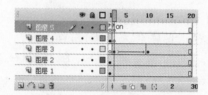

图 7-172 时间轴效果

 提示

对时间轴上的关键帧添加帧标签，可以使 AS 脚本代码识别帧的位置，方便以后调用。

⑰ 单击"时间轴"面板上"插入图层"按钮，新建"图层 6"。分别单击"图层 6"第 1 帧和第 20 帧位置，按 F6 键插入关键帧。执行"窗口→动作"命令，打开"动作-帧"面板，分别输入"stop();"脚本代码，时间轴效果如图 7-173 所示。

图 7-173 时间轴效果

⑱ 用同样的方法制作其他的菜单元件，效果如图 7-174 所示。

图 7-174 制作其他元件

⑲ 单击"时间轴"面板上"场景 1"标签，返回场景中。单击"图层 1"第 1 帧位置，将"菜单动画 1"元件拖入场景中，效果如图 7-175 所示。选中元件，设置"属性"面板上"实例名称"为"m01"，如图 7-176 所示。单击"图层 1"第 5 帧位置，按 F5 键插入帧。

图 7-175 拖入元件

图 7-176 设置"实例名称"

⑳ 单击"时间轴"面板上"插入图层"按钮，新建"图层 2"。单击"图层 2"第 1 帧位置，将"菜单动画 2"元件拖入场景中，效果如图 7-177 所示。选中元件，

设置"属性"面板上"实例名称"为"m02",如图 7-178
所示。

图 7-177　拖入元件

图 7-178　设置"实例名称"

㉑　单击"时间轴"面板上"插入图层"按钮,新建
"图层 3"。单击"图层 3"第 1 帧位置,将"菜单动画
3"元件拖入场景中,效果如图 7-179 所示。选中元件,
设置"属性"面板上"实例名称"为"m03",如图 7-180
所示。

图 7-179　拖入元件

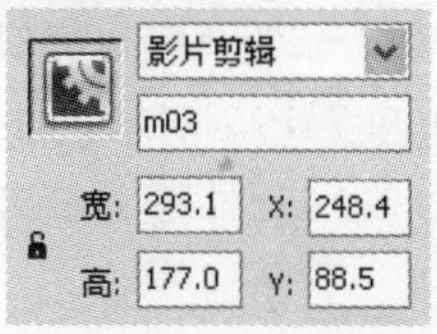

图 7-180　设置"实例名称"

㉒　单击"时间轴"面板上"插入图层"按钮,新建
"图层 4"。单击"图层 4"第 1 帧位置,执行"窗口→
动作"命令,打开"动作-帧"面板,并输入脚本代码,
如图 7-181 所示。

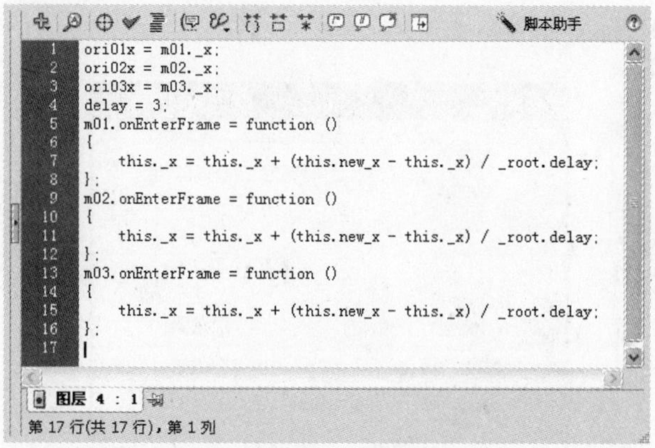

图 7-181　输入脚本代码

㉓　单击"图层 4"第 5 帧位置,按 F6 键插入关键
帧,执行"窗口→动作"命令,打开"动作-帧"面板,
并输入脚本代码,如图 7-182 所示。

```
stop ();
m01.gotoAndPlay("on");
m02.new_x = ori02x + 243;
m03.new_x = ori03x + 243;
```

图 7-182　输入脚本代码

㉔　完成 Flash 动画的制作,执行"文件→保存"命
令,保存文件。按 Ctrl+Enter 键测试动画效果,如图 7-183
所示。

图 7-183　测试动画效果

制作广告条动画

①　执行"文件→新建"命令,新建一个 Flash 文档。
单击"属性"面板上"文档属性"按钮,弹出"文档属
性"对话框,设置文档大小为 713 像素×147 像素,"背
景颜色"为#FFFFFF,"帧频"为"12"fps,如图 7-184

所示。

图 7-184　设置"文档属性"

**②** 执行"插入→新建元件"命令，弹出"创建新元件"对话框，创建一个"图形"元件，名称为"云"，如图 7-185 所示。单击"图层 1"第 1 帧位置，执行"文件→导入→导入到舞台"命令，将图形"CD\源文件\第 7 章\Flash\素材\image8.png"导入场景中，如图 7-186 所示。

图 7-185　新建元件

图 7-186　导入素材

**③** 执行"插入→新建元件"命令，弹出"创建新元件"对话框，创建一个"影片剪辑"元件，名称为"云动画"，如图 7-187 所示。单击"图层 1"第 1 帧位置，将"云"元件拖入场景中，如图 7-188 所示。

图 7-187　新建元件

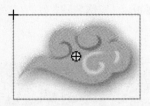

图 7-188　拖入元件

**④** 分别单击"图层 1"第 15 帧和第 30 帧位置，依次按 F6 键插入关键帧。单击"图层 1"第 15 帧位置，选中元件，设置其"属性"面板上"颜色"样式下"Alpha"值为"30%"，如图 7-189 所示，效果如图 7-190 所示。

图 7-189　设置 Alpha 值

图 7-190　元件效果

**⑤** 分别单击"图层 1"第 1 帧和第 15 帧位置，依次设置其"属性"面板上"补间类型"为"动画"，时间轴效果如图 7-191 所示。

图 7-191　时间轴效果

**⑥** 执行"插入→新建元件"命令，弹出"创建新元件"对话框，创建一个"影片剪辑"元件，名称为"云动画组"，如图 7-192 所示。单击"图层 1"第 1 帧位置，将"云动画"元件拖入场景中，如图 7-193 所示。

图 7-192　新建元件

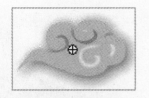

图 7-193　拖入元件

⑦　单击"图层 1"第 40 帧位置，按 F6 键插入关键帧，调整元件位置，如图 7-194 所示。

图 7-194　调整元件位置

⑧　单击"图层 1"第 1 帧位置，设置"属性"面板上"补间类型"为"动画"，时间轴效果如图 7-195 所示。

图 7-195　时间轴效果

⑨　单击"时间轴"面板上"插入图层"按钮 □，新建"图层 2"。单击"图层 2"第 10 帧位置，按 F6 键插入关键帧，将"云动画"元件拖入场景中。单击"图层 2"第 50 帧位置，调整元件位置，效果如图 7-196 所示。

图 7-196　调整元件位置

⑩　单击"图层 2"第 10 帧位置，设置其"属性"面板上"补间类型"为"动画"，时间轴效果如图 7-197 所示。

图 7-197　时间轴效果

⑪　单击"时间轴"面板上"插入图层"按钮 □，新建"图层 3"。单击"图层 3"第 20 帧位置，按 F6 键插入关键帧。将"云动画"元件拖入场景中，单击"图层 2"第 50 帧位置，调整元件位置，效果如图 7-198 所示。

图 7-198　调整元件位置

⑫　单击"图层 3"第 20 帧位置，设置其"属性"面板上"补间类型"为"动画"，时间轴效果如图 7-199 所示。

图 7-199　时间轴效果

⑬　执行"插入→新建元件"命令，弹出"创建新元件"对话框，创建一个"图形"元件，名称为"按钮图形"，如图 7-200 所示。单击"图层 1"第 1 帧位置，执行"文件→导入→导入到舞台"命令，将图形"CD\源文件\第 7 章\Flash\素材\image9.png"导入场景中，如图 7-201 所示。

图 7-200　新建元件

图 7-201　导入素材

⑭　执行"插入→新建元件"命令，弹出"创建新元件"对话框，创建一个"按钮"元件，名称为"按钮"，如图 7-202 所示。单击"图层 1"上"弹起"帧位置，将"按钮"图形元件拖入场景中，效果如图 7-203 所示。

图 7-202　新建元件

图 7-203　拖入元件

⑮　单击"图层 1"上"点击"帧位置，按 F5 键插入帧，时间轴效果如图 7-204 所示。

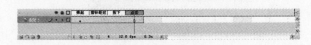

图 7-204　时间轴效果

⑯ 单击"时间轴"面板上"场景 1"标签，返回场景中。单击"图层 1"第 1 帧位置，执行"文件→导入→导入到舞台"命令，将图形"CD\源文件\第 1 章\Flash\素材\image5.png"导入场景中，如图 7-205 所示。

图 7-205　导入素材

⑰ 单击"图层 1"第 50 帧位置，按 F5 键插入帧。单击"时间轴"面板上"插入图层"按钮，新建"图层 2"。单击"图层 2"第 1 帧位置，将"按钮"元件拖入场景中，效果如图 7-206 所示，时间轴效果如图 7-207 所示。

图 7-206　拖入元件

图 7-207　时间轴效果

⑱ 单击"图层 2"第 50 帧位置，按 F6 键插入关键帧，选中第 1 帧上元件，设置其"属性"面板上"颜色"样式下"Alpha"值为"0%"，效果如图 7-208 所示。单击第 50 帧位置，调整元件位置，效果如图 7-209 所示。

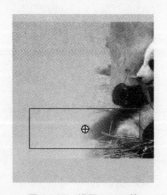

图 7-208　设置 Alpha 值

图 7-209　调整元件位置

⑲ 单击"图层 2"第 1 帧位置，设置"属性"面板上"补间类型"为"动画"，时间轴效果如图 7-210 所示。

图 7-210　时间轴效果

⑳ 单击"时间轴"面板上"插入图层"按钮，新建"图层 3"。单击"图层 3"第 20 帧位置，按 F6 键插入关键帧。执行"文件→导入→导入到舞台"命令，将图形"CD\源文件\第 7 章\Flash\素材\image6.png"导入场景中，如图 7-211 所示。选中图形，执行"修改→转换为元件"命令，如图 7-212 所示。

图 7-211　导入素材

图 7-212　"转换为元件"对话框

㉑ 单击"图层 3"第 25 帧位置，按 F6 键插入关键帧。单击"工具"面板上"任意变形"工具按钮，选中第 20 帧上元件，调整元件的形状如图 7-213 所示。单击"图层 3"第 20 帧位置，设置"属性"面板上"补间类型"为"动画"，时间轴效果如图 7-214 所示。

图 7-213 调整元件形状

图 7-214 时间轴效果

 **提示**

第 20 帧也插入关键帧。并且同时将上一个关键帧场景中的对象也复制到了当前场景中，这一点需要注意。

㉒ 单击"时间轴"面板上"插入图层"按钮，新建"图层 4"。单击"图层 4"第 25 帧位置，按 F6 键插入关键帧。执行"文件→导入→导入到舞台"命令，将图形"CD\源文件\第 7 章\Flash\素材\image7.png"导入场景中，如图 7-215 所示。选中图形，执行"修改→转换为元件"命令，如图 7-216 所示。

图 7-215 导入素材

图 7-216 "转换为元件"对话框

㉓ 单击"时间轴"面板上"插入图层"按钮，新建"图层 5"，单击"图层 5"第 25 帧位置，将"圆

形"元件拖入场景中，效果如图 7-217 所示。单击"图层 5"第 30 帧位置，按 F6 键插入关键帧，并调整元件的形状，效果如图 7-218 所示。

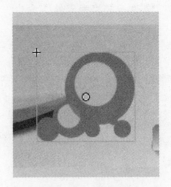

图 7-217 拖入元件

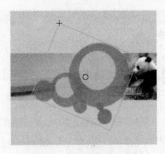

图 7-218 调整元件形状

㉔ 单击"图层 5"第 30 帧位置，选中元件，设置其"属性"面板上"颜色"样式下"Alpha"值为"0%"，效果如图 7-219 所示。单击"图层 5"第 25 帧位置，设置其"属性"面板上"补间类型"为"动画"，时间轴效果如图 7-220 所示。

图 7-219 设置 Alpha 值

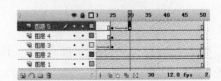

图 7-220 时间轴效果

㉕ 单击"时间轴"面板上"插入图层"按钮，新建"图层 6"。单击"图层 6"第 30 帧位置，按 F6

键插入关键帧。执行"文件→导入→导入到舞台"命令，将图形"CD\源文件\第 7 章\Flash\素材\image10.png"导入场景中，如图 7-221 所示。选中图形，执行"修改→转换为元件"命令，如图 7-222 所示。

图 7-221　导入素材

图 7-222　"转换为元件"对话框

㉖ 单击"时间轴"面板上"插入图层"按钮，新建"图层 7"。单击"图层 7"第 30 帧位置，将"文字"元件拖入场景中。效果如图 7-223 所示。单击"图层 7"第 35 帧位置，按 F6 键插入关键帧，并调整元件的形状，效果如图 7-224 所示。

图 7-223　拖入元件

图 7-224　调整元件形状

㉗ 单击"图层 7"第 35 帧位置，选中元件，设置其"属性"面板上"颜色"样式下"Alpha"值为"0%"，效果如图 7-225 所示。单击"图层 7"第 30 帧位置，设置其"属性"面板上"补间类型"为"动画"，时间轴效果如图 7-226 所示。

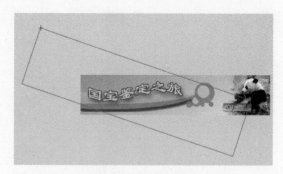

图 7-225　设置 Alpha 值

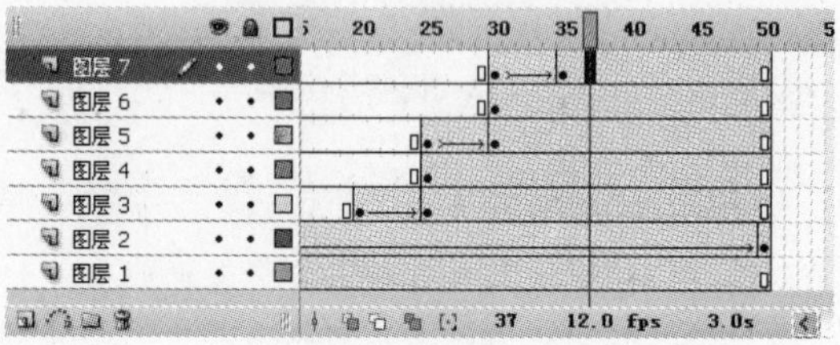

图 7-226　时间轴效果

㉘ 单击"时间轴"面板上"插入图层"按钮，新建"图层 8"。单击"图层 8"第 50 帧位置，按 F6 键插入关键帧，将"云动画组"元件拖入场景中，效果如图 7-227 所示，时间轴效果如图 7-228 所示。

图 7-227　拖入元件

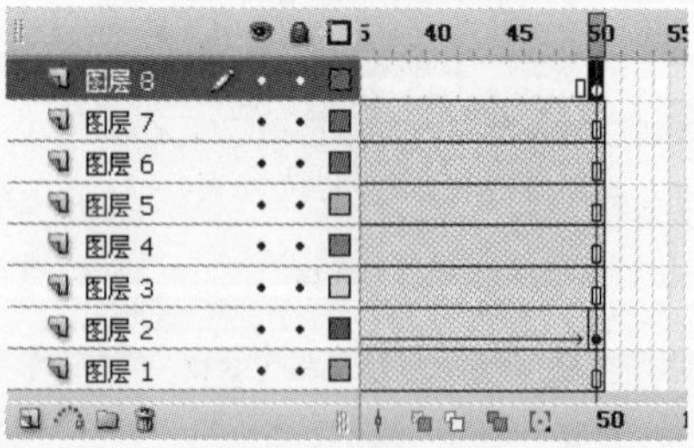

图 7-228　时间轴效果

㉙ 单击"时间轴"面板上"插入图层"按钮，新建"图层 9"。单击"图层 9"第 50 帧位置，执行"窗口→动作"命令，打开"动作-帧"面板，输入"stop();"脚本代码，时间轴效果如图 7-229 所示。

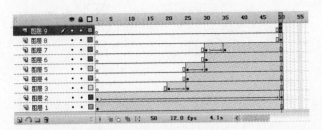

图 7-229　时间轴效果

**㉚** 完成 Flash 动画的制作，执行"文件→保存"命

令，保存文件。按 Ctrl+Enter 键测试动画，效果如图 7-230 所示。

图 7-230　测试动画效果

# 7.4　CSS 布局——Dreamweaver 制作资讯类网站

## 7.4.1　页面制作分析

资讯类网站页面的特点在于信息的专深性。资讯类网站搜集的信息是让某个行业的专业人员满意，它应该是某个专业的站点。本案例采用基本的页面构成形式，把页面 Banner 和导航菜单放在页面最上部，并且制作成 Flash 动画的形式，使页面活泼富有动感。页面正文采用常用的左右两栏排法，将重要的正文部分排列在页面的正中，突出页面的重要信息。在制作该页面时，首先需要设置页面的整体页面属性，接着新建 CSS 样式表定义页面中总体的字体样式。应用表格布局页面，可以将该页面分为上、中、下三个部分进行制作，中间部分再分为左右两块内容，分别进行制作。

## 7.4.2　技术点睛

### 1."CSS 样式"面板

CSS 样式可以用来一次对若干个文档的样式进行控制。与 HTML 样式相比，使用 CSS 样式表的好处除了在于它可以同时链接多个文档之外，还在于当 CSS 样式被修改后，所有应用该样式表的文档都会自动被更新。

在 Dreamweaver 中提供了"CSS 样式"面板，如图 7-231 所示。可以通过单击"CSS 样式"面板上的"新建 CSS 规则"按钮，新建一个 CSS 样式表；可以在"CSS 样式"面板中选中某个样式表，单击"编辑样式"按钮，对该样式表进行编辑；可以在"CSS 样式"面板中选中某个样式表，单击"删除样式"按钮，将该样式表删除。

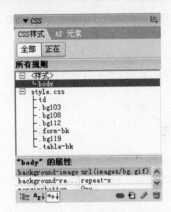

图 7-231　"CSS 样式"面板

通过"CSS 样式"面板可以对页面内部样式表和页面链接的外部样式表进行管理。除了可以通过"CSS 样式"面板上的操作按钮对 CSS 样式进行管理操作外，还可以在"CSS 样式"面板中选中某个样式表，单击鼠标右键，弹出右键菜单，在菜单中选对需要操作的项，如图 7-232 所示。

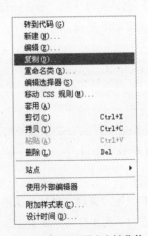

图 7-232　CSS 样式右键菜单

### 2．新建内部样式表

如果需要新建内部样式表，可以在"CSS 样式"面板上单击"新建 CSS 规则"按钮，弹出"新建

CSS 规则"对话框,在"选择器类型"选项中选择一种类型,在"名称"文本框中输入 CSS 规则的名称,在"定义在"选项区中选择"仅对该文档"选项,如图 7-233 所示,新建的 CSS 样式表将会写在该页面的头部<head→标签之间,即新建一个内部样式表,如图 7-234 所示。

图 7-233 "新建 CSS 规则"对话框

```
<head>
<meta http-equiv="Content-Type" content="text/html; charset=utf-8" />
<title>无标题文档</title>
<style type="text/css">
<!--
td {
    font-family: "宋体";
    font-size: 12px;
    color: #E4E4E4;
}
-->
</style>
</head>
```

图 7-234 内部样式表代码

### 3. 新建外部样式表文件

外部 CSS 样式表是存储在一个单独的外部.css 文件(并非 HTML 文件)中的一系列 CSS 规则。利用文档 <head→ 部分中的链接,该.css 文件被链接到 Web 站点中的一个或多个页面。

在本实例中讲解了如何运用 Dreamweaver 新建一个外部样式表文件,只需要在"新建 CSS 规则"对话框中的"定义在"选项组中选择"新建外部样式表文件"单选按钮,如图 7-235 所示。

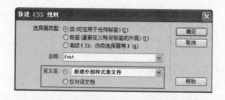

图 7-235 "新建 CSS 规则"对话框

还可以通过执行"文件→新建"菜单命令,弹出"新建文档"对话框,在"新建文档"对话框左侧选择"空白页"选项,在"页面类型"列表中选择 CSS 选项,单击"创建"按钮,同样可以新建一个外部的 CSS 样式表文件,如图 7-236 所示。

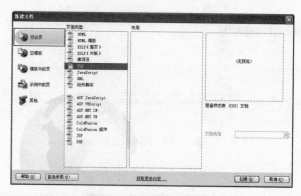

图 7-236 "新建文档"对话框

### 4. 链接外部样式表文件

如果需要链接新建好的外部样式表文件,可以单击"CSS 样式"面板上的"附加样式表"按钮,在"链接外部样式表"对话框上单击"浏览"按钮,选择到需要链接的外部样式表文件,在"添加为"选项区中选择"链接"选项,如图 7-237 所示。单击"确定"按钮,即可将指定的外部样式表文件链接到页面中,在页面的头部<head→标签中将会自动加入链接外部样式表文件的代码,如图 7-238 所示。

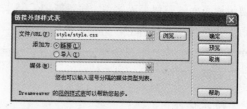

图 7-237 "链接外部样式表"对话框

```
<head>
<meta http-equiv="Content-Type" content="text/html; charset=utf-8" />
<title>无标题文档</title>
<link href="style/style.css" rel="stylesheet" type="text/css" />
</head>
```

图 7-238 链接外部样式表代码

### 5. 定义各种样式表的方法

在本实例的制作过程中,讲解了如何新建文本样式表、背景样式表和边框样式表等多种样式表,学习各种样式表的定义方法。

### 7.4.3 制作页面

❶ 打开 Dreamweaver CS3,执行"文件→新建"菜单命令,弹出"新建文档"对话框,新建一个空白的 HTML 文件,并执行"文件→保存"菜单命令,将文件保存为"CD\源文件\第 7 章\Dreamweaver\index.html"。

❷ 在"属性"面板上单击"页面属性"按钮 页面属性... ,弹出"页面属性"对话框,设置"页面属性"对话框上"背景图像"为"CD\源文件\第 7 章\Dreamweaver\images\bg.gif","重复"为"横向

重复"，设置"左边距"、"右边距"、"上边距"和"下边距"均为"0"，如图 7-239 所示。单击"确定"按钮，完成"页面属性"对话框设置，页面如图 7-240 所示。

图 7-239 设置"页面属性"对话框

图 7-240 页面效果

③ 单击"文档"工具栏上的"代码"按钮，转换到代码视图中，可以看到在页面头部自动加入相应的内部样式表设置，如图 7-241 所示。

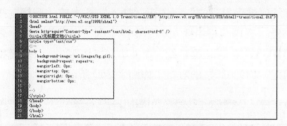

图 7-241 加入的 CSS 样式表代码

 提示

在"页面属性"对话框中设置的页面属性，实际上是针对整个页面的<body→标签设置的相应属性，完成"页面属性"对话框的设置后，相应的设置会以 CSS 样式表的形式写入页面的头部代码当中。

④ 单击"CSS 样式"面板上的"新建 CSS 规则"按钮，弹出"新建 CSS 规则"对话框，设置如图 7-242 所示。

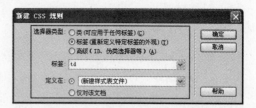

图 7-242 "新建 CSS 规则"对话框

⑤ 单击"确定"按钮，将弹出"保存样式表文件为"对话框，在对话框中选择要保存的外部样式文件的路径为"CD\源文件\第 7 章\Dreamweaver\style\"，输入文件名"style.css"，单击"保存"按钮。

⑥ 在弹出的"CSS 规划定义"对话框中定义样式的各项属性，单击"确定"按钮完成，如图 7-243 所示。

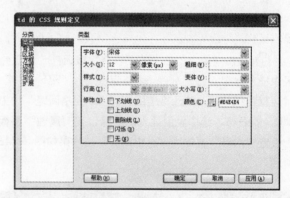

图 7-243 "CSS 规划定义"对话框

 提示

此处建立的是<td→标签的标签样式表，在整个页面中的所有<td→之间的文字都会自动应用该样式，不需要用户再选中文字为其添加样式。如果是特殊文字，例如颜色不同或字体大小不同，还可以选中文字套用类（class）的样式。

⑦ 完成该样式表的设置，页面将自动链接刚刚保存的外部样式表文件。单击"文档"工具栏上的"代码"按钮，转换到代码视图中，可以看到在页面头部自动链接刚刚保存的外部样式表文件，如图 7-244 所示。

图 7-244 链接外部样式表代码

⑧ 在"CSS 样式"面板中出现刚刚新建的外部样式文件，在它的下一级菜单中就是定义在这个外部样式文件中的样式表，如图 7-245 所示。

图 7-245 "CSS 样式"面板

 提示

在"CSS 样式"面板中可以对页面中的内部样式表和外部样式表文件中的样式表进行编辑、删除等相应的管理操作。

⑨ 单击"插入"栏上的"表格"按钮 ，在工作区中插入一个 6 行 1 列，"表格宽度"为"975"像素，"边框粗细"、"单元格边距"、"单元格间距"均为"0"的表格。选中刚刚插入的表格，在"属性"面板上设置"对齐"属性为"居中对齐"，效果如图 7-246 所示。

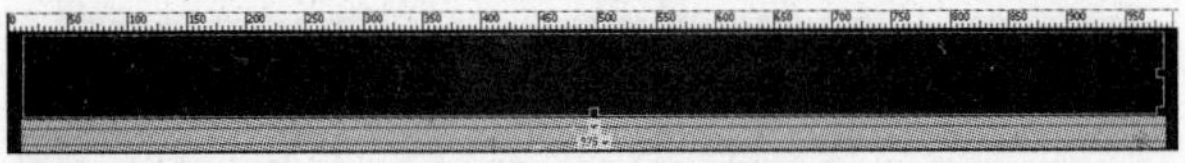

图 7-246 插入表格

⑩ 光标移至刚刚插入的表格第 1 行位置，单击"插入"栏上的"表格"按钮 ，在单元格中插入一个 1 行 3 列，"表格宽度"为"975 像素"，"边框粗细"、"单元格边距"、"单元格间距"均为"0"的表格，效果如图 7-247 所示。

图 7-247 插入表格

⑪ 单击"CSS 样式"面板上的"新建 CSS 规则"按钮 ，弹出"新建 CSS 规则"对话框，设置如图 7-248 所示。单击"确定"按钮，弹出"CSS 规则定义"对话框，选择"分类"列表中的"背景"选项，设置"背景图像"为"CD\源文件\第 7 章\Dreamweaver\images\103.gif"，设置"重复"为"横向重复"，如图 7-249 所示，单击"确定"按钮，完成 CSS 规则定义。

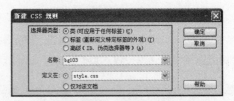

图 7-248 "新建 CSS 规则"对话框

图 7-249 "CSS 规划定义"对话框

⑫ 光标移至刚刚插入的表格第 1 列位置，在"属性"面板上设置"宽"为"23"，单击"插入"栏上的"图像"按钮 ，将图像"CD\源文件\第 7 章\Dreamweaver\images\101.gif"插入到单元格中。光标移至第 3 列位置，在"属性"面板上设置"宽"为"23"，单击"插入"栏上的"图像"按钮 ，将图像"CD\源文件\第 7 章\Dreamweaver\images\102.gif"插入到单元格中。光标移至第 2 列位置，在"属性"面板上的"样式"下拉列表中选择样式表 bg103 应用，设置"垂直"属性为"顶端"，单击"插入"栏上的"表格"按钮 ，在单元格中插入一个 3 行 1 列，"表格宽度"为"100%"，"边框粗细"、"单元格边距"、"单元格间距"均为"0"的表格，如图 7-250 所示。

图 7-250 页面效果

⑬ 光标移至刚刚插入的表格第 1 行位置，在"属性"面板上设置"高"为"25"，光标移至第 2 行位置，单击"插入"栏上的"表格"按钮 ，在单元格中插入一个 1 行 5 列，"表格宽度"为"810 像素"，"边框粗细"、"单元格边距"、"单元格间距"均为"0"的表格，如图 7-251 所示。

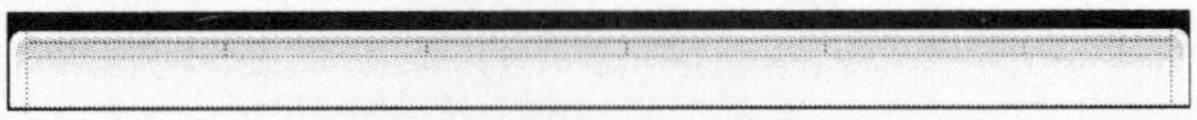

图 7-251 插入表格

⑭ 光标移至刚刚插入的表格第 1 列位置，在"属性"面板上设置"宽度"为"279"，单击"插入"栏上

的"图像"按钮，将图像"CD\源文件\第 7 章\Dreamweaver\images\104.gif"插入到单元格中。光标移至第 2 列位置，在"属性"面板上设置"宽度"为"316"。光标移至第 3 列位置，在"属性"面板上设置"垂直"属性为"底部"，单击"插入"栏上的"图像"按钮，将图像"CD\源文件\第 7 章\Dreamweaver\images\105.gif"插入到单元格中。用相同的方法，在其他单元格中插入其他图像，如图7-252 所示。

图 7-252　页面效果

⑮ 单击"CSS 样式"面板上的"新建 CSS 规则"按钮，弹出"新建 CSS 规则"对话框，设置如图 7-253所示。单击"确定"按钮，弹出"CSS 规则定义"对话框，选择"分类"列表中的"背景"选项，设置"背景图像"为"CD\源文件\第 7 章\Dreamweaver\images\108.gif"，设置"重复"为"不重复"，如图 7-254 所示。单击"确定"按钮，完成 CSS 规则定义。

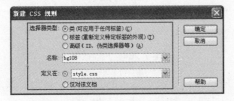

图 7-253　"新建 CSS 规则"对话框

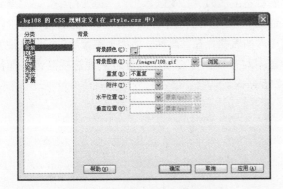

图 7-254　"CSS 规划定义"对话框

⑯ 光标移至上级表格第 2 行位置，在"属性"面板上的"样式"下拉列表中选择样式表 bg108 应用，单击"插入"栏上的 Flash 按钮，将 Flash 动画"CD\源文件\第 7 章\Dreamweaver\images\1-5.swf"插入到单元格中，如图 7-255 所示。

图 7-255　插入 Flash

⑰ 选中刚刚插入的 Flash，转换到代码视图，输入代码如图 7-256 所示。

图 7-256　输入代码

⑱ 光标移至第 3 行位置，单击"插入"栏上的"表格"按钮，在单元格中插入一个 1 行 5 列，"表格宽度"为"966 像素"，"边框粗细"、"单元格边距"、"单元格间距"均为"0"的表格，如图 7-257所示。

图 7-257　插入表格

⑲ 光标移至刚刚插入的表格第 1 列位置，在"属性"面板上设置"宽度"为"10"。光标移至第 2 列位置，单击"插入"栏上的"表格"按钮，在单元格中插入一个 2 行 1 列，"表格宽度"为"956"像素，"边框粗细"、"单元格边距"、"单元格间距"均为"0"的表格，如图 7-258 所示。

图 7-258　插入表格

⑳ 光标移至刚刚插入的表格第 2 行位置，单击"插入"栏上的"图像"按钮，将图像"CD\源文件\第 7 章\Dreamweaver\images\109.gif"，插入到单元格中。光标移至第 1 行位置，在"属性"面板上设置"背景"值为#FFFFFF，单击"插入"栏上的"表格"按钮，在单元格中插入一个 1 行 4 列，"表格宽度"为"956"像素，"边框粗细"、"单元格边距"、"单元格间距"均为"0"的表格，如图 7-259 所示。

图 7-259　插入表格

㉑ 光标移至刚刚插入的表格第 1 列位置，在"属性"面板上设置"宽"为"12"。光标移至第 2 列位置，在"属性"面板上设置"宽"为"182"，单击"插入"栏上的"表格"按钮，在单元格中插入一个 14 行 1 列，"表格宽度"为"182"像素，"边框粗细"、"单元格边距"、"单元格间距"均为"0"的表格，如图 7-260 所示。

图 7-260　插入表格

㉒ 光标移至刚刚插入的表格第 1 行位置，单击"插入"栏上的"表格"按钮，在单元格中插入一个 3 行 1 列，"表格宽度"为"182 像素"，"边框粗细"、"单元格边距"、"单元格间距"均为"0"的表格，如图 7-261 所示。

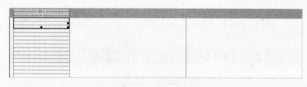

图 7-261　插入表格

㉓ 单击"CSS 样式"面板上的"新建 CSS 规则"按钮，弹出"新建 CSS 规则"对话框，设置如图 7-262 所示。单击"确定"按钮，弹出"CSS 规则定义"对话框，选择"分类"列表中的"背景"选项，设置"背景图像"为"CD\源文件\第 7 章\Dreamweaver \ images\112.gif"，设置"重复"为"纵向重复"，如图 7-263 所示。单击"确定"按钮，完成 CSS 规则定义。

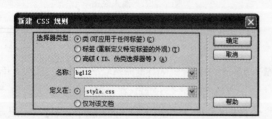

图 7-262　"新建 CSS 规则"对话框

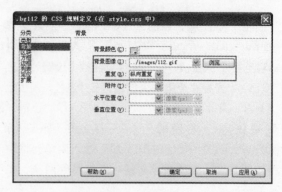

图 7-263　"CSS 规划定义"对话框

㉔ 光标移至刚刚插入的表格第 1 行位置，单击"插入"栏上的"图像"按钮，将图像"CD\源文件\第 7 章\Dreamweaver\images\110.gif"插入到单元格中。光标移至第 3 行位置，单击"插入"栏上的"图像"按钮，将图像"CD\源文件\第 7 章\Dreamweaver\ images\111.gif"插入到单元格中。光标移至第 2 行位置，在"属性"面板上的"样式"下拉列表中选择样式表 bg112 应用，在"插入"栏上选择"表单"选项卡，单击"表单"按钮，在单元格中插入一个表单域，如图 7-264 所示。

图 7-264　页面效果

㉕ 光标移至刚刚插入的表单中，单击"插入"栏上的"表格"按钮，在单元格中插入一个 2 行 1 列，"表格宽度"为"123 像素"，"边框粗细"、"单元格边距"、"单元格间距"均为"0"的表格。选中刚刚插入的表格，在"属性"面板上设置"对齐"属性为"居中对齐"，并将表单的红色虚线边框隐藏，如图 7-265 所示。

图 7-265　插入表格

㉖ 光标移至刚刚插入的表格第 1 行位置，单击"插入"栏上的"表格"按钮，在单元格中插入一个 2 行 2 列，"表格宽度"为"123 像素"，"边框粗细"、"单元格边距"、"单元格间距"均为"0"的表格，如图 7-266 所示。

图 7-266　插入表格

㉗ 单击"CSS 样式"面板上的"新建 CSS 规则"按钮 ，弹出"新建 CSS 规则"对话框，设置如图 7-267 所示。单击"确定"按钮，弹出"CSS 规则定义"对话框，选择"分类"列表中的"类型"选项，设置"字体"为"宋体"，"大小"为"12 像素"，"颜色"值为"#999999"，如图 7-268 所示。

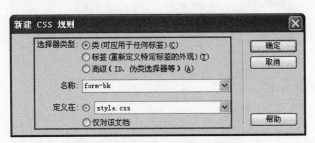

图 7-267　"新建 CSS 规则"对话框

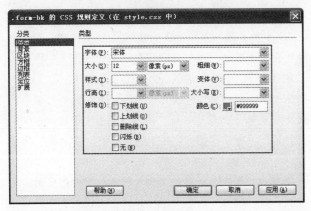

图 7-268　"CSS 规划定义"对话框

㉘ 在"CSS 规则定义"对话框上的"分类"列表中选择"方框"选项，设置"宽度"为"88 像素"，如图 7-269 所示。在"分类"列表中选择"边框"选项，设置"样式"的"上"、"下"、"左"、"右"均为"实线"，"宽度"的"上"、"下"、"左"、"右"均为"1 像素"，"颜色"的"上"、"下"、"左"、"右"均为"#999999"，如图 7-270 所示。单击"确定"按钮，完成"CSS 规则定义"对话框的设置。

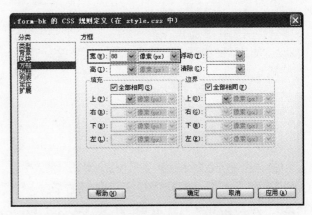

图 7-269　"CSS 规划定义"对话框

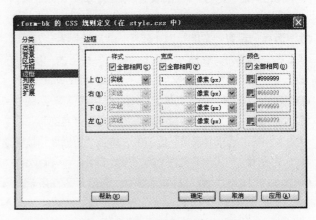

图 7-270　"CSS 规划定义"对话框

㉙ 光标移至刚刚插入表格第 1 行第 1 列位置，在"属性"面板上设置"宽"为"35"，"高"为"36"，单击"插入"栏上的"图像"按钮 ，将图像"CD\源文件\第 7 章\Dreamweaver\images\113.gif"插入到单元格中。在"插入"栏上选择"表单"选项卡，单击"文本字段"按钮 ，在单元格中插入一个文本字段，选中刚刚插入的文本字段，在"属性"面板的"类"下拉列表中选择样式表 form-bk 应用，如图 7-271 所示。

㉚ 用相同的方法完成其他单元格的制作，如图 7-272 所示。

图 7-271　页面效果

图 7-272　页面效果

③1 光标移至上级表格第 2 行位置，单击"插入"栏上的"表格"按钮▦，在单元格中插入一个 1 行 2 列，"表格宽度"为"123 像素"，"边框粗细"、"单元格边距"、"单元格间距"均为"0"的表格，如图 7-273 所示。

③2 光标移至刚刚插入的表格第 1 列位置，在"属性"面板上设置"宽度"为"65"，"高度"为"25"，"垂直"属性为"底部"，单击"插入"栏上的"图像"按钮▣，将图像"CD\源文件\第 7 章\Dreamweaver\images\115.gif"插入到单元格中。光标移至第 2 列位置，在"属性"面板上设置"垂直"属性为"底部"，在"插入"栏上选择"表单"选项卡，单击"图像域"按钮▣，将图像"CD\源文件\第 7 章\Dreamweaver\images\116.gif"插入到单元格中，如图 7-274 所示。

图 7-273　插入表格

图 7-274　页面效果

③3 光标移至上级表格第 2 行位置，单击"插入"栏上的"表格"按钮▦，在单元格中插入一个 1 行 3 列，"表格宽度"为"100%"，"边框粗细"、"单元格边距"、"单元格间距"均为"0"的表格，如图 7-275 所示。

图 7-275　插入表格

③4 单击"CSS 样式"面板上的"新建 CSS 规则"按钮▣，弹出"新建 CSS 规则"对话框，设置如图 7-276 所示。单击"确定"按钮，弹出"CSS 规则定义"对话框，选择"分类"列表中的"背景"选项，设置"背景图像"为"CD\源文件\第 7 章\Dreamweaver\

images\119.gif"，设置"重复"为"横向重复"，如图 7-277 所示，单击"确定"按钮，完成 CSS 规则定义。

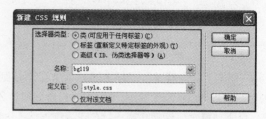
图 7-276　"新建 CSS 规则"对话框

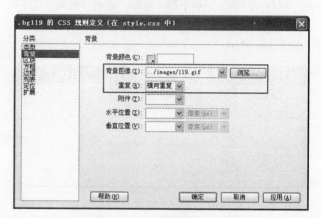
图 7-277　"CSS 规划定义"对话框

③5 光标移至刚刚插入的表格的 1 列位置，在"属性"面板上设置"宽"为"11"，单击"插入"栏上的"图像"按钮▣，将图像"CD\源文件\第 7 章\Dreamweaver\images\117.gif"插入到单元格中。光标移至第 3 列位置，在"属性"面板上设置"宽度"为"13"，单击"插入"栏上的"图像"按钮▣，将图像"CD\源文件\第 7 章\Dreamweaver\images\118.gif"，插入到单元格中。光标移至第 2 列位置，在"属性"面板上的"样式"下拉列表中选择样式表 bg119 应用，单击"插入"栏上的"表格"按钮▦，在单元格中插入一个 1 行 1 列，"表格宽度"为"148 像素"，"边框粗细"、"单元格边距"、"单元格间距"均为"0"的表格，如图 7-278 所示。

图 7-278　页面效果

③6 光标移至刚刚插入的表格中，在单元格中输入文字，如图 7-279 所示。

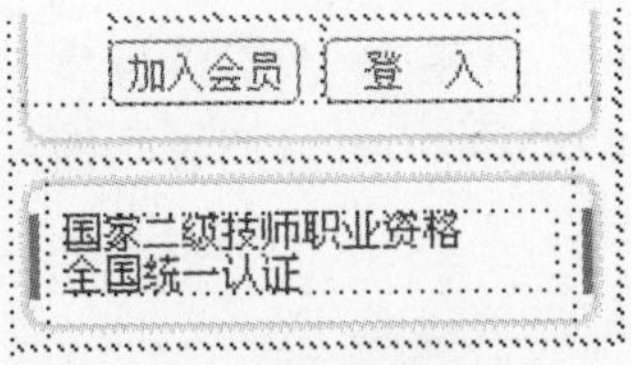
加入会员
登　入
国家二级技师职业资格
全国统一认证

图 7-279　输入文字

㊲ 光标移至上级表格第 3 行位置，单击“插入”栏上的“表格”按钮，在单元格中插入一个 1 行 1 列，“表格宽度”为“100%”，“边框粗细”、“单元格边距”、“单元格间距”均为“0”的表格，如图 7-280 所示。

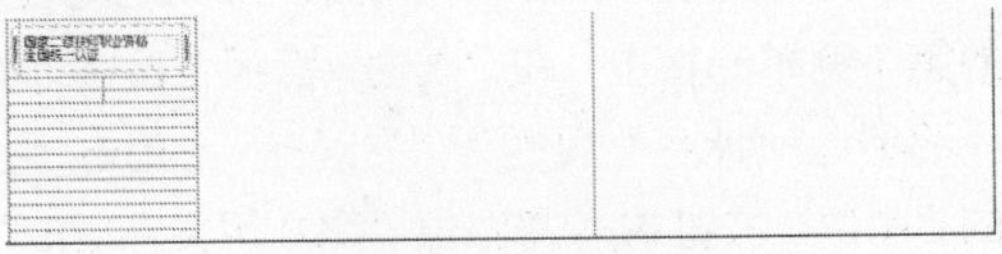

图 7-280　插入表格

㊳ 光标移至刚刚插入的表格第 1 行第 1 列位置，在“属性”面板上设置“宽”为“91”，“高”为“20”，并在单元格中输入文字。用相同的方法在其他单元格中输入文字，如图 7-281 所示。

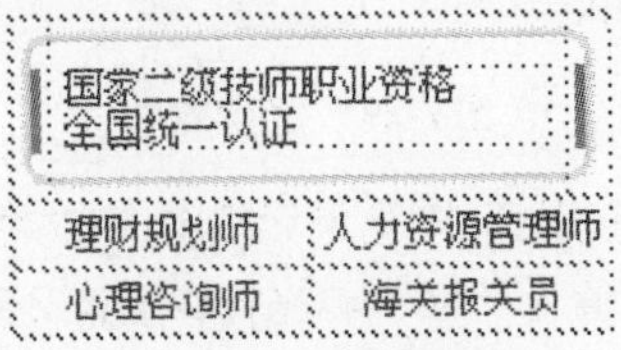
国家二级技师职业资格
全国统一认证
理财规划师
人力资源管理师
心理咨询师
海关报关员

图 7-281　页面效果

㊴ 光标移至上级表格第 4 行位置，在“属性”面板上设置“高”为“17”。光标移至第 4 行位置，在“属性”面板上设置“水平”属性为“居中对齐”，单击“插入”栏上的“图像”按钮，将图像“CD\源文件\第 7 章\Dreamweaver\images\120.gif”插入到单元格中，如图 7-282 所示。

理财规划师
人力资源管理师
心理咨询师
海关报关员
精彩新闻
限时专送

图 7-282　插入图像

㊵ 光标移至第 5 行位置，根据前面的方法完成单元格的制作，如图 7-283 所示。

㊶ 光标移至第 6 行位置，根据前面的方法完成单元格的制作，如图 7-284 所示。

精彩新闻
限时专送
国家三级技师职业资格证照

图 7-283　页面效果

国家三级技师职业资格证照
高级营养师
心理咨询师
芳香保健师
保健按摩师
珠宝鉴定师
厨政管理师
高级育婴师
中式面点师
中式烹调师
西式面点师
西式烹调师
高级美容师
高级美发师
汽车维修师
高级调酒师
食品管理师

图 7-284　页面效果

㊷ 光标移至第 7 行位置，单击“插入”栏上的“图像”按钮，将图像“CD\源文件\第 7 章\Dreamweaver\images\121.gif”插入到单元格中，如图 7-285 所示。光标移至第 8 行位置，单击“插入”栏上的“表格”按钮，在单元格中插入一个 1 行 2 列，“表格宽度”为“100%”，“边框粗细”、“单元格边距”、“单元格间距”均为“0”的表格。

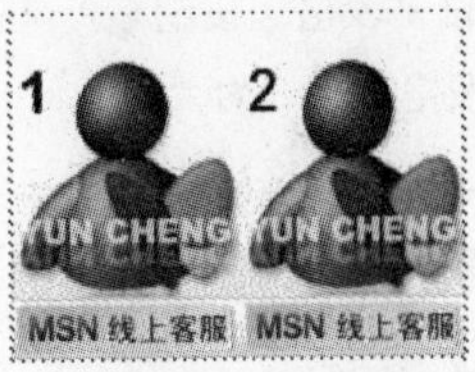
1
2
YUN CHENG
YUN CHENG
MSN 线上客服
MSN 线上客服

图 7-285　插入表格

㊸ 光标移至刚刚插入的表格第 1 列单元格中，在“属性”面板上设置“高度”值为“40”，“水平”属性为“水平对齐”，单击“插入”栏上的“图像”按钮，将图像“CD\源文件\第 7 章\Dreamweaver\images\122.gif”，插入到单元格中。用相同的方法在第 2 列单元格中插入图像，如图 7-286 所示。

1
2
YUN CHENG
YUN CHENG
MSN 线上客服
MSN 线上客服
线上报名
线上咨询

图 7-286　插入图像

❹❹ 用相同的方法在其他单元格中插入图像，如图 7-287 所示。

图 7-287　页面效果

❹❺ 光标移至上级表格第 2 列单元格中，在"属性"面板上设置"宽"值为"10"。光标移至第 3 列单元格中，在"属性"面板上设置"垂直"属性为"顶端"，单击"插入"栏上的"表格"按钮圖，在单元格中插入一个 3 行 1 列，"表格宽度"为"100%"，"边框粗细"、"单元格边距"、"单元格间距"均为"0"的表格，如图 7-288 所示。

图 7-288　插入表格

❹❻ 光标移至刚刚插入的表格第 1 行单元格中，单击"插入"栏上的"表格"按钮圖，在单元格中插入一个 1 行 2 列，"表格宽度"为"100%"，"边框粗细"、"单元格边距"、"单元格间距"均为"0"的表格。光标移至刚刚插入的第 1 列单元格中，在"属性"面板上设置"宽度"值为"325"，"高度"值为"187"，"水平"属性为"居中对齐"，单击"插入"栏上的"Flash"按钮🗲，将 Flash 动画"CD\源文件\第 7 章\Dreamweaver\images\1-2.swf"，插入到单元格中。用相同的方法制作其他单元格，如图 7-289 所示。

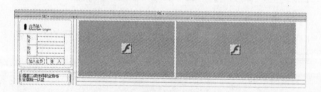

图 7-289　页面效果

❹❼ 光标移至上级表格第 2 行单元格中，单击"插入"栏上的"表格"按钮圖，在单元格中插入一个 2 行 1 列，"表格宽度"为"100%"，"边框粗细"、"单元格边距"、"单元格间距"均为"0"的表格。光标移至刚刚插入表格的第 1 行单元格中，在"属性"面板上设置"高"值为"58"，单击"插入"栏上的"图

像"按钮🖻，将图像"CD\源文件\第 7 章\Dreamweaver\images\129.gif"插入到单元格中，如图 7-290 所示。

图 7-290　页面效果

❹❽ 光标移至第 2 行单元格中，单击"插入"栏上的"表格"按钮圖，在单元格中插入一个 1 行 3 列，"表格宽度"为"718 像素"，"边框粗细"、"单元格边距"、"单元格间距"均为"0"的表格。光标移至刚刚插入的第 1 列单元格中，在"属性"面板上设置"宽度"值为"235"，"水平"属性为"右对齐"，单击"插入"栏上的"图像"按钮🖻，将图像"CD\源文件\第 7 章\Dreamweaver\images\131.gif"插入到单元格中，如图 7-291 所示。

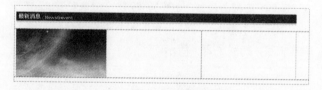

图 7-291　页面效果

❹❾ 光标移至第 2 列单元格中，在"属性"面板上设置"宽度"值为"16"。光标移至第 3 列单元格中，单击"插入"栏上的"表格"按钮圖，在单元格中插入一个 5 行 1 列，"表格宽度"为"100%"，"边框粗细"、"单元格边距"、"单元格间距"均为"0"的表格，如图 7-292 所示。

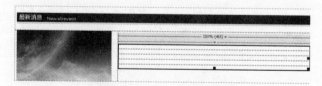

图 7-292　页面效果

❺⓿ 单击"CSS 样式"面板上的"新建 CSS 规则"按钮🖹，弹出"新建 CSS 规则"对话框，设置如图 7-293 所示。单击"确定"按钮，弹出"CSS 规则定义"对话框，选择"分类"列表中的"边框"选项，设置下边框的"样式"为"虚线"，"宽度"为"1 像素"，"颜色"为"#BCBCBC"，如图 7-294 所示。单击"确定"按钮，完成 CSS 规则定义。

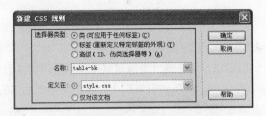

图 7-293　"新建 CSS 规则"对话框

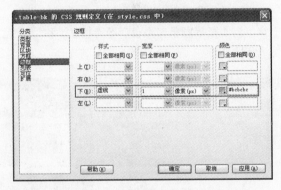

图 7-294　"CSS 规划定义"对话框

**51** 光标移至刚刚插入的表格第 1 行单元格中，在"属性"面板上的"样式"下拉列表中选择样式表 table-bk 应用，设置"高"值为"22"。单击"插入"栏上的"表格"按钮，在单元格中插入一个 1 行 3 列，"表格宽度"为"100%"，"边框粗细"、"单元格边距"、"单元格间距"均为"0"的表格，如图 7-295 所示。

**52** 光标移至刚刚插入的表格第 1 列单元格中，在"属性"面板上设置"宽"值为"9"，单击"插入"栏上的"图像"按钮，将图像"CD\源文件\第 7 章\Dreamweaver\images\132.gif"插入到单元格中。光标移至第 2 列单元格中，在单元格中输入文字。光标移至第 3 列单元格中，在"属性"面板上设置"宽"值为"64"，在单元格中输入文字，如图 7-296 所示。

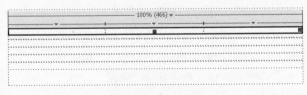

图 7-295　插入表格

图 7-296　页面效果

**53** 用相同的方法制作其他的单元格，页面效果如图 7-297 所示。

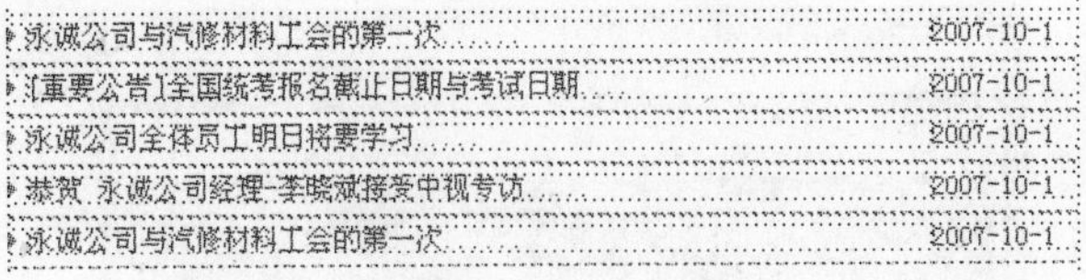

图 7-297　页面效果

**54** 根据前面的方法制作页面中其他单元格，页面效果如图 7-298 所示。

图 7-298　页面效果

**55** 选择外部表格，按键盘上的右方向键，将光标至于表格尾部，单击"插入"栏上的"表格"按钮，在单元格中插入一个 1 行 1 列，"表格宽度"为"725 像素"，"边框粗细"、"单元格边距"、"单元格间距"均为"0"的表格。光标移至刚刚插入表格中，在"属性"面板上设置"高"值为"190"，"水平"属性为"居中对齐"，单击"插入"栏上的 Flash 按钮，将 Flash 元素"CD\源文件\第 7 章\Dreamweaver\images\1-4.swf"插入到单元格中，如图 7-299 所示。

图 7-299　页面效果

**56** 根据前面的制作方法，制作版底信息，如图 7-300 所示。

图 7-300　版底信息

**57** 执行"文件→保存"菜单命令，保存页面。单击"文档"工具栏上的"预览"按钮，在浏览器中浏览整个页面，如图 7-301 所示。

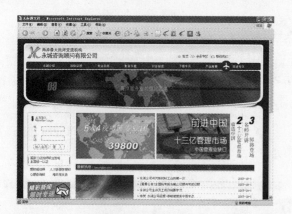

图 7-301　完成的页面效果

# 7.5　技巧集合

## 7.5.1　Fireworkes 技巧集合

### "选取框"工具使用技巧

如果要绘制正方形或圆形选取框，可以按住 Shift 键并拖动"选取框"或"椭圆选取框"工具。如果在进行一系列选择时已经打开了"动态选取框"选项，则"动态选取框"功能只影响选区系列中的最后一个选区。

如果要从中心点绘制选取框，可以取消选择任何其他活动的选取框，然后在绘制时按住 Alt 键。如果要从中心点绘制正方形或圆形选取框，在绘制的同时按住 Alt+Shift 键即可。

## 7.5.2　Flash 技巧集合

### 色彩的对比

在一定条件下，人对同一色彩有不同的感受。单一色彩给人一种印象，在不同的环境下，多色彩给人另一种印象。色彩之间这种相互作用的关系称"色彩对比"。

色彩对比包括两方面。其一，时间隔序，称为"同时发生的对比"；其二，空间位置，称为"连贯性的对比"。对比本来是指性质对立的双方相互作用、相互排斥。然而，在某种条件下，对立的双方也会相互融合、相互协调。并置的不同色调往往相互抵消，这种相互抵消的现象称"同化现象"。

### 色彩的表现手法

人的色感可用色彩三属性——色调、亮度、饱和度表示。不过，三属性毫无差异的同一色彩会因所处位置、背景物不同而给人截然相反的印象。我们以蓝色编织物和蓝色木地板为例，假定它们的三属性相同，但在观赏者的眼中，编织物的色彩与木地板的色彩毫无共同之处。这种现象称为"色彩的表现形式"。

### 色彩的冷暖

物体通过表面色彩可以给人温暖、寒冷或凉爽的感觉。一般说来，温度感觉是通过感觉器官触碰物体而来。与色彩风马牛不相及。但事实上，各类物体借助五彩缤纷的色彩会给人一定的温度感觉。

红、橙、黄等颜色使人想到阳光、烈火，故称"暖色"。如图 7-302 所示

绿、青、蓝等颜色与黑夜、寒冷相联，称"冷色"如图 7-303 所示

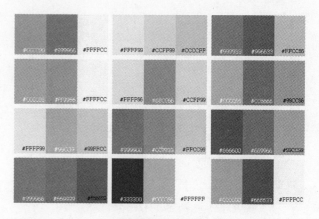

图 7-302　暖色调

图 7-303　冷色调

红色给人积极、温暖的感觉。蓝色给人低静、消极的感觉。绿与紫是中性色彩，刺激小，效果介于红与蓝之间。中性色彩使人产生休憩、轻松的情绪，可以避免产生疲劳感。

## 7.5.3　Dreamweaver 技巧集合

### CSS 样式表的基本语法结构

实际上，CSS 的代码都是由一些最基本的语句构成的。它的基本语句结构是这样的：选择符{属性: 属性值}。例如，打开"CD\源文件\第 7 章\Dreamweaver \index.html"文件，将视图模式切换到代码视图的模式，

如图 7-304 所示。一般说来，<style→下面的 CSS 语句是以注释语句的形式书写的，也就是图中代码的<!-- … --→符号包含的部分。在本例中，body 是选择符，选择符可以是 HTML 中任何的标识符，如图 7-304 所示。

```
<head>
<meta http-equiv="Content-Type" content="text/html; charset=gb2312" />
<title>无标题文档</title>
<style type="text/css">
<!--
body {
    background-image: url(images/bg.gif);
    background-repeat: repeat-x;
    margin-left: 0px;
    margin-top: 0px;
    margin-right: 0px;
    margin-bottom: 0px;
}
-->
</style>
<link href="style/style.css" rel="stylesheet" type="text/css" />
<script src="Scripts/AC_RunActiveContent.js" type="text/javascript"></script>
</head>
```

**图 7-304　CSS 样式表基本语法结构**

### 运用 CSS 样式表

对页面中的元素应用 CSS 样式表，只需要选中元素，在"属性"面板上的"样式"下拉列表中进行选择就可以了，"样式"下拉列表中会列出所有本文件中已经定义的 CSS 样式，以及外部 CSS 样式表文件中的 CSS 样式。还可以使用标签选择器应用 CSS 样式，为了更准确地选取要应用 CSS 样式的页面元素，可以使用标签选择器选中元素，然后单击鼠标右键，在右键菜单中的"设置类"字菜单中选择要应用的样式即可。

### CSS 样式常用的一些属性值及说明

字体：通常选择宋体或 Arial，Helvetica，sans-serif。字体大小：设为 9 磅的中文比较常见。粗细：当字较小时，字体的粗细有一定限度。样式：包括正常、斜体和偏斜体三个选项，但中文表现似乎并不明显。大小写：包括"首字母大写"、"大写"、"小写"和"无"4 个选项，可设置每个英文单词的首字母大写，或将全部单词设置为大写或小写。修饰：这是 CSS 一个十分有用的效果，包括"下划线"、"上划线"、"删除线"、"闪烁"和"无"5 个选项。

### CSS 制作动态链接效果

制作一个动态链接的动态效果：目前，在大多数国内的网站中为了增加网页的美观，应用了较多这种基于文字超链接的动态链接效果。这种效果的原理是定义了超链接的 4 种状态：a:link，a:active，a:hover，a:visited，并对这 4 种状态的样式进行不同的定义，这样在网页中当超链接处于不同的状态时，就有不同的样式，从而形成了动态的效果。

# 第8章　健康类网站页面

　　健康类网站重要的是体现信任感、亲切感和清洁感。用柔和、温暖的配色可烘托出明亮、温和的气氛；相反，如果使用冷淡、敏锐的颜色则可以显示出清洁和技术实力。大多数健康类网站将柔和、温暖与清洁、干净的感觉进行调和来构成网站气氛。本章将详细介绍健康类网站的设计制作。

## ↘ 本章学习目标

- 了解健康类网站页面的色彩及布局特点
- 掌握网页设计的方法
- 掌握网页动画的制作方法
- 学习使用表格布局制作整个页面
- 掌握如何在网页中插入视频并控制视频的播放

## ↘ 本章学习流程

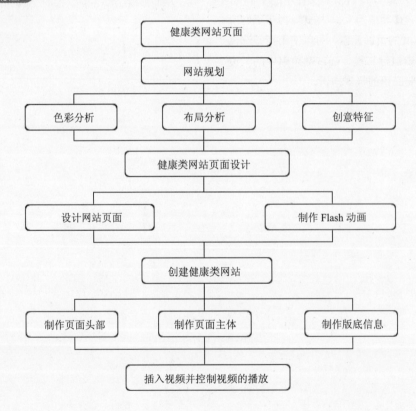

## 8.1　网页规划

在为健康类网站设计页面版式的时候，不仅要考虑如何在传统的设计套路中创造出新意，使浏览者有耳目一新的感觉，同时应适当运用 CSS, Flash 动画以及视频等使页面充满动感，并使绝大多数的浏览者可以快捷完整地访问所有的内容。本章主要向大家介绍如何设计制作健康网站，效果如图 8-1 所示。

Fireworks
设计页面

图 8-1

### 8.1.1　健康类网站分析

内容原则：对健康类网站而言，网站的内容同样是最重要的一个部分。健康类网站应该围绕健康保健信息为中心内容，辅助相关新闻信息，通过网站的相关信息内容吸引浏览者的浏览和参与，达到介绍和推广健康产品的目的。

构图原则：健康类网站多数是针对女性用户的，在页面中可以使用高质量的照片或运用丰富的色彩等，使网站能够抓住女性心理，设计出洗练的页面。

设计原则：对浏览者来说，健康类网站不仅是一个医疗健康的信息门户，还是一个集成了完善电子商务服务的网上商务中心。

尺寸原则：随着网络的发展，很多用户使用的显示器分辨率都是 1024×768 像素，所以设计者在设计制作网站页面时，一般都是按照 1024×768 像素分辨率制作，实际的页面宽度尺寸为 1000 像素，页面长度一般不超过显示器的两屏。为了使浏览者达到很快的访问速度，制作的页面字节一般不应超过 60 KB。

### 8.1.2　健康类网站创意形式

健康类网站在整体网站设计创意上，与信息门户类网站和娱乐网站不同，应该和企业宣传类网站相类似，表现出专业性和权威性。健康类网站的设计就是要将网站的专业性和权威性传达给每一位浏览者，使对方留下深刻的印象。设计中应该抛弃单纯的保健产品概念，体现网站以高生活品质为中心，从健康生活和高品质享受的角度设计制作网页界面，在网站界面设计中充分发挥美术创意的优势，使其具有文化内涵和艺术美感。

## 8.2　绿意盎然——使用 Fireworks 设计健康类网站

**案例分析**

本实例主要讲解健康类网站页面的设计制作。该页面为健康类网站的首页面，主要介绍健康方面的相关信息和公司的产品。该页面采用传统的布局方式，页面排版清晰合理，使页面看起来清晰、舒服。

色彩分析：健康类网站面对的受众群体基本上文化素质较高，具有一定的物质基础，较为自信，并希望自己能有个更加健康的身体，因此在该页面的配色上使用不同亮度的绿色，体现出清馨、明亮、鲜艳、活泼的感觉，并且绿色也是健康和希望的象征，更加符合页面的

主题。页面的主体部分，采用灰色和白色的搭配，使页面中的信息内容能够更清晰，板块一目了然，并配以相关的健康图片或产品图片，使得页面更加活泼。

页面设计：在页面设计上，本实例采用传统的页面布局方式，在页面头部采用 Flash 动画的形式，吸引浏览者的目光，表现网站的主题内容。页面的主体部分采用灰色为底色，在灰色底色上又用不同的白色区分不同的板块，页面中还使用了视频元素，更是展现了网站的独特与创新。

### 8.2.1 技术点睛

**1.＂魔术棒＂工具**

＂魔术棒＂工具是一个按照颜色的不同进行图像区域选择的快捷选取框工具，使用该工具在图像上单击鼠标，可以将图像中相似的颜色区域快速选中。

单击工具栏中的＂魔术棒＂工具，如图 8-2 所示。在要进行选择的选区单击鼠标，即可将图像中相连接的相同颜色区域选中，如图 8-3 所示。

图 8-2　单击＂魔术棒＂工具

图 8-3　单击鼠标选择同颜色的区域

**2.抠取透明网页图像**

要在 Fireworks CS3 中抠取透明图像，可利用＂魔术棒＂工具将背景中相近颜色的区域选出来删掉。

单击工具栏中的＂魔术棒＂工具按钮，在图像的空白处单击选择区域，如图 8-4 所示。按住 Shift 键，使用＂魔术棒＂工具在没有选中的区域单击，增加选择区域，如图 8-5 所示。按 Delete 键删除选择区域，此时可以得到透明效果，如图 8-6 所示。

图 8-4　单击选择区域

图 8-5　增加选区

图 8-6　删除选择区域

**3.＂多边形套索＂工具**

当使用＂套索＂工具时，会因为不能熟练使用鼠标，而造成定义的选框不够准确，而且经常出现锯齿的边缘。所以，可以使用＂多边形套索＂工具，定义容易控制的选取框。

单击工具栏中的＂多边形套索＂工具按钮，如图 8-7 所示。在要进行定义的选取框边缘上单击鼠标，定义一个锚点，拖拽鼠标到另一个锚点处，单击鼠标，定义一条直线，如图 8-8 所示。继续操作，直到在开始处的锚点上单击，将整个选取框定义完成。也可以在最后一个锚点处双击鼠标自动连接首尾两个锚点，定义选取框，如图 8-9 所示。

图 8-7　单击＂多边形套索＂工具

图 8-8　定义各个锚点

图 8-9　封闭选区

## 8.2.2　绘制步骤

**绘制页面导航部分**

① 打开 Fireworks CS3，执行"文件→新建"菜单命令，弹出"新建文档"对话框，新建一个 1003 像素×1682 像素，分辨率为 72 像素/英寸，画布颜色为"透明"的 Fireworks 文件，如图 8-10 所示。执行"文件→保存"菜单命令，将文件保存为"CD\源文件\第 8 章\Fireworks\4.png"。

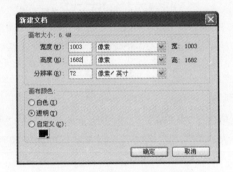

图 8-10　新建 Fireworks 文档

② 单击文档底部"状态栏"上的"缩放比率"按钮，弹出菜单，选择"50%"选项，如图 8-11 所示，设置文档的缩放比率为 50%，将页面呈 50%显示。

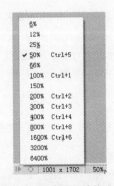

图 8-11　设置页面缩放比率

③ 执行"文件→导入"菜单命令，将"CD\源文件\第 8 章\Fireworks\素材\image1.jpg"导入到舞台中的适当位置，如图 8-12 所示。该图片将会在 Flash CS3 中被制作成动画效果。

图 8-12　导入素材

④ 单击工具栏中的"矩形"工具 口，在舞台的适当位置绘制一个矩形。选择刚刚绘制的矩形，打开"属性"面板，设置"填充颜色"值为#FFD301，"填充类别"为"实心"，在"边缘"下拉列表中选择"消除锯齿"选项，"纹理总量"为"0"，如图 8-13 所示。

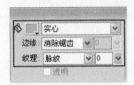

图 8-13　设置矩形属性

⑤ 在"属性"面板上设置矩形的"宽"为"878"，"高"为"7"，如图 8-14 所示。舞台中矩形效果如图 8-15 所示。

图 8-14　调整矩形大小

图 8-15　矩形效果

⑥ 执行"文件→导入"菜单命令，将"CD\源文件\第 8 章\Fireworks\素材\image2.jpg"导入到舞台中的适当位置，如图 8-16 所示。

图 8-16　导入素材

⑦ 单击工具栏中的"文本"工具 **A**，打开"属性"面板，设置"字体"为"宋体"，"大小"为"12"，"文本颜色"值为#FFFFFF，将文本设置为"粗体"，在"消除锯齿级别"下拉列表中选择"不消除锯齿"选项，如图 8-17 所示。在舞台的适当位置输入文本，如图 8-18 所示。

图 8-17　设置文本属性

图 8-18　输入文本

⑧ 用同样的方法输入导航中的其他文本，如图 8-19 所示。

图 8-19　输入其他文本

⑨ 单击工具栏中的"线条"工具，在"属性"面板上设置线条"颜色"为#8EDB27，"笔尖大小"为"1"，"描边种类"为"1 像素柔化"，"不透明度"为"100"，"混合模式"为"正常"，如图 8-20 所示。在场景的适当位置绘制线条，如图 8-21 所示。

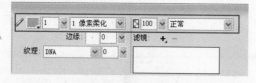

图 8-20　设置线条属性

图 8-21　绘制线条

⑩ 单击工具栏中的"线条"工具，在"属性"面板上设置线条"颜色"为#5A9AOE，"笔尖大小"为"1"，"描边种类"为"1 像素柔化"，"不透明度"为"100"，"混合模式"为"正常"，如图 8-22 所示。在刚刚绘制的线条右侧绘制线条，如图 8-23 所示。

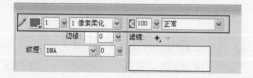

图 8-22　设置线条属性

图 8-23　绘制线条

⑪ 用同样方法绘制出导航中的其他线条，如图 8-24 所示。

图 8-24　绘制其他线条

⑫ 单击工具栏中的"矩形"工具，在舞台的适当位置绘制一个矩形。选择刚刚绘制的矩形，在"属性"面板上的"填充类别"下拉列表中选择"渐变→线性"，打开"填充色"对话框，从左向右分别设置渐变滑块颜色值为#9AC64B、#ABDE4C、#65AF3C，如图 8-25 所示。

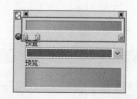

图 8-25　设置矩形填充颜色

⑬ 在"边缘"下拉列表中选择"消除锯齿"选项，"纹理总量"为"20%"，设置矩形的"宽"为"878"，"高"为"49"，如图 8-26 所示。矩形效果如图 8-27 所示。

图 8-26　设置矩形属性

图 8-27　绘制矩形

⑭ 完成页面导航部分的绘制，效果如图 8-28 所示。

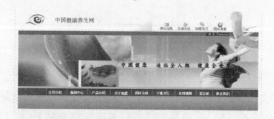

图 8-28　导航部分绘制效果

■ 绘制页面公告栏

① 单击工具栏中的"圆角矩形"工具，在舞台的适当位置绘制一个圆角矩形，选择刚刚绘制的圆角矩形，打开"属性"面板，设置"填充颜色"值为 #DF7213，"填充类别"为"实心"，在"边缘"下拉列表中选择"实边"选项，"纹理总量"为"0"，如图 8-29 所示。

图 8-29　设置矩形属性

② 选择刚刚绘制的圆角矩形，在"属性"面板上设置圆角矩形的"宽"为"29"，"高"为"29"，如图 8-30 所示。圆角矩形效果如图 8-31 所示。

图 8-30　设置矩形大小

图 8-31 绘制矩形

③ 单击工具栏中的"文本"工具 **A**，打开"属性"面板，设置"字体"为"Arial"，"大小"为"9"，"文本颜色"为#FFFFFF，在"消除锯齿级别"下拉列表中选择"不消除锯齿"选项，设置为"粗体"，如图 8-32 所示。在刚刚绘制的圆角矩形位置上输入文本，如图 8-33 所示。

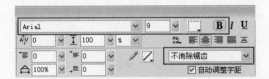

图 8-32　设置文本属性

图 8-33　输入文本

④ 选择在舞台中刚刚输入的文本，单击工具栏中的"缩放"工具，当鼠标移至文本上变为形状时，将文本进行旋转，如图 8-34 所示。选择旋转后的文本，在"属性"面板上的"消除锯齿级别"下拉列表中选择"匀边消除锯齿"选项，如图 8-35 所示。旋转后的文本效果如图 8-36 所示。

图 8-34　将文本进行旋转

图 8-35　设置文本属性

图 8-36　旋转后文本效果

⑤ 单击工具栏中的"文本"工具 **A**，打开"属性"面板，设置"字体"为"宋体"，"大小"为"12"，"文本颜色"值为#D63F00，在"消除锯齿级别"下拉列表中选择"不消除锯齿"选项，如图 8-37 所示。在舞台的适当位置输入文本，如图 8-38 所示。

图 8-37　设置文本属性

图 8-38　输入文本

⑥ 单击工具栏中的"矩形"工具 🔲，打开"属性"面板，设置"填充颜色"值为#FB921D，"填充类别"为"实心"，在"边缘"下拉列表中选择"实边"选项，将"纹理总量"为"0"，如图 8-39 所示。设置"笔触颜色"为"无"。

图 8-39　设置矩形属性

⑦ 在舞台的适当位置绘制矩形,选择刚刚在舞台绘制的矩形，在"属性"面板上设置"宽"为"5"，"高"为"7"，如图 8-40 所示。调整后的矩形效果如图 8-41 所示。

图 8-40　调整矩形大小

图 8-41　矩形效果

⑧ 单击工具栏中的"多边形"工具 ◻，打开"属性"面板，设置"填充颜色"值为#FB921D，"填充类别"为"实心"，在"边缘"下拉列表中选择"实边"选项，在"形状"下拉列表中选择"多边形"选项，设置"边数"为"3"，如图 8-42 所示。

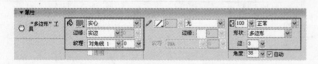

图 8-42　设置多边形属性

⑨ 在舞台的适当位置绘制多边形,选择刚刚绘制的多边形，在"属性"面板上设置"宽"为"6"，"高"为"11"，如图 8-43 所示。舞台中多边形效果如图 8-44 所示。

图 8-43　调整多边形大小

图 8-44　多边形效果

⑩ 单击工具栏中的"文本"工具 A，打开"属性"面板，设置"字体"为"Arial"，"大小"为"8"，"文本颜色"值为#C5C5BD，在"消除锯齿级别"下拉列表中选择"不消除锯齿"选项，如图 8-45 所示。在舞台的适当位置输入文本，如图 8-46 所示。

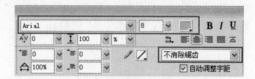

图 8-45　设置文本属性

图 8-46　输入文本

⑪ 单击工具栏中的"矩形"工具 🔲，打开"属性"面板，设置"填充颜色"值为#F8931D，"填充类别"为"实心"，在"边缘"下拉列表中选择"实边"选项，将"纹理总量"为"0"，设置"笔触颜色"为"无"，如图 8-47 所示。

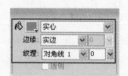

图 8-47　设置矩形属性

⑫ 在舞台的适当位置绘制矩形。选择刚刚在舞台绘制的矩形，在"属性"面板上设置"宽"为"8"，"高"为"8"，如图 8-48 所示。调整后的矩形效果如图 8-49 所示。

图 8-48　调整矩形大小

图 8-49　调整后的矩形效果

⑬ 用同样的方法绘制出其他矩形，如图 8-50 所示。

图 8-50　绘制其他矩形

⑭ 单击工具栏中的"矩形"工具 ▭，打开"属性"面板，设置"填充颜色"值为#FFFFFF，"填充类别"为"实心"，在"边缘"下拉列表中选择"实边"选项，设置"纹理总量"为"0"，设置"笔触颜色"值为#EEF0E5，"笔尖大小"为"1"，"描边种类"为"实线"，如图 8-51 所示。

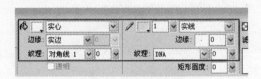

图 8-51　设置矩形属性

⑮ 在舞台的适当位置绘制矩形。选择刚刚在舞台绘制的矩形，在"属性"面板上设置"宽"为"230"，"高"为"198"，如图 8-52 所示。调整后的矩形效果如图 8-53 所示。

图 8-52　调整矩形大小

图 8-53　调整后的矩形效果

⑯ 单击工具栏中的"矩形"工具 ▭，打开"属性"面板，设置"填充颜色"值为#F7F7F5，"填充类别"为"实心"，在"边缘"下拉列表中选择"实边"选项，

设置"纹理总量"为"0"，"笔触颜色"为"无"，如图 8-54 所示。

图 8-54　设置矩形属性

⑰ 在舞台的适当位置绘制矩形。选择刚刚在舞台绘制的矩形，在"属性"面板上设置"宽"为"226"，"高"为"194"，如图 8-55 所示。调整后的矩形效果如图 8-56 所示。

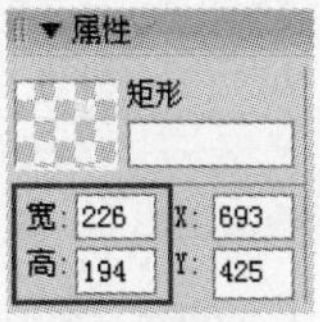

图 8-55　设置矩形大小

图 8-56　调整后的矩形效果

⑱ 单击工具栏中的"线条"工具 ✎，在"属性"面板上设置线条"颜色"值为#ECECEA，"笔尖大小"为"1"，"描边种类"为"实线"，"不透明度"为"100"，"混合模式"为"正常"，如图 8-57 所示。在场景的适当位置绘制线条，如图 8-58 所示。

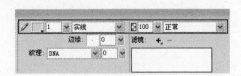

图 8-57　设置线条属性

图 8-58　绘制线条

⑲ 单击工具栏中的"线条"工具 ✏️，在"属性"面板上设置线条"颜色"值为#FFFFFF，"笔尖大小"为"1"，"描边种类"为"实线"，"不透明度"为"100"，"混合模式"为"正常"，如图 8-59 所示。在场景的适当位置绘制线条，如图 8-60 所示。

图 8-59  设置线条属性

图 8-60  绘制线条

⑳ 用同样的方法绘制出其他线条，如图 8-61 所示。

图 8-61  绘制其他线条

㉑ 执行"文件→导入"菜单命令，将"CD\源文件\第 8 章\Fireworks\素材\bj2.gif"导入到舞台中的适当位置，如图 8-62 所示。

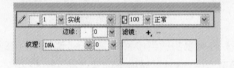

图 8-62  导入素材

㉒ 将刚刚导入到舞台中的位图复制并排列，如图 8-63 所示。

图 8-63  复制并排列位图

㉓ 单击工具栏中的"文本"工具 A，打开"属性"面板，设置"字体"为"宋体"，"大小"为"12"，"文本颜色"值为#999999，在"消除锯齿级别"下拉列表中选择"不消除锯齿"选项，如图 8-64 所示。在舞台的适当位置输入文本，如图 8-65 所示。

图 8-64  设置文本属性

图 8-65  输入文本

㉔ 用同样的方法输入公告栏中的其他文本，如图 8-66 所示。

图 8-66  输入其他文本

㉕ 根据前面所讲解的绘制矩形以及输入文本的方法，在舞台中绘制矩形并输入文本，效果如图 8-67 所示。

图 8-67　绘制矩形并输入文本

㉖ 完成页面公告栏部分的绘制，如图 8-68 所示。

图 8-68　公告栏效果

㉗ 按照前面所讲解的绘制页面的方法，可以完成页面中其他部分的绘制，完成绘制后的页面效果如图 8-69 所示。

图 8-69　完成后效果预览

## 8.3　变形动画——Flash 制作 Banner 动画

### 8.3.1　动画分析

健康类网站中 Flash 的制作相对比较简单，但是需要传达的信息相对较多，要将此类网站的主要宣传内容全部表现在 Flash 中，这样就需要制作者精心的设计。在制作时，可以适当加入文字信息，这样就可以更加明确地表达宗旨。

### 8.3.2　技术点睛

#### 1．对象

Flash CS3 利用"工具"面板上的各种工具来绘制的自由形状或准确的线条、形状和路径，都是创建对象。当使用绘画或涂色工具创建对象时，该工具会将当前笔触和填充属性应用于对象。在创建了线条和形状轮廓对象之后，可以用各种方式改变它们。填充和笔触是不同的对象，应该分别选择填充和笔触来移动或修改它们。

#### 2．组合对象

如果要将多个元素作为一个对象来处理，就需要将它们执行组合命令。在 Flash CS3 中可以对组合进行编辑而不必取消其组合。还可以在组中选择单个对象进行编辑，也不必取消对象组合。

#### 3．常规模式

使用 Flash CS3 中的绘画工具可以创建和修改文档中插图的形状，并提供了各种工具来绘制自由形状或准确的线条、形状和路径，并可以用来对填充对象涂色。

在 Flash CS3 中重叠绘制的图形时，图形会自动合并。如果选择的图形已与另一个图形合并，移动它则会永久改变其下方的图形。这种模式称为"合并绘制"模式。

#### 4．新增模式

在以前的 Flash 版本中，若要重叠图形而不改变其外形，则必须在每个图形自己的图层中绘制这个它。从 Flash 8 新增了一种绘制模式，允许将图形绘制成独立的对象，且在叠加时不会自动合并，分离或重排重叠图形时，也不会改变它们的外形。这就是"对象绘制"模式。这种模式也延续在了 Flash CS3 上。

**5. 对象的层叠**

Flash CS3 会根据对象的创建顺序在图层内层叠对象，将最新创建的对象放在最上面。对象的层叠顺序决定了它们在显示时出现的顺序。可以随时更改对象的层叠顺序。

直接绘制的线条和图形总是在组和元件的下面。要将它们移动到上面，必须组合它们或者将它们变成元件。

**6. 对象的合并**

在 Flash CS3 中可以通过合并或改变现有对象来创建新图形。具体方法是执行"修改→合并对象"命令。"合并对象"命令如下。

- 联合：可以将两个或多个形状合成单个形状。
- 交集：可以创建是两个或多个对象的交集的对象。
- 打孔：使用"打孔"命令，可以删除所选对象的某些部分，这些部分由所选对象与排在它前面的另一个所选对象的重叠部分来定义。
- 裁切：使用"裁切"命令，可以使用某一对象的形状裁切另一对象，由前面或最上面的对象定义裁切区域的形状。

**7. 对象的排列**

使用"对齐"面板可以将所选对象按照中心间距或边缘间距相等的方式进行分布；可以调整所选对象的大小，使所有对象的水平或垂直尺寸与所选最大对象的尺寸一致；还可以将所选对象与舞台对齐，对所选对象应用一个或多个"对齐"选项。如图 8-70 所示。

图 8-70 "对齐"面板

**8. 对象的对齐**

使用"对齐"面板可以沿水平或垂直轴对齐所选对象。可以沿选定对象的右边缘、中心或左边缘垂直对齐对象，也可以沿选定对象的上边缘、中心或下边缘水平对齐对象。边缘由包含每个选定对象的边框决定。

**9. 变形菜单命令**

Flash CS3 中提供了 11 个"变形"菜单命令，分别是"任意变形"、"扭曲"、"封套"、"缩放"、"旋转与倾斜"、"缩放和旋转"、"顺时针旋转 90 度"、"逆时针旋转 90 度"、"垂直翻转"、"水平翻转"和"取消变形"。如图 8-71 所示。

图 8-71 变形选项

**10. 任意变形工具的使用**

使用"工具"面板上的"任意变形工具"可以对对象、组、实例或文本块执行缩放、旋转、压缩、伸展或倾斜等多个变形操作。

**11. 变形面板的使用**

使用"变形"面板可以通过输入数值的方法缩放、旋转和倾斜实例、组以及字体，如图 8-72 所示。

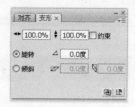

图 8-72 "变形"面板

**12. 复制变形的应用**

要创建对象的缩放、旋转或倾斜副本，可以使用"变形"面板，如图 8-73 所示。

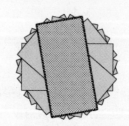

图 8-73 旋转复制

**13. 扭曲和封套的使用**

对选定的对象进行扭曲变形时，可以拖动边框上的角手柄或边手柄，移动该角或边，然后重新对齐相邻的边。按住 Shift 键拖动角点可以锥化该对象，即将该角和相邻角沿彼此相反的方向移动相同距离。相邻角是指拖动方向所在轴上的角。按住 Ctrl 键单击拖动边的中点，可以任意移动整个边。效果如图 8-74 所示。

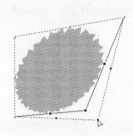

图 8-74　应用"扭曲"效果

"封套"功能允许用户弯曲或扭曲对象。封套是一个边框，其中包含一个或多个对象。更改封套的形状会影响该封套内对象的形状。用户可以通过调整封套的点和切线手柄来编辑封套形状。效果如图 8-75 所示。

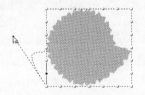

图 8-75　应用"封套"效果

### 8.3.3　制作步骤

❶ 执行"文件→新建"命令，新建一个 Flash 文档，单击"属性"面板上"文档属性"按钮，弹出"文档属性"对话框，设置文档大小为 878 像素×274 像素，"背景颜色"为#FFFFFF，"帧频"为"30"fps，如图 8-76 所示。

图 8-76　文档属性

❷ 执行"插入→新建元件"命令，弹出"创建新元件"对话框，创建一个"图形"元件，名称为"反应区"，

如图 8-77 所示。单击"图层 1"上"点击"帧位置，在场景中绘制一个矩形，如图 8-78 所示。

图 8-77　新建元件

图 8-78　绘制矩形

❸ 执行"插入→新建元件"命令，弹出"创建新元件"对话框，创建一个"图形"元件，名称为"logo"，如图 8-79 所示。单击"图层 1"第 1 帧位置，执行"文件→导入→导入到舞台"命令，将图形"CD\源文件\第 8 章\Flash\素材\image3.jpg"导入场景中，如图 8-80 所示。

图 8-79　新建元件

图 8-80　导入素材

❹ 执行"插入→新建元件"命令，弹出"创建新元件"对话框，创建一个"图形"元件，名称为"标题背景"，如图 8-81 所示。单击"图层 1"第 1 帧位置，在场景中绘制一个矩形，效果如图 8-82 所示。

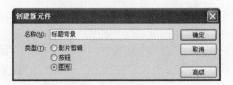

图 8-81　新建元件

图 8-82　绘制矩形

⑤ 单击"图层1"第1帧位置，将"标题"元件拖入场景中，效果如图 8-83 所示。

图 8-83　拖入元件

⑥ 单击"图层1"第1帧位置，执行"文件→导入→导入到舞台"命令，将图形"CD\源文件\第 8 章\Flash\素材\image20.jpg"导入场景中，如图 8-84 所示。

图 8-84　导入素材

⑦ 单击"图层1"第1帧位置，执行"文件→导入→导入到舞台"命令，将图形"CD\源文件\第 8 章\Flash\素材\image21.png"导入场景中，如图 8-85 所示。单击"图层1"第1帧位置，执行"文件→导入→导入到舞台"命令，将图形"CD\源文件\第 8 章\Flash\素材\image22.png"导入场景中，如图 8-86 所示。

图 8-85　导入素材

图 8-86　导入素材

⑧ 执行"插入→新建元件"命令，弹出"创建新元件"对话框，创建一个"图形"元件，名称为"遮罩层"，如图 8-87 所示。单击"图层1"第1帧位置，在场景中绘制一个多边形，效果如图 8-88 所示。

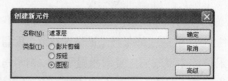

图 8-87　新建元件

图 8-88　绘制图形

⑨ 执行"插入→新建元件"命令，弹出"创建新元件"对话框，创建一个"图形"元件，名称为"边框"，如图 8-89 所示。单击"图层1"第1帧位置，在场景中绘制边框，效果如图 8-90 所示。

图 8-89　新建元件

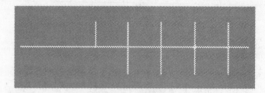

图 8-90　绘制图形

 提示

在绘制直线时，按住键盘上的 Shift 键，可以绘制出水平或者垂直的线段。

⑩ 执行"插入→新建元件"命令，弹出"创建新元件"对话框，创建一个"图形"元件，名称为"左背景"，如图 8-91 所示。单击"图层1"第1帧位置，执行"文件→导入→导入到舞台"命令，将图形"CD\源文件\第 8 章\Flash\image6.jpg"导入场景中，如图 8-92 所示。

图 8-91　新建元件

图 8-92 导入素材

⑪ 用同样的方法将其他素材导入场景中,效果如图 8-93 所示。

图 8-93 导入素材

⑫ 执行"插入→新建元件"命令,弹出"创建新元件"对话框,创建一个"影片剪辑"元件,名称为"图动画",如图 8-94 所示。单击"图层 1"第 1 帧位置,将"图 1"元件拖入场景中,如图 8-95 所示。

图 8-94 新建元件

图 8-95 拖入元件

⑬ 分别单击"图层 1"第 20 帧和第 70 帧位置,依次按 F6 键插入关键帧,时间轴效果如图 8-96 所示。

图 8-96 时间轴效果

⑭ 单击"图层 1"第 1 帧位置,选中元件,设置其"属性"面板上"颜色"样式下的"Alpha"值为"0%",如图 8-97 所示,元件效果如图 8-98 所示。

图 8-97 设置 Alpha 值

图 8-98 元件效果

⑮ 单击"图层 1"第 1 帧位置,设置其"属性"面板上"颜色"样式下的"补间类型"为"动画",时间轴效果如图 8-99 所示。

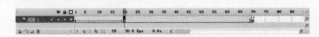

图 8-99 时间轴效果

⑯ 单击"时间轴"面板上的"插入图层"按钮,新建"图层 2",单击"图层 2"第 50 帧位置,将"图 2"元件拖入场景中,如图 8-100 所示,时间轴效果如图 8-101 所示。

图 8-100 拖入元件

图 8-101 时间轴效果

⑰ 分别单击"图层 2"第 50 帧和第 120 帧位置,依次按 F6 键插入关键帧,时间轴效果如图 8-102 所示。

图 8-102 时间轴效果

⑱ 单击"图层 2"第 50 帧位置,选中元件,设置其"属性"面板上"颜色"样式下"Alpha"值为"0%",如图 8-103 所示,元件效果如图 8-104 所示。

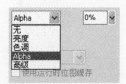

图 8-103　设置 Alpha 值

图 8-104　元件效果

⑲ 单击"图层 2"第 50 帧位置，设置其"属性"面板上"颜色"样式下"补间类型"为"动画"，时间轴效果如图 8-105 所示。

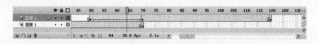

图 8-105　时间轴效果

⑳ 单击"时间轴"面板上"插入图层"按钮，新建"图层 3"。单击"图层 3"第 100 帧位置，将"图 3"元件拖入场景中，如图 8-106 所示，时间轴效果如图 8-107 所示。

图 8-106　拖入元件

图 8-107　时间轴效果

㉑ 分别单击"图层 3"第 120 帧和第 170 帧位置，依次按 F6 键插入关键帧，时间轴效果如图 8-108 所示。

图 8-108　时间轴效果

㉒ 单击"图层 3"第 100 帧位置，选中元件，设置其"属性"面板上"颜色"样式下的"Alpha"值为"0%"，如图 8-109 所示，元件效果如图 8-110 所示。

图 8-109　设置 Alpha 值

图 8-110　元件效果

㉓ 单击"图层 3"第 100 帧位置，设置其"属性"面板上"颜色"样式下"补间类型"为"动画"，时间轴效果如图 8-111 所示。

图 8-111　时间轴效果

㉔ 单击"时间轴"面板上"插入图层"按钮，新建"图层 4"。单击"图层 4"第 1 帧位置，将"图 3"拖入场景中，如图 8-112 所示。调整"图层 4"的位置，时间轴效果如图 8-113 所示。

图 8-112　拖入元件

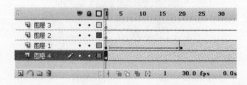

图 8-113　时间轴效果

㉕ 执行"插入→新建元件"命令，弹出"创建新元件"对话框，创建一个"图形"元件，名称为"右背景"，如图 8-114 所示。单击"图层 1"第 1 帧位置，单击"工具"面板上的"矩形工具"按钮，在场景中绘制一个 599 像素×197 像素的矩形，如图 8-115 所示。

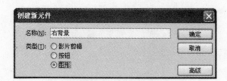

图 8-114　新建元件

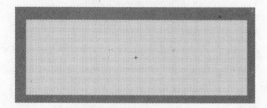

图 8-115　绘制矩形

㉖ 执行"窗口→颜色"命令，打开"颜色"面板，设置如图 8-116 所示。单击"工具"面板上"颜料桶"工具按钮，对场景中的矩形进行填充，效果如图 8-117 所示。

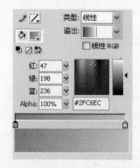

图 8-116 设置"颜色"面板

图 8-117　图形效果

㉗ 执行"插入→新建元件"命令，弹出"创建新元件"对话框，创建一个"图形"元件，名称为"云"，如图 8-118 所示。单击"图层 1"第 1 帧位置，执行"文件→导入→导入到舞台"命令，将图形"CD\源文件\第 8 章\Flash\素材\image1.png"导入场景中，如图 8-119 所示。

图 8-118　新建元件

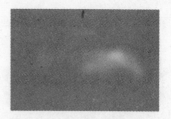

图 8-119　导入素材

**提 示**

由于背景颜色与元件颜色可能相同，所以在制作时常常临时更改背景颜色，以方便看清元件效果。

㉘ 用同样的方法将其他的云素材导入场景中，效果如图 8-120 所示。

图 8-120　导入素材

㉙ 执行"插入→新建元件"命令，弹出"创建新元件"对话框，创建一个"影片剪辑"元件，名称为"云动画"，如图 8-121 所示。单击"图层 1"第 1 帧位置，将"云"元件拖入场景中，如图 8-122 所示。

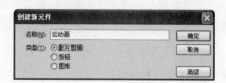

图 8-121　新建元件

图 8-122　拖入元件

㉚ 单击"图层 1"第 100 帧位置，按 F6 键插入关键帧，调整元件位置如图 8-123 所示。单击"图层 1"第 1 帧位置，设置其"属性"面板上"补间类型"为"动画"，时间轴效果如图 8-124 所示。

图 8-123　调整元件位置

图 8-124　时间轴效果

㉛ 用同样的方法制作其他图层的动画效果，如图 8-125 所示。时间轴效果如图 8-126 所示。

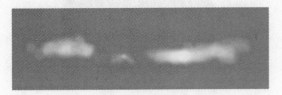

图 8-125　动画效果

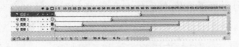

图 8-126　时间轴效果

㉜ 执行"插入→新建元件"命令，弹出"创建新元件"对话框，创建一个"图形"元件，名称为"文字背景"。单击"图层 1"第 1 帧位置，执行"文件→导入→导入到舞台"命令，将图形"CD\源文件\第 8 章\Flash\素材\image12.png"导入场景中，如图 8-127 所示。

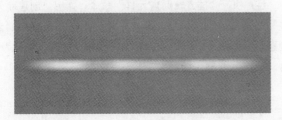

图 8-127　导入素材

㉝ 用同样的方法制作其他的文字元件，效果如图 8-128 所示。

图 8-128　元件效果

㉞ 执行"插入→新建元件"命令，弹出"创建新元件"对话框，创建一个"图形"元件，名称为"鸟 1"，如图 8-129 所示。单击"图层 1"第 1 帧位置，执行"文件→导入→导入到舞台"命令，将图形"CD\源文件\第 8 章\Flash\素材\image27.png"导入场景中，如图 8-130 所示。

图 8-129　新建元件

图 8-130　导入素材

㉟ 执行"插入→新建元件"命令，弹出"创建新元件"对话框，创建一个"图形"元件，名称为"鸟 2"，如图 8-131 所示。单击"图层 1"第 1 帧位置，执行"文件→导入→导入到舞台"命令，将图形"CD\源文件\第 8 章\Flash\素材\image28.png"导入场景中，如图 8-132 所示。

图 8-131　新建元件

图 8-132　导入素材

㊱ 执行"插入→新建元件"命令，弹出"创建新元件"对话框，创建一个"图形"元件，名称为"人物"，如图 8-133 所示。单击"图层 1"第 1 帧位置，执行"文件→导入→导入到舞台"命令，将图形"CD\源文件\第 8 章\Flash\素材\image5.png"导入场景中，如图 8-134 所示。

图 8-133　新建元件

图 8-134　导入素材

㊲ 执行"插入→新建元件"命令，弹出"创建新元件"对话框，创建一个"图形"元件，名称为"菜单"，如图 8-135 所示。单击"图层 1"第 1 帧位置，执行"文件→导入→导入到舞台"命令，将图形"CD\源文件\第 8 章\Flash\素材\image23.png"导入场景中，如图 8-136 所示。

图 8-135　新建元件

图 8-136　导入素材

㊳ 单击"图层 1"第 1 帧位置，将反应区元件拖入场景中并调整元件的大小，如图 8-137 所示。用同样的方法制作其他效果，如图 8-138 所示。

图 8-137　拖入元件

图 8-138　元件效果

㊴ 单击"时间轴"面板上"场景 1"标签，返回场景中。单击"图层 1"第 1 帧位置，将"右背景"元件拖入场景中，效果如图 8-139 所示。单击"图层 1"第 80 帧位置，按 F5 键插入帧。单击"时间轴"面板上"插入图层"按钮，新建"图层 2"，单击"图层 2"第 1 帧位置，将"云动画"元件拖入场景中，效果如图 8-140 所示。

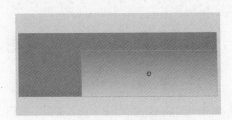

图 8-139　拖入元件

图 8-140　拖入元件

㊵ 单击"时间轴"面板上"插入图层"按钮，新建"图层 3"，单击"图层 3"第 1 帧位置，将"左背景"元件拖入场景中，效果如图 8-141 所示。单击"时间轴"面板上"插入图层"按钮，新建"图层 4"，单击"图层 4"第 1 帧位置，将"遮罩层"元件拖入场景中，效果如图 8-142 所示。

图 8-141　拖入元件　　　　图 8-142　拖入元件

提示

在场景中，上面的图层永远遮住下面的图层。

㊶ 右键单击"图层 4"位置，弹出快捷菜单，选择"遮罩层"选项，如图 8-143 所示。时间轴效果如图 8-144 所示。

图 8-143　选择"遮罩层"选项

图 8-144　时间轴效果

㊷ 单击"时间轴"面板上"插入图层"按钮，新建"图层 5"，单击"图层 5"第 1 帧位置，将"图动画"元件拖入场景中，效果如图 8-145 所示。单击"时间轴"面板上"插入图层"按钮，新建"图层 6"，单击"图层 6"第 1 帧位置，将"人物"元件拖入场景中，效果

如图 8-146 所示。

图 8-145　拖入元件

图 8-146　拖入元件

**43** 单击"图层 6"第 25 帧位置,按 F6 间插入关键帧,并调整元件的位置,效果如图 8-147 所示。单击"图层 6"第 50 帧位置,按 F6 间插入关键帧,并调整元件的位置,效果如图 8-148 所示。

图 8-147　调整元件的位置

图 8-148　调整元件的位置

**44** 分别单击"图层 6"第 1 帧和第 25 帧位置,依次设置"属性"面板上"补间类型"为"动画",时间轴效果如图 8-149 所示。

图 8-149　时间轴效果

**45** 单击"时间轴"面板上"插入图层"按钮,新建"图层 7",单击"图层 7"第 1 帧位置将"边框"元件拖入场景中,效果如图 8-150 所示。

图 8-150　拖入元件

**46** 单击"时间轴"面板上"插入图层"按钮,新建"图层 8",单击"图层 8"第 1 帧位置,将"文字背景"元件拖入场景中,效果如图 8-151 所示。单击"图层 8"第 10 帧位置,按 F6 键插入关键帧。单击"图层 8"第 1 帧位置,调整元件的大小如图 8-152 所示。

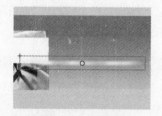

图 8-151　拖入元件

图 8-152　调整元件的大小

**47** 单击"图层 8"第 1 帧位置,设置其"属性"面板上"补间类型"为"动画",时间轴效果如图 8-153 所示。

图 8-153　时间轴效果

**48** 单击"时间轴"面板上"插入图层"按钮,新建"图层 9",单击"图层 9"第 10 帧位置,按 F6 键插入

关键帧，将"文字 1"至"文字 3"元件拖入场景中效果
如图 8-154 所示。

图 8-154 拖入元件

⑭ 单击"时间轴"面板上"插入图层"按钮，新建
"图层 10"，单击"图层 10"第 1 帧位置将"标题背
景"元件拖入场景中，效果如图 8-155 所示。单击"时
间轴"面板上"插入图层"按钮，新建"图层 11"，单
击"图层 11"第 1 帧位置将"菜单"元件拖入场景中，
效果如图 8-156 所示。

图 8-155 拖入元件

图 8-156 拖入元件

⑮ 单击"时间轴"面板上"插入图层"按钮，新建
"图层 12"第 50 帧位置，按 F6 键插入关键帧，将"鸟
1"元件拖入场景中，效果如图 8-157 所示。单击"图层
12"第 55 帧位置，按 F6 键插入关键帧，并调整元件的
位置，如图 8-158 所示。

图 8-157 拖入元件

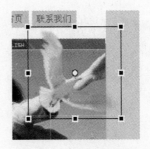

图 8-158 调整元件的位置

⑯ 单击"图层 12"第 50 帧位置，选中元件，设置
其"属性"面板上"颜色"样式下的"Alpha"值为"0%"，
如图 8-159 所示。元件效果如图 8-160 所示。

图 8-159 设置 Alpha 值

图 8-160 元件效果

⑰ 单击"图层 12"第 50 帧位置，设置其"属性"
面板上"补间类型"为"动画"，时间轴效果如图 8-161
所示。

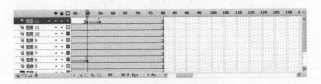

图 8-161 时间轴效果

⑱ 单击"时间轴"面板上"插入图层"按钮，新建
"图层 13"，在第 55 帧位置，按 F6 键插入关键帧，将
"鸟 2"元件拖入场景中，效果如图 8-162 所示。单击
"时间轴"面板上"插入图层"按钮，新建"图层 14"，
在第 80 帧位置，打开"动作-帧"面板，输入脚本代码，
如图 8-163 所示。时间轴效果如图 8-164 所示。

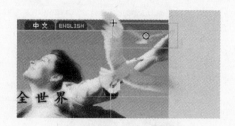

图 8-162　拖入元件

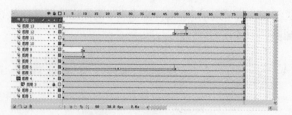

图 8-164　时间轴效果

⑤ 完成 Flash 动画的制作，执行"文件→保存"命令，保存文件，按 Ctrl+Enter 键测试动画效果，如图 8-165 所示。

图 8-165　测试动画效果

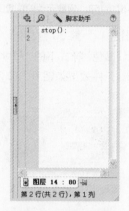

图 8-163　输入代码

## 8.4　视频互动——Dreamweaver 制作健康类网站

### 8.4.1　页面制作分析

本例中的页面利用视频来突出表现医学上的科学成就，布局简单规整，简单地处理网页中的文本和图像，页面中的整体内容使人看起来很舒服。

### 8.4.2　技术点睛

#### 1．在网页中插入视频

随着宽带网络技术和多媒体技术的快速发展，在网页中插入视频已经不再是梦想。在网页中应用多媒体元素的好处是可以极大地丰富网页元素的类型和样式，实现一种特殊的效果，也是潮流的发展方向。

如果需要在页面中插入视频，可以单击"插入"栏上的"常用"选项卡中的 Flash 按钮旁边的下箭头，弹出下拉菜单，在下拉菜单中选择"插件"选项，如图 8-166 所示。

图 8-166　插入视频

#### 2．在网页中插入其他多媒体元素

在网页中除了可以插入 Flash 动画和视频元素外，还可以插入"Flash 按钮"、"Flash 文本"、"Shockwave"等多媒体元素。可以单击"插入"栏上"常用"选项卡中 Flash 按钮旁边的下箭头，弹出下拉菜单，在下拉菜单中选择需要插入的多媒体元素，如图 8-167 所示。

图 8-167　插入其他媒体

### 8.4.3　制作页面

① 执行"文件→新建"菜单命令，弹出"新建文档"对话框，新建一个空白的 HTML 文件，并保存为"CD\源文件\第 4 章\Dreamweaver\index.html"。

② 单击"CSS 样式"面板上的"附加样式表"按钮，弹出"附加外部样式表"对话框，单击"浏览"按钮，选择到需要的外部 CSS 样式表文件"CD\源文件\第 8 章\Dreamweaver\style\style.css"，单击"确

定"按钮，完成"链接外部样式表"对话框，执行"文件→保存"菜单命令，保存页面。

③ 在"属性"面板上单击"页面属性"按钮 页面属性... ，弹出"页面属性"对话框，设置"背景图像"为"CD\源文件\第 8 章\Dreamweaver\images\1.gif"，设置"重复"选项为"重复"，如图 8-168 所示。完成"页面属性"对话框的设置，单击"确定"按钮，页面效果如图 8-169 所示。

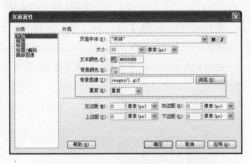

图 8-168　设置"页面属性"对话框

图 8-169　页面效果

④ 单击"插入"栏上的"表格"按钮 ，在工作区中插入一个 1 行 1 列，"表格宽度"为"904 像素"，"边框粗细"、"单元格边距"、"单元格间距"均为"0"的表格。选中刚刚插入的表格，在"属性"面板上设置"对齐"属性为"居中对齐"，如图 8-170 所示。

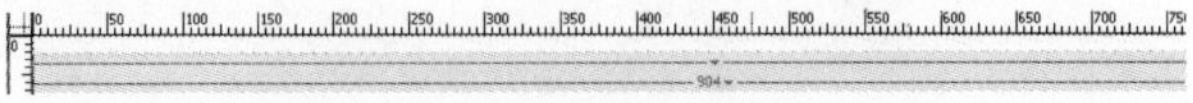

图 8-170　插入表格

⑤ 光标移至刚刚插入表格中，在"属性"面板上的"样式"下拉列表中选择样式表 table01 应用，单击"插入"栏上的"表格"按钮 ，在该单元格中插入一个 3 行 1 列，"表格宽度"为"878 像素"，"边框粗细"、"单元格边距"、"单元格间距"均为"0"的表格，选中刚刚插入的表格，在"属性"面板上设置"对齐"属性为"居中对齐"，如图 8-171 所示。

图 8-171　插入表格

⑥ 光标移至刚刚插入表格的第 1 行单元格中，单击"插入"栏上的"表格"按钮 ，在单元格中插入一个 3 行 1 列，"表格宽度"为"878 像素"，"边框粗细"、"单元格边距"、"单元格间距"均为"0"的表格，如图 8-172 所示。

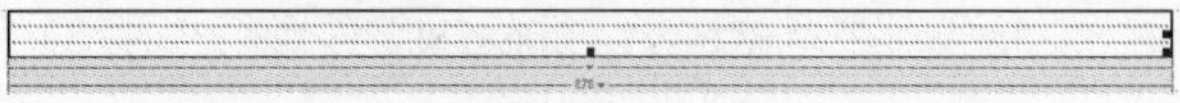

图 8-172　插入表格

⑦ 光标移至刚刚插入表格的第 1 行单元格中，单击"插入"栏上的"Flash"按钮 ，将 Flash 动画"CD\源文件\第 8 章\Dreamweaver\images\4.swf"插入到单元格中，如图 8-173 所示。

图 8-173　插入 Flash

⑧ 光标移至表格第 2 行单元格中，单击"插入"栏上的"表格"按钮 ，在单元格中插入一个 2 行 1 列，"表格宽度"为"878 像素"，"边框粗细"、"单元格边距"、"单元格间距"均为"0"的表格，如图 8-174 所示。

图 8-174　插入表格

⑨ 光标移至刚刚插入表格的第 1 行单元格中，在"属性"面板上设置"高"为"7"，"背景颜色"为 #FFD200。光标移至第 2 行单元格中，在"属性"面板上设置"高"为"25"，在"属性"面板上的"样式"下拉列表中选择样式表 bg01 应用，单击"插入"栏上的"表格"按钮 ，在单元格中插入一个 1 行 20 列，"表格宽度"为"878 像素"，"边框粗细"、"单元格边距"、"单元格间距"均为"0"的表格，如图 8-175 所示。

图 8-175　插入表格

⑩ 光标移至刚刚插入表格的第 1 列单元格中，在"属性"面板上设置"宽"为"105"，单击"插入"栏上的"图像"按钮 ，将图像"CD\源文件\第 8 章\Dreamweaver\images\3.gif"插入到单元格中。用相同方法在其他单元格中插入相应的图像，如图 8-176 所示。

图 8-176　插入图像

⑪ 光标移至上级表格第 3 行单元格中，在"属性"面板上设置"高"为"56"，在"属性"面板上的"样式"下拉列表中选择样式表 bg02 应用，如图 8-177 所示。

图 8-177 页面效果

⑫ 光标移至上级表格第 3 行单元格中，在"属性"面板上的"样式"下拉列表中选择样式表 table02 应用，单击"插入"栏上的"表格"按钮，在表单域中插入一个 1 行 2 列，"表格宽度"为"864 像素"，"边框粗细"、"单元格边距"、"单元格间距"均为"0"的表格，选中刚刚插入的表格，在"属性"面板上设置"对齐"属性为"居中对齐"，如图 8-178 所示。

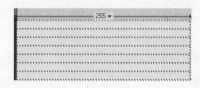

图 8-178 插入表单域与表格

⑬ 光标移至刚刚插入表格的第 1 列单元格中，在"属性"面板上设置"宽"为"255"，单击"插入"栏上的"表格"按钮，在单元格中插入一个 7 行 1 列，"表格宽度"为"255 像素"，"边框粗细"、"单元格边距"、"单元格间距"均为"0"的表格，如图 8-179 所示。

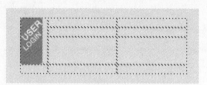

图 8-179 插入表格

⑭ 光标移至刚刚插入表格第 1 行单元格中，在"属性"面板上设置"高"为"101"，在"插入"栏上选择"表单"选项卡，单击"表单"按钮，在单元格中插入一个红色虚线表单域。光标移至刚刚插入的表单域中，单击"插入"栏上的"表格"按钮，在单元格中插入一个 4 行 3 列，"表格宽度"为"215 像素"，"边框粗细"、"单元格边距"、"单元格间距"均为"0"的表格。选中刚刚插入的表格，在"属性"面板上设置"对齐"属性为"居中对齐"，如图 8-180 所示。

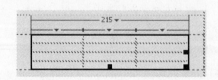

图 8-180 插入表单域与表格

⑮ 转换到代码视图，将 <form id="form1" name="form1" method="post" action=""> 拖动到 <table width="864" border="0" align="center" cellpadding="0" cellspacing="0"> 后面，将 </form> 拖动到 </table> 前面，这样就能隐藏表单域的红色虚线

框。返回设计视图，页面如图 8-181 所示。

图 8-181 插入表格

⑯ 光标选中刚刚插入表格的第 1 行第 1 列、第 2 行第 1 列与第 3 行第 1 列单元格，单击"属性"面板上的"合并所选单元格"按钮，合并单元格，光标移至刚刚合并的单元格中，设置"宽"为"36"，单击"插入"栏上的"图像"按钮，将图像"CD\源文件\第 8 章\Dreamweaver\images\16.gif"插入到单元格中，如图 8-182 所示。

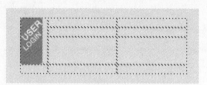

图 8-182 插入图像

⑰ 光标移至第 1 行第 2 列单元格中，在"属性"面板上设置"宽"为"140"，"高"为"27"，单击"插入"栏上的"图像"按钮，将图像"CD\源文件\第 8 章\Dreamweaver\images\17.gif"插入到单元格中，如图 8-183 所示。

图 8-183 插入图像

⑱ 光标移至第 2 行第 2 列单元格中，在"属性"面板上设置"高"为"20"，"垂直"属性为"顶端"，单击"插入"栏上的"表格"按钮，在单元格中插入一个 1 行 2 列，"表格宽度"为"140 像素"，"边框粗细"、"单元格边距"、"单元格间距"均为"0"的表格，如图 8-184 所示。

图 8-184 插入表格

⑲ 光标移至刚刚插入表格的第 1 列单元格中，在"属性"面板上设置"宽"为"50"，输入文字。光标移

至第 2 列单元格中，在"插入"栏上选择"表单"选项卡，单击"文本字段"按钮，在单元格中插入文本字段。选中刚刚插入的文本字段，在"属性"面板上的"类"下拉列表中选择样式表 table03 应用。用相同方法完成第 3 行第 2 列单元格的制作，效果如图 8-185 所示。

图 8-185　页面效果

 **提示**

选中第 3 行第 2 列单元格中的文本字段，在"属性"面板上的"类型"单选按钮组中选择"密码"，将文本字段改成密码文本字段。

⑳ 拖动光标选中第 2 行第 3 列与第 3 行第 3 列单元格，单击"属性"面板上的"合并所选单元格"按钮，合并单元格。在"插入"栏上选择"表单"选项卡，单击"图像域"按钮，将"CD\源文件\第 8 章\Dreamweaver\images\19.gif"插入到单元格中，如图 8-186 所示。

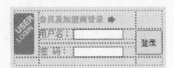

图 8-186　插入图像域

㉑ 拖动光标选中第 4 行第 2 列和第 4 行第 3 列单元格，单击"属性"面板上的"合并所选单元格"按钮，合并单元格。光标移至刚刚合并的单元格中，在"属性"面板上设置"高"为"21"，单击"插入"栏上的"表格"按钮，在单元格中插入一个 1 行 2 列，"表格宽度"为"128 像素"，"边框粗细"、"单元格边距"、"单元格间距"均为"0"的表格。光标选中刚刚插入的表格。在"属性"面板上设置"对齐"属性为"居中对齐"，如图 8-187 所示。

图 8-187　插入表格

㉒ 光标移至刚刚插入的表格第 1 列单元格中，在

"属性"面板上设置"宽"为"69"，单击"插入"栏上的"图像"按钮，将图像"CD\源文件\第 8 章\Dreamweaver\images\20.gif"插入到单元格中。用相同方法在其他单元格中插入相应的图像，如图 8-188 所示。

图 8-188　插入图像

㉓ 光标移至上级表格第 2 行单元格中，单击"插入"栏上的"表格"按钮，在单元格中插入一个 3 行 1 列，"表格宽度"为"230 像素"，"边框粗细"、"单元格边距"、"单元格间距"均为"0"的表格。光标选中刚刚插入的表格，在"属性"面板上设置"对齐"属性为"居中对齐"，如图 8-189 所示。

图 8-189　插入表格

㉔ 光标移至刚刚插入表格的第 1 行单元格中，在"属性"面板上设置"高"为"49"，单击"插入"栏上的"图像"按钮，将图像"CD\源文件\第 8 章\Dreamweaver\images\22.gif"插入到单元格中，如图 8-190 所示。

图 8-190　插入图像

㉕ 光标移至第 2 行单元格中，在"属性"面板上行设置"背景颜色"为#DDE1C3，单击"插入"栏上的"图像"按钮，将图像"CD\源文件\第 8 章\Dreamweaver\images\23.gif"插入到单元格中，如图 8-191 所示。

图 8-191　页面效果

㉖ 光标移至第 3 行单元格中，在"属性"面板上设置"高"为"124"，"垂直"属性为"底部"，单击"插入"栏上的"表格"按钮，在单元格中插入一个 1 行 1 列，"表格宽度"为"230 像素"，"边框粗细"、

"单元格边距"、"单元格间距"均为"0"的表格，光标选中刚刚插入的表格，如图 8-192 所示。

图 8-192 插入表格

㉗ 光标移至刚刚插入的表格中，在"属性"面板上设置"背景颜色"为#FFFFFF，单击"插入"栏上的"表格"按钮▦，在单元格中插入一个 4 行 1 列，"表格宽度"为"206 像素"，"边框粗细"、"单元格边距"、"单元格间距"均为"0"的表格。光标选中刚刚插入的表格，在"属性"面板上行设置"对齐"属性为"居中对齐"，如图 8-193 所示。

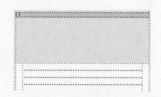

图 8-193 插入表格

㉘ 光标移至刚刚插入表格的第 1 行单元格中，在"属性"面板上设置"高"为"32"，在"属性"面板上的"样式"下拉列表中选择样式表 table04 应用。单击"插入"栏上的"表格"按钮▦，在单元格中插入一个 1 行 2 列，"表格宽度"为"206 像素"，"边框粗细"、"单元格边距"、"单元格间距"均为"0"的表格，如图 8-194 所示。

图 8-194 插入表格

㉙ 光标移至刚刚插入表格的第 1 列单元格中，在"属性"面板上设置"宽"为"10"，"水平"属性为"居中对齐"，单击"插入"栏上的"图像"按钮▣，将图像" CD\源文件\第 8 章\Dreamweaver\images\24.gif"插入到单元格中，光标移至第 2 列单元格中，输入文字，如图 8-195 所示。用相同方法完成上级表格第 2 行与第 3 行单元格的制作，如图 8-196 所示。

图 8-195 页面效果

图 8-196 页面效果

㉚ 光标移至第 4 行单元格中，在"属性"面板上设置"高"为"29"，"水平"属性为"右对齐"，单击"插入"栏上的"图像"按钮▣，将图像"CD\源文件\第 8 章\Dreamweaver\images\25.gif"插入到单元格中，如图 8-197 所示。

图 8-197 插入图像

㉛ 光标移至上级表格第 3 行单元格中，在"属性"面板上设置"高"为"56"，在"插入"栏上选择"表单"选项卡，单击"表单"按钮▣，在单元格中插入一个红色虚线表单域。光标移至刚刚插入的表单域中，单击"插入"栏上的"表格"按钮▦，在单元格中插入一个 2 行 2 列，"表格宽度"为"231 像素"，"边框粗细"、"单元格边距"、"单元格间距"均为"0"的表格。光标选中刚刚插入的表格，在"属性"面板上设置"对齐"属性为"居中对齐"，如图 8-198 所示。

图 8-198 插入表格

㉜ 根据上面方法隐藏表单域，如图 8-199 所示。

图 8-199 隐藏表单域

㉝ 拖动光标选中刚刚插入表格的第 1 行第 1 列与第 2 行第 1 列单元格，单击"属性"面板上的"合并所选单元格"按钮，合并所选单元格。光标移至刚刚合并

的单元格中，设置"宽"为"44"，单击"插入"栏上的"图像"按钮图，将图像"CD\源文件\第 8 章\Dreamweaver\images\26.gif"插入到单元格中，如图 8-200 所示。

图 8-200　插入图像

㉞ 光标移至第 1 行第 2 列单元格中，在"属性"面板上设置"高"为"25"，"垂直"属性为"顶端"，单击"插入"栏上的"图像"按钮图，将图像"CD\源文件\第 8 章\Dreamweaver\images\27.gif"插入到单元格中，如图 8-201 所示。

图 8-201　插入图像

㉟ 光标移至第 2 行第 2 列单元格中，在"插入"栏上选择"表单"选项卡，单击"列表/菜单"按钮图，弹出"输入标签辅助功能属性"对话框，单击"取消"按钮，选中刚刚插入的列表或菜单，在"属性"面板上单击列表值按钮　列表值...　，弹出"列表值"对话框，在项目标签下输入文字，如图 8-202 所示。

图 8-202　输入文字

 提示

如果想继续添加项目标签，单击加号按钮，就可以继续输入文字。

㊱ 光标选中刚刚插入的列表或菜单，在"属性"面板上的"样式"下拉列表中选择样式表 table05 应用，如图 8-203 所示。

图 8-203　插入跳转菜单

㊲ 光标移至上级表格第 4 行单元格中，在"属性"面板上设置"高"为"211"，"垂直"属性为"顶端"。单击"插入"栏上 Flash 按钮旁边的向下箭头，弹出下拉菜单，在下拉菜单中选择"插件"选项，弹出"选择文件"对话框，选择"CD\源文件\第 6 章\Dreamweaver\images\dog.wmv"插入到单元格中，如图 8-204 所示。

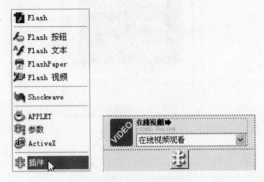

图 8-204 插入视频插件

㊳ 光标选中刚刚插入的视频，在"属性"面板上设置"宽"为"218"，"高"为"208"，如图 8-205 所示。

图 8-205　设置视频大小

 提示

插件"属性"面板上的功能分别如下。

"高"：设置插入到页面中视频的高度。

"宽"：设置插入到页面中视频的宽度。

"垂直边距"：设置视频与边框的上下边距的距离。

"水平边距"：设置视频与边框的左右边距的距离。

"对齐"：下拉列表可以设置视频的位置。

"播放"：可以在设计视图中浏览刚刚插入的视频。

"边框"：设置视频的边框宽度。

"参数"：设置视频的属性。

"类"：为视频添加样式。

㊴ 执行"文件→保存"菜单命令，保存页面。单击"文档"工具栏上的"预览"按钮，在浏览器中预览整个页面，浏览刚刚插入的视频效果如图 8-206 所示。

图 8-206　页面效果

④ 光标移至第 5 行单元格中，根据上面方法，完成单元格的制作，如图 8-207 所示。

图 8-207　页面效果

④ 光标移至第 6 行单元格中，在"属性"面板上设置"高"为"176"，"垂直"属性为"顶端"，单击"插入"栏上的"表格"按钮，在单元格中插入一个 2 行 1 列，"表格宽度"为"229 像素"，"边框粗细"、"单元格边距"、"单元格间距"均为"0"的表格。选中刚刚插入的表格，在"属性"面板上设置"对齐"属性为"居中对齐"，如图 8-208 所示。

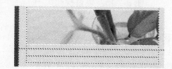

图 8-208　插入表格

④ 光标移至刚刚插入表格的第 1 行单元格中，单击"插入"栏上的"图像"按钮，将图像"CD\源文件\第 8 章\Dreamweaver\images\30.gif"插入到单元格中，如图 8-209 所示。

图 8-209　插入图像

④ 光标移至第 2 行单元格中，在"属性"面板上设置"背景颜色"为#F7F7F4，单击"插入"栏上的"表

格"按钮，在单元格中插入一个 11 行 1 列，"表格宽度"为"222 像素"，"边框粗细"、"单元格边距"、"单元格间距"均为"0"的表格。选中刚刚插入的表格，在"属性"面板上设置"水平"属性为"右对齐"，如图 8-210 所示。

图 8-210　插入表格

④ 光标移至刚刚插入表格的第 1 行单元格中，在"属性"面板上设置"高"为"25"，根据上面方法完成单元格的制作，如图 8-211 所示。

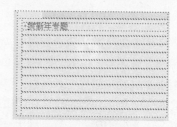

图 8-211　页面效果

④ 光标移至第 2 行单元格中，在"属性"面板上设置"高"为"2"，在"样式"下拉列表中选择样式表 bg03 应用，如图 8-212 所示。

图 8-212　页面效果

④ 用相同方法完成其他单元格的制作，如图 8-213 所示。

图 8-213　页面效果

④ 光标移至第 11 行单元格中，在"属性"面板上

设置"高"为 26，"水平"属性为"右对齐"。单击"插入"栏上的"图像"按钮，将图像"CD\源文件\第 8 章\Dreamweaver\images\25.gif"插入到单元格中，如图 8-214 所示。

图 8-214　插入图像

❹❽ 光标移至第 6 行单元格中，根据上面方法完成单元格的制作，如图 8-215 所示。

图 8-215　页面效果

❹❾ 光标移至上级表格第 2 列单元格中，在"属性"面板上设置"垂直"属性为"顶端"，单击"插入"栏上的"表格"按钮，在单元格中插入一个 3 行 1 列，"表格宽度"为"583 像素"，"边框粗细"、"单元格边距"、"单元格间距"均为"0"的表格。光标选中刚刚插入的表格，在"属性"面板上设置"对齐"属性为"居中对齐"，如图 8-216 所示。

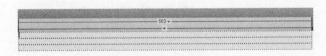

图 8-216　插入表格

❺⓪ 光标移至刚刚插入表格的第 1 行单元格中，在"属性"面板上设置"高"为"501"，"垂直"属性为"顶端"，单击"插入"栏上的"表格"按钮，在单元格中插入一个 1 行 2 列，"表格宽度"为"583 像素"，"边框粗细"、"单元格边距"、"单元格间距"均为"0"的表格，如图 8-217 所示。

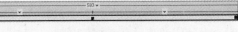

图 8-217　插入表格

❺❶ 光标移至刚刚插入表格的第 1 列单元格中，在"属性"面板上设置"宽"为"327"，单击"插入"栏上的"表格"按钮，在单元格中插入一个 5 行 1 列，"表格宽度"为"327 像素"，"边框粗细"、"单元格边距"、"单元格间距"均为"0"的表格，如图 8-218 所示。

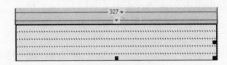

图 8-218　插入表格

❺❷ 根据前面方法，完成刚刚插入表格第 1，2，3 行单元格的制作，如图 8-219 所示。

图 8-219　页面效果

❺❸ 光标移至第 4 行单元格中，在"属性"面板上设置"高"为"161"，"垂直"属性为"顶端"，单击"插入"栏上的"表格"按钮，在单元格中插入一个 1 行 2 列，"表格宽度"为"323 像素"，"边框粗细"、"单元格边距"、"单元格间距"均为"0"的表格，如图 8-220 所示。

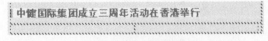

图 8-220　插入表格

❺❹ 光标移至刚刚插入表格的第 1 列单元格中，在"属性"面板上设置"宽"为"205"，单击"插入"栏上的"图像"按钮，将图像"CD\源文件\第 8 章\Dreamweaver\images\36.gif"插入到单元格中，如图 8-221 所示。

图 8-221　插入图像

❺❺ 光标移至第 2 列单元格中，在"属性"面板上设置"背景颜色"为#FBFDF2，单击"插入"栏上的"表

格"按钮，在单元格中插入一个 2 行 1 列，"表格宽度"为"118 像素"，"边框粗细"、"单元格边距"、"单元格间距"均为"0"的表格，如图 8-222 所示。

图 8-222　插入表格

❺❻ 光标移至刚刚插入表格的第 1 行单元格中，在"属性"面板上设置"高"为"141"，输入文字，拖动光标选中刚刚输入的文字，在"属性"面板上的"样式"下拉列表中选择样式表 font02 应用，如图 8-223 所示。

图 8-223　页面效果

❺❼ 光标移至第 2 行单元格中，在"属性"面板上设置"高"为"13"，"垂直"属性为"顶端"，"水平"属性为"右对齐"，单击"插入"栏上的"图像"按钮，将图像"CD\源文件\第 8 章\Dreamweaver\images\37.gif"插入到单元格中，如图 8-224 所示。

图 8-224　插入图像

❺❽ 光标移至第 3 行单元格中，在"属性"面板上的"样式"下拉列表中选择样式表 table07 应用，单击"插入"栏上的"表格"按钮，在单元格中插入一个 6 行 2 列，"表格宽度"为"302 像素"，"边框粗细"、"单元格边距"、"单元格间距"均为"0"的表格。光标选中刚刚插入的表格，在"属性"面板设置"对齐"属性为"居中对齐"，如图 8-225 所示。

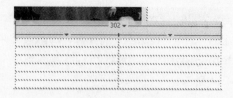

图 8-225　插入表格

❺❾ 光标移至刚刚插入表格的第 1 行第 1 列单元格中，在"属性"面板上设置"宽"为"260"，"高"为"36"，在"属性"面板上的"样式"下拉列表中选择样式表 table04，单击"插入"栏上的"图像"按钮，将图像"CD\源文件\第 8 章\Dreamweaver\images\24.gif"插入到单元格中。在刚刚插入的图像后输入文字，如图 8-226 所示。

图 8-226　页面效果

❻⓪ 光标移至第 1 行第 2 列单元格中，在"属性"面板上设置"水平"属性为"居中对齐"，输入文字。拖动光标选中刚刚输入的文字，在"属性"面板上的"样式"下拉列表中选择样式表 font03 应用，如图 8-227 所示。

图 8-227　页面效果

❻① 用相同方法完成其他单元格的制作，如图 8-228 所示。

图 8-228　页面效果

❻② 光标移至上级表格第 2 列单元格中，根据前面的方法完成单元格的制作，如图 8-229 所示。

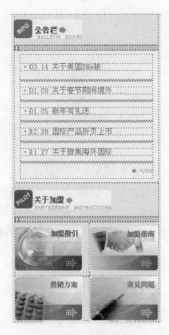

图 8-229　页面效果

**63** 光标移至上级表格第 3 行单元格中，单击"插入"栏上的"表格"按钮囲，在单元格中插入一个 2 行 1 列，"表格宽度"为"583 像素"，"边框粗细"、"单元格边距"、"单元格间距"均为"0"的表格，如图 8-230 所示。

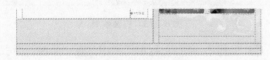

图 8-230　插入表格

**64** 光标移至刚刚插入表格的第 1 行单元格中，在"属性"面板上设置"高"为"48"，"垂直"属性为"顶端"，单击"插入"栏上的"图像"按钮圖，将图像"CD\源文件\第 8 章\Dreamweaver\images\45.gif"插入到单元格中，如图 8-231 所示。

图 8-231　插入图像

**65** 光标移至第 2 行单元格中，单击"插入"栏上的"表格"按钮囲，在单元格中插入一个 1 行 3 列，"表格宽度"为"583 像素"，"边框粗细"、"单元格边距"、"单元格间距"均为"0"的表格，如图 8-232 所示。

图 8-232　插入表格

**66** 光标移至刚刚插入表格的第 1 列单元格中，在"属性"面板上设置"宽"为"187"，单击"插入"栏上的"表格"按钮囲，在单元格中插入一个 4 行 1 列，"表格宽度"为"187 像素"，"边框粗细"、"单元格边距"、"单元格间距"均为"0"的表格，如图 8-233 所示。

图 8-233　插入表格

**67** 光标移至刚刚插入表格的第 1 行单元格中，根据前面方法完成单元格的制作，如图 8-234 所示。

图 8-234　页面效果

**68** 光标移至第 2 行单元格中，在"属性"面板上设置"高"为"21"，输入文字，如图 8-235 所示。

图 8-235　输入文字

**69** 光标移至第 3 行单元格中，在"属性"面板上设置"高"为"134"，"垂直"属性为"顶端"，单击"插入"栏上的"图像"按钮圖，将图像"CD\源文件\第 8 章\Dreamweaver\images\46.gif"插入到单元格中，如图 8-236 所示。

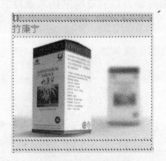

图 8-236　插入图像

**70** 光标移至第 4 行单元格中，根据前面方法完成单元格的制作，如图 8-237 所示。

图 8-237　页面效果

**71** 用相同方法完成上级表格第 2，3 列单元格的制作，如图 8-238 所示。

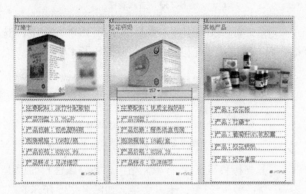

图 8-238　页面效果

**72** 光标移至上级表格第 3 行单元格中，单击"插入"栏上的"表格"按钮图，在单元格中插入一个 3 行 1 列，"表格宽度"为"583 像素"，"边框粗细"、"单元格边距"、"单元格间距"均为"0"的表格，如图 8-239 所示。

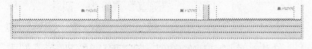

图 8-239　插入表格

**73** 根据前面方法完成刚刚插入表格的第 1，2 行单元格的制作，如图 8-240 所示。

图 8-240　页面效果

**74** 光标移至第 3 行单元格中，在"属性"面板上设置"高"为"262"，"垂直"属性为"顶端"，单击"插入"栏上的"图像"按钮图，将图像"CD\源文件\第 8 章\Dreamweaver\images\46.gif"插入到单元格中，如图 8-241 所示。

图 8-241　插入图像

**75** 光标移至上级表格第 3 行单元格中，单击"插入"栏上的"表格"按钮图，在单元格中插入一个 2 行 1 列，"表格宽度"为"878 像素"，"边框粗细"、"单元格边距"、"单元格间距"均为"0"的表格，如图 8-242 所示。

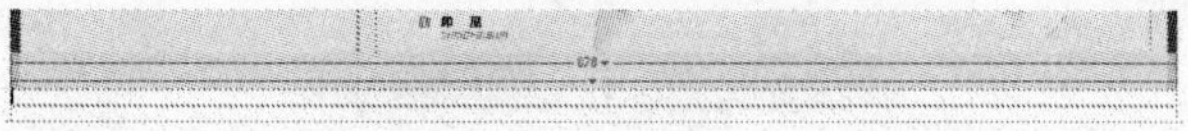

图 8-242　插入表格

**76** 光标移至刚刚插入表格的第 1 行单元格中，在"属性"面板上设置"高"为"35"，在"属性"面板上的"样式"下拉列表中选择样式表 bg04 应用，如图 8-243 所示。

图 8-243　页面效果

**77** 光标移至第 2 行单元格中，在"属性"面板上设置"高"为"70"，单击"插入"栏上的"表格"按钮图，在单元格中插入一个 3 行 3 列，"表格宽度"为"681 像素"，"边框粗细"、"单元格边距"、"单元格间距"均为"0"的表格。光标选中刚刚插入的表格，在"属性"面板上设置"对齐"属性为"居中对齐"，如图 8-244 所示。

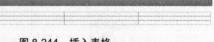

图 8-244　插入表格

**78** 拖动光标选中刚刚插入的表格第 1 行第 1 列、第 2 行第 1 列与第 3 行第 1 列单元格，合并单元格。光标移至刚刚合并的单元格中，在"属性"面板上设置"宽"为"119"，单击"插入"栏上的"图像"按钮图，将图像"CD\源文件\第 8 章\Dreamweaver\images\52.gif"插入到单元格中，如图 8-245 所示。

图 8-245 插入图像

79 拖动光标选中第 1 行第 2 列、第 2 行第 2 列与第 3 行第 2 列单元格，合并单元格。光标移至刚刚合并的单元格中，在"属性"面板上设置"宽"为"417"，输入文字。拖动光标选中刚刚输入的文字，在"属性"面板上行的"样式"下拉列表中选择样式表 font05 应用，如图 8-246 所示。

图 8-246 输入文字

80 光标移至第 1 行第 3 列单元格中，在"属性"面板上设置"宽"为"156"，"水平"属性为"居中对齐"，单击"插入"栏上的"图像"按钮，将图像"CD\源文件\第 8 章\Dreamweaver\images\53.gif"插入到单元格中。在刚刚插入的图像后输入文字，拖动光标选中刚刚输入的文字，在"属性"面板上行的"样式"下拉列表中选择样式表 font04 应用。光标移至第 2 行第 3 列单元格中，在"属性"面板上设置"高"为"20"。用相同方法完成第 3 行第 3 列单元格的制作，如图 8-247 所示。

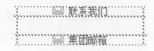

图 8-247 页面效果

81 执行"文件→保存"菜单命令，保存页面。单击"文档"工具栏上的"预览"按钮，在浏览器中预览整个页面，如图 8-248 所示。

图 8-248 页面效果

## 8.5 技巧集合

### 8.5.1 在 Fireworks 中向文本应用笔触、填充和滤镜

可以将笔触、填充和滤镜应用到所选文本块的文本上，就像应用到其他任何对象一样。可以将"样式"面板中的任何样式（即使它不是文本样式）应用于文本。通过保存文本属性，还可以创建新样式。

创建文本之后，它会在 Fireworks 中保持可编辑性。当编辑文本时，笔触、填充、滤镜以及样式都会自动更新。

创建新文本块时，"文本"工具并不保留笔触或"动态滤镜"设置。然而，可以保存那些应用到文本的笔触、填充以及动态滤镜属性，以作为"样式"面板中的一种样式再次使用。将文本属性另存为一种样式时，保存的只是属性，而不是文本自身。

### 8.5.2 关于 Flash 中的位图和矢量图形

#### 1. 位图

位图由像素构成，而矢量图由线条构成。位图放大会模糊，而矢量图不会。

位图图像也叫做栅格图像，是由一些排列在一起的栅格组成的，每一个栅格代表一个像素点，而每一个像素点只能显示一种颜色，如图 8-249 所示

图 8-249 位图图像

位图图像具有以下特点：

1．文件所占的存储空间大。对于高分辨率的彩色图像，用位图存储所需的储存空间较大。由于像素之间独立，所以占用的硬盘空间、内存和显存都比矢量图大。

2．位图放大到一定倍数后，会产生锯齿。由于位图是由最小的色彩单位"像素点"组成的，所以位图的清晰度与像素点的多少有关。

3．位图图像在表现色彩、色调方面的效果比矢量图更加优越，尤其在表现图像的阴影和色彩的细微变化方面效果更佳。

#### 2. 矢量图形

矢量图形又称为向量图形，是按数学算法由

POSTSCRIPT 代码定义的线条和曲线组成的图像，如图 8-250 所示。

图 8-250　矢量图形

矢量图形具有以下特点：

1．文件小。图像中保存的是线条和图块的信息，所以矢量图形文件与分辨率和图像大小无关，只与图像的复杂程度有关。

2．图像可以无级缩放。对图形进行缩放，旋转或变形操作时，图形不会产生锯齿效果。

3．可采取高分辨率印刷。矢量图形文件可以在任何输出设备上以最高分辨率进行打印或印刷。

### 8.5.3　Dreamweaver 中使用换行标签

可以通过按 Enter+Shift 键，输入一个换行标签，也可以选择"插入"栏的"文本"选项卡，单击"换行符"按钮 ，在下拉列表中选择"换行符"选项，如图 8-251 所示。

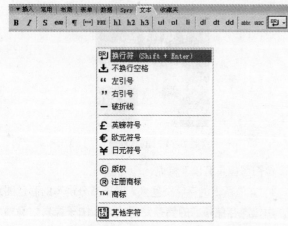

图 8-251　选择"换行符"选项

插入换行标签后，在文档的设计视图中是看不到这个换行标签的。将视图模式切换为代码视图，就可以看见在插入换行标签处插入了换行标签代码<br>。如果要在设计视图中可见换行标签，可以执行"编辑→首选参数"命令，在弹出的"首选参数"对话框中，选择"分

类"列表框中的"不可见元素"选项，然后在右侧的"显示"选项区中选择"换行符"复选框，就可以在编辑页面的同时显示换行标签，如图 8-252 所示。

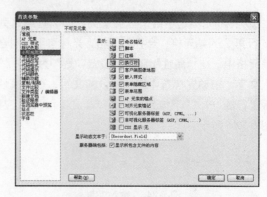

图 8-252　设置"换行符"显示

### 8.5.4　在 Dreamweaver 中选择表格

可以将光标置于表格的尾部，向左拖动选中表格。还可将光标置于单元格内，在状态栏中选择此<td>标签来选中该单元格。选择距<td>最近的<tr>标签可选中该单元格所在的单元行，选择距<td>最近的<table>标签即选中该单元格所在的表格。

制作嵌套表格应遵循如下原则：

从外向内工作。先建立最大的表格，再在它内部创建较小的表格。

在外部使用绝对计量方法，在内部使用相对计量方法。这不是一个不容改变的规则，但最好将外部表格宽度设为一个特定的绝对像素值，而将内部表格宽度设为相对的百分比。如果内部表格宽度也设为一个特定的绝对像素值，那么表格的每部分宽度一定要计算精准。

### 8.5.5　在 Dreamweaver 中设置视频循环播放

如果希望能循环播放视频，可以在"属性"面板上单击"参数"按钮，弹出"参数"对话框，单击"+"按钮，在"参数"中输入"loop"，并在"值"列中输入"true"，如图 8-253 所示。单击"确定"按钮，完成"参数"对话框的设置，实现视频的循环播放。

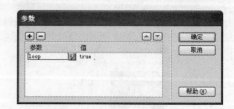

图 8-253　设置"参数"对话框

# 第9章 社区类网站页面

与社区生活相关的网站种类多种多样，例如社区生活、社区购物、社区活动、社区资讯等。与社区生活相关的网站虽然根据其种类有很大的差异，但也有普遍性。比如都要有让人感觉富裕、幸福，有追求明朗、舒适的氛围等倾向。本章将详细介绍社区类网站的设计制作。

## ↘ 本章学习目标

- 了解社区类网站页面的色彩及布局特点
- 掌握网页设计的方法
- 掌握网页遮罩动画和幻灯动画的制作方法
- 学习使用表格布局制作整个页面
- 掌握如何设置页面中的各种超链接

## ↘ 本章学习流程

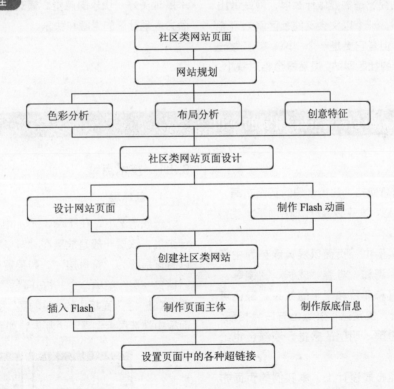

## 9.1 网页规划

本章主要向大家介绍如何设计制作社区类网站，效果如图 9-1 所示。

图 9-1

### 9.1.1 社区类网站分析

**主题原则**：在建设社区类网站之前，首先需要明确网站的主题，考虑网站究竟是需要做什么事，网站做出来会是什么样子。例如，一个以文会友的社区网站可能会有博客之类的功能，但是它更是一个 BBS。或者做一个为商务人士扩展人脉的社区网站，虽然概念相对狭小，但是主题很鲜明。

**目的原则**：确定了社区网站的主题之后，网站的目标群体也就出来了。现在网络在向精细化发展，因此宁小勿大。确定了目标群体，就要分析目标群体的需求，根据目标群体的需求，提供相应的网站服务。

**实用原则**：社区网站除了自身围绕主题展开服务之外，最重要的一块就是如何设计网站与浏览者之间的关系，这一设计最主要的目的还是如何使浏览者更好地使用网站提供的服务内容，这就需要社区网站能够实用、便捷。

**美观原则**：社区类网站的美观也很重要，不能因为主要提供 BBS 的功能，就可以忽略美观性，一个精美的界面会使浏览者赏心悦目。

### 9.1.2 社区类网站创意形式

社区类网站主要展示给浏览者与网站主题相关的信息和服务。它们大多以有效地传递信息为目的，以使用的便利性为中心。但是，如果没有干净洗练的设计，网站就不会给浏览者留下好印象。

社区类网站一般都会运用可爱的构图、柔和的配色来展现美好、快乐的感觉。通过干净而又温暖的配色，着力表现社区的温暖和快乐。

## 9.2 欢乐社区——Fireworks 图层的应用

### 案例分析

本实例属于社区信息网站，应用合理的页面布局，巧妙地处理网页中的图像、文字以及 Flash 动画，使整个页面看来温馨、快乐。

**色彩分析**：在本实例中，页面以浅黄绿色为主色调，绿色象征着自然、调和、青春、成长、富饶等，有使眼睛解除疲劳、缓和痛苦和紧张的效果。绿色可以营造舒适的氛围，给人安定感。淡绿色与白色相配，让人感觉新鲜，给人希望、明朗的感觉。淡绿色也给人清新和活力之感。

**布局设计**：在页面布局设计上，本实例的页面布局结构比较特殊，打破了常规的页面布局方式，将页面分为左、中、右三栏，在页面中间位置制作了大幅Flash 动画，突出表现网站最新的活动信息内容。并且左、中、右三栏均以圆角相连的形式，体现一个整体，布局新颖。

### 9.2.1 技术点睛

#### 1. 新建层

一般情况下，在 Fireworks 中打开一幅图像时只有一个层，该层一般是放置在"背景"层文件夹中，也可以将该层称为"背景层"。如果需要新建层，可以执行"窗口→层"菜单命令，打开"层"面板，如图 9-2 所示。单击"层"面板中的"重制层"按钮，可以在"层"面板中被选层上创建一个新层，如图 9-3 所示。

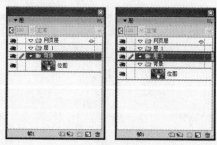

图 9-2 打开"层"面板　图 9-3 创建一个新层

### 2．显示或隐藏层

默认状态下，所有的层都处于显示状态，即层上的所有图像内容都显示在文档窗口中，在文档窗口中看到的结果是多个层重叠显示的结果。有时这种特殊性给用户带来很多困扰，因为很多不需要修改的层内容也显示出来，影响了用户的视线和注意力。

利用"层"面板，可以改变层的显示和隐藏状态。一旦某个层被隐藏，该层中所有的图像内容就会同时在文档窗口中隐藏起来，这样用户就能够集中精力，编辑需要编辑的内容了。

在"层"面板的"显示/隐藏"列上，可以显示层当前的显示状态。显示眼睛 👁 图标，表明该层被显示，如图 9-4 所示。如果不显示眼睛图标，则表明该层被隐藏，如图 9-5 所示。如图 9-6 所示，"网页层"和"层 2"为显示状态，"层 1"则为隐藏状态。

图 9-4　显示层

图 9-5　隐藏层

图 9-6　显示状态及隐藏状态

通过在层列表项前方的眼睛图标 👁 上单击，可以改变单个层的显示方式。如果以前处于显示状态，则单击该图标后层被隐藏；如果以前层处于隐藏状态，则单击该图标后层被重新显示。另外，如果层被隐藏，直接选中该层，同样可以将其显示。

### 3．改变层的重叠顺序

层的重叠顺序决定了文档中图像的显示结果。在 Fireworks 中新建层时，新建的层总是插入到当前层的上方，层在文档中的顺序同它们在"层"面板上的顺序是相同的。可以直接在"层"面板中改变各个层的顺序，使其符合需要。

在"层"面板中，选中需要改变重叠顺序的层，如图 9-7 所示。将该层拖到需要的位置，这时目标位置会出现一个黑条，如图 9-8 所示。释放鼠标，即可将层移到相应的位置，如图 9-9 所示。

图 9-7　选中层　　　图 9-8　拖动层到需要的位置

图 9-9　释放鼠标

### 4．重命名层

默认状态下，层的名称总是以"层 $n$"的形式表示（其中 $n$ 是一个数值）。很多时候这是不够直观的。可以根据需要使用合适的文字命名层，以便识别层内容。

要重命名层，只需要双击要重新命名的层，这时会出现一个对话框，提示输入层的名称，输入新名称，即可完成对层的重命名，如图 9-10 所示。

图 9-10　改变层的名称

### 5．锁定层

通过锁定层，可以保证该层上所有对象不被错误地编辑，同时层上的所有内容仍然显示在文档窗口中，以便参照。

如果"层"面板上某一层右侧出现一个锁形图标 🔒，表明该层被锁定，其上的内容不可编辑；如果没有出现锁形图标，则表明层未被锁定，则可以编辑其上的内容，如图 9-11 所示。

图 9-11　层的锁定及解锁状态

### 9.2.2　绘制步骤

① 打开 Fireworks CS3，执行"文件→新建"菜单命令，弹出"新建文档"对话框，新建一个 1003 像素×727 像素，分辨率为"300 像素/英寸"，画布颜色为"白色"的 Fireworks 文件，如图 9-12 所示。执行"文件→保存"菜单命令，将文件保存为"CD\源文件\第 9 章\Fireworks\9.png"。

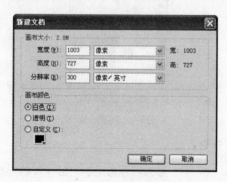

图 9-12　新建文档

② 执行"文件→导入"菜单命令，将图像"CD\源文件\第 9 章\ Fireworks\素材\412.png"导入到舞台中，如图 9-13 所示。

图 9-13　导入图像

③ 单击工具栏中"文本"工具 A，在"属性"面板上设置"文本颜色"值为#3E483D，并设置相应的文本属性，如图 9-14 所示。在舞台中输入文本，如图 9-15 所示。

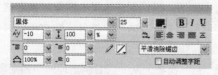

图 9-14　设置"文本"属性

图 9-15　输入文本

④ 使用"文本"工具，在"属性"面板上设置"文本颜色"值为#3E483D，并设置相应的文本属性，如图 9-16 所示。在舞台中输入文本如图 9-17 所示。

图 9-16　设置"文本"属性

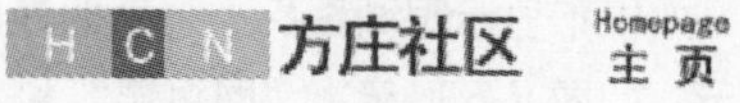

图 9-17　输入文本

⑤ 用相同的方法在舞台中输入文本，如图 9-18 所示。

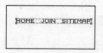

图 9-18　输入文本

⑥ 单击工具栏中"文本"工具 A，在舞台中输入文字，如图 9-19 所示。

图 9-19　输入文本

⑦ 单击工具栏中"圆角矩形"工具，在"属性"面板上设置"填充颜色"值为#ADABAE，"描边颜色"值为#979797，并设置相应的圆角矩形属性，如图 9-20 所示。在舞台中绘制圆角矩形，如图 9-21 所示。

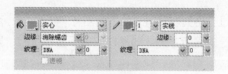

图 9-20　设置"圆角矩形"属性

图 9-21　图形效果

⑧ 单击工具栏中"文本"工具 A，在舞台中输入文本，如图 9-22 所示。

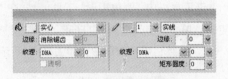

图 9-22　输入文本

**9** 单击工具栏中"矩形"工具 ，在"属性"面板上设置"填充颜色"值为#FFFFFF，"描边颜色"值为#E3D7C9，并设置相应的矩形属性，如图 9-23 所示。在舞台中绘制图形，如图 9-24 所示。

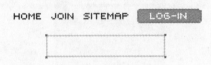

图 9-23　设置"矩形"属性

图 9-24　绘制矩形

**10** 用相同的方法绘制其他的图形，如图 9-25 所示。

图 9-25　绘制图形

**11** 单击工具栏中"文本"工具 A，在舞台中输入文本，如图 9-26 所示。

图 9-26　输入文本

**12** 单击工具栏中"矩形"工具 ，在"属性"面板上设置"填充颜色"值为#D6CFBD，在舞台中绘制图形，如图 9-27 所示。

图 9-27　绘制矩形

**13** 使用"矩形"工具 ，在"属性"面板上设置"填充颜色"值为#F9F0E7，在舞台中绘制图形，如图 9-28 所示。

图 9-28　绘制矩形

**14** 使用"矩形"工具 ，在"属性"面板上设置

"填充颜色"值为#D6CFBD，在舞台中绘制图形，如图 9-29 所示。

图 9-29　绘制矩形

**15** 单击工具栏中"圆角矩形"工具 ，在"属性"面板上设置"填充颜色"值为#84A90E，如图 9-30 所示。在舞台中绘制图形，如图 9-31 所示。

图 9-30　设置"圆角矩形"属性

图 9-31　绘制圆角矩形

**16** 使用"圆角矩形"工具，在"属性"面板上设置"填充颜色"值为#B5D84A，如图 9-32 所示。在舞台中绘制图形，如图 9-33 所示。

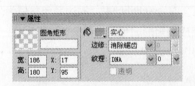

图 9-32　设置"圆角矩形"属性　　图 9-33　绘制圆角矩形

**17** 执行"文件→导入"菜单命令，将图像"CD\源文件\第 9 章\ Fireworks\素材\412.png"导入到舞台中，如图 9-34 所示。

图 9-34　导入图像

**18** 单击工具栏中"文本"工具 A，在"属性"面板上设置"文本颜色"值为#516603，并设置相应的文本属性，如图 9-35 所示。在舞台中输入文本，如图 9-36 所示。

图 9-35 设置"文本"属性

图 9-36 输入文本

⑲ 使用"文本"工具，在"属性"面板上设置"文本颜色"值为#FFFFFF，在舞台中输入文本，如图 9-37 所示。

图 9-37 输入文本

⑳ 单击工具栏中"矩形"工具 □，在"属性"面板上设置"填充颜色"值为#FFFFFF，"描边颜色"值为#849A0E，并设置相应的矩形属性，如图 9-38 所示。在舞台中绘制矩形，如图 9-39 所示。

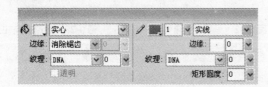

图 9-38 设置"矩形"属性

图 9-39 绘制矩形

㉑ 用相同的方法绘制其他的图形，如图 9-40 所示。

图 9-40 绘制矩形

㉒ 单击工具栏中"圆角矩形"工具 ◻，在"属性"面板上设置"填充颜色"值为#FFFFFF，"描边颜色"值为#849A0E，在舞台中绘制图形，如图 9-41 所示。

图 9-41 绘制圆角矩形

㉓ 选择刚刚绘制的图形，在"属性"面板上单击"添加动态滤镜或选择预设"按钮 ➕，在弹出的下拉列表中选择"斜角和浮雕→内斜角"，设置"内斜角"相应的选项，如图 9-42 所示。图形效果如图 9-43 所示。

图 9-42 设置"内斜角"属性

图 9-43 图形效果

㉔ 单击工具栏中"文本"工具 A，在"属性"面板上设置"文本颜色"值为#747473，并设置相应的文本属性，如图 9-44 所示。在舞台中输入文本，如图 9-45 所示。

图 9-44 设置"文本"属性

图 9-45　输入文本

㉕ 执行"文件→导入"菜单命令，将图像"CD\
源文件\第 9 章\ Fireworks\素材\401.png"导入到舞
台中，如图 9-46 所示。

图 9-46　导入图像

㉖ 单击工具栏中"矩形"工具，在"属性"面
板上设置"填充颜色"值为#A7CD2C，"描边颜色"
值为#84A80D，并设置相应的矩形属性，如图 9-47 所
示。在舞台中绘制矩形，如图 9-48 所示。

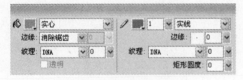

图 9-47　设置"矩形"属性

图 9-48　绘制矩形

㉗ 使用"矩形"工具，在"属性"面板上设置
"填充颜色"值为#83AA00，并设置相应的矩形属性，
如图 9-49 所示。在舞台中绘制矩形，如图 9-50 所示。

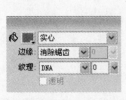

图 9-49　设置"矩形"属性

图 9-50　绘制矩形

㉘ 单击工具栏中"文本"工具 **A**，在"属性"面板
上设置"文本颜色"值为#FFFFFF，并设置相应的文本属性，
如图 9-51 所示。在舞台中输入文本，如图 9-52 所示。

图 9-51　设置"文本"属性

图 9-52　输入文本

㉙ 用相同的方法绘制其他部分，如图 9-53 所示。

图 9-53　绘制图形

㉚ 单击工具栏中"圆角矩形"工具，在"属性"
面板上设置"填充颜色"值为#1F9E89，"描边颜色"
值为#007872，并设置相应的圆角矩形属性，如图 9-54
所示。在舞台中绘制图形，如图 9-55 所示。

图 9-54　设置圆角矩形属性

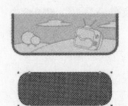

图 9-55　绘制圆角矩形

㉛ 执行"文件→导入"菜单命令，将图像"CD\
源文件\第 9 章\ Fireworks\素材\403.png"导入到舞
台中，如图 9-56 所示。

图 9-56  导入图像

㉜ 单击工具栏中"圆角矩形"工具 □，在"属性"面板上设置"填充颜色"值为#EEE1CE，并设置相应的圆角矩形属性，如图 9-57 所示。在舞台中绘制图形，如图 9-58 所示。

图 9-57  设置"圆角矩形"属性

图 9-58  绘制圆角矩形

㉝ 使用"圆角矩形"工具，在"属性"面板上设置"填充颜色"值为#FFFFFF，在舞台中绘制图形，如图 9-59 所示。

图 9-59  绘制圆角矩形

㉞ 执行"文件→导入"菜单命令，将图像"CD\源文件\第 9 章\ Fireworks\素材\404.png"导入到舞台中，如图 9-60 所示。

图 9-60  导入图像

㉟ 单击工具栏中"文本"工具 **A**，在"属性"面板上设置"文本颜色"值为#FFFFFF，并设置相应的文本属性，如图 9-61 所示。在舞台中输入文本，如图 9-62 所示。

图 9-61  设置"文本"属性

图 9-62  输入文本

㊱ 使用"文本"工具，在"属性"面板上设置"文本颜色"值为#666666，在舞台中输入文本，如图 9-63 所示。

图 9-63  输入文本

㊲ 根据前面的方法，绘制其他部分，如图 9-64 所示。

㊳ 根据前面的方法，绘制其他部分，如图 9-65 所示。

图 9-64  绘制图形

图 9-65  绘制图形

㊴ 执行"文件→导入"菜单命令，将图像"CD\

源文件\第 9 章\ Fireworks\素材\407.png" 导入到舞台中，如图 9-66 所示。

图 9-66 导入图像

④ 用相同的方法，将图像 "CD\源文件\第 9 章\Fireworks\素材\413.png" 导入到舞台中，如图 9-67 所示。

图 9-67 导入图像

④ 单击工具栏中"钢笔"工具，在"属性"面板上设置"填充颜色"值为#AFCC3D，在舞台中绘制图形，如图 9-68 所示。

④ 使用"钢笔"工具，在"属性"面板上设置"填充颜色"值为#FFFFFF，在舞台中绘制图形，如图 9-69 所示。

图 9-68 绘制图形

图 9-69 绘制图形

④ 单击工具栏中"文本"工具 A，在"属性"面板上设置"文本颜色"值为#739B0B，并设置相应的文本属性，如图 9-70 所示。在舞台中输入文本，如图 9-71 所示。

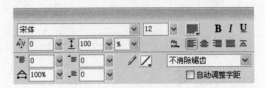

图 9-70 设置"文本"属性

图 9-71 输入文本

④ 使用"文本"工具，在"属性"面板上设置"文本颜色"值为#FFFFFF，在舞台中输入文本，如图 9-72 所示。

图 9-72 输入文本

④ 单击工具栏中"直线"工具，在"属性"面板上设置"描边颜色"值为#B2CC32，在舞台中绘制图形，如图 9-73 所示。

图 9-73 绘制直线

④ 单击工具栏中"文本"工具 A，在"属性"面板上设置"文本颜色"值为#FF5900，在舞台中输入文本，如图 9-74 所示。

图 9-74 输入文本

④ 用相同的方法，使用"文本"工具，在舞台中输入文本，如图 9-75 所示。

图 9-75 输入文本

④ 根据前面的方法，绘制其他部分，如图 9-76 所示。

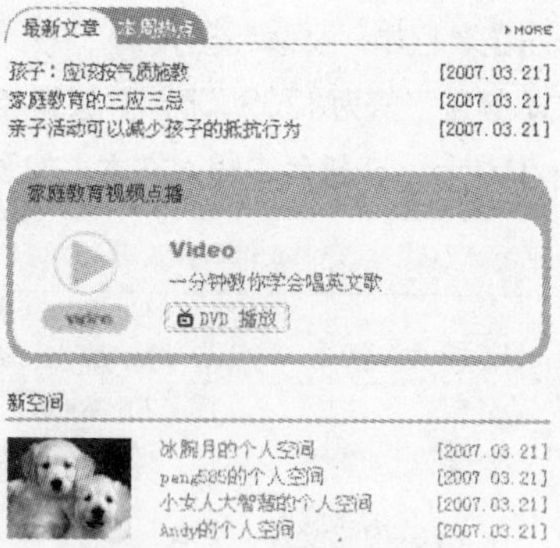

图 9-76　绘制图形

(49) 单击工具栏中“矩形”工具，在“属性”面板上设置“填充颜色”值为#DFDFDF，如图 9-77 所示。

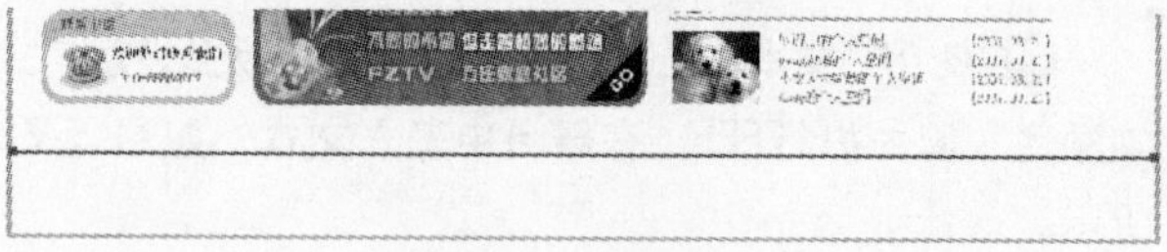

图 9-77　绘制矩形

(50) 执行“文件→导入”菜单命令，将图像“CD\源文件\第 9 章\ Fireworks\素材\414.png”导入到舞台中，如图 9-78 所示。

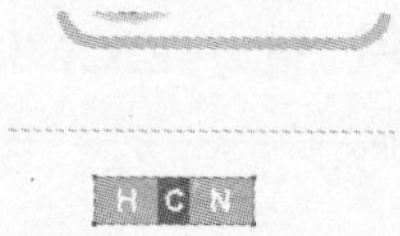

图 9-78　导入图像

(51) 单击工具栏中“文本”工具，在“属性”面板上设置“文本颜色”值为#666666，并设置相应的文本属性，如图 9-79 所示。在舞台中输入文本，如图 9-80 所示。

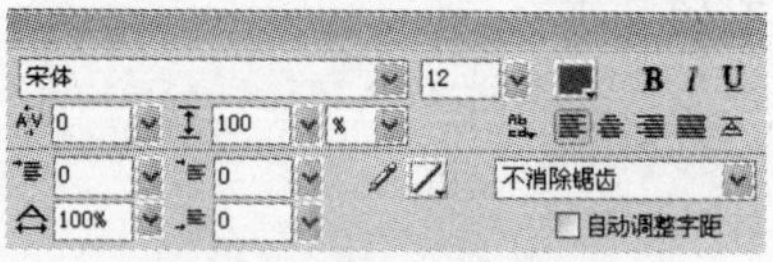

图 9-79　设置“文本”属性

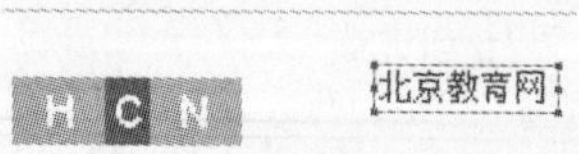


图 9-80　输入文本

(52) 单击工具栏中“直线”工具，在“属性”面板上设置“描边颜色”值为#666666，并设置相应的文本属性，如图 9-81 所示。在舞台中绘制直线，如图 9-82 所示。

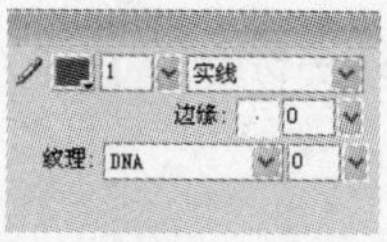

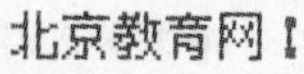


图 9-81　设置“直线”属性　　图 9-82　绘制直线

(53) 用相同的方法绘制其他的部分，如图 9-83 所示。

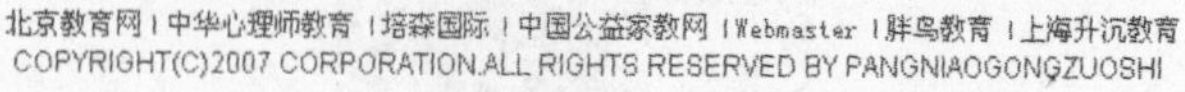


图 9-83　输入文本

(54) 执行“文件→导入”菜单命令，将图像“CD\源文件\第 9 章\ Fireworks\素材\410.png”导入到舞台中，如图 9-84 所示。

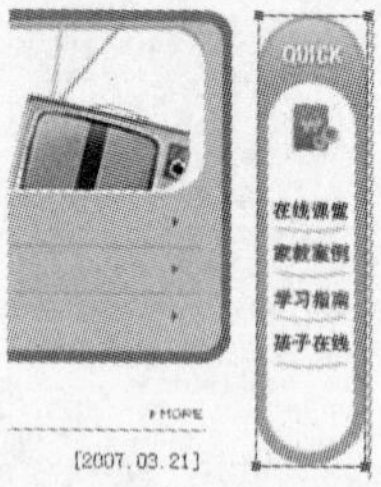

图 9-84　导入图像

(55) 用相同的方法，将图像“CD\源文件\第 9 章\ Fireworks\素材\411.png”导入到舞台中，如图 9-85 所示。

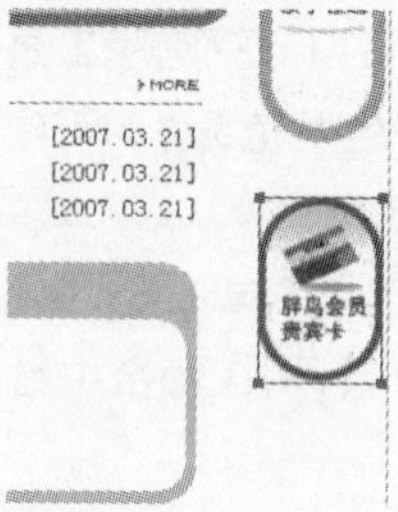

图 9-85　导入图像

(56) 执行“文件→保存”菜单命令，完成页面的绘制，如图 9-86 所示。

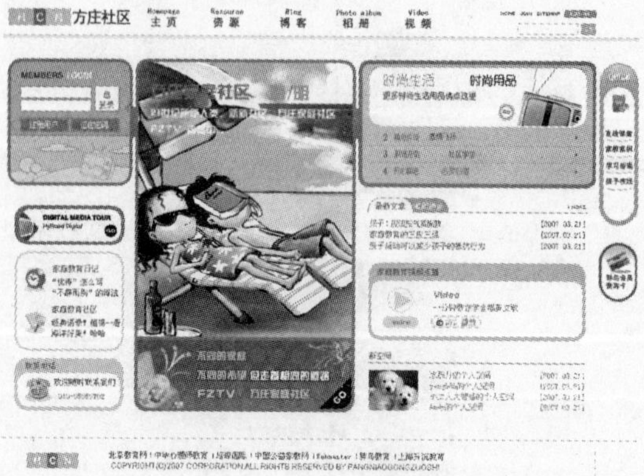

图 9-86　完成效果

## ⇨9.3 完美假期——Flash 制作幻灯动画

### 9.3.1 动画分析

在制作社区类网站的 Flash 时，应使用较为清新的颜色和一些暖色，而且在制作时不易太过烦琐，只要简单宣传就可以了，而且此类 Flash 并不具有很强的商业性，所以在制作方面没有太多的要求，完全看个人需要。

### 9.3.2 技术点睛

**1. 元件的概念和类型**

元件是可以重复利用的，它能够在 Flash 文档中多次使用一个资源，而无须在文件中复制该资源。通过在 Flash 文档中仅保存元件的一个副本，可以使文档文件变小，更易于传输。元件分为"影片剪辑"、"按钮"和"图形"三类。

**2. 实例的概念**

实例是指显示在舞台上的元件。由于 ActionScript 通常会引用实例名称来对实例执行操作，所以对于创建的实例进行命名是一种比较简单方便的做法，如图 9-87 所示。

图 9-87 设置实例名称

**3. 元件和实例的创建方法**

元件可以简单，也可以复杂。创建元件后，必须将其存储到"库"面板中。"库"面板存储并管理文档中的所有元件。要再次使用某个元件，可以将它从"库"面板拖动到"场景"中。这样，Flash 会在舞台上创建该元件的一个新实例，如图 9-88 所示。实例其实只是对原始元件的引用。

图 9-88 新建元件

**4. 库的基本功能**

"库"面板是存储和组织在 Flash 中创建的各种元件的地方，如图 9-90 所示。它还用于存储和组织导入的文件，包括位图图像、声音文件和视频剪辑。"库"面板可以组织文件夹中的库项目，查看项目在文档中使用

的频率，并按类型对项目排序。

图 9-89 "库"面板

**5. 库的视图**

库的视图可以方便对"库"中的元件进行编辑。

**6. 库的组织**

可以使用文件夹组织"库"面板中的项目。当创建一个新元件时，它会存储在选定的文件夹中。如果没有选定文件夹，该元件就会存储在库的根目录下。

### 9.3.3 制作步骤

📁 制作遮罩动画

① 执行"文件→新建"菜单命令，弹出"新建文档"对话框，新建一个空白的 Flash 文件（ActionScript 2.0）。在"属性"面板上单击"文档属性"按钮，弹出"文档属性"对话框，设置"尺寸"为 340 像素×527 像素，"背景颜色"值为#CCCCCC，"帧频"为"40"fps，如图 9-90 所示。

图 9-90 设置"文档属性"对话框

② 执行"文件→导入→导入到库"菜单命令，将相应的素材文件导入到"库"面板中，如图 9-91 所示。执行"插入→新建元件"菜单命令，弹出"创建新元件"对话框，输入"名称"为"边框"，"类型"为"图形"，

如图 9-92 所示。单击"确定"按钮。

图 9-91 "库"面板

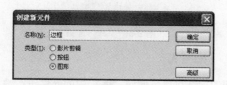

图 9-92 "创建新元件"对话框

③ 单击工具栏中"基本工具矩形"按钮█，在"属性"面板上设置"笔触颜色"值为#86AB00，"笔触高度"值为"5"，"矩形边角半径"值为"18"，在舞台中绘制一个"宽度"值为"335.5"，"高度"值为"522.5"的圆角矩形，如图 9-93 所示。单击工具栏中"线条工具"按钮，在"属性"面板上设置"笔触颜色"值为#86AB00，"笔触高度"值为"5"，在舞台中绘制一条线段，如图 9-94 所示。

图 9-93 绘制圆角矩形

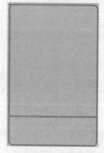

图 9-94 绘制线条

④ 执行"插入→新建元件"菜单命令，弹出"创建

新元件"对话框，输入"名称"为"遮罩"，"类型"为"图形"，如图 9-95 所示。单击"确定"按钮。单击工具栏中"椭圆"工具按钮◯，在舞台中绘制一个"宽度"值为"31"，"高度"值为"31"的正圆形，如图 9-96 所示。

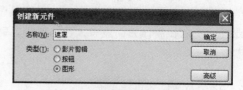

图 9-95 "创建新元件"对话框

图 9-96 绘制正圆形

⑤ 执行"插入→新建元件"菜单命令，弹出"创建新元件"对话框，输入"名称"为"图形"，"类型"为"图形"，如图 9-97 所示。单击"确定"按钮。单击工具栏中"钢笔"工具按钮，在"属性"面板上设置"填充颜色"值为#FCA600，在舞台中绘制图形，如图 9-98 所示。用相同的方法绘制其他的图形，如图 9-99 所示。

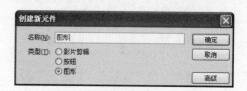

图 9-97 "创建新元件"对话框

图 9-98 绘制图形

图 9-99 绘制图形

⑥ 执行"插入→新建元件"菜单命令，弹出"创建新元件"对话框，输入"名称"为"光晕"，"类型"为"图形"，如图 9-100 所示。单击"确定"按钮。单击工

具栏中"椭圆工具"按钮 ◯ ，在"属性"面板上设置"笔触颜色"为无，在舞台中绘制一个"宽度"值为"200"，"高度"值为"200"的正圆形，如图 9-101 所示。

图 9-100　"创建新元件"对话框

图 9-101　绘制正圆形

⑦ 打开"颜色"面板，在"颜色"面板上设置"填充类型"为"放射状"，从左向右分别设置"色标"颜色值为#FFF89F、#FFFFFF，从左向右分别设置"Alpha"值为"100%"、"0%"，如图 9-102 所示。单击工具栏中"颜料桶"工具按钮 ◯ ，在刚刚绘制的正圆形上拖动，如图 9-103 所示。单击工具栏中"任意变形"工具按钮 ，选择舞台中的正圆形，调整形状，如图 9-104 所示。

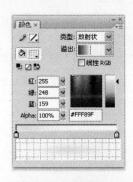

图 9-102　设置"颜色"面板

图 9-103　图形效果

图 9-104　调整图形形状

⑧ 执行"插入→新建元件"菜单命令，弹出"创建新元件"对话框，输入"名称"为"遮罩 2"，"类型"为"图形"，如图 9-105 所示。单击"确定"按钮。单击工具栏中"椭圆"工具按钮 ◯ ，在舞台中绘制一个"宽度"值为"348"，"高度"值为"60"的椭圆形，如图 9-106 所示。

图 9-105　"创建新元件"对话框

图 9-106　绘制椭圆形

⑨ 执行"插入→新建元件"菜单命令，弹出"创建新元件"对话框，输入"名称"为"图像 1"，"类型"为"影片剪辑"，如图 9-107 所示。单击"确定"按钮。选择"时间轴"面板上第 1 帧位置，在"库"面板中将图像 4101.jpg 拖到舞台中，如图 9-108 所示。

图 9-107　"创建新元件"对话框

图 9-108　拖入图像

⑩ 执行"插入→新建元件"菜单命令，弹出"创建新元件"对话框，输入"名称"为"主场景动画 1"，"类型"为"影片剪辑"，如图 9-109 所示。单击"确定"按钮。选择"时间轴"面板上第 1 帧位置，在"库"面板中将影片剪辑"图像 1"拖到舞台中，如图 9-110 所示。

图 9-109 "创建新元件"对话框

图 9-110 拖入影片剪辑元件

⑪ 选择刚刚拖入到舞台中的元件,打开"滤镜"面板,在"滤镜"面板上单击"添加滤镜"按钮 ，在弹出的菜单中选择"模糊"菜单命令,并设置模糊的相关属性,如图 9-111 所示。元件效果如图 9-112 所示。

图 9-111 设置"模糊"相关属性

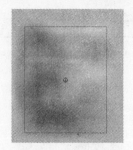

图 9-112 元件效果

⑫ 在第 33 帧位置,按键盘上的 F6 键插入关键帧。单击"时间轴"面板上的"新建图层"按钮 ，新建"图层 2",选择第 1 帧位置,在"库"面板中将影片剪辑"图像 1"拖到舞台中,如图 9-113 所示。在第 21 帧位置,按键盘上的 F6 键插入关键帧,选择第 1 帧中的元件,打开"滤镜"面板,在"滤镜"面板上单击"添加滤镜"按钮 ，在弹出的菜单中选择"模糊"菜单命令,并设置模糊的相关属性,如图 9-114 所示。元件效果如图 9-115 所示。

图 9-113 拖入影片剪辑元件

图 9-114 设置"模糊"相关属性

图 9-115 元件效果

⑬ 单击"时间轴"面板上的"新建图层"按钮 ，新建"图层 3",选择第 1 帧位置,在"库"面板中将图形元件"遮罩"拖到舞台中,如图 9-116 所示。在第 9 帧位置,按键盘上的 F6 键插入关键帧,并调整该帧的元件大小和位置,如图 9-117 所示。在第 23 帧位置,按键盘上的 F6 键插入关键帧,调整该帧的元件大小和位置,如图 9-118 所示。

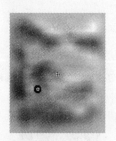

图 9-116 拖入图形元件

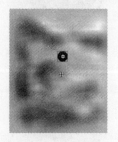

图 9-117 调整元件

图 9-118　调整元件

⑭ 在"时间轴"面板上同时选择第 1 帧至第 9 帧，在"属性"面板上的"补间"下拉列表中选择"动画"，选择"图层 3"后按鼠标右键，在弹出的菜单中选择"遮罩层"，如图 9-119 所示。根据前面的方法，制作其他图层的动画，如图 9-120 所示。

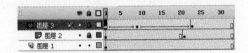

图 9-119　"时间轴"效果

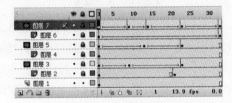

图 9-120　"时间轴"效果

⑮ 单击"时间轴"面板上的"新建图层"按钮 📄，新建"图层 8"，选择第 33 帧位置，按键盘上的 F6 键插入关键帧，打开"动作"面板，在"动作"面板中输入脚本语言，如图 9-121 所示。"时间轴"效果如图 9-122 所示。

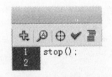

图 9-121　输入脚本语言

图 9-122　"时间轴"效果

⑯ 执行"插入→新建元件"菜单命令，弹出"创建新元件"对话框，输入"名称"为"按钮元件"，"类型"为"影片剪辑"，如图 9-123 所示。单击"确定"按钮。单击工具栏中"钢笔工具"按钮 ✎，在"属性"面板上设置"填充颜色"值为 #666666，"Alpha"值为"35%"，在舞台中绘制图形，如图 9-124 所示。

图 9-123　"创建新元件"对话框

图 9-124　绘制图形

⑰ 在"图层 1"第 11 帧位置，按键盘上的 F6 键插入关键帧，在第 6 帧位置，按键盘上的 F7 键插入空白关键帧，在第 16 帧位置，按键盘上的 F7 键插入空白关键帧，在第 20 帧位置，按键盘上的 F5 键插入帧，"时间轴"效果如图 9-125 所示。执行"插入→新建元件"菜单命令，弹出"创建新元件"对话框，输入"名称"为"按钮"，"类型"为"按钮"，如图 9-126 所示。单击"确定"按钮。

图 9-125　"时间轴"效果

图 9-126　"创建新元件"对话框

⑱ 选择"指针经过"帧，按键盘上的 F6 键插入关键帧，在"库"面板中将影片剪辑"按钮元件"拖到舞台中，如图 9-127 所示。分别在"按下"、"点击"帧上按键盘上的 F6 键插入关键帧，如图 9-128 所示。

图 9-127　拖入影片剪辑元件

图 9-128 "时间轴"效果

⑲ 执行"插入→新建元件"菜单命令，弹出"创建新元件"对话框，输入"名称"为"主场景动画 2"，"类型"为"影片剪辑"，如图 9-129 所示。单击"确定"按钮。选择第 1 帧位置，在"库"面板中将图像 4102.jpg 拖到舞台中，如图 9-130 所示。

图 9-129 "创建新元件"对话框

图 9-130 拖入图像

⑳ 单击"时间轴"面板上的"新建图层"按钮 ，新建"图层 2"，选择第 1 帧位置，在"库"面板中将按钮元件"按钮"拖到舞台中，如图 9-131 所示。执行"插入→新建元件"菜单命令，弹出"创建新元件"对话框，输入"名称"为"遮罩动画 1"，"类型"为"影片剪辑"，如图 9-132 所示。单击"确定"按钮。

图 9-131 拖入按钮元件

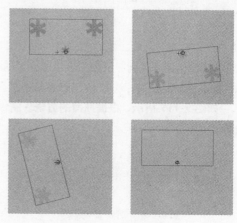

图 9-132 "创建新元件"对话框

㉑ 选择第 1 帧位置，在"库"面板中将图形元件"图形"拖到舞台中。在第 16 帧位置，按键盘上的 F6 键插入关键帧，选择该帧元件，在"属性"面板上的"颜色"下拉列表中选择"Alpha"选项，设置 Alpha 值为"50%"。调整该元件角度，在第 23 帧位置，按键盘上的 F6 键插入关键帧，选择该帧元件，在"属性"面

板上的"颜色"下拉列表中选择"Alpha"选项，设置 Alpha 值为"30%"。调整该元件角度，在第 32 帧位置，按键盘上的 F6 键插入关键帧，选择该帧元件，在"属性"面板上的"颜色"下拉列表中选择"Alpha"选项，设置 Alpha 值为"0%"。调整该元件角度，元件效果如图 9-133 所示。

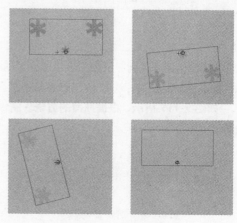

图 9-133 图形效果

㉒ 在"时间轴"面板上同时选择第 1 帧至第 23 帧，在"属性"面板上的"补间"下拉列表中选择"动画"。单击"时间轴"面板上的"新建图层"按钮 ，新建"图层 2"，选择第 1 帧位置，在"库"面板中将图形元件"光晕"拖到舞台中，如图 9-134 所示。"时间轴"效果如图 9-135 所示。

图 9-134 拖入图形元件

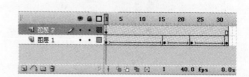

图 9-135 "时间轴"效果

㉓ 执行"插入→新建元件"菜单命令，弹出"创建新元件"对话框，输入"名称"为"遮罩动画 2"，"类型"为"影片剪辑"，单击"确定"按钮。选择第 1 帧位置，在"库"面板中将图形元件"遮罩动画 1"拖到舞台中，如图 9-136 所示。调整该元件的水平方向，并在"属性"面板上的"实例名称"文本框中输入名称，如图 9-137 所示。在第 21 帧位置，按键盘上的 F6 键插入关键帧，并调整该帧的元件大小，如图 9-138 所示。

图 9-136　拖入影片剪辑

图 9-137　输入实例名称

图 9-138　调整元件的大小

㉔　选择第 1 帧，在"属性"面板上的"补间"下拉列表中选择"动画"。单击"时间轴"面板上的"新建图层"按钮 🔲，新建"图层 2"，选择第 21 帧位置，按键盘上的 F6 键插入关键帧，打开"动作"面板，在"动作"面板中输入脚本语言，如图 9-139 所示。"时间轴"效果如图 9-140 所示。

图 9-139　输入脚本语言

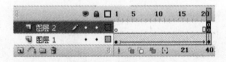

图 9-140　"时间轴"效果

㉕　执行"插入→新建元件"菜单命令，弹出"创建新元件"对话框，输入"名称"为"遮罩动画 3"，"类型"为"影片剪辑"，如图 9-141 所示。单击"确定"按钮。在第 34 帧位置，按键盘上的 F6 键插入关键帧，在"库"面板中将图形元件"元件 3"拖到舞台中，如图 9-142 所示。

图 9-141　"创建新元件"对话框

图 9-142　拖入图形元件

㉖　在"图层 1"第 163 帧位置，按键盘上的 F5 键插入帧，在"属性"面板上的"补间"下拉列表中选择"动画"。单击"时间轴"面板上的"新建图层"按钮 🔲，新建"图层 2"，在第 34 帧位置，按键盘上的 F6 键插入关键帧，在"库"面板中将图形元件"遮罩 2"拖到舞台中，如图 9-143 所示。在第 56 帧位置，按键盘上的 F6 键插入关键帧，调整该帧元件的大小和位置，将其遮在"元件 3"上，元件效果如图 9-144 所示。

图 9-143　拖入图形元件

图 9-144　调整元件的大小和位置

㉗　选择第 34 帧，在"属性"面板上的"补间"下拉列表中选择"动画"，选择"图层 2"，单击鼠标右键，在弹出的菜单中选择"遮罩层"选项，设置遮罩层，如图 9-145 所示。用相同的方法制作其他图层动画，如图 9-146 所示。

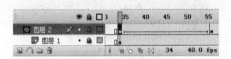

图 9-145　"时间轴"效果

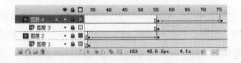

图 9-146　"时间轴"效果

㉘　单击"时间轴"面板上的"新建图层"按钮 🔲，新建"图层 2"，在第 34 帧位置按键盘上的 F6 键插入关键帧，在"库"面板中将影片剪辑"遮罩动画 2"拖到舞台中，如图 9-147 所示。在"属性"面板上的"实例名称"文本框中输入名称"star"。在第 55 帧位置，按键盘上的 F6 键插入关键帧，调整该帧元件的位置，如图 9-148 所示。选择该元件，在"属性"面板上的"颜色"下拉列表中选择"亮度"，设置"亮度数量"值为"100%"，元件效果如图 9-149 所示。

图 9-147 拖入影片剪辑元件

图 9-148 调整元件位置

图 9-149 调整元件的亮度

㉙ 用相同的方法制作其他帧动画，如图 9-150 所示。在"时间轴"面板上拖动鼠标同时选择第 76 帧至第 163 帧，单击鼠标右键，在弹出的菜单中选择"删除帧"选项，效果如图 9-151 所示。

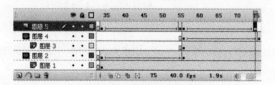

图 9-150 "时间轴"效果

图 9-151 元件效果

㉚ 单击"时间轴"面板上的"新建图层"按钮，新建"图层 6"，在第 34 帧位置按键盘上的 F6 键插入关键帧，打开"动作"面板，在"动作"面板上中输入脚本语言，如图 9-152 所示。在第 163 帧位置，按键盘上的 F6 键插入关键帧，打开"动作"面板，在"动作"面板上中输入脚本语言，如图 9-153 所示。

```
_root.mc._visible = 0;
mc.onEnterFrame = function ()
{
    for (var _loc2 = 0; _loc2 < 5; ++_loc2)
    {
        mc = this.duplicateMovieClip("star" + i, i);
        mc._rotation = random(360);
        mc._alpha = random(100) + 50;
        mc._xscale = mc._yscale = random(30) + 30;
        ++i;
    } // end of for
}
```

图 9-152 输入脚本语言

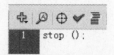

图 9-153 输入脚本语言

㉛ 单击"编辑"栏中的"场景"标签，返回场景。选择第 1 帧位置。在"库"面板中将影片剪辑"主场景动画 1"拖到舞台中，如图 9-154 所示。单击"时间轴"面板上的"新建图层"按钮，新建"图层 2"，选择第 1 帧位置，在"库"面板中将影片剪辑"主场景动画 2"拖到舞台中，如图 9-155 所示。单击"时间轴"面板上的"新建图层"按钮，新建"图层 3"，选择第 1 帧位置，在"库"面板中将图形元件"边框"拖到舞台中，如图 9-156 所示。单击"时间轴"面板上的"新建图层"按钮，新建"图层 3"，选择第 1 帧位置，在"库"面板中将影片剪辑"遮罩动画 3"拖到舞台中，如图 9-157 所示。

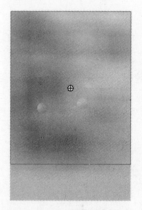 

图 9-154 拖入影片剪辑　　图 9-155 拖入影片剪辑

图 9-156 拖入图形元件　　图 9-157 拖入影片剪辑

㉜ 完成动画的制作，执行"文件→保存"菜单命令。按键盘上的 Ctrl+Enter 键，测试动画，如图 9-158 所示。

图 9-158 测试动画

**制作幻灯动画**

❶ 执行"文件→新建"菜单命令,弹出"新建文档"对话框,新建一个空白的 Flash 文件(ActionScript 2.0)。在"属性"面板上单击"文档属性"按钮,弹出"文档属性"对话框,设置"尺寸"为 367 像素×190 像素,"背景颜色"值为#FFFFFF,"帧频"值为"40"fps,如图 9-159 所示。

图 9-159 设置文档属性

❷ 执行"插入→新建元件"菜单命令,弹出"创建新元件"对话框,新建一个"按钮"元件,名称命名为"按钮1",如图 9-160 所示。分别单击"指针经过"、"按下"、"点击"帧,按键盘上的 F6 键插入关键帧,如图 9-161 所示。

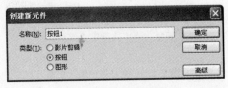

图 9-160 创建新元件

图 9-161 插入关键帧

❸ 单击"点击"帧,选择"矩形"工具,在场景的适当位置绘制一个"笔触颜色"为无、"填充颜色"为#FF6600 的矩形,如图 9-162 所示。选择刚刚绘制的矩形,在"属性"面板上设置"宽"为"335","高"为"25",如图 9-163 所示。

图 9-162 在场景中绘制矩形

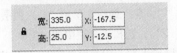

图 9-163 调整矩形的宽和高

❹ 执行"插入→新建元件"菜单命令,弹出"创建新元件"对话框,新建一个"按钮"元件,名称命名为"按钮 2",如图 9-164 所示。分别单击"指针经过"、"按下"、"点击"帧,按键盘上的 F6 键插入关键帧,如图 9-165 所示。

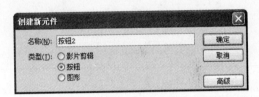

图 9-164 创建新元件

图 9-165 插入关键帧

❺ 单击"点击"帧,选择"椭圆"工具,在场景的适当位置绘制一个"笔触颜色"为无、"填充颜色"为#00FFFF 的圆形,如图 9-166 所示。选择刚刚绘制的圆形,在"属性"面板上设置"宽"为"32"、"高"为"32",如图 9-167 所示。

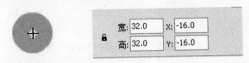

图 9-166 在场景中绘制圆形　　图 9-167 调整圆形的宽和高

❻ 执行"插入→新建元件"菜单命令,弹出"创建

新元件"对话框，新建一个"影片剪辑"元件，名称为"节目1"。选择工具栏中的线条工具，在场景中绘制一条"笔触颜色"为#9AC10B，"Alpha"值为"50%"的线条，如图9-168所示。选择刚刚在场景中绘制的线条，在"属性"面板上设置"宽"为"334"，如图9-169所示。

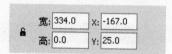

图 9-168　在场景中绘制线条

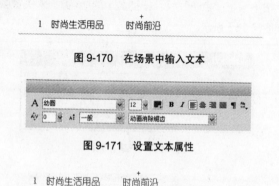

图 9-169　调整线条的宽

⑦ 在"时间轴"面板上单击"插入图层"按钮，新建"图层 2"，选择工具栏中的"文本"工具，在场景的适当位置输入"1　时尚生活用品　时尚前沿"，如图 9-170 所示。选择刚刚在场景中输入的文本，在"属性"面板上设置文本"字体"为"幼圆"、"字体大小"为"12"、"文本颜色"为#4B6401，如图 9-171 所示。最后效果如图 9-172 所示。

1　时尚生活用品　　时尚前沿

图 9-170　在场景中输入文本

图 9-171　设置文本属性

1　时尚生活用品　　时尚前沿

图 9-172　文本最后效果

⑧ 在"时间轴"面板上单击"插入图层"按钮，新建"图层 3"，选择工具栏中的多边星形工具，在场景中绘制一个"笔触颜色"为无、"填充颜色"为#4B6401 的三角形，如图 9-173 所示。选择刚刚在场景中绘制的三角形，在"属性"面板上设置"宽"为"3.0"、"高"为"6.0"，如图 9-174 所示。调整后的效果如图 9-175 所示。

图 9-173　在场景中绘制三角形

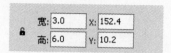

图 9-174　调整三角形的宽和高

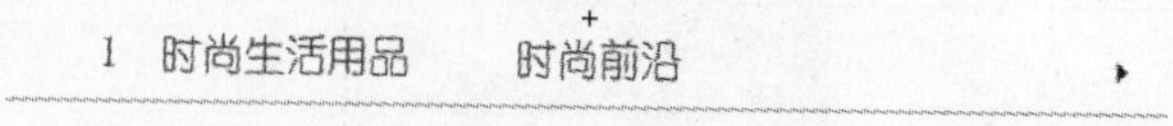

1　时尚生活用品　　时尚前沿

图 9-175　调整后的效果

⑨ 执行"插入→新建元件"菜单命令，弹出"创建新元件"对话框，新建一个"图形元件"，名称为"节目 2"，如图 9-176 所示。执行"文件→导入→导入到舞台"菜单命令，将图像"CD\源文件\第 4 章\Flash\素材\3.png"导入到场景中，并调整到合适的位置，如图 9-176 所示。在"时间轴"面板上单击"插入图层"按钮，新建"图层 2"，执行"文件→导入→导入到舞台"菜单命令，将图像"CD\源文件\第 4 章\Flash\素材\2.png"导入到场景中，并调整到合适的位置，如图 9-177 所示。

图 9-176　导入位图到场景中　　图 9-177　导入位图到场景中

⑩ 执行"插入→新建元件"菜单命令，弹出"创建新元件"对话框，新建一个"图形元件"，名称为"节目 3"，如图 9-178 所示。选择工具栏中的"文本"工具，在场景的适当位置输入"更多时尚生活用品请点这里"，如图 9-179 所示。

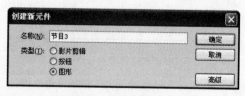

图 9-178　创建新元件

⑪ 选择刚刚在场景中输入的文本，在"属性"面板上设置文本"字体"为"幼圆"、"字体大小"为"12"、"文本颜色"为#000000，如图 9-180 所示。

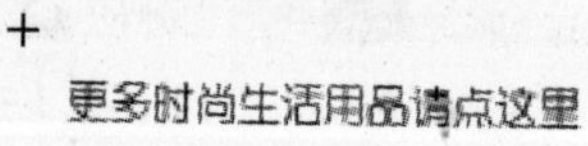

更多时尚生活用品请点这里

图 9-179　在场景中输入文本

图 9-180　设置文本属性

⑫ 在 "时间轴" 面板上单击 "插入图层" 按钮 🖳，新建 "图层 2"，选择工具栏中的 "文本" 工具，在场景的适当位置输入 "时尚生活"，如图 9-181 所示。选择刚刚在场景中输入的文本，在 "属性" 面板上设置文本的 "字体" 为 "幼圆"、"字体大小" 为 "20"、"文本颜色" 为#F58A00，如图 9-182 所示，效果如图 9-183 所示。

图 9-181　在场景中输入文本

图 9-182　设置文本属性

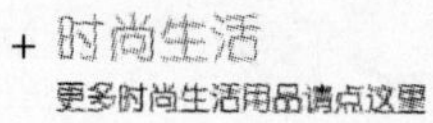

+ 时尚生活
　更多时尚生活用品请点这里

图 9-183　文本最后效果

⑬ 在 "时间轴" 面板上单击 "插入图层" 按钮 🖳，新建 "图层 3"，选择工具栏中的 "文本" 工具，在场景的适当位置输入 "时尚用品"，如图 9-184 所示。选择刚刚在场景中输入的文本，在 "属性" 面板上设置 "文本" 的 "字体" 为 "幼圆"、"字体大小" 为 "18"、"文本颜色" 为#000000，如图 9-185 所示，效果如图 9-186 所示。

+ 时尚生活　　　时尚用品
　更多时尚生活用品请点这里

图 9-184　在场景中输入文本

图 9-185　设置文本属性

+ 时尚生活　　　时尚用品
　更多时尚生活用品请点这里

图 9-186　文本最后效果

⑭ 在 "时间轴" 面板上单击 "插入图层" 按钮 🖳，新建 "图层 4"，将 "库" 面板中的 "节目 2" 元件拖到场景的适当位置，如图 9-187 所示。

+ 时尚生活　　　时尚用品
　更多时尚生活用品请点这里

图 9-187　将 "节目 2" 拖到场景中

⑮ 执行 "插入→新建元件" 菜单命令，弹出 "创建新元件" 对话框，新建一个 "影片剪辑" 元件，名称为 "影片剪辑 1"，如图 9-188 所示。单击 "图层 1" 第 1 帧，在场景中绘制一个 "笔触颜色" 为无、"填充颜色" 为#CEE870 的矩形，如图 9-189 所示。

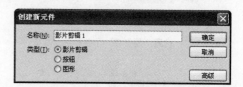

图 9-188　创建新元件

图 9-189　在场景中绘制的矩形

⑯ 选择刚刚在场景中绘制的矩形，在 "属性" 面板上设置矩形的 "宽" 为 "335"、"高" 为 "25"，如图 9-190 所示。按键盘上的 F8 键将图形转换为 "图形元件"，并命名为 "图形 1"， 如图 9-191 所示。

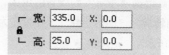

图 9-190　设置矩形的宽和高

图 9-191　将图形转换为元件

⑰ 单击 "图层 1" 第 10 帧，按 F6 键插入关键帧，选择该帧上的 "图形 1" 元件，单击工具栏上的 "任意变形" 工具，同时按键盘上的 Shift+Alt 键向下拖动 "图形 1" 元件，如图 9-192 所示。将 "图形 1" 元件调整到 "高" 为 "88"，宽度不变，调整后的高如图 9-193 所示。

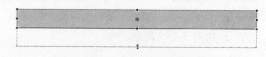

图 9-192　调整元件的高度

图 9-193　调整后的高度

⓲ 在"属性"面板上设置"图形 1"元件的"Alpha"值为"0%"，如图 9-194 所示。在该层的第 1 帧处创建补间动画，时间轴效果如图 9-195 所示。

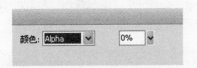

9-194 设置"图形 1"元件的 Alpha 值

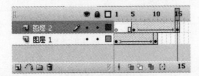

图 9-195 时间轴显示

⓳ 在"时间轴"面板上单击"插入图层"按钮，新建"图层 2"，单击"图层 2"第 5 帧，按键盘上的 F6 键插入关键帧，执行"文件→导入→导入到舞台"菜单命令，将图像"CD\源文件\第 4 章\Flash\素材\1.png"导入到场景中，并调整到合适的位置，如图 9-196 所示。选择刚刚导入到场景的位图，按键盘上的 F8 键将位图转换为"图形元件"，并命名为"图形 2"，如图 9-197 所示。

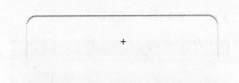

图 9-196 将位图 1.png 导入到场景中

图 9-197 将导入的位图转换为元件

⓴ 单击"图层 2"第 15 帧，按键盘上的 F6 键插入关键帧，单击"图层 2"第 5 帧，在"属性"面板上设置"补间"为"动画"，如图 9-198 所示。选择该帧上的"图形 2"元件，在"属性"面板上设置"Alpha"值为"0%"，如图 9-199 所示。

图 9-198 设置"补间"为动画

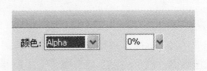

图 9-199 设置颜色的"Alpha"值

㉑ 在"时间轴"面板上单击"插入图层"按钮，新建"图层 3"，将"库"面板中的"按钮 1"元件拖到场景的适当位置，如图 9-200 所示。选择"按钮 1"元件，在"属性"面板上设置"实例名称"为"btn"，如图 9-201 所示。

图 9-200 将元件拖到场景中

图 9-201 设置实例名称

㉒ 单击"图层 3"第 15 帧，按键盘上的 F6 键插入关键帧，选择"任意变形"工具同时按键盘上的 Shift+Alt 键将该帧上的"按钮 1"元件放大到适当大小，如图 9-202 所示。在该层第 1 帧处创建补间动画，时间轴如图 9-203 所示。

图 9-202 调整元件的大小

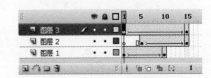

图 9-203 时间轴显示

㉓ 在"时间轴"面板上单击"插入图层"按钮，新建"图层 4"，将"库"面板中的"节目 1"元件拖到场景的适当位置，如图 9-204 所示。选择"节目 1"元件，在"属性"面板上设置"实例名称"为"tfNum"，如图 9-205 所示。单击"图层 4"第 8 帧，按键盘上的 F6 键插入关键帧，选择该帧上的"节目 1"元件，在"属性"面板上设置"Alpha"值为"0%"，在该层第 1 帧处创建补间动画，时间轴如图 9-206 所示。

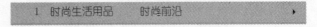

图 9-204 将元件拖到场景中

图 9-205 设置元件实例名称

图 9-206 时间轴显示

 提示

Flash 动画制作中，为了方便 Action 调用元件，可以为元件命名一个实例名称，相当于在 Action 中定义了一个变量。

㉔ 单击"图层 4"第 9 帧，按键盘上的 F7 键插入空白关键帧，将"库"面板中的"节目 3"元件拖到场景的适当位置，如图 9-207 所示。单击"图层 4"第 15 帧，按键盘上的 F6 键插入关键帧，在"图层 4"第 9 帧处创建补间动画，选择该层上的"节目 3"元件，在"属性"面板上设置"Alpha"值为"0%"，时间轴如图 9-208 所示。

图 9-207 将元件拖到场景中

图 9-208 时间轴显示

㉕ 在"时间轴"面板上单击"插入图层"按钮，新建"图层 5"，单击"图层 5"第 9 帧，将"库"面板中的"按钮 2"元件拖到场景中的适当位置，如图 9-209 所示。时间轴如图 9-210 所示。

图 9-209 将元件拖到场景中

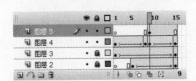

图 9-210 时间轴显示

㉖ 在"时间轴"面板上单击"插入图层"按钮，新建"图层 6"，单击"图层 6"第 1 帧，打开"动作"面板，在"动作"面板上输入"stop();"脚本语言，如图 9-211 所示。删除"图层 6"第 2 帧至第 15 帧，时间轴效果如图 9-212 所示。

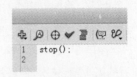

图 9-211 输入脚本语言

图 9-212 时间轴显示

㉗ 按照相同方法制作出另外 3 个菜单显示，如图 9-213、图 9-214 和图 9-215 所示。

图 9-213 制作效果

图 9-214 制作效果

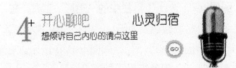

图 9-215 制作效果

㉘ 单击"时间轴"面板上的"场景 1"标签，返回到场景 1 中。选择工具栏中的"矩形"工具，在"属性"面板上设置"笔触颜色"为#84AA00、"笔触高度"为"7"、"笔触样式"为"实线"、"填充颜色"为#CEE870、"矩形边角半径"为"15"，如图 9-216 所示。在场景中绘制一个圆角矩形，如图 9-217 所示。

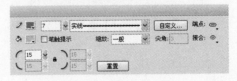

图 9-216 设置圆角矩形属性

图 9-217 绘制圆角矩形

㉙ 在"时间轴"面板上单击"插入图层"按钮 ，新建"图层2"、"图层3"、"图层4""图层5"，分别单击4个图层的第1帧，依次将"影片剪辑1"、"影片剪辑2"、"影片剪辑3"、"影片剪辑4"元件拖到场景的适当位置，如图 9-218 所示。分别选择刚刚拖入到场景的"影片剪辑1"、"影片剪辑2"、"影片剪辑3"、"影片剪辑4"元件，依次在"属性"面板上设置"实例名称"为"menu0"，"menu1"，"menu2"和"menu3"，如图 9-219 所示。

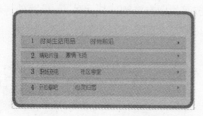

图 9-218 将元件拖到场景中

图 9-219 设置元件实例名称

㉚ 在"时间轴"面板上单击"插入图层"按钮 ，新建"图层6"，选择工具栏中的"矩形"工具，在"属性"面板上设置"笔触颜色"为无、"填充颜色"为#CEE870、"矩形边角半径"为"15"，如图 9-220 所示。在场景的适当位置绘制一个圆角矩形，如图 9-221 所示。

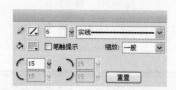

图 9-220 设置圆角矩形属性

图 9-221 绘制圆角矩形

提示

在选中"矩形"工具时，在"属性"面板上可以设置相应的属性效果，以及圆角的各项属性。

㉛ 将"图层6"设置为遮罩层，将"图层2"、"图层3"、"图层4"、"图层5"设置为"被遮罩层"，如图 9-222 所示。在"时间轴"面板上单击"插入图层"按钮 ，新建"图层7"，打开"动作"面板，在"动作"面板上输入脚本语言，如图 9-223 所示。详细内容请查看源文件。

图 9-222 设置图层属性

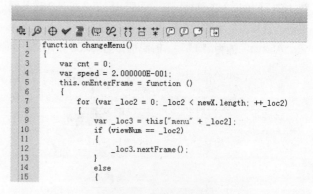

图 9-223 输入脚本语言

㉜ 完成 Flash 动画的制作，执行"文件→保存"菜单命令，保存动画。按键盘上的 Ctrl+Enter 键，测试动画，效果如图 9-224 所示。

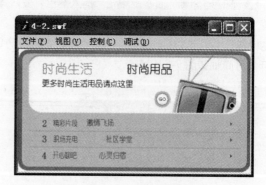

图 9-224 测试动画

## 9.4　互联世界——在 Dreamweaver 中制作各种链接

### 9.4.1　页面制作分析

本实例是制作一个社区类网站页面，主要以有效地传递信息为目的，以使用的便利性为中心。页面比较简单规整，在页面中运用了 Flash 动画效果可以引起浏览者的注意力。

### 9.4.2　技术点睛

#### 1．空链接

用鼠标单击需要添加空链接的图像或文本，在"属性"面板的"链接"文本框中输入空链接"#"即可创建空链接，如图 9-225 所示。

图 9-225　创建空链接

#### 2．URL 链接

要在网页中创建 URL 绝对地址的链接，只需直接在"链接"文本框中输入 URL 绝对地址即可。注意，URL 的绝对地址必须是包括通信协议的完整 URL 地址，如图 9-226 所示。

图 9-226　URL 链接

#### 3．链接的打开方式

页面中的链接有 4 种默认的打开方式，如果创建了链接而没有选择打开方式，默认的打开方式是在当前窗口中打开新的链接页面，如图 9-227 所示。

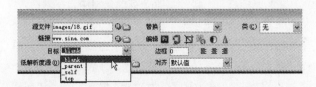

图 9-227　链接的 4 种样式

#### 4．动态文本链接样式的写法

文本的链接分为 4 种状态，可以在 Dreamweaver 中定义链接文本在 4 种状态下的样式，使文本链接的样

式更加与众不同，如图 9-228 所示。

图 9-228　定义链接样式

### 9.4.3　制作页面

❶　执行"文件→新建"菜单命令，弹出"新建文档"对话框，新建一个空白的 HTML 文件，并保存为"CD\源文件\第 9 章\Dreamweaver\index.html"。

❷　单击"CSS 样式"面板上的"附加样式表"按钮，弹出"附加外部样式表"对话框，单击"浏览"按钮，选择到需要的外部 CSS 样式表文件"CD\源文件\第 9 章\Dreamweaver\style\style.css"，单击"确定"按钮，完成"链接外部样式表"对话框的设置。执行"文件→保存"菜单命令，保存页面。

❸　在"属性"面板上单击"页面属性"按钮，弹出"页面属性"对话框，设置"背景图像"为"CD\源文件\第 9 章\Dreamweaver\images\1.gif"，设置"重复"选项为"横向重复"，如图 9-229 所示。设置完成后，单击"确定"按钮，页面效果如图 9-230 所示。

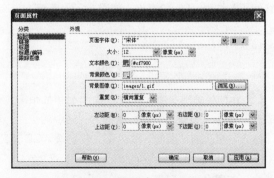

图 9-229　设置"页面属性"对话框

图 9-230　设置页面属性

④ 单击"插入"栏上的"表格"按钮，在工作区中插入一个 3 行 1 列，"表格宽度"为"915 像素"，"边框粗细"、"单元格边距"、"单元格间距"均为"0"的表格，如图 9-231 所示。

图 9-231　页面效果

⑤ 光标移至第 1 行单元格中，单击"插入"栏上的"表格"按钮，在该单元格中插入一个 1 行 3 列，"表格宽度"为"915 像素"，"边框粗细"、"单元格边距"、"单元格间距"均为"0"的表格，如图 9-232 所示。

图 9-232　插入表格

⑥ 光标移至刚刚插入表格的第 1 列单元格中，在"属性"面板上设置"宽"为"202"，"高"为"49"，单击"插入"栏上的"图像"按钮，将图像"CD\源文件\第 9 章\Dreamweaver\images\2.gif"插入到单元格中，如图 9-233 所示。

图 9-233　插入图像

⑦ 光标移至第 2 列单元格中，在"属性"面板上设置"宽"为"481"，单击"插入"栏上的"表格"按钮，在该单元格中插入一个 1 行 5 列，"表格宽度"为"481 像素"，"边框粗细"、"单元格边距"、"单元格间距"均为"0"的表格，如图 9-234 所示。

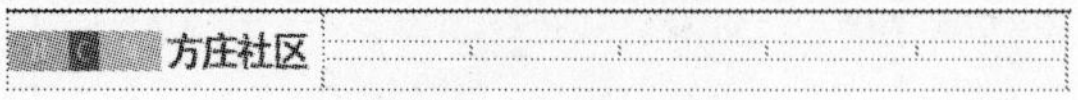

方庄社区

图 9-234　插入表格

⑧ 光标移至刚刚插入表格的第 1 列单元格中，在"属性"面板上设置"水平"属性为"居中对齐"，单击"插入"栏上的"图像"按钮，将图像"CD\源文件\第 9 章\Dreamweaver\images\3.gif"插入到单元格中，如图 9-235 所示。

图 9-235　插入图像

⑨ 光标选中刚刚插入的图像，在"属性"面板上"链接"文本框中输入链接的网址"http://www.sina.com"，选择"目标"下拉列表框中的"_blank"，设置"边框"为"0"，如图 9-236 所示。

图 9-236　设置"属性"面板

⑩ 根据前面的方法，在其他单元格中插入相应图像，设置如图 9-237 所示。

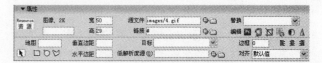

图 9-237　设置属性面板

⑪ 光标选中资源图片，在"属性"面板的"链接"文本框中输入要链接的网址或文件。因为暂时相应的页面还没有完成，所以这里可以先给需要链接的地方加上空链接。在"属性"面板上"链接"文本框中输入"#"，设置"边框"为"0"，效果如图 9-238 所示。

图 9-238　页面效果

✏ 提示

如果链接的地址是 Internet 上的一个地址，则在"属性"面板的"链接"文本框中输入的链接地址必须是一个完整的 URL。

URL 是 Uniform Resource Locator 的缩写，表示统一资源定位符。URL 的功能就是提供一种在 Internet 上查找任何东西的标准方法。它可以用到 6 个不同的部分，尽管所有的部分在读取 URL 时都不是必需的。每个部分都由斜线、冒号、#号分隔。当作为一个属性的值被输入时，整个 URL 一般会由引号包围来保证地址作为一个整体被读取。

⑫ 光标移至上级表格第 3 列单元格中，在"插入"栏上选择"表单"选项卡，单击"表单"选项卡中的"表单"按钮，在页面中插入一个红色虚线的表单域。单击"插入"栏上的"表格"按钮，在表单域中插入一个 2 行 2 列，"表格宽度"为"183 像素"，"边框粗细"、"单元格边距"、"单元格间距"均为"0"的表格。选中刚刚插入的表格，在"属性"面板上设置"对齐"属性为"右对齐"，如图 9-239 所示。

图 9-239　插入表格

⑬ 转换到代码视图，在代码视图中将<form id="form1" name="form1" method="post" action="">→拖动到<table width="183" border="0" align="right" cellpadding="0" cellspacing="0">→后面，再将</form>→拖动到</table>→前面，如图 9-240 所示。

图 9-240　修改代码

⑭ 拖动光标选中刚刚插入表格的第 1 行第 1 列和第 1 行第 2 列单元格，在"属性"面板上单击"合并所选单元格"按钮▣，合并单元格，光标移至刚刚合并的单元格中，在"属性"面板上设置"高"为"30"，"水平"属性为"右对齐"，单击"插入"栏上的"图像"按钮▣，将图像"CD\源文件\第 9 章 \Dreamweaver\images\8.gif"插入到单元格中，如图 9-241 所示。

图 9-241　插入图像

⑮ 光标移至表格第 2 行第 1 列单元格中，在"属性"面板上设置"宽"为"55"，在"插入"栏上选择"表单"选项卡，单击"列表/菜单"按钮▣。选中刚刚插入的列表/菜单，在"属性"面板上单击"列表值"按钮，弹出"列表值"对话框，在"列表值"对话框的"项目标签"文本框中输入相应的项目标签，单击"列表值"对话框左上方的"添加项目标签"按钮➕，新增加了"项目标签"，输入相应的项目标签，如图 9-242 所示。单击"确定"按钮，完成"列表值"对话框的设置，页面如图 9-243 所示。

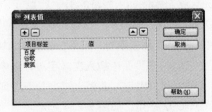

图 9-242　设置"列表值"对话框

图 9-243　页面效果

⑯ 光标移至第 2 列单元格中，单击"插入"栏上的"表格"按钮▣，在单元格中插入一个 1 行 2 列，"表格宽度"为"125 像素"，"边框粗细"、"单元格边距"、"单元格间距"均为"0"的表格，如图 9-244 所示。

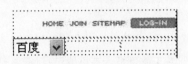

图 9-244　插入表格

⑰ 光标移至刚刚插入表格的第 1 列单元格中，在"属性"面板上设置"宽"为"96"，在"插入"栏上选择"表单"选项卡，单击"文本字段"按钮▣，在页面中插入文本字段。选中刚刚插入的文本字段，在"属性"面板上的"类"下拉列表中选择样式表 table01 应用，如图 9-245 所示。

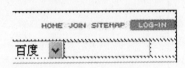

图 9-245　插入文本字段

⑱ 光标移至第 2 列单元格中，在"属性"面板上设置"水平"属性为"右对齐"，在"插入"栏上选择"表单"选项卡，单击"图像域"按钮▣，将图像"CD\源文件\第 9 章\Dreamweaver\images\9.gif"插入到单元格中，如图 9-246 所示。

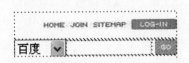

图 9-246　插入图像

⑲ 光标移至上级表格第 2 行单元格中，单击"插入"栏上的"表格"按钮▣，在该单元格中插入一个 1 行 3 列，"表格宽度"为"915 像素"，"边框粗细"、"单元格边距"、"单元格间距"均为"0"的表格，如图 9-247 所示。

图 9-247　插入表格

⑳ 光标移至刚刚插入表格的第 1 列单元格中，在

"属性"面板上设置"宽"为"196",单击"插入"栏上的"表格"按钮▦,在单元格中插入一个 4 行 1 列,"表格宽度"为"196 像素","边框粗细"、"单元格边距"、"单元格间距"均为"0"的表格,如图 9-248 所示。

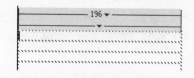

图 9-248　插入表格

㉑ 光标移至刚刚插入表格的第 1 行单元格中,在"属性"面板上设置"高"为"221","垂直"属性为"顶端",单击"插入"栏上的"表格"按钮▦,在单元格中插入一个 3 行 1 列,"表格宽度"为"196 像素","边框粗细"、"单元格边距"、"单元格间距"均为"0"的表格,如图 9-249 所示。

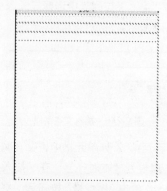

图 9-249　插入表格

㉒ 光标移至刚刚插入表格的第 1 行单元格中,单击"插入"栏上的"图像"按钮▣,将图像"CD\源文件\第 9 章\Dreamweaver\images\10.gif"插入到单元格中。用相同方法在第 3 行单元格中插入相应的图像,如图 9-250 所示。

图 9-250　插入图像

㉓ 光标移至表格第 2 行单元格中,在"属性"面板上设置"高"为"84",在"样式"下拉列表中选择样式表 bg01 应用,如图 9-251 所示。

图 9-251　页面效果

㉔ 光标移至第 2 行单元格中,在"插入"栏上选择"表单"选项卡,单击"表单"选项卡中的"表单"按钮▣,在页面中插入一个红色虚线的表单域。单击"插入"栏上的"表格"按钮▦,在单元格中插入一个 2 行 1 列,"表格宽度"为"196 像素","边框粗细"、"单元格边距"、"单元格间距"均为"0"的表格,如图 9-252 所示。

图 9-252　插入表格

㉕ 根据前面方法隐藏表单域,光标移至刚刚插入表格的第 1 行单元格中,单击"插入"栏上的"表格"按钮▦,在单元格中插入一个 2 行 2 列,"表格宽度"为"155 像素","边框粗细"、"单元格边距"、"单元格间距"均为"0"的表格,选中刚刚插入的表格,在"属性"面板上设置"水平"属性为"居中对齐",如图 9-253 所示。

图 9-253　插入表格

㉖ 光标移至刚刚插入表格的第 1 行第 1 列单元格中,在"属性"面板上设置"宽"为"112","高"为"29",在"插入"栏上选择"表单"选项卡,单击"文本字段"按钮▭,在页面中插入文本字段。选中刚刚插入的文本字段,在"属性"面板上"类"下拉列表中选择样式表 table02 应用,如图 9-254 所示。

图9-254 插入文本字段

㉗ 光标移至第2行第1列单元格中，在"属性"面板上设置"高"为"29"，单击"文本字段"按钮，在页面中插入文本字段，选中刚刚插入的文本字段，在"属性"面板上的"类型"单选按钮组中，选择"密码"选项，在"类"下拉列表中选择样式表table02应用，如图9-255所示。

图9-255 插入文本字段

 提示

第2行第1列插入的文本字段，应该在"属性"面板上"类型"选项组中选择"密码"选项，将该文本字段设置为密码域，这样提交表单的时候才会使用户受到密码安全的保护。

㉘ 拖动光标选中表格第1行第2列与第2行第2列单元格，在"属性"面板上单击"合并所选单元格"按钮，合并单元格。光标移至刚刚合并的单元格中，在"属性"面板上行设置"水平"属性为"右对齐"，在"插入"栏上选择"表单"选项卡，单击"图像域"按钮，将图像"CD\源文件\第9章\Dreamweaver\images\13.gif"插入到单元格中，如图9-256所示。

图9-256 插入图像域

㉙ 光标移至上级表格第2行单元格中，在"属性"面板上设置"高"为"26"，单击"插入"栏上的"表格"按钮，在单元格中插入一个1行2列，"表格宽度"为"155像素"，"边框粗细"、"单元格边距"、"单元格间距"均为"0"的表格。选中刚刚插入的表格，在"属性"面板上行设置"对齐"属性为"居中对齐"，

如图9-257所示。

图9-257 插入表格

㉚ 光标移至刚刚插入表格的第1列单元格中，在"属性"面板上设置"宽"为"78"，"水平"属性为"居中对齐"，单击"插入"栏上的"图像"按钮，将图像"CD\源文件\第9章\Dreamweaver\images\14.gif"插入到单元格中。用相同方法在第2列单元格中插入相应的图像，如图9-258所示。

图9-258 插入图像

㉛ 光标移至上级表格第2行单元格中，在"属性"面板上设置"高"为"69"，"水平"属性为"居中对齐"，"垂直"属性为"顶端"，单击"插入"栏上的"图像"按钮，将图像"CD\源文件\第9章\Dreamweaver\images\16.gif"插入到单元格中，如图9-259所示。

图9-259 插入图像

㉜ 光标移至上级表格第2列单元格中，在"属性"面板上设置"宽"为"351"，"水平"属性为"居中对齐"，单击"插入"栏上Flash按钮，将Flash动画"CD\源文件\第9章\Dreamweaver\images\4-1.swf"插入到单元格中，如图9-260所示。

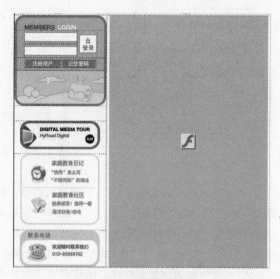

图 9-260　插入 Flash 动画

㉝ 光标移至上级表格第 3 列单元格中，在"属性"面板上设置"垂直"属性为"顶端"，单击"插入"栏上的"表格"按钮，在该单元格中插入一个 4 行 1 列，"表格宽度"为"367 像素"，"边框粗细"、"单元格边距"、"单元格间距"均为"0"的表格，如图 9-261 所示。

图 9-261　插入表格

㉞ 光标移至刚刚插入表格的第 1 行单元格中，单击"插入"栏上的 Flash 按钮，将 Flash 动画"CD\源文件\第 9 章\Dreamweaver\images\4-2.swf"插入到单元格中，如图 9-262 所示。

图 9-262　插入 Flash 动画

㉟ 光标移至第 2 行单元格中，在"属性"面板上设置"高"为"112"，单击"插入"栏上的"表格"按钮，在该单元格中插入一个 2 行 1 列，"表格宽度"为"339 像素"，"边框粗细"、"单元格边距"、"单元格间距"均为"0"的表格，如图 9-263 所示。

图 9-263　插入表格

㊱ 光标移至刚刚插入表格的第 1 行单元格中，单击"插入"栏上的"表格"按钮，在单元格中插入一个 1 行 3 列，"表格宽度"为"339 像素"，"边框粗细"、"单元格边距"、"单元格间距"均为"0"的表格，如图 9-264 所示。

图 9-264　插入表格

㊲ 光标移至刚刚插入表格的第 1 列单元格中，在"属性"面板上设置"宽"为"70"，单击"插入"栏上的"图像"按钮，将图像"CD\源文件\第 9 章\Dreamweaver\images\19.gif"插入到单元格中。用相同的方法，在第 2 列单元格中插入相应的图像，如图 9-265 所示。

图 9-265　插入图像

㊳ 光标移至第 3 列单元格中，在"属性"面板上的"样式"下拉列表中选择样式表 table03 应用，如图 9-266 所示。

图 9-266　页面效果

㊴ 光标移至第 3 列单元格中，在"属性"面板上设置"水平"属性为"右对齐"，单击"插入"栏上的"图像"按钮，将图像"CD\源文件\第 9 章\Dreamweaver\images\21.gif"插入到单元格中，如图 9-267 所示。

图 9-267　插入图像

**40** 光标移至上级表格第 2 行单元格中，单击"插入"栏上的"表格"按钮 ，在该单元格中插入一个 3 行 2 列，"表格宽度"为"339 像素"，"边框粗细"、"单元格边距"、"单元格间距"均为"0"的表格，如图 9-268 所示。

图 9-268　插入表格

**41** 光标移至刚刚插入表格的第 1 行第 1 列单元格中，在"属性"面板上设置"宽"为"272"，"高"为"20"，在单元格中输入文字。光标移至第 2 列单元格中，输入文字，如图 9-269 所示。拖动光标选中刚刚输入的文字，在"链接"文本框中输入"#"，给文本加上空链接，如图 9-270 所示。

图 9-269　输入文字

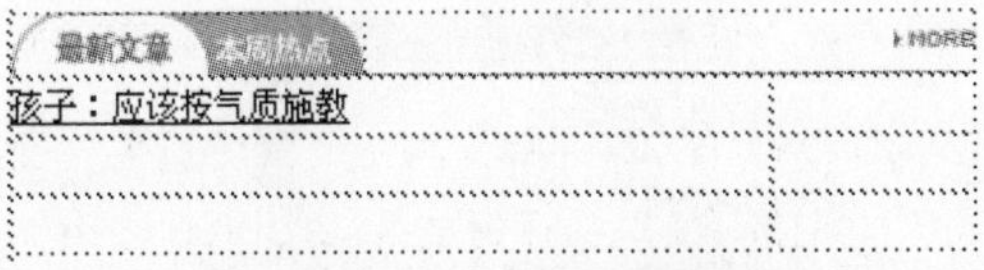

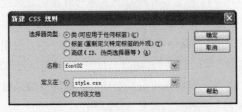

图 9-270　给文字加上空链接

**42** 单击"CSS 样式"面板上的"新建 CSS 规则"按钮，弹出"新建 CSS 规则"对话框，设置如图 9-271 所示。单击"确定"按钮，弹出"CSS 规划定义"对话框，在对话框左侧的"分类"列表中选择"类型"选项，设置如图 9-272 所示。单击"确定"按钮。

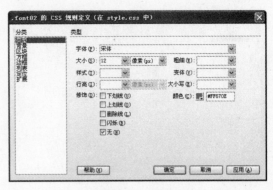

图 9-272　设置类型

**43** 单击"CSS 样式"面板上的"新建 CSS 规则"按钮，弹出"新建 CSS 规则"对话框，设置如图 9-273 所示。单击"确定"按钮，弹出"CSS 规划定义"对话框，在对话框左侧的"分类"列表中选择"类型"选项，设置如图 9-274 所示。单击"确定"按钮。

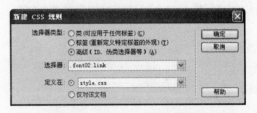

图 9-273　"新建 CSS 规则"对话框

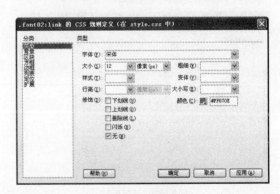

图 9-274　设置类型

**44** 单击"CSS 样式"面板上的"新建 CSS 规则"按钮，弹出"新建 CSS 规则"对话框，设置如图 9-275 所示。单击"确定"按钮，弹出"CSS 规划定义"对话框，在对话框左侧的"分类"列表中选择"类型"选项，设置如图 9-276 所示。单击"确定"按钮。

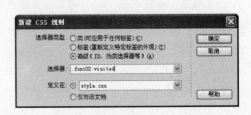

图 9-275　"新建 CSS 规则"对话框

图 9-271　"新建 CSS 规则"对话框

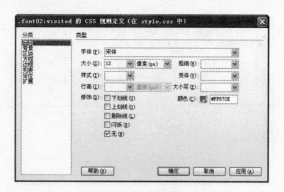

图 9-276 设置类型

④⑤ 单击"CSS 样式"面板上的"新建 CSS 规则"按钮，弹出"新建 CSS 规则"对话框，设置如图 9-277 所示。单击"确定"按钮，弹出"CSS 规划定义"对话框，在对话框左侧的"分类"列表中选择"类型"选项，设置如图 9-278 所示。单击"确定"按钮。

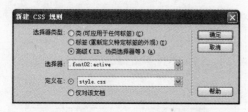

图 9-277 "新建 CSS 规则"对话框

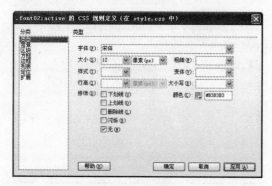

图 9-278 设置类型

④⑥ 单击"CSS 样式"面板上的"新建 CSS 规则"按钮，弹出"新建 CSS 规则"对话框，设置如图 9-279 所示。单击"确定"按钮，弹出"CSS 规划定义"对话框，在对话框左侧的"分类"列表中选择"类型"选项，设置如图 9-280 所示。选择"定位"选项，设置如图 9-281 所示。单击"确定"按钮，在"CSS 样式"面板上看到已经定义的链接样式表.font02 以及它在 4 种链接状态下的样式，如图 9-282 所示。

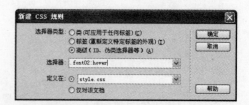

图 9-279 "新建 CSS 规则"对话框

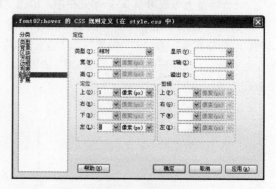

图 9-280 设置类型

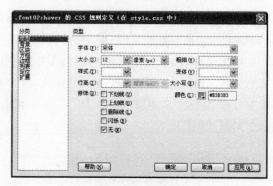

图 9-281 设置定位

图 9-282 CSS 面板

 提示

对超链接的 4 种不同状态可定义不同的样式。在样式表中不但可以定义下划线，还可以定义颜色、字体和背景等许多样式。不用担心浏览器对链接的效果进行设置后与样式表有冲突，浏览器总是以样式表为准。

④⑦ 选择页面中刚刚设置了超链接的文字，应用超链接样式.font02，应用的样式会直接应用于超链接标签<a→内，也可以转换到代码视图中，在代码中的超链接标签<a→内加入样式，如图 9-283 所示。

```
<td width="272" height="20"><a href="#" class="font02">孩子：应该按气质施教</a></td>
```

图 9-283　加入代码

 **提示**

样式表只有应用于超链接标签<a→内才会对超链接的文本起作用。如果样式表应用在其他的位置，如<td→，<span→等，将不会对超链接文本起到任何作用。

48 光标移至第 1 行第 2 列单元格中，输入文字，光标选中刚刚输入的文字，在"属性"面板上的"样式"下拉列表中选择样式表 font01 应用，如图 9-284 所示。

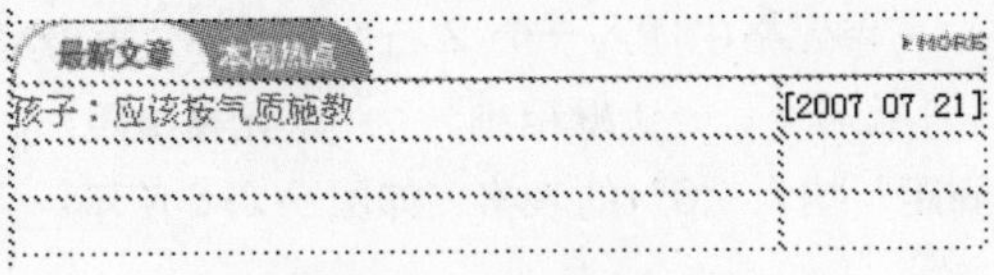

图 9-284　页面效果

49 用相同的方法在其他单元格中输入相应的文字，给文字加上相应的样式，如图 9-285 所示。

图 9-285　页面效果

50 光标移至上级表格第 3 行单元格中，在"属性"面板上设置"高"为"134"，"垂直"属性为"顶端"，单击"插入"栏上的"图像"按钮，将图像"CD\源文件\第 9 章\Dreamweaver\images\22.gif"插入到单元格中，如图 9-286 所示。

图 9-286　插入图像

51 光标移至第 4 行单元格中，单击"插入"栏上的"表格"按钮，在该单元格中插入一个 2 行 1 列，"表格宽度"为"339 像素"，"边框粗细"、"单元格边距"、"单元格间距"均为 0 的表格，如图 9-287 所示。

图 9-287　插入表格

52 光标移至刚刚插入表格的第 1 行单元格中，在"属性"面板上的"样式"下拉列表中选择样式表 table03 应用，如图 9-288 所示。

图 9-288　页面效果

53 光标移至第 1 行单元格中，单击"插入"栏上的"表格"按钮，在该单元格中插入一个 1 行 2 列，"表格宽度"为"339 像素"，"边框粗细"、"单元格边距"、"单元格间距"均为"0"的表格，如图 9-289 所示。

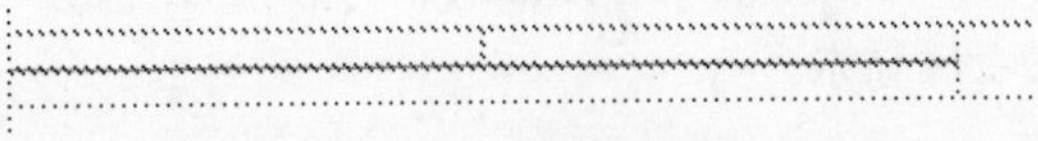

图 9-289　插入表格

54 光标移至刚刚插入表格的第 1 行单元格中，在"属性"面板上设置"宽"为"38"，"高"为"18"，"垂直"属性为"顶端"，单击"插入"栏上的"图像"按钮，将图像"CD\源文件\第 4 章\Dreamweaver\images\23.if"插入到单元格中，如图 9-290 所示。

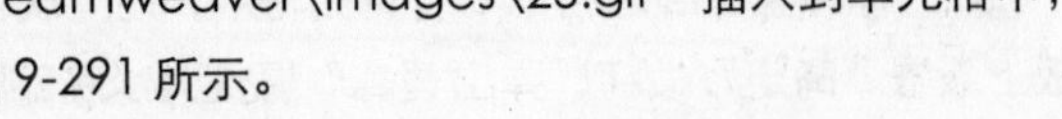

图 9-290　插入图像

55 光标移至第 2 列单元格中，在"属性"面板上设置"水平"属性为"右对齐"，单击"插入"栏上的"图像"按钮，将图像"CD\源文件\第 9 章\Dreamweaver\images\25.gif"插入到单元格中，如图 9-291 所示。

图 9-291　插入图像

56 光标移至上级表格第 2 行单元格中，在"属性"面板上设置"高"为"72"，单击"插入"栏上的"表格"按钮，在单元格中插入一个 4 行 3 列，"表格宽度"为"339 像素"，"边框粗细"、"单元格边距"、"单元格间距"均为"0"的表格，如图 9-292 所示。

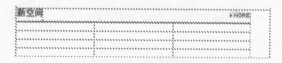

图 9-292　插入表格

**57** 拖动光标选中刚刚插入表格的第 1 行第 1 列单元格中，在"属性"面板上设置"宽"为"96"。光标移至第 1 行第 2 列单元格中，在"属性"面板上设置"宽"为"176"，拖动光标同时选中第 1 行第 1 列至第 4 行第 1 列单元格，合并单元格，如图 9-293 所示。

图 9-293　合并单元格

**58** 光标移至刚刚合并的单元格中，在"属性"面板上设置"水平"属性为"居中对齐"，单击"插入"栏上的"图像"按钮■，将图像"CD\源文件\第 9 章\Dreamweaver\images\26.gif"插入到单元格中，如图 9-294 所示。

图 9-294　插入图像

**59** 拖动光标同时选中第 1 行第 2 列至第 4 行第 2 列单元格，在"属性"面板上设置"高"为"18"，分别在各单元格中输入文字，如图 9-295 所示。

图 9-295　输入文字

**60** 光标移至上级表格第 3 行单元格中，在"属性"面板上设置"高"为"111"，"垂直"属性为"底部"，单击"插入"栏上的"表格"按钮■，在该单元格中插入一个 1 行 3 列，"表格宽度"为"851 像素"，"边框粗细"、"单元格边距"、"单元格间距"均为"0"的表格，选中刚刚插入的表格，在"属性"面板上设置"对齐"属性为"居中对齐"，如图 9-296 所示。

图 9-296　插入表格

**61** 光标移至刚刚插入表格的第 1 列单元格中，在"属性"面板上设置"宽"为"121"，单击"插入"栏上的"图像"按钮■，将图像"CD\源文件\第 9 章\Dreamweaver\images\27.gif"插入到单元格中，如图 9-297 所示。

图 9-297　插入图像

**62** 光标移至第 2 列单元格中，在"属性"面板上设置"宽"为"531"，单击"插入"栏上的"表格"按钮■，在单元格中插入一个 2 行 13 列，"表格宽度"为"531 像素"，"边框粗细"、"单元格边距"、"单元格间距"均为"0"的表格，如图 9-298 所示。

图 9-298　插入表格

**63** 光标移至刚刚插入表格的第 1 列单元格中，在"属性"面板上设置"宽"为"72"，"高"为"20"，"水平"属性为"居中对齐"，输入文字，拖动光标选中刚刚输入的文字，在"属性"面板上的"样式"下拉列表中选择样式表 font01 应用，如图 9-299 所示。

图 9-299　页面效果

**64** 光标移至第 2 列单元格中，在"属性"面板上设置"宽"为"1"，输入符号"|"，拖动光标选中刚刚输入的符号，在"属性"面板上的"样式"下拉列表中选择样式表 font01 应用，如图 9-300 所示。

图 9-300　页面效果

**65** 用相同方法在其他单元格中输入相应的文字,给文字加上相应的样式,如图 9-301 所示。

北京教育网 中华心理师教育 培森国际 中国公益家教网 Webmaster 展马教育 上海开沉教育

图 9-301　页面效果

**66** 拖动光标同时选中第 2 行所有单元格，合并单元格，光标移至刚刚合并的单元格中，在"属性"面板上设置"高"为"30"，输入文字，拖动光标同时选中刚刚输入的文字，在"属性"面板上的"样式"下拉列表中选择样式表 font01 应用，如图 9-302 所示。

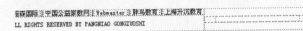

图 9-302  页面效果

❻❼ 光标移至上级表格第 3 列单元格中，在"插入"栏上选择"表单"选项卡，单击"表单"选项卡中的"表单"按钮 ，单击"插入"栏上的"表格"按钮 ，在表单域中插入一个 2 行 13 列，"表格宽度"为"158 像素"，"边框粗细"、"单元格边距"、"单元格间距"均为"0"的表格，选中刚刚插入的表格，在"属性"面板上设置"对齐"属性为"居中对齐"， 如图 9-303 所示。

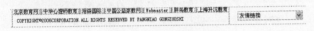

图 9-303  插入表格

❻❽ 根据前面的方法，插入跳转菜单，光标选中刚刚插入的跳转菜单，在"属性"面板上的"类"下拉列表中选择样式表 table04 应用，如图 9-304 所示。

图 9-304  插入跳转菜单

❻❾ 在"插入"栏上选择"布局"选项卡，单击"布局"选项卡中的"绘制 AP Div"按钮 ，在页面中绘制一个 AP Div，如图 9-305 所示。选中刚刚绘制的 AP Div，在"属性"面板上设置 AP Div 属性，如图 9-306 所示。

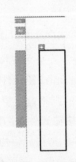

图 9-305  绘制 AP Div

图 9-306  设置 AP Div 属性

❼❿ 光标移至刚刚绘制的 AP Div 中，单击"插入"栏上的"图像"按钮 ，将图像"CD\源文件\第 9 章\Dreamweaver\images\36.gif"插入到单元格中，如图 9-307 所示。

图 9-307  在 AP Div 中插入图像

❼❶ 用相同的方法在页面中在绘制一个 AP Div，在 AP Div 中插入相应的图像，如图 9-308 所示。

图 9-308  绘制 AP Div 与在 AP Div 中插入图像

❼❷ 光标选中刚刚在 AP 元素中插入的图像，在"属性"面板上单击"矩形热点"工具按钮 ，如图 9-309 所示。

图 9-309  设置"多边形热点"工具

❼❸ 将光标移至刚刚插入的图片上，绘制一个矩形热点区域，如图 9-310 所示。

图 9-310  绘制矩形热点

❼❹ 在"属性"面板上设置"链接"文本框中输入热点指向的链接地址，在"替换"文本框中输入链接的说明文字，并且在"目标"下拉列表中选择"_blank"选项，使链接指向的地址在新窗口中打开，如图 9-311 所示。

图 9-311 设置热点链接

**75** 用相同的方法绘制多个多边形热点区域,并设置热点的链接地址,如图 9-312 所示。

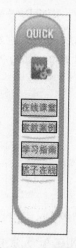

图 9-312 页面效果

**76** 执行"文件→保存"菜单命令,保存页面。单击"文档"工具栏上的"预览"按钮 ,在浏览器中预览整个页面,如图 9-313 所示。

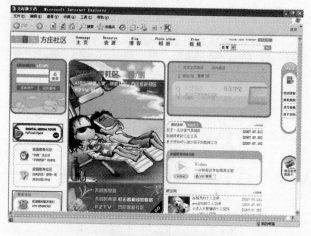

图 9-313 页面效果

## 9.5 技巧集合

### 9.5.1 在 Fireworks 中使用动态滤镜

**动态滤镜**

Fireworks CS3 动态滤镜(以前称为动态效果)是可以应用于矢量对象、位图图像和文本的增强效果。动态滤镜包括:斜角和浮雕、纯色阴影、投影和光晕、颜

色校正、模糊和锐化,可以直接从"属性"检查器中将动态滤镜应用于所选对象。

当编辑应用了动态滤镜的对象时,Fireworks 会自动更新动态滤镜。应用动态滤镜后,可以随时更改其选项,或者重新排列滤镜的顺序以尝试应用组合滤镜。在"属性"检查器中可以打开或关闭动态滤镜,或者将其删除。删除滤镜后,对象或图像会恢复原来的外观。

目前列入 Fireworks 动态滤镜中的一些滤镜(如"自动色阶"、"高斯模糊"和"钝化蒙版")从前只能作为不可撤销的插件或滤镜使用。还可以将第三方插件作为动态滤镜添加到 Fireworks 中使用。

### 9.5.2 Flash 中的元件

#### 1. 元件的不同特点

元件是指在 Flash 中创建且保存在库中的图形、按钮或影片剪辑,可以自始至终在影片或其他影片中重复使用,是 Flash 动画中最基本的元素。

影片剪辑元件——可以理解为电影中的小电影,可以完全独立于主场景时间轴并且可以重复播放。

按钮元件——实际上是一个只有 4 帧的影片剪辑,但它的时间轴不能播放,只是根据鼠标指针的动作做出简单的响应,并转到相应的帧。通过给舞台上的按钮实例添加动作语句而实现 Flash 影片强大的交互性。

图形元件——是可以重复使用的静态图像,或连接到主影片时间轴上的可重复播放的动画片段。图形元件与影片的时间轴同步运行。

#### 2. 元件的区别及应用中需注意的问题

1)影片剪辑元件、按钮元件和图形元件最主要的差别在于,影片剪辑元件和按钮元件的实例上都可以加入动作语句,图形元件的则不能。影片剪辑里的关键帧上可以加入动作语句,按钮元件和图形元件则不能。

2)影片剪辑元件和按钮元件中都可以加入声音,图形元件则不能。

3)影片剪辑元件的播放不受场景时间线长度的制约,它有元件自身独立的时间线;按钮元件独特的 4 帧时间线并不自动播放,只是响应鼠标事件;图形元件的播放完全受制于场景时间线。

4)影片剪辑元件在场景中测试时看不到实际播放效果,只能在各自的编辑环境中观看效果,而图形元件在场景中即可适时观看,可以实现所见即所得。

5)三种元件在舞台上的实例都可以在"属性"面板中相互改变其行为,也可以相互交换实例。

6）影片剪辑中可以嵌套另一个影片剪辑，图形元件中也可以嵌套另一个图形元件，但是按钮元件中不能嵌套另一个按钮元件。三种元件之间可以相互嵌套。

### 9.5.3 Dreamweaver 中的链接

#### 1．链接的打开方式

在"目标"的下拉列表中包含 4 个选项。"_blank"是在新窗口中打开链接页面；"_parent"是在父窗口中打开链接页面，"_self"是在当前窗口中打开链接页面，"_top"是在框架的上部窗口中打开网页。默认的情况下是在当前窗口中打开链接页面。

#### 2．空链接

空链接是未指定的链接。空链接用于向页面上的文本或对像附加行为。可向空链接附加行为，以便当鼠标指针滑过该链接时，交换图像或显示层。

#### 3．热点

在"属性"面板上单击"指针热点"工具按钮，可以在图像上移动热点的位置，改变热点的大小和形状。还可以在"属性"面板上选择"椭圆形热点"工具按钮和"多边形热点"工具按钮，以创建椭圆形和不规则形状的热点。

# 第 10 章　美容时尚类网站页面

　　女性的心理是感性的、敏锐的，与美容时尚相关的网站就需要能够抓住女性心理的优雅和洗练的设计。使用高质量的照片和运用丰富的色彩都是不错的方法。网站的客户不仅有十几岁、二十几岁的年轻女性，也包括中、老年女性。考虑到对网络不太熟悉的用户，构造和使用方面应当更便利，信息的传递应该更有效。根据网站的目标群首先要确定：强调女性的华丽、迷人，还是美丽、温柔，之后还要注意配色与图像的处理。本章将详细介绍美容时尚类网站的设计制作。

## ☑ 本章学习目标

- 了解美容时尚类网站页面的色彩及布局特点
- 掌握网页设计的方法
- 掌握网页引导层动画的制作方法
- 学习使用表格布局制作整个页面
- 掌握鼠标经过图像效果的制作方法
- 掌握 IFrame 框架页面的制作方法

## ☑ 本章学习流程

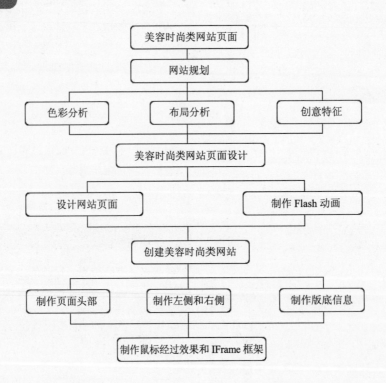

## 10.1　网页规划

通常，美容时尚类网站都是以美容产品展示、产品介绍和美容资讯等为主。美容时尚类网站非常重视视觉冲击力的表现，大量运用 Flash 动画及生动的高质量图像，还可以在页面中插入背景音乐，使网站更显得艳丽、温馨。本章主要向大家介绍如何设计制作美容网站，效果如图 10-1 所示。

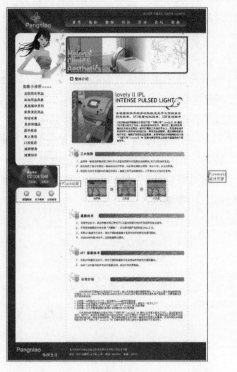

图 10-1

### 10.1.1　美容时尚类网站分析

创意原则：美容时尚类网站的界面应该是时尚的、立意鲜明的，让浏览者进入网站就能够感受到美丽和时尚。

整体原则：美容时尚类网站在强调美容产品与美容时尚资讯的同时，还需要能够体现出美的感觉，突出女性的华丽、迷人、美丽、温柔，这就需要在设计页面时注意页面中图像的处理和色彩的搭配。

构图原则：因为美容时尚类网站通常是针对女性用户的，所以在页面中常使用高质量的照片或运用丰富的色彩等手法，来抓住女性用户的心理。

内容原则：美容时尚类网站还可以分为美容产品广告网站或是美容时尚资讯网站。设计师在设计制作网站之前，需要根据网站的不同定位，确定网站的内容。网站的内容一定要有针对性，不能大而全，那样只会使浏览者对网站失去兴趣。

色彩原则：美容时尚类网站常采用色彩纯度的对比，让页面看起来较鲜明。高明度和低明度恰当地配合，可以很好地展现页面的空间。

### 10.1.2　美容时尚类网站创意形式

美容类网站的用户群比较广泛，因此网站界面的构造和功能的使用应该以便利为中心，以便有效的传达信息。网站常使用大量运用 Flash 动画及生动的高质量图像，给浏览者一定的视觉冲击力。还可以在页面中插入背景音乐，使网站更显得温馨。美容类网站的色彩设计多用明度和饱和度高的颜色，这是为了给浏览者的视觉带来强列的刺激。

时尚类网站大多把自己的标志色直接反映在网站中。比如，使用柔和的颜色作为标志特征的，在网页中就使用柔和的颜色；使用鲜明的原色为标志特征的，则在网站中使用原色；如果强调高级，则使用黑色等深色作为页面的背景色，如果想表现敏锐，则一般使用白色、蓝色、灰色或米色等。

## 10.2　美容典雅——使用 Fireworks 设计美容网站

**案例分析**

本实例是设计制作一个美容网站的二级页面，也是美容产品的介绍页面。

色彩分析：在本实例中，以蓝紫色作为背景颜色的过渡，给浏览者一种神秘、高贵的感觉。正文部分使用纯白色作为底色，使页面的主体突出，页面内容更加直观清晰。

布局设计：在页面布局设计上，本实例在页面正文部分运用了不规则的矩形打破常规页面的格局，使页面

看起来更富有特点。网站的主导航菜单设计在页面的顶部，在页面主体内容部分的左侧还设计了栏目的快速导航，方便浏览者操作。在页面顶部还配以卡通女性的 Flash 动画造性，更加贴近网站的主题，并使页面更加具有动感。

### 10.2.1　技术点睛

**1."指针"工具**

使用"指针"工具单击对象可以选择对象，单击工具栏中的"指针"工具按钮，如图 10-2 所示。在要选

中的矢量图形对象上单击,即可将该对象选中,如图 10-3 所示。

图 10-2　单击"指针"工具

图 10-3　单击选择对象

### 2."选择后方指针"工具

当处理包含多个对象的图形时,可以使用"选择后方对象"工具选择被其他对象隐藏或遮挡的对象。单击工具栏中的"选择后方指针"工具,如图 10-4 所示。在需要选中的对象上单击,将叠加的对象进行切换选中,如图 10-5 所示。

图 10-4　单击"选择后方对象"工具

图 10-5　将叠加的对象进行切换

### 3."部分选定"工具

在矢量图形对象的路径中还包含节点和控制柄,通过使用"部分选定"工具可以将路径对象上的节点和控制柄选中。单击工具栏中的"部分选定"工具按钮,如图 10-6 所示。在路径中要选择的节点或控制柄上单击,将相应的节点或控制柄选中,如图 10-7 所示。

图 10-6　单击"部分选定"工具

图 10-7　选择节点及控制柄

### 4.羽化网页图像选区边缘

羽化是通过建立选区和选区周围像素之间的转换来模糊边缘,该模糊边缘将丢失选区边缘的一些细节,因此羽化可以消除选择区域的正常硬边界,也就是使区域边界产生一个过渡。当复制选区并将其粘贴到另一个背景中时,羽化也很有用。

分别打开两个图像文件,打开小图像的文档窗口,单击工具栏中的"选取框"工具按钮,如图 10-8 所示。在"属性"面板中设置"边缘"为"羽化","羽化"值为"5"。在文档窗口中选择合适的区域,如图 10-9 所示,执行"编辑→复制"命令,切换至另一个大图像窗口,选择菜单栏中的"编辑→粘贴"命令,粘贴后的效果如图 10-10 所示。

图 10-8　单击"选取框"工具

图 10-9　选择复制区域

图 10-10　复制并粘贴图像

### 10.2.2　绘制步骤

❶ 打开 Fireworks CS3,执行"文件→新建"菜单命令,弹出"新建文档"对话框,新建一个大小为 1033 像素×1925 像素,分辨率为"72 像素/英寸",画布颜色为"透明"的 Fireworks 文件,如图 10-11 所示。执行"文件→保存"菜单命令,将文件保存为"CD\源文件\第 10 章\Fireworks\10.png"。

图 10-11　新建 Flash 文档

❷ 单击文档底部"状态栏"上的"缩放比率"按钮，弹出菜单，选择"50%"选项，设置文档的缩放比率为 50%，将页面呈 50%显示，如图 10-12 所示。

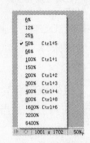

图 10-12　设置页面缩放比率

❸ 单击工具栏中的"矩形"工具，在舞台的适当位置绘制一个矩形，选择刚刚绘制的矩形，在"属性"面板上的"填充类别"下拉列表中选择"渐变→线性"，打开"填充色"对话框，从左向右分别设置渐变滑块颜色值为#38265A、#7F3089，如图 10-13 所示。

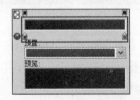

图 10-13　设置矩形填充颜色

❹ 在"边缘"下拉列表中选择"消除锯齿"选项，"纹理总量"为"0"，设置矩形的"宽"为"1033"，"高"为"1925"，如图 10-14 所示，矩形效果如图 10-15 所示。

图 10-14　设置矩形属性

图 10-15　矩形效果

❺ 单击工具栏中的"圆角矩形"工具，在舞台的适当位置绘制一个圆角矩形，选择刚刚绘制的圆角矩形，在"属性"面板上设置"填充颜色"值为#FFFFFF，如图 10-16 所示，圆角矩形效果如图 10-17 所示。

图 10-16　设置圆角矩形属性

图 10-17　圆角矩形效果

❻ 选择圆角矩形，按住键盘上的 Alt 键调整下方的黄色划块，将圆角矩形调整为如图 10-18 所示的形状。

图 10-18　调整圆角矩形

❼ 单击工具栏中的"矩形"工具，打开"属性"面板，设置"填充颜色"值为#FFFFFF，在"边缘"下拉列表中选择"消除锯齿"选项，将"纹理总理"设置为"0"，如图 10-19 所示。在舞台的适当位置绘制矩形，如图 10-20 所示。

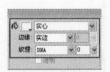

图 10-19　设置"属性"面板

图 10-20　绘制矩形

❽ 选择刚刚在舞台中绘制的矩形，在"属性"面板上设置"宽"为"993"，"高"为"1480"，如图 10-21 所示。

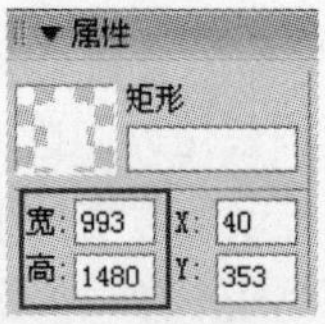

图 10-21　设置矩形大小

⑨ 单击工具栏中的"指针"工具 ，按住键盘上的 Shift 键，选择刚刚调整后的圆角矩形和绘制的矩形，如图 10-22 所示。

图 10-22　选择图形

⑩ 执行"文件→修改→组合"菜单命令，将刚刚选择的两个图形组合，图形效果如图 10-23 所示，调整组合后的图形的"宽"为"993"，"高"为"1709"，如图 10-24 所示。

图 10-23　图形效果

图 10-24　组合后图形大小

⑪ 执行"文件→导入"菜单命令，将"CD\源文件\第 10 章\Fireworks\素材\image17.jpg"导入到舞台中的适当位置，如图 10-25 所示。

图 10-25　导入素材

⑫ 执行"文件→导入"菜单命令，将"CD\源文件\第 10 章\Fireworks\素材\image1.jpg"导入到舞台中的适当位置，如图 10-26 所示，该图片将会在 Flash CS3 中被制作成动画效果。

图 10-26　导入素材

⑬ 单击工具栏中的"文本"工具 ，打开"属性"面板，设置"字体"为"宋体"，"大小"为"12"，"文本颜色"值为#FDED14，将文本设置为"粗体"，在"消除锯齿级别"下拉列表中选择"不消除锯齿"选项，如图 10-27 所示。在舞台的适当位置输入文本，如图 10-28 所示。

图 10-27　设置文本属性

图 10-28　输入文本

⑭ 执行"文件→导入"菜单命令，将"CD\源文件\第 10 章\Fireworks\素材\image18.png"导入到舞台中的适当位置，如图 10-29 所示，该图片将会在 Flash CS3 中被制作成动画效果。

图 10-29　导入素材

⑮ 执行"文件→导入"菜单命令，将"CD\源文件\第 10 章\Fireworks\素材\image2.jpg"导入到舞台中的适当位置，如图 10-30 所示，该图片将会在 Flash CS3 中制作成动画效果。

图 10-30　导入素材

⑯ 单击工具栏中的"线条"工具，在"属性"面板上设置线条"颜色"值为#EFEFEF，"笔尖大小"为"1"，"描边种类"为"实线"，"不透明度"为"100"，"混合模式"为"正常"，如图 10-31 所示。在场景的适当位置绘制线条，如图 10-32 所示。

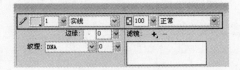

图 10-31　设置线条属性

⑰ 用同样方法绘制出其他线条，如图 10-33 所示。

图 10-32　绘制线条

图 10-33　绘制其他线条

⑱ 单击工具栏中的"文本"工具 A，打开"属性"面板，设置"字体"为"黑体"，"大小"为"20"，"文本颜色"值为#930C57，在"消除锯齿级别"下拉列表中选择"平滑消除锯齿"选项，设置字体为"粗体"，如图 10-34 所示。在舞台的适当位置输入文本，如图

10-35 所示。

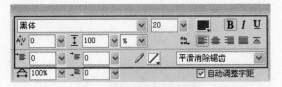

图 10-34　设置文本属性

图 10-35　输入文本

⑲ 单击工具栏中的"文本"工具 A，打开"属性"面板，设置"字体"为"Arial"，"大小"为"11"，"文本颜色"值为#AA538A，在"消除锯齿级别"下拉列表中选择"匀边消除锯齿"选项，如图 10-36 所示。在舞台的适当位置输入文本，如图 10-37 所示。

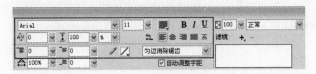

图 10-36　设置文本属性

图 10-37　输入文本

⑳ 用同样的方法输入其他文本，如图 10-38 所示。

图 10-38　输入其他文本

㉑ 执行"文件→导入"菜单命令，将"CD\源文件\第 10 章\Fireworks\素材\image7.jpg"导入到舞

台中的适当位置，如图 10-39 所示，该图片将会在 Flash CS3 中被制作成动画效果。

图 10-39　导入素材

㉒　单击工具栏中的"矩形"工具，打开"属性"面板，设置"填充颜色"值为#FFFFFF，"填充类别"为"实心"，在"边缘"下拉列表中选择"实边"选项，设置"纹理总量"为"0"，"笔触颜色"值为#930E5F，"笔尖大小"为"4"，"描边种类"为"实线"，如图 10-40 所示。

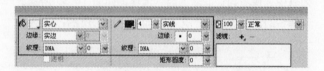

图 10-40　设置矩形属性

㉓　在舞台的适当位置绘制矩形，选择刚刚在舞台中绘制的矩形，在"属性"面板上设置"宽"为"13"，"高"为"13"，如图 10-41 所示，调整后的矩形效果如图 10-42 所示。

图 10-41　调整矩形大小　　图 10-42　调整后矩形效果

㉔　单击工具栏中的"文本"工具 A，打开"属性"面板，设置"字体"为"黑体"，"大小"为"18"，"文本颜色"为#000000，在"消除锯齿级别"下拉列表中选择"匀边消除锯齿"选项，如图 10-43 所示。在舞台的适当位置输入文本，如图 10-44 所示。

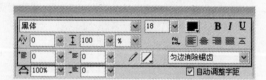

图 10-43　设置文本属性

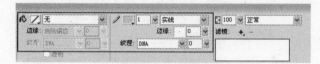

图 10-44　输入文本

㉕　单击工具栏中的"圆角矩形"工具，在舞台的适当位置绘制一个"宽"为"636"，"高"为"1453"的圆角矩形，选择刚刚绘制的圆角矩形，在"属性"面板上设置"填充颜色"为"无"，设置"笔触颜色"值为#D8D8D8，"笔尖大小"为"1"，"描边种类"为"实线"，如图 10-45 所示，圆角矩形的上面两边角效果如图 10-46 所示。

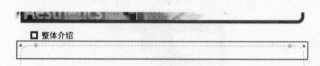

图 10-45　圆角矩形设置

图 10-46　圆角矩形上两边角效果

㉖　选择刚刚绘制的圆角矩形，按住键盘上的 Alt 键，调整下方的黄色划块，将圆角矩形调整为如图 10-47 所示的形状。

图 10-47　调整圆角矩形下两边角

㉗　执行"文件→导入"菜单命令，将"CD\源文件\第 10 章\Fireworks\素材\image3.jpg"导入到舞台中的适当位置，如图 10-48 所示。

图 10-48　导入素材

㉘ 单击工具栏中的"文本"工具 **A**，打开"属性"面板，设置"字体"为"Trebuchet MS"，"大小"为"30"，"文本颜色"为#7C2397，在"消除锯齿级别"下拉列表中选择"匀边消除锯齿"选项，如图 10-49 所示，在舞台的适当位置输入文本，如图 10-50 所示。

图 10-49　设置文本属性

图 10-50　输入文本

㉙ 用同样方法输入其他文本，如图 10-51 所示。

图 10-51　输入其他文本

㉚ 执行"文件→导入"菜单命令，将"CD\源文件\第 10 章\Fireworks\素材\image4.jpg"导入到舞台中的适当位置，如图 10-52 所示。

图 10-52　导入素材

㉛ 单击工具栏中的"魔术棒"工具，选择刚刚导入的素材的白色处，如图 10-53 所示，按键盘上的Delete 键，将白色处删掉，效果如图 10-54 所示。

图 10-53　选择素材白色处

图 10-54　删掉空白处后效果

㉜ 单击工具栏中的"文本"工具 **A**，打开"属性"面板，设置"字体"为"隶书"，"大小"为"18"，"文本颜色"值为#6C0A6C，在"消除锯齿级别"下拉列表中选择"强力消除锯齿"选项，如图 10-55 所示。在舞台的适当位置输入文本，如图 10-56 所示。

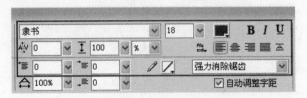

图 10-55　设置文本属性

图 10-56　输入文本

㉝ 用同样方法输入其他文本，如图 10-57 所示。

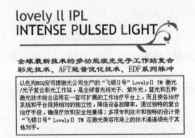

图 10-57　输入其他文本

㉞ 执行"文件→导入"菜单命令，将"CD\源文件\第 10 章\Fireworks\素材\image5.jpg"导入到舞台中的适当位置，如图 10-58 所示。

图 10-58　导入素材

㉟ 单击工具栏中的"文本"工具 **A**，打开"属性"面板，设置"字体"为"隶书"，"大小"为"17"，"文本颜色"为#6C0A6C，在"消除锯齿级别"下拉列表中选择"强力消除锯齿"选项，如图 10-59 所示。在舞台的适当位置输入文本，如图 10-60 所示。

图 10-59　设置文本属性

图 10-60　输入文本

㊱ 执行"文件→导入"菜单命令，将"CD\源文件\第 10 章\Fireworks\素材\image6.jpg"导入到舞台中的适当位置，如图 10-61 所示。

图 10-61　导入素材

㊲ 单击工具栏中的"文本"工具 **A**，打开"属性"面板，设置"字体"为"隶书"，"大小"为"18"，"文本颜色"值为#6C0A6C，在"消除锯齿级别"下拉列表中选择"强力消除锯齿"选项，如图 10-62 所示。在舞台的适当位置输入文本，如图 10-63 所示。

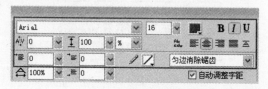

图 10-62　设置文本属性

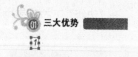

图 10-63　输入文本

㊳ 单击工具栏中的"线条"工具 ∕，在"属性"面板上设置"填充颜色"为"无"，设置线条"颜色"值为#A37AC0，"笔尖大小"为"1"，"描边种类"为"实线"，"不透明度"为100，"混合模式"为"正常"，如图 10-64 所示。在刚刚输入的文本的右侧绘制线条，如图 10-65 所示。

图 10-64　设置线条属性

图 10-65　绘制线条

㊴ 单击工具栏中的"文本"工具 **A**，打开"属性"面板，设置"字体"为"宋体"，"大小"为"12"，"文本颜色"值为#333333，在"消除锯齿级别"下拉列表中选择"不消除锯齿"选项，如图 10-66 所示。在舞台的适当位置输入文本，如图 10-67 所示。

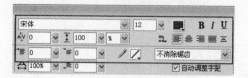

图 10-66　设置文本属性

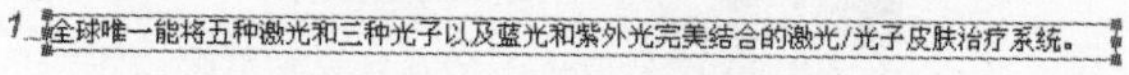

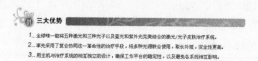

图 10-67　输入文本

㊵ 用同样的方法绘制其他路径并输入文本，如图 10-68 所示。

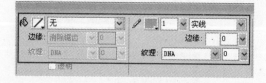

图 10-68　输入其他文本

㊶ 单击工具栏中的"圆角矩形"工具 ▢，在舞台的适当位置绘制一个"宽"为"116"，"高"为"115"的圆角矩形，选择刚刚绘制的圆角矩形，在"属性"面板上设置"填充颜色"为"无"，设置"笔触颜色"值为#C2B5D1，"笔尖大小"为1，"描边种类"为"实线"，如图 10-69 所示。

图 10-69　设置圆角矩形属性

㊷ 选择刚刚绘制的圆角矩形，按住键盘上的 Alt 键调整下方的黄色划块，将圆角矩形调整为如图 10-70 所示的形状。

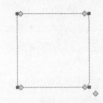

图 10-70　绘制圆角矩形

㊸ 执行"文件→导入"菜单命令，将"CD\源文件\第 10 章\Fireworks\素材\image8.jpg"导入到舞台中的适当位置，如图 10-71 所示。

图 10-71　导入素材

㊹ 单击工具栏中的"文本"工具 A，打开"属性"面板，设置"字体"为"宋体"，"大小"为"12"，"文本颜色"值为#000000，在"消除锯齿级别"下拉列表中选择"不消除锯齿"选项，如图 10-72 所示。在舞台的适当位置输入文本，如图 10-73 所示。

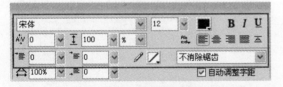

图 10-72　设置文本属性

图 10-73　输入文本

㊺ 用同样方法绘制其他路径、导入素材并输入文本，效果如图 10-74 所示。

图 10-74　最后效果

㊻ 单击工具栏中的"矩形"工具 ▢，在舞台的适当位置绘制一个矩形，选择刚刚绘制的矩形，打开"属性"面板，设置"填充颜色"值为#C29DD0，"填充类别"为"实心"，在"边缘"下拉列表中选择"实边"选项，设置"纹理总量"为"0"，"笔触颜色"为"无"，如图 10-75 所示。

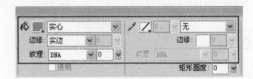

图 10-75　设置矩形属性

㊼ 在"属性"面板上设置矩形的"宽"为"10"，"高"为"16"，如图 10-76 所示，舞台中矩形效果如图 10-77 所示。

图 10-76　调整矩形大小

图 10-77　矩形效果

㊽ 单击工具栏中的"多边形"工具 ◯，打开"属性"面板，设置"填充颜色"值为# C29DD0，"填充类别"为"实心"，在"边缘"下拉列表中选择"实边"，在"形状"下拉列表中选择"多边形"选项，设置"边数"为"3"，如图 10-78 所示。

图 10-78　设置多边形属性

㊾ 在舞台的适当位置绘制多边形，选择刚刚绘制的多边形，在"属性"面板上设置"宽"为"8"，"高"

为"22",如图 10-79 所示,舞台中多边形效果如图 10-80 所示。

图 10-79　调整矩形大小

图 10-80　多边形效果

㊿ 用同样方法绘制另外一个矩形及多边形,如图 10-81 所示。

图 10-81　绘制另外一个矩形及多边形

㉑ 按照前面所讲解的绘制页面的方法,完成页面中其他部分的绘制,页面效果如图 10-82 所示。

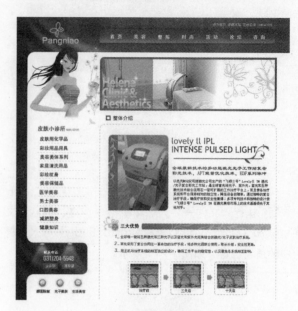

图 10-82　完成后效果预览

## 10.3　星星闪动——Flash 混合模式的应用

### 10.3.1　动画分析

在制作美容类网站的 Flash 时,应该将其制作成为一个吸引人的焦点。这样的动画在制作方面比较复杂,大多引用了 AS 脚本代码,制作难度相对较高。

### 10.3.2　技术点睛

**Flash 中的混合模式**

当两个图像的颜色通道以某种数学算法混合叠加到一起的时候,会产生某种特殊的变化效果。在 Flash CS3 中提供了图层、变暗、色彩增殖、变亮、荧幕、叠加、强光、增加、减去、差异、反转、Alpha、擦除等混合模式。因篇幅有限这里仅对其中几种混合模式进行讲解。

首先导入两张图片,然后将其中一张图片转换为影片剪辑元件。选中影片剪辑元件,在"属性"面板中会发现"混合"选项变为可用状态。

**变暗:** 应用此模式,会查看对象中的颜色信息,并选择基色或混合色中较暗的颜色作为结果色。比混合色亮的像素被替换,比混合色暗的像素保持不变。如图 10-83 所示。

图 10-83　变暗效果

**图层:** 应用此模式,将显示图像原有的颜色信息,图像效果不发生任何变化。

**色彩增殖:** 应用此模式,会查看对象中的颜色信息,并将基色与混合色复合。结果色总是较暗的颜色。任何颜色与黑色复合产生黑色。任何颜色与白色复合保持不变。如图 10-84 所示。

**变亮:** 应用此模式,会查看对象中的颜色信息,并选择基色或混合色中较亮的颜色作为结果色。比混合色暗的像素被替换,比混合色亮的像素保持不变。如图 10-85 所示。

图 10-84　色彩增值

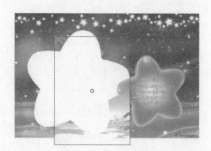

图 10-85　变亮效果

**叠加**：复合或过滤颜色，具体取决于基色。图案或颜色在现有像素上叠加，同时保留基色的明暗对比。不替换基色，但基色与混合色相混以反映原色的亮度或暗度。如图 10-86 所示。

图 10-86　叠加效果

**差异**：从基准颜色中去除混合颜色或者从混合颜色中去除基准颜色。从亮度较高的颜色中去除亮度较低的颜色，具体取决于哪一个颜色的亮度值更大。与白色混合将反转基色值，与黑色混合则不产生变化。如图 10-87 所示。

图 10-87　差异效果

**荧屏**：用基准颜色乘以混合颜色的反色，从而产生漂白效果。如图 10-88 所示。

图 10-88　荧屏效果

**强光**：复合或过滤颜色，具体取决于混合色。此效果与耀眼的聚光灯照在图像上相似。

如果混合色（光源）比 50% 灰色亮，则图像变亮，就像过滤后的效果，这对于向图像中添加高光非常有用。如果混合色（光源）比 50% 灰色暗，则图像变暗，就像复合后的效果，这对于向图像添加暗调非常有用。用纯黑色或纯白色绘画会产生纯黑色或纯白色。如图 10-89 所示。

图 10-89　强光效果

**减去**：从基准颜色中去除混合颜色，如图 10-90 所示。

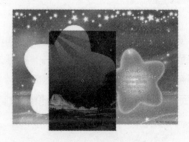

图 10-90　减去效果

**反转**：反相显示基准颜色，如图 10-91 所示。

图 10-91　反转效果

Alpha：透明显示基准色，如图 10-92 所示。

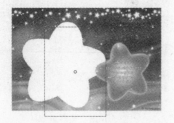

图 10-92　Alpha 效果

### 10.3.3　制作步骤

**制作导航动画**

① 执行"文件→新建"命令，新建一个 Flash 文档，单击"属性"面板上"文档属性"按钮，弹出"文档属性"对话框，设置文档大小为 648 像素×68 像素，"背景颜色"为#FFFFFF，"帧频"为"30"fps，如图 10-93 所示。

图 10-93　设置文档属性

② 执行"插入→新建元件"命令，弹出"创建新元件"对话框，创建一个"图形"元件，名称为"星星"，如图 10-94 所示。单击"图层 1"上第 1 帧位置，单击"工具"面板上"椭圆"工具，在场景中绘制一个星星，如图 10-95 所示。

图 10-94　新建元件

图 10-95　绘制图形

③ 执行"插入→新建元件"命令，弹出"创建新元件"对话框，创建一个"影片剪辑"元件，名称为"星星动画"，如图 10-96 所示。单击"图层 1"第 1 帧位置，将"星星"元件拖入场景中，如图 10-97 所示。

图 10-96　新建元件

图 10-97　绘制图像

**提示**

在绘制星星时，需要将"颜色"面板调整到"放射性"渐变上。

④ 分别单击"图层 1"第 25 帧和第 50 帧位置，依次按 F6 键插入关键帧，时间轴效果如图 10-98 所示。

图 10-98　时间轴效果

⑤ 分别选中第 1 帧和第 10 帧上元件，依次设置其"属性"面板上"颜色"样式下"Alpha"值为"0%"，如图 10-99 所示，元件效果如图 10-100 所示。

图 10-99　设置 Alpha 值　　图 10-100　元件效果

⑥ 分别单击"图层 1"第 1 帧和第 25 帧位置，依次设置其"属性"面板上"补间类型"为"动画"，时间轴效果如图 10-101 所示。

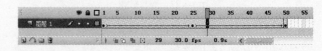

图 10-101　时间轴效果

⑦ 执行"插入→新建元件"命令，弹出"创建新元件"对话框，创建一个"影片剪辑"元件，名称为"星星动画组"，如图 10-102 所示。单击"图层 1"第 1 帧位置，将"星星动画"元件拖入场景中，如图 10-103 所示。单击第 20 帧位置，按 F5 键插入帧。

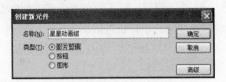

图 10-102　新建元件

图 10-103　拖入元件

⑧ 用同样的方法制作其他图层的动画效果，如图 10-104 所示，时间轴效果如图 10-105 所示。

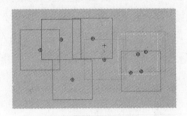

图 10-104　绘制其他层

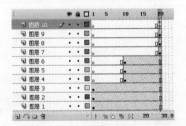

图 10-105　时间轴效果

　提示

为了使星星动画不在同一时间出现，所以制作成为如图 10-105 所示效果。

⑨ 执行"插入→新建元件"命令，弹出"创建新元件"对话框，创建一个"影片剪辑"元件，名称为"文字"，如图 10-106 所示。单击"图层 1"第 1 帧位置，单击"工具"面板上的"文本"工具按钮，在场景中输入文字，效果如图 10-107 所示。设置"属性"面板如图 10-108 所示。

图 10-106　新建元件

图 10-107　文字效果

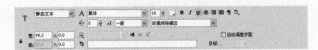

图 10-108　设置"属性"面板

⑩ 用同样的方法在其他帧上输入文字，效果如图 10-109 所示，时间轴效果如图 10-110 所示。

图 10-109　元件效果

图 10-110　时间轴效果

⑪ 单击"时间轴"面板上"插入图层"按钮，新建"图层 2"，单击"图层 2"第 1 帧位置，执行"窗口→动作"命令，打开"动作—帧"面板，输入脚本代码，如图 10-111 所示，时间轴效果如图 10-112 所示。

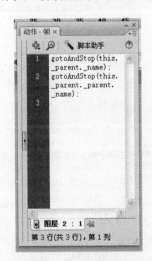

图 10-111　输入脚本代码

图 10-112　时间轴效果

⑫ 执行"插入→新建元件"命令，弹出"创建新元件"对话框，创建一个"图形"元件，名称为"背景"，如图 10-113 所示。单击"图层 1"上第 1 帧位置，单击"工具"面板上"椭圆"工具，在场景中绘制一个星星，如图 10-114 所示。

图 10-113　新建元件

图 10-114　绘制图像

⑬ 执行"插入→新建元件"命令，弹出"创建新元件"对话框，创建一个"影片剪辑"元件，名称为"菜单动画"，如图 10-115 所示。单击"图层 1"第 1 帧位置，将"背景"元件拖入场景中，如图 10-116 所示。单击第 10 帧位置按 F5 键插入帧，设置"属性"面板上"实例名称"为"bg"。

图 10-115　新建元件

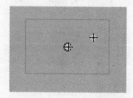

图 10-116　绘制图像

⑭ 单击"时间轴"面板上"插入图层"按钮，新建"图层 2"。单击"图层 2"第 2 帧位置，按 F6 键插入关键帧，将"星星动画组"元件拖入场景中，如图 10-117 所示。单击"时间轴"面板上"插入图层"按钮，新建"图层 3"。单击"图层 3"第 1 帧位置，将"文字"元件拖入场景中，如图 10-118 所示。

图 10-117　拖入元件　　　　图 10-118　拖入元件

⑮ 单击"图层 3"第 7 帧位置，按 F6 键插入关键帧，并调整元件的大小，效果如图 10-119 所示。单击第 1 帧位置，设置其"属性"面板上"补间类型"为"动画"，时间轴效果如图 10-120 所示。

图 10-119　调整元件大小

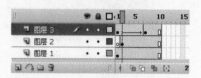

图 10-120　时间轴效果

⑯ 单击"时间轴"面板上"插入图层"按钮，新建"图层 4"第 10 帧位置，按 F6 键插入关键帧，执行"窗口→动作"命令，打开"动作—帧"面板，输入脚本代码，如图 10-121 所示，时间轴效果如图 10-122 所示。

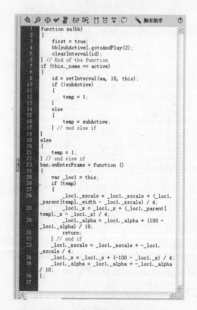

图 10-121　输入脚本代码

图 10-122　时间轴效果

⑰ 单击"时间轴"面板上"场景 1"标签，返回场景中，单击"图层 1"第 1 帧位置，执行"文件→导入→导入到舞台"命令，将图形"CD\源文件\第 10 章\Flash\素材\image1.jpg"导入场景中，如图 10-123 所示。

图 10-123　导入素材

⑱ 单击"时间轴"面板上"插入图层"按钮，新建"图层 2"，单击"图层 2"第 1 帧位置，将"菜单动画"元件拖入场景中，如图 10-124 所示。设置其"实例名称"为"1"，如图 10-125 所示。

图 10-124　拖入元件　　图 10-125　设置实例名称

⑲ 用同样的方法制作其他图层的元件的效果，如图 10-126 所示。

图 10-126　拖入元件

⑳ 单击"时间轴"面板上"插入图层"按钮，新建"图层 9"。单击"图层 9"第 1 帧位置，按 F6 键插入关键帧，执行"窗口→动作"命令，打开"动作—帧"面板，输入脚本代码，如图 10-127 所示。

图 10-127　输入代码

㉑ 完成 Flash 动画的制作，执行"文件→保存"命令，保存文件。按 Ctrl+Enter 键测试动画效果，如图 10-128 所示。

图 10-128　测试动画效果

🎬 制作场景动画

❶ 执行"文件→新建"命令，新建一个 Flash 文档，单击"属性"面板上"文档属性"按钮，弹出"文档属性"对话框，设置文档大小为 264 像素×276 像素，"背景颜色"为#FFFFFF，"帧频"为"50"fps，如图 10-129 所示。

图 10-129　文档属性

❷ 执行"插入→新建元件"命令，弹出"创建新元件"对话框，创建一个"图形"元件，名称为"遮罩层元件"，如图 10-130 所示。单击"图层 1"第 1 帧位置，单击"工具"面板上"椭圆"工具，在场景中绘制一个 30 像素×30 像素的正圆，如图 10-131 所示。

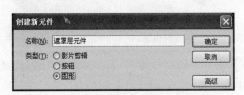

图 10-130　新建元件

图 10-131　绘制图像

❸ 执行"插入→新建元件"命令，弹出"创建新元件"对话框，创建一个"影片剪辑"元件，名称为"遮罩层动画"，如图 10-132 所示。单击"图层 1"第 1 帧位置，

将"遮罩层元件"元件拖入场景中，如图 10-133 所示。

图 10-132　新建元件

图 10-133　拖入元件

④ 单击"图层 1"第 15 帧位置，按 F6 键插入关键帧，并调整元件位置，效果如图 10-134 所示。单击"图层 1"第 30 帧位置，按 F6 键插入关键帧，调整元件大小，效果如图 10-135 所示。

图 10-134　调整元件位置　　图 10-135　调整元件大小

⑤ 分别单击"图层 1"第 1 帧和第 15 帧位置，依次设置其"属性"面板上"补间类型"为"动画"，单击"时间轴"面板上"插入图层"按钮，新建"图层 2"。单击"图层 2"第 30 帧位置，按 F6 键插入关键帧，执行"窗口→动作"命令，打开"动作—帧"面板，输入"stop()"；脚本代码，时间轴效果如图 10-136 所示。

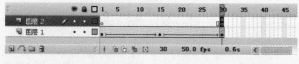

图 10-136　时间轴效果

⑥ 执行"插入→新建元件"命令，弹出"创建新元件"对话框，创建一个"影片剪辑"元件，名称为"遮罩动画组"，如图 10-137 所示。单击"图层 1"第 1 帧位置，将"遮罩层动画"元件拖入场景中，如图 10-138 所示。

图 10-137　新建元件

图 10-138　拖入元件

⑦ 用同样的方法制作其他图层的动画效果，如图 10-139 所示，时间轴效果如图 10-140 所示。

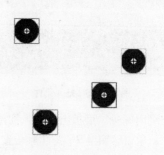

图 10-139　拖入元件

图 10-140　时间轴效果

⑧ 执行"插入→新建元件"命令，弹出"创建新元件"对话框，创建一个"图形"元件，名称为"花"，如图 10-141 所示。单击"图层 1"上第 1 帧位置，执行"文件→导入→导入到舞台"命令，将图形"CD\源文件\第 10 章\Flash\素材\image5.png"导入场景中，如图 10-142 所示。

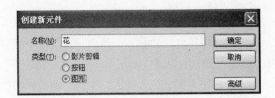

图 10-141　新建元件

图 10-142　导入素材

⑨　执行"插入→新建元件"命令，弹出"创建新元件"对话框，创建一个"图形"元件，名称为"人物"，如图 10-143 所示。单击"图层 1"上第 1 帧位置，执行"文件→导入→导入到舞台"命令，将图形"CD\源文件\第 10 章\Flash\素材\image4.png"导入场景中，如图 10-144 所示。

图 10-143　新建元件

图 10-144　导入素材

⑩　单击"时间轴"面板上"场景 1"标签，返回场景中，单击"图层 1"第 1 帧位置，执行"文件→导入→导入到舞台"命令，将图形"CD\源文件\第 10 章

\Flash\素材\image1.bmp"导入场景中，如图 10-145 所示。单击"图层 1"第 15 帧位置，按 F5 键插入帧，时间轴效果如图 10-146 所示。

图 10-145　导入素材

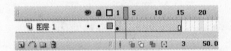

图 10-146　时间轴效果

⑪　单击"时间轴"面板上"插入图层"按钮，新建"图层 2"，单击"图层 2"第 1 帧位置，将"人物"元件拖入场景中，如图 10-147 所示。单击"时间轴"面板上"插入图层"按钮，新建"图层 3"，单击"图层 3"第 1 帧位置，将"遮罩动画组"元件拖入场景中，如图 10-148 所示。

图 10-147　拖入元件

图 10-148　拖入元件

⑫　右键单击"图层 3"，弹出快捷菜单，选择"遮罩层"选项，如图 10-149 所示，时间轴效果如图 10-150 所示。

图 10-149　选择"遮罩层"选项

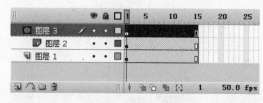

图 10-150　时间轴效果

⓭　单击"时间轴"面板上"插入图层"按钮，新建"图层 4"，单击"图层 4"第 1 帧位置，将"花"元件拖入场景中，效果如图 10-151 所示。单击"图层 4"第 15 帧位置，按 F6 键插入关键帧，并调整元件位置，如图 10-152 所示。

图 10-151　拖入元件

图 10-152　调整元件位置

⓮　单击"图层 4"第 1 帧位置，设置其"属性"面板上"补间类型"为"动画"，单击"时间轴"面板上"插入图层"按钮，新建"图层 5"。单击"图层 5"第 15 帧位置，按 F6 键插入关键帧，执行"窗口→动作"命令，打开"动作—帧"面板，输入"stop();"脚本代码，时间轴效果如图 10-153 所示。

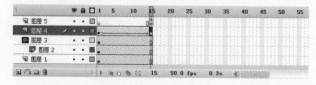

图 10-153　时间轴效果

⓯　完成 Flash 动画的制作，执行"文件→保存"命令，保存文件。按 Ctrl+Enter 键测试动画效果，如图 10-154 所示。

图 10-154　测试动画效果

## 10.4　浮动框架——Dreamweaver 制作美容网站

### 10.4.1　页面制作分析

本实例是一个女性美容时尚类网站网页，主要推介女性美容用品以及介绍最新的美容资讯内容，页面中的布局相对比较复杂，多处运用了 Flash 动画来体现女性美容时尚的主题内容。

### 10.4.2　技术点睛

#### 1. Iframe 的应用

Iframe 是 Inline Frame 的缩写，被称为浮动框架或内联框架。网页设计者可以在 HTML 页面中的任何位置插入一个内联框架，而不必像使用普通框架那样在使用前需要在一个主页面里用 FrameSet 标签为每个框架划分空间。而且与普通框架不同的就是，每个内联框架都可以独自定义其大小，而不局限于一个浏览器窗口的大小，插入 Iframe 代码如图 10-155 所示。

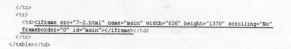

图 10-155　插入 Iframe 代码

#### 2. Iframe 高度自适应

可以使用 height 属性设置 IFrame 框架的高度，但如果 IFrame 框架的高度不确定，就无法设置 IFrame 框架的高度。设置得过高会出现多余的空白，设置少了则 IFrame 框架中的页面显示不全或出现滚动条。

这时就需要使用 IFrame 框架高度自适应，使 IFrame 框架的高度自动适应 IFrame 框架中页面的高度。

只需要转换到代码视图,将IFrame标签中的height属性删除,加入 IFrame 高度自适应代码,如图 10-156 所示。

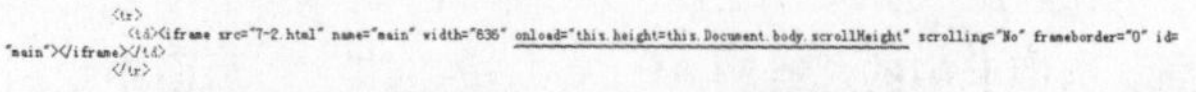

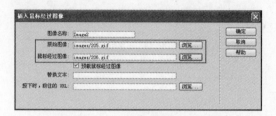

图 10-156 设置 IFrame 框架高度自适应

### 3. 鼠标经过图像

可以通过设置鼠标经过图像,使图像产生简单的图像翻转动态效果。鼠标经过图像是由两张图像组成,当鼠标移至或经过图像上时,图像换为另一幅图像。"鼠标经过图像"对话框如图 10-157 所示。

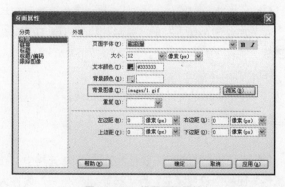

图 10-157 "鼠标经过图像"对话框

### 10.4.3 制作页面

① 执行"文件→新建"菜单命令,弹出"新建文档"对话框,新建一个空白的 HTML 文件,并保存为"CD\源文件\第 10 章\Dreamweaver\index.html"。

② 单击"CSS 样式"面板上的"附加样式表"按钮,弹出"附加外部样式表"对话框,单击"浏览"按钮,选择到需要的外部 CSS 样式表文件"CD\源文件\第 10 章\Dreamweaver\style\style.css",单击"确定"按钮完成"链接外部样式表"对话框设置,执行"文件→保存"菜单命令,保存页面。

③ 在"属性"面板上单击"页面属性"按钮 页面属性... ,弹出"页面属性"对话框,设置"背景图像"为"CD\源文件\第 10 章\Dreamweaver\images\1.gif",设置"重复"选项为"重复"。设置完成后,单击"确定"按钮,如图 10-158 所示。

④ 单击"插入"栏上的"表格"按钮,在工作区中插入一个 2 行 2 列,"表格宽度"为"100%","边框粗细"、"单元格边距"、"单元格间距"均为"0"的表格,如图 10-159 所示。

图 10-159 插入表格

⑤ 光标移至刚刚插入表格的第 1 行第 1 列单元格中,在"属性"面板上设置"宽"为"40",单击"插入"栏上的"图像"按钮,将图像"CD\源文件\第 10 章\Dreamweaver \images\4.gif"插入到单元格中,如图 10-160 所示。

图 10-160 插入图像

⑥ 光标移至第 1 行第 2 列单元格中,单击"插入"栏上的"表格"按钮,在单元格中插入一个 1 行 2 列,"表格宽度"为"906 像素","边框粗细"、"单元格边距"、"单元格间距"均为"0"的表格,如图 10-161 所示。

图 10-161 插入表格

⑦ 光标移至刚刚插入表格的第 1 列单元格中,在"属性"面板上设置"宽"为"258","垂直"属性为"顶端",单击"插入"栏上的"图像"按钮,将图像"CD\源文件\第 10 章\Dreamweaver\images\3.gif"插入到单元格中,如图 10-162 所示。

图 10-162 插入图像

⑧ 光标移至第 2 列单元格中,单击"插入"栏上的"表格"按钮,在单元格中插入一个 2 行 1 列,"表格宽度"为"648 像素","边框粗细"、"单元格边距"、"单元格间距"均为"0"的表格,如图 10-163 所示。

图 10-163 插入表格

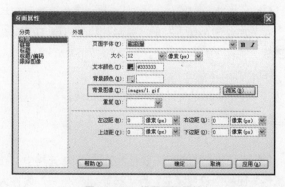

图 10-158 设置页面属性

⑨ 光标移至刚刚插入表格的第 1 行单元格中，单击"插入"栏上的"表格"按钮，在单元格中插入一个 1 行 4 列，"表格宽度"为"300 像素"，"边框粗细"、"单元格边距"、"单元格间距"均为"0"的表格。光标选中刚刚插入的表格，在"属性"面板上设置"对齐"属性为"右对齐"，如图 10-164 所示。

图 10-164　插入表格

⑩ 光标移至刚刚插入的表格第 1 列单元格中，在"属性"面板上设置"高"为"38"，"水平"属性为"居中对齐"，输入文字，拖动光标选中刚刚输入的文字，在"属性"面板上的"样式"下拉列表中选择样式表 font01 应用，如图 10-165 所示。

图 10-165　页面效果

⑪ 用相同方法在其他单元格中输入相应的文字，给文字加上样式，如图 10-166 所示。

图 10-166　页面效果

⑫ 光标移至上级表格第 2 行单元格中，在"属性"面板上设置"高"为"88"，"垂直"属性为"顶端"，单击"插入"栏上的 Flash 按钮，将 Flash 动画"CD\源文件\第 10 章\Dreamweaver\images\6-1.swf"插入到单元格中，如图 10-167 所示。

图 10-167　插入 Flash

⑬ 光标移至第 2 行第 2 列单元格中，在"属性"面板上设置"背景颜色"为#FFFFFF，单击"插入"栏上的"表格"按钮，在单元格中插入一个 1 行 2 列，"表格宽度"为"993 像素"，"边框粗细"、"单元格边距"、"单元格间距"均为"0"的表格，如图 10-168 所示。

图 10-168　插入表格

⑭ 在"插入"栏上选择"布局"选项卡，单击"布局"选项卡中的"绘制 AP Div"按钮，在页面中绘制一个 AP Div，如图 10-169 所示。选中刚刚绘制的 AP Div，在"属性"面板上设置 AP Div，如图 10-170 所示。

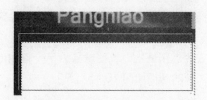

图 10-169　绘制 AP 元素

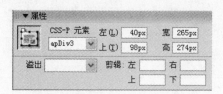

图 10-170　设置 AP 元素

⑮ 光标移至刚刚绘制的 AP 元素中，单击"插入"栏上 Flash 按钮，将 Flash "CD\源文件\第 10 章\Dreamweaver\images\6-2.swf"插入到单元格中，如图 10-171 所示。

图 10-171　插入 Flash

⑯ 光标选中刚刚插入的 Flash 动画，转换到代码视图，在代码视图中输入代码，这段代码可以使 Flash 背景透明，如图 10-172 所示。

```
<param name="movie" value="images/5.swf" />
<param name="quality" value="high" />
<param name="wmode" value="transparent" />
```

图 10-172　输入 Flash 透明代码

⑰ 光标移至刚刚插入表格的第 1 列单元格中，在"属性"面板上设置"宽"为"263"，"垂直"属性为

"顶端"，单击"插入"栏上的"表格"按钮⊞，在单元格中插入一个 2 行 1 列，"表格宽度"为"258 像素"，"边框粗细"、"单元格边距"、"单元格间距"均为"0"的表格，如图 10-173 所示。

图 10-173　插入表格

⑱ 光标移至刚刚插入表格的第 1 行单元格中，在"属性"面板上设置"高"为"256"，光标移至第 2 行单元格中，单击"插入"栏上的"表格"按钮⊞，在单元格中插入一个 13 行 1 列，"表格宽度"为"258 像素"，"边框粗细"、"单元格边距"、"单元格间距"均为 0 的表格，如图 10-174 所示。

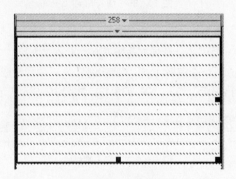

图 10-174　插入图像

⑲ 光标移至刚刚插入表格的第 1 行单元格中，单击"插入"栏上的"图像"按钮▣，将图像"CD\源文件\第 10 章\Dreamweaver\images\5.gif"插入到单元格中，如图 10-175 所示。

图 10-175　插入表格

⑳ 光标移至刚刚插入的表格第 1 行单元格中，在"属性"面板上设置"水平"属性为"居中对齐"，在"插入"栏上单击"图像"按钮旁三角按钮，在弹出的下拉列表中选择"鼠标经过图像"，弹出"插入鼠标经过图像"对话框。单击"原始图像"后的"浏览"按钮，选择图像"CD\源文件\第 10 章\Dreamweaver\images\5.gif"，单击"确定"按钮。单击"鼠标经过图像"后的"浏览"按钮，选择图像"CD\源文件\第 10 章\Dreamweaver\images\5.gif"，单击"确定"按钮，完成设置。单击"确定"按钮，如图 10-176 所示，效果如图 10-177 所示。

图 10-176　"插入鼠标经过图像"对话框

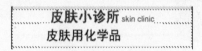

图 10-177　鼠标经过图像

 提示

创建鼠标经过图像将使用两个图像文件：原始图像（首次加载页面时显示的图像）和鼠标经过图像（鼠标指针移动到主图像时显示的图像）。鼠标经过图像中的两个图像必须大小相等，如果大小不同，Dreamweaver CS3 将自动调整第二个图像的大小以匹配第一个图像。

在"插入鼠标经过图像"对话框中，"替换文本"和插入图像时的"替换文件"功能一样。"按下时，前往的 URL"文本框中需要填写的是超链接地址，也可以单击鼠标经过图像，在"属性"面板设置超链接地址。

㉑ 用相同方法在其他单元格中插入鼠标经过图像，如图 10-178 所示。

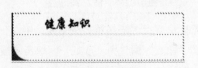

图 10-178　插入鼠标经过图像

㉒ 光标移至表格第 13 行单元格中，单击"插入"栏上的"图像"按钮▣，将图像"CD\源文件\第 10 章\Dreamweaver\images\8.gif"插入到单元格中，如图 10-179 所示。

图 10-179　插入图像

㉓ 在"插入"栏上选择"布局"选项卡，单击"布局"选项卡中的"绘制 AP Div"按钮，在页面中绘制一个 AP Div，如图 10-180 所示。选中刚刚绘制的 AP Div，在"属性"面板上设置 AP Div，如图 10-181 所示。

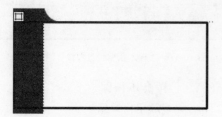

图 10-180　绘制 AP 元素

图 10-181　设置 AP 元素

㉔ 光标移至刚刚绘制的 AP 元素中，单击"插入"栏上 Flash 按钮，将 Flash 动画"CD\源文件\第 10 章\Dreamweaver\images\6-4.swf"插入到 AP 元素中，如图 10-182 所示。

图 10-182　插入 Flash

㉕ 根据上面方法，在页面中绘制 AP Div，将 Flash 动画"CD\源文件\第 10 章\Dreamweaver\images\6-3.swf"插入到 AP 元素中，如图 10-183 所示。

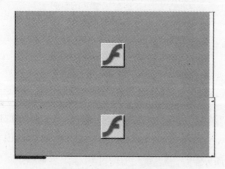

图 10-183　插入 AP 元素

㉖ 光标移至上级表格第 2 列单元格中，在"属性"面板上设置"垂直"属性为"顶端"，单击"插入"栏上的"表格"按钮，在单元格中插入一个 2 行 1 列，"表格宽度"为"646 像素"，"边框粗细"、"单元格边距"、

"单元格间距"均为"0"的表格，如图 10-184 所示。

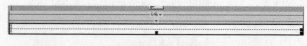

图 10-184　插入表格

㉗ 光标移至刚刚插入表格的第 1 行单元格中，在"属性"面板上设置"高"为"224"，"水平"属性为"居中对齐"，单击"插入"栏上的 Flash 按钮，将 Flash 动画"CD\源文件\第 10 章\Dreamweaver\images\6-5.swf"插入到单元格中，如图 10-185 所示。

图 10-185　插入 Flash

㉘ 光标移至第 2 行单元格中，单击"插入"栏上的"表格"按钮，在单元格中插入一个 2 行 1 列，"表格宽度"为"646 像素"，"边框粗细"、"单元格边距"、"单元格间距"均为"0"的表格，如图 10-186 所示。

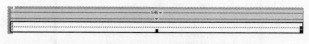

图 10-186　插入表格

㉙ 光标移至刚刚插入表格的第 1 行单元格中，单击"插入"栏上的"表格"按钮，在单元格中插入一个 1 行 1 列，"表格宽度"为"121 像素"，"边框粗细"、"单元格边距"、"单元格间距"均为"0"的表格，如图 10-187 所示。

图 10-187　插入表格

㉚ 光标移至刚刚插入的表格中，在"属性"面板上设置"高"为"48"，"水平"属性为"右对齐"，单击"插入"栏上的"图像"按钮，将图像"CD\源文件\第 10 章\Dreamweaver\images\29.gif"插入到单元格中，如图 10-188 所示。

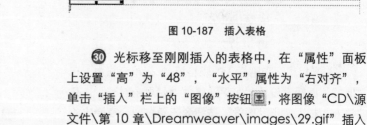

图 10-188　插入图像

㉛ 执行"文件→新建"菜单命令，弹出"新建文档"对话框，新建一个空白的 HTML 文件，并保存为"CD\源文件\第 10 章\Dreamweaver\main1.html"。

㉜ 单击"CSS 样式"面板上的"附加样式表"按钮，弹出"附加外部样式表"对话框。单击"浏览"按钮，选择到需要的外部 CSS 样式表文件"CD\源文件\第 10 章\Dreamweaver\ style\style.css"，单击"确定"按钮完成"链接外部样式表"对话框。执行"文件→保存"菜单命令，保存页面。

㉝ 单击"插入"栏上的"表格"按钮图，在单元格中插入一个 2 行 1 列，"表格宽度"为"636 像素"，"边框粗细"、"单元格边距"、"单元格间距"均为"0"的表格，如图 10-189 所示。

图 10-189　插入表格

㉞ 光标移至刚刚插入表格的第 1 行单元格中，单击"插入"栏上的"表格"按钮图，在单元格中插入一个 1 行 3 列，"表格宽度"为"636 像素"，"边框粗细"、"单元格边距"、"单元格间距"均为"0"的表格，如图 10-190 所示。

图 10-190　插入表格

㉟ 光标移至刚刚插入表格的第 1 列单元格中，单击"插入"栏上的"图像"按钮图，将图像"CD\源文件\第 10 章\Dreamweaver\images\30.gif"插入到单元格中，如图 10-191 所示。

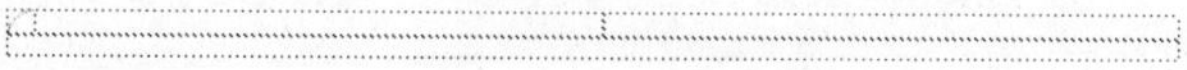

图 10-191　插入图像

㊱ 光标移至第 3 列单元格中，单击"插入"栏上的"图像"按钮图，将图像"CD\源文件\第 10 章\Dreamweaver\images\31.gif"插入到单元格中，如图 10-192 所示。

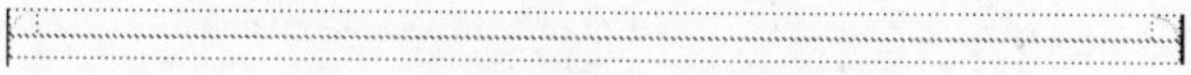

图 10-192　插入图像

㊲ 光标移至第 2 列单元格中，在"属性"面板上的"样式"下拉列表中选择样式表 table01，如图 10-193 所示。

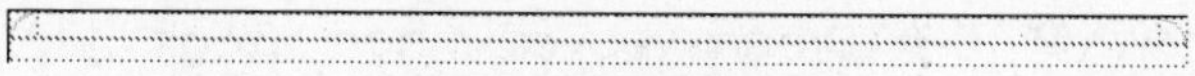

图 10-193　页面效果

㊳ 光标移至上级表格第 2 行单元格中，在"属性"面板上的样式下拉列表中选择样式表 table02 应用，单击"插入"栏上的"表格"按钮图，在单元格中插入一个 5 行 1 列，"表格宽度"为"606 像素"，"边框粗细"、"单元格边距"、"单元格间距"均为"0"的表格，光标选中刚刚插入的表格，在"属性"面板上设置"对齐"属性为"居中对齐"，如图 10-194 所示。

图 10-194　插入表格

㊴ 光标移至刚刚插入表格第 1 行单元格中，在"属性"面板上设置"高"为"311"，单击"插入"栏上的"表格"按钮图，在单元格中插入一个 1 行 2 列，"表格宽度"为"580 像素"，"边框粗细"、"单元格边距"、"单元格间距"均为"0"的表格，光标选中刚刚插入的表格，在"属性"面板上设置"对齐"属性为"居中对齐"，如图 10-195 所示。

图 10-195　插入表格

㊵ 光标移至刚刚插入表格的第 1 列单元格中，在"属性"面板上设置"宽"为"231"，单击"插入"栏上的"图像"按钮图，将图像"CD\源文件\第 10 章 Dreamweaver\images\31.gif"插入到单元格中，如图 10-196 所示。

图 10-196　插入图像

㊶ 光标移至第 2 列单元格中，单击"插入"栏上的"表格"按钮图，在单元格中插入一个 2 行 1 列，"表格宽度"为"349 像素"，"边框粗细"、"单元格边距"、"单元格间距"均为"0"的表格，如图 10-197 所示。

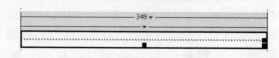

图 10-197　插入表格

㊷ 光标移至刚刚插入表格的第 1 行单元格中，在“属性”面板上设置“高”为“161”，设置“垂直”属性为“顶端”，单击“插入”栏上的“图像”按钮，将图像“CD\源文件\第 10 章\Dreamweaver\images\33.gif”插入到单元格中，如图 10-198 所示。

lovely II IPL
INTENSE PULSED LIGHT
全球最新技术的多功能激光光子工作站复合
彩光技术、AFT能量优化技术、EDF序列脉冲

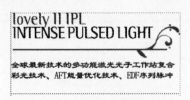

图 10-198　插入图像

㊸ 光标移至第 2 列单元格中，输入文字，拖动光标选中刚刚输入的文字，在“属性”面板上的“样式”下拉列表中选择样式表 font02 应用，如图 10-199 所示。

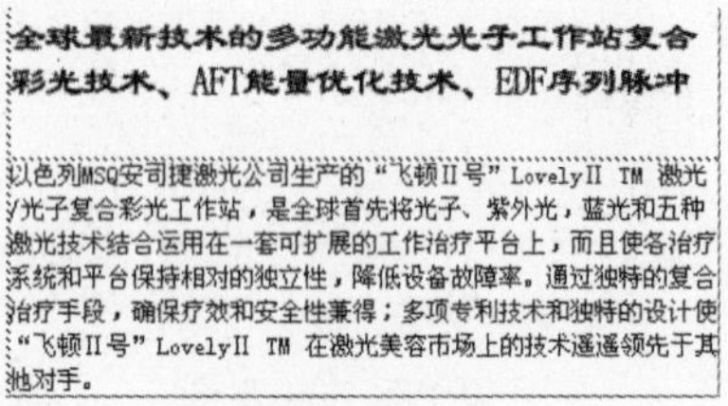

全球最新技术的多功能激光光子工作站复合
彩光技术、AFT能量优化技术、EDF序列脉冲
以色列MSQ安司捷激光公司生产的“飞顿II号”LovelyII TM 激光/光子复合彩光工作站，是全球首先将光子、紫外光，蓝光和五种激光技术结合运用在一套可扩展的工作治疗平台上，而且使各治疗系统和平台保持相对的独立性，降低设备故障率。通过独特的复合治疗手段，确保疗效和安全性兼得；多项专利技术和独特的设计使“飞顿II号”LovelyII TM 在激光美容市场上的技术遥遥领先于其他对手。

图 10-199　输入文字

㊹ 光标移至上级表格第 2 行单元格中，单击“插入”栏上的“表格”按钮，在单元格中插入一个 5 行 1 列，“表格宽度”为“606 像素”，“边框粗细”、“单元格边距”、“单元格间距”均为“0”的表格，如图 10-200 所示。

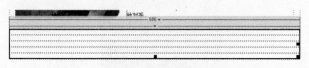

图 10-200　插入表格

㊺ 光标移至刚刚插入表格的第 1 行单元格中，单击“插入”栏上的“表格”按钮，在单元格中插入一个 1 行 2 列，“表格宽度”为“606 像素”，“边框粗细”、“单元格边距”、“单元格间距”均为“0”的表格，如图 10-201 所示。

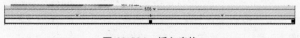

图 10-201　插入表格

㊻ 光标移至刚刚插入表格的第 1 列单元格中，在“属性”面板上设置“宽”为“136”，“高”为“65”，“垂直”属性为“顶端”，单击“插入”栏上的“图像”按钮，将图像“CD\源文件\第 10 章\Dreamweaver\images\34.gif”插入到单元格中，如图 10-202 所示。

01 三大优势

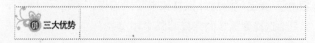

图 10-202　插入图像

㊼ 光标移至第 2 列单元格中，单击“插入”栏上的“图像”按钮，将图像“CD\源文件\第 10 章\Dreamweaver\images\35.gif”插入到单元格中，如图 10-203 所示。

01 三大优势

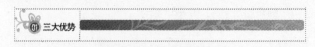

图 10-203　插入图像

㊽ 光标移至上级表格第 2 行单元格中，单击“插入”栏上的“表格”按钮，在单元格中插入一个 1 行 2 列，“表格宽度”为“606 像素”，“边框粗细”、“单元格边距”、“单元格间距”均为“0”的表格，如图 10-204 所示。

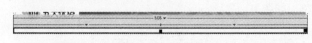

图 10-204　插入表格

㊾ 光标移至刚刚插入表格的第 1 列单元格中，在“属性”面板上设置“宽”为“58”，“高”为“20”，“水平”属性为“有对齐”，单击“插入”栏上的“图像”按钮，将图像“CD\源文件\第 10 章\Dreamweaver\images\36.gif”插入到单元格中。

㊿ 光标移至第 2 列单元格中，输入文字，如图 10-205 所示。

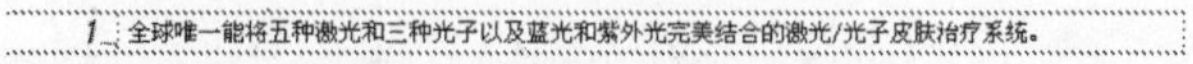

1 全球唯一能将五种激光和三种光子以及蓝光和紫外光完美结合的激光/光子皮肤治疗系统。

图 10-205　输入文字

51 用相同方法在其他单元格中插入相应的图像，输入相应文字，如图 10-206 所示。

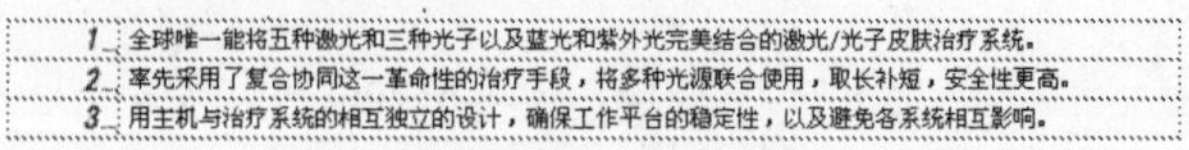

1 全球唯一能将五种激光和三种光子以及蓝光和紫外光完美结合的激光/光子皮肤治疗系统。
2 率先采用了复合协同这一革命性的治疗手段，将多种光源联合使用，取长补短，安全性更高。
3 用主机与治疗系统的相互独立的设计，确保工作平台的稳定性，以及避免各系统相互影响。

图 10-206　页面效果

52 光标移至第 5 行单元格中，在“属性”面板上设置“高”为“178”，“水平”属性为“居中对齐”，单击“插入”栏上的“图像”按钮，将图像“CD\源文件\第 10 章\Dreamweaver\images\39.gif”插入到单元格中，如图 10-207 所示。

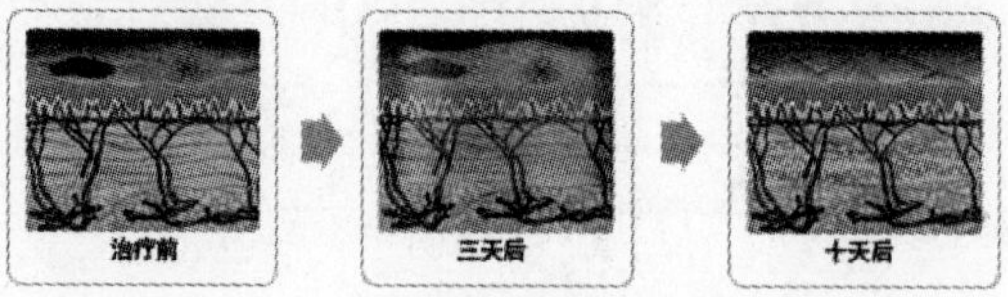


图 10-207　插入图像

(53) 根据上面方法，完成其他单元格的制作，如图 10-208 所示。

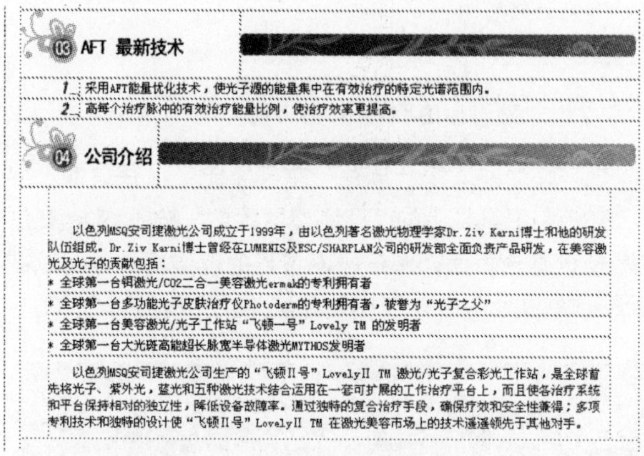


图 10-208　页面效果

(54) 打开刚才制作完成的 index.html 页面，光标移至需要插入 Ifrme 的单元格中，转换到代码视图，加入代码，如图 10-209 所示。

```
<tr>
  <td><iframe src="main1.html" name="main" width="636" height="1370" scrolling="No" frameborder="0" id="main"></iframe></td>
</tr>
```

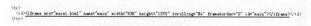

图 10-209　输入代码

**提 示**

IFrame 标签中可包含多个属性。Name: IFrame 框架的名称。Src: 文件的路径，既可以是 HTML 文件，也可以是文本、ASP 等。Width 和 Height: IFrame 框架的宽度和高度。Frameborder: IFrame 框架是否有边框宽度，为了与页面紧密结合，设置为 0。Scrolling: 当 Src 的指定 HTML 文件在指定的区域显示不完时，是否出现滚动条，设置为 no 时，不出现滚动条；设置为 auto 时，则自动出现滚动条；设置为 yes 时，则强制出现滚动条。

(55) 返回页面设计视图中，页面中的 IFrame 框架区域显示为灰色区域，大小与在 IFrame 标签中设置的宽度和高度相同，如图 10-210 所示。

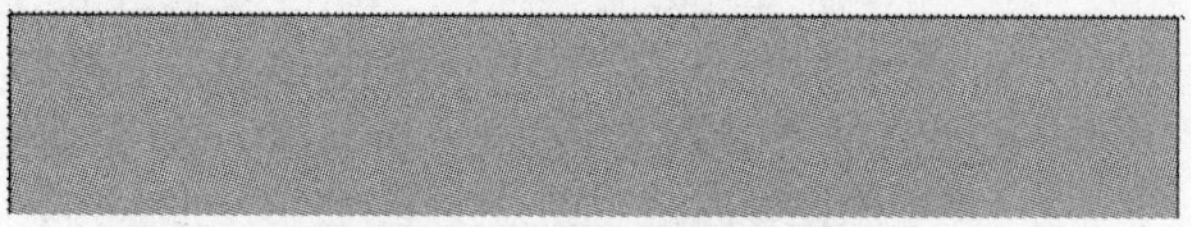

图 10-210　IFrame 框架效果

(56) 光标移至上级表格尾部，单击“插入”栏上的“表格”按钮，在单元格中插入一个 2 行 1 列，“表格宽度”为“946 像素”，“边框粗细”、“单元格边距”、“单元格间距”均为“0”的表格，如图 10-211 所示。

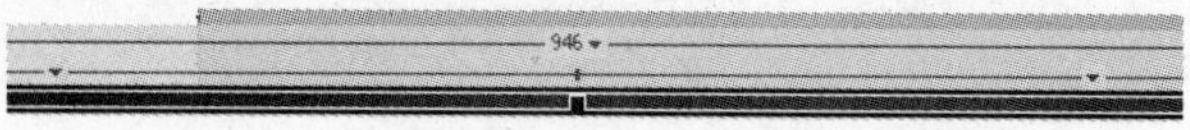


图 10-211　插入表格

(57) 光标移至刚刚插入表格的第 1 行单元格中，在“属性”面板上设置“宽”为“233”，“高”为“93”，“水平”属性为“右对齐”，单击“插入”栏上的“图像”按钮，将图像“CD\源文件\第 10 章\Dreamweaver\images\55.gif”插入到单元格中，如图 10-212 所示。

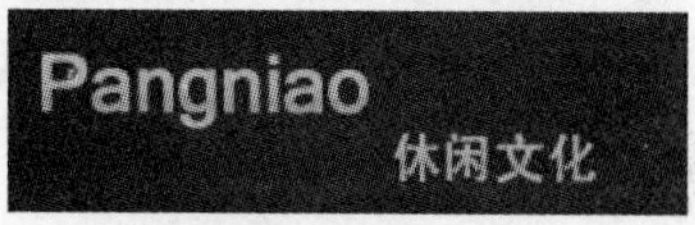


图 10-212　插入图像

(58) 光标移至第 2 列单元格中，输入文字，拖动光标选中刚刚输入的文字，在“属性”面板上的“样式”下拉列表中选择样式表 font03 应用，如图 10-213 所示。

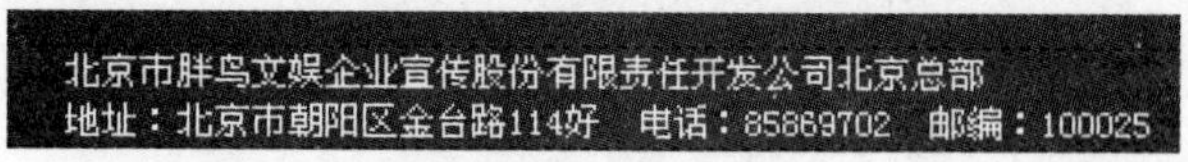


图 10-213　输入文字

(59) 完成页面的制作，执行“文件→保存”菜单命令，保存页面。单击“文档”工具栏上的“在浏览器预览”按钮，在浏览器中预览整个页面，如图 10-214 所示。

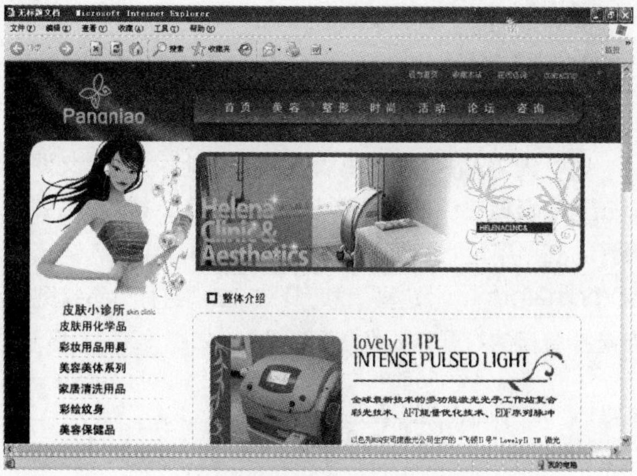


图 10-214　页面效果

**60** 执行"文件→新建"菜单命令，弹出"新建文档"对话框，新建一个 HTML 页面，并保存该文件为"CD\源文件\第 10 章\Dreamweaver\main2.html"。

**61** 根据 main1.html 的制作方法，完成页面 main3.html 的制作，制作完成后效果如图 10-215 所示。

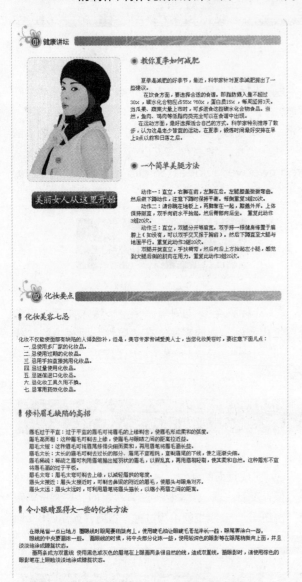

图 10-215 页面效果

**62** 在"文件"面板中双击打开 index.html 文件，单击选中页面左侧"皮肤用化学品"图片，如图 10-216 所示。在"属性"面板上的"链接"文本框中输入链接地址 main2.html，"边框"为"0"，在"目标"下拉列表中选择链接的打开方式为"_blank"，如图 10-217 所示。

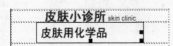

图 10-216 选中图片

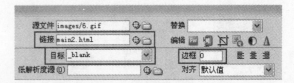

图 10-217 设置链接

**63** 转换到代码视图中，在刚刚设置的"皮肤用化学品"图片的超链接标签中修改链接的打开方式，将打开方式指定为页面中 IFrame 的名称，如图 10-218 所示。

图 10-218 修改代码

**64** 执行"文件→保存"菜单命令，保存页面，单击"文档"工具栏上的"在浏览器预览"按钮，在浏览器预览整个页面。单击刚刚设置的链接图片，可以在 IFrame 框架中打开新页面，如图 10-219 所示。

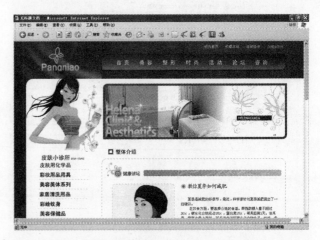

图 10-219 页面效果

## 10.5 技巧集合

### 10.5.1 Fireworks 与其他应用程序的交互

Fireworks 在设计中是设计者必不可少的应用程序。它可以与其他应用程序一起工作，提供多种优化的集成功能。

Fireworks 可以导出许多应用程序中可用的图形。当与应用程序一起使用时，Fireworks 可提供强大的集成功能：

- 在其他的 Adobe 应用程序中（Dreamweaver, Flash, FreeHand 等）可以打开 Fireworks 文档。

- Firework 在导出到 Dreamweaver 或其他的应用程序中时，"行为"会保留下来，从而可以导出按钮和变换图像等交互元素。

- Fireworks 和 Dreamweaver 共享文件管理功能，该功能使用户能够将文件存回

Dreamweaver 网站并从中取出文件。

- Fireworks 和 Flash 也共享一个紧密集成。Fireworks 文档（.PNG）源文件可以直接导入到 Flash 中，而不需要先导出为其他图形格式。Flash 提供了多种选项，可以控制 Fireworks 层和对象的导入方式。

- Fireworks 还简化了与 Photoshop 等应用程序一起使用的任务。可以将 Photoshop 图形作为可编辑的文件导入和导出，或使用 Fireworks 创建和编辑 HTML。

### 10.5.2　Flash "钢笔" 工具的应用

#### 1. 指定 "钢笔" 工具指针外观

可以指定 "钢笔" 工具指针外观的首选参数，如图 10-220 所示，用于在画线段时预览，或者查看选定锚记点的外观。选定的线段和锚记点是以出现这些线条和点的层的轮廓颜色来显示的。

图 10-220　设置 "首选参数" 上钢笔的显示效果

#### 2. "钢笔" 工具选项

在 "钢笔" 工具选项组中可，设置以下选项。

- "显示钢笔预览" 可以在绘画时预览线段。在单击以创建线段的终点之前，在舞台周围移动指针时，Flash 会显示线段预览。如果未选择该选项，则在创建线段终点之前，Flash 不会显示该线段。如图 10-221 所示。

图 10-221　显示钢笔的预览

- "显示实心点" 将选定的锚记点显示为空心点，并将没有选定的锚记点显示为实心点。如果未选择此选项，则选定的锚记点为实心点，而取消选定的锚记点为空心点。如图 10-222 所示。

图 10-222　显示钢笔的实心点

- "显示精确光标" 指定钢笔工具指针以十字准线指针的形式出现，而不是以默认的钢笔工具图标的形式出现，这样可以提高线条的定位精度。取消选择该选项会显示默认的钢笔工具图标来代表钢笔工具。如图 10-223 所示。工作时按下 Caps Lock 键可在十字准线指针和默认的钢笔工具图标之间进行切换。

图 10-223　显示精确光标

### 10.5.3　Dreamweaver 框架应用问题解决

#### 1. 插入 IFrame 时的注意事项

如果需要在 IFrame 框架中打开新页面，必须将链接地址的打开方式指向页面中 IFrame 框架的名称。例如本例中，页面中 IFrame 的框架名称为 main，因为需要单击页面中的链接时，在 IFrame 框架中打开新的页面，所以设置链接的打开方式 target 为 main。

#### 2. 背景图片显示问题

有时候，在单元格中插入了背景图片，而且在 Dreamweaver 的视窗里也可以看到，但是当预览页面时背景图片就不显示了。遇到这种情况不要着急，检查一下您的代码是否正确。

错误的表格代码：

```
<table width="600" border="0" cellspacing="0"
cellpadding="0">
    <tr background="001.gif">
```

```
        <td height="25"→ </td→
        <td height="25"→ </td→
    </tr→
</table→
```

背景图片确实有 "background= "001.gif" " ，但由于放错了地方，所以显示不出来。把背景属性放在<td→标记里面，然后再预览一次，背景图片就正确显示出来了。

正确的表格代码：

```
<table width="600" border="0" cellspacing="0"
cellpadding="0"→
    <tr→
    <td  height="25"  background="001.gif"  →
```

```
 </td→
        <td  height="25"  background="001.gif"  →
 </td→
    </tr→
</table→
```

### 3. 表格布满页面的问题

为了使页面适应不同的分辨率，通常将表格的大小按百分比设置。如果已经把表格的宽度设置为 100%，但在浏览器上还是不能满屏显示，四周总有一圈空白，可执行 "修改→页面属性" 命令，在弹出的对话框里设置左、右、上、下边距都为 0 就可以了。

# 第11章　游戏类网站页面

游戏类网站的设计最重要的是给浏览者带来趣味和快乐，因此，应该把能唤起人们兴趣和好奇心的有趣要素和内容安排得多一些，同时避免让人产生厌烦感。大部分的游戏网站都会积极地使用虚拟人物或插画等要素，从而增强界面的视觉效果。本章将详细介绍游戏类网站的设计制作。

### ↘ 本章学习目标

- 了解游戏类网站页面的色彩及布局特点
- 掌握网页设计的方法
- 掌握网页菜单动画的制作方法
- 学习使用表格布局制作整个页面
- 掌握网页中表单的制作方法

### ↘ 本章学习流程

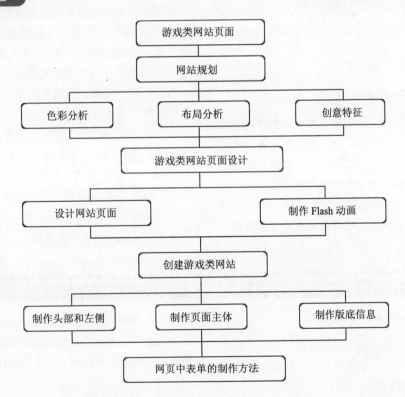

## 11.1 网站规划

游戏类网站需要具有巧妙的构思与出众的创意。游戏类网站通常运用活泼、鲜艳的颜色，在页面中采用强烈的色彩对比，给人一种快乐、舒服的感觉。在游戏网站中同样也会运用虚拟的卡通形象，运用大量的 Flash 动画，为网站营造出一种可爱、活泼、快乐的气氛。本章主要向大家介绍如何设计制作游戏网站，效果如图 11-1 所示。

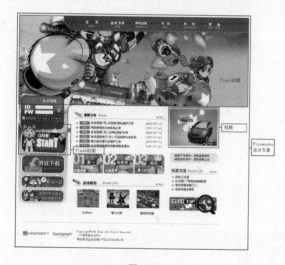

图 11-1

### 11.1.1 游戏类网站分析

创意原则：游戏类网站最重要的是能给浏览者带来乐趣和快乐。在设计游戏类网站时，应该突出表现该游戏的特点、可玩性、趣味性以及游戏中精美的人物和场景设计，运用各种新鲜的创意手法和网页制作技术，游戏网站与众不同，给浏览者留下深刻的印象。

整体原则：游戏类网站的页面整体设计应该更具个性化，能够体现出游戏的特点，页面内容的设计不能过于凌乱，既个性、夸张，整个页面又是一个有机的整体。在页面整体设计上还需要注意图像与配色的处理。

构图原则：大多数的游戏网站都会灵活运用游戏中的卡通造型人物和插图等要素，使浏览者看到网站就能够感受到该游戏的气氛。

内容原则：游戏类网站的内容通常都是与该游戏相关的资讯、排行等，目的是为了引起浏览者的兴趣和好奇心。

色彩原则：游戏类网站的色彩搭配多种多样，很多是根据游戏的主色调进行搭配，也有一些游戏网站会应用游戏的场景作为整个网站页面的背景。各种色彩搭配使用得好，可以提高网站的品位；使用不好，则有可能使网站显得凌乱、嘈杂；所以在使用多种色彩时应该多注意。还有很多游戏类网站以黑色或白色作为网站页面的背景色，主要是因为这可以使页面中插图的效果更明显。

### 11.1.2 游戏类网站创意形式

游戏可以分为网络游戏和休闲游戏这两种风格，在网站的设计上当然也要给浏览者带来不同的视觉效果。网络游戏类网站常使用黑色或灰色做为页面的背景颜色，使人联想到黑暗和死亡，给人留下一种酷酷的印象。这一类网站的页面构成非常精细，通常都会使用游戏中的虚拟人物和插画，营造出游戏场景的感觉，使浏览者仿佛置身于游戏当中。

休闲游戏应该更多地给浏览者带来乐趣，所以该类网站更多地体现出一种快乐、舒适的感觉。网站通常运用鲜艳、丰富的色彩，夸张的卡通虚拟形象和丰富的 Flash 动画，勾起浏览者对网站内容的兴趣，从而达到推广该休闲游戏的目的。休闲游戏就像是一种甜蜜的休息，因此受到了越来越多的人喜爱。

## 11.2 动感欢乐——使用 Fireworks 设计游戏网站

**案例分析**

本实例设计制作一款休闲游戏的网站页面，页面布局并不特别复杂，在页面中应用了 Flash 动画和视频等多种元素体现游戏的互动性和乐趣。

色彩分析：本实例，以纯白色为主背景色，运用冷色调的搭配体现出页面的欢乐和游戏的感觉。

布局设计：本实例最大的布局特点就是将页面的左侧与顶部 Banner 融为一体。将页面顶部的 Banner 和菜单制作成 Flash 动画，体现出游戏场景的感觉。页面属于左右格局，左侧为网站的快速链接按钮，更方便用户操作，右侧为正文部分，用纯白色作为背景色，运用图像、文字、视频相结合，有机排列在一起，使整个页面看起来清晰、有条理，又不失特点。

### 11.2.1 技术点睛

#### 创建网页特效文字

用 Fireworks 能非常容易地制作出各种特效字，它的"样式"面板中附带了很多精心制作的特殊效果，特别适合在网页图像中使用。

① 打开一幅图像文件，选择工具栏中的"文本"工具A，在"属性"面板上设置"文本颜色"值为#990000，并设置相应的文本属性，如图 11-2 所示，在舞台中输入文本，如图 11-3 所示。

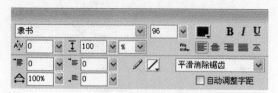

图 11-2　设置"文本"属性

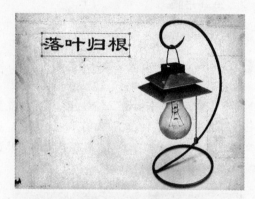

图 11-3　输入文本

② 选择刚刚输入的文本，执行"编辑→复制"菜单命令，再执行"编辑→粘贴"菜单命令，复制一个文本对象，打开"层"面板，如图 11-4 所示。

图 11-4　打开"层"面板

③ 在"层"面板中选中复制的文本对象，调整其填充颜色。在"属性"面板上单击"填充颜色"，在弹出的颜色框中单击"填充选项"按钮，如图 11-5 所示。

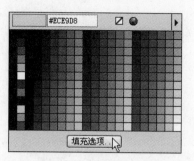

图 11-5　单击"填充选项"按钮

④ 在弹出的面板中将"填充方式"设置为"渐变"方式的"线性"填充，在"渐变方式"下拉列表中选择"紫、橙"方式的渐变，如图 11-6 所示，经过设置后的文本对象效果如图 11-7 所示。

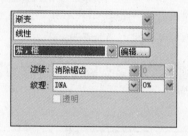

图 11-6　设置"填充方式"属性

图 11-7　文本效果

⑤ 在"层"面板中选中位于上层的文本对象，单击"属性"面板的"滤镜"区域的"添加动态路径或选择预设"按钮+，在弹出的下拉列表中选择"斜角和浮雕→凸起浮雕"菜单命令，在弹出的效果设定框中进行具体设置，如图 11-8 所示，文本效果如图 11-9 所示。

图 11-8　设置"凸起浮雕"属性

图 11-9　文本效果

⑥ 设置完毕后，在"层"面板上选中位于下层的文本对象，单击"属性"面板上的"滤镜"区域的"添加动态路径或选择预设"按钮 **+,**，在弹出的下拉列表中选择"模糊→高斯模糊"菜单命令，在弹出的"高斯模糊"对话框中设置"模糊范围"值为"2"，如图 11-10 所示，文本效果如图 11-11 所示。

图 11-10　设置"高斯模糊"对话框

图 11-11　文本效果

⑦ 在"层"面板上选择位于上层的文本对象，按键盘上的 Ctrl+Shift+D 键，克隆一个相同的文本对象，选中克隆对象，将其所在层的混合模式设为"屏幕"，如图 11-12 所示，文字效果制作完成，如图 11-13 所示。

图 11-12　设置"混合模式"属性

图 11-13　文本效果

## 11.2.2　绘制步骤

### 绘制页面按钮

① 打开 Fireworks CS3，执行"文件→新建"菜单命令，弹出"新建文档"对话框，新建一个大小为 999 像素×975 像素，分辨率为"72 像素/英寸"，画布颜色为"白色"的 Fireworks 文件，如图 11-14 所示。并执行"文件→保存"菜单命令，将文件保存为"CD\源文件\第 11 章\Fireworks\11.png"。

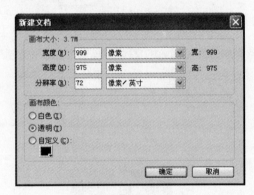

图 11-14　新建 Flash 文档

② 单击文档底部"状态栏"上的"缩放比率"按钮，弹出菜单，选择"50%"选项，设置文档的缩放比率为 50%，将页面呈 50%显示，如图 11-15 所示。

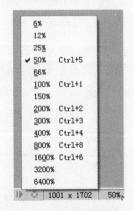

图 11-15　设置页面缩放比率

❸ 单击工具栏中的"矩形"按钮 🔲，在舞台中绘制一个"颜色"值为#FFFFFF 的矩形，选中刚刚绘制的矩形，在"属性"面板上设置矩形的"宽"为"999"，"高"为"975"，如图 11-16 所示，舞台中矩形效果如图 11-17 所示。

图 11-16　设置矩形属性

图 11-17　矩形效果

❹ 单击工具栏中的"圆角矩形"工具 🔲，在舞台的适当位置绘制一个圆角矩形，选择刚刚绘制的圆角矩形，打开"属性"面板，设置"填充颜色"值为#FFFFFF，"填充类别"为"实心"，在"边缘"下拉列表中选择"消除锯齿"选项，"纹理总量"为"0"，如图 11-18 所示。

图 11-18　设置圆角矩形属性

❺ 选择刚刚绘制的圆角矩形，在"属性"面板上设置圆角矩形的"宽"为"192"，"高"为"80"，如图 11-19 所示，圆角矩形效果如图 11-20 所示。

图 11-19　调整圆角矩形大小

图 11-20　圆角矩形效果

❻ 选择工具栏中的"钢笔"工具 🖊，打开"属性"面板，设置"填充颜色"值为#FFFFFF，"填充类别"为"实心"，在"边缘"下拉列表中选择"消除锯齿"选项，"纹理总量"为"0"，设置"笔触颜色"为"无"，如图 11-21 所示。

图 11-21　设置"属性"面板

❼ 在舞台的适当位置绘制路径，如图 11-22 所示。

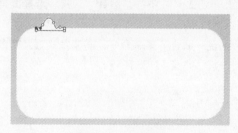

图 11-22　绘制路径

❽ 单击工具栏中的"部分选定"工具 📐，选择刚刚绘制的路径的各个锚点，依次调整各个锚点的方向轴，如图 11-23 所示，使其调整到适当的方向，最后路径效果如图 11-24 所示。

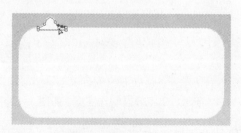

图 11-23　调整锚点上的方向轴

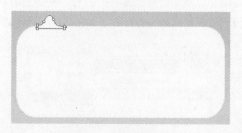

图 11-24　调整路径后效果

❾ 用同样的方法利用"钢笔"工具绘制另外一个路径，如图 11-25 所示，最后效果如图 11-26 所示。

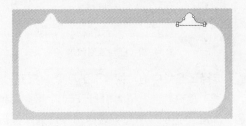

图 11-25　绘制路径

图 11-26　最后效果

❿ 单击工具栏中的"指针"工具，选择圆角矩形及刚刚绘制的两条路径，如图 11-27 所示，执行"修改→组合路径→联合"菜单命令，将圆角矩形及两条路径组合到一起，如图 11-28 所示。

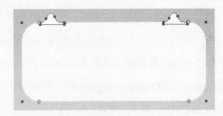

图 11-27　选择圆角矩形及路径

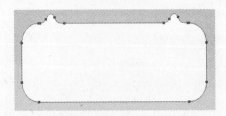

图 11-28　组合路径

⓫ 选择刚刚组合的路径，在"属性"面板上单击"添加动态滤镜或选择预设"按钮，在弹出的对话框中选择"阴影和光晕→投影"，如图 11-29 所示。

图 11-29　添加滤镜属性

⓬ 设置"距离"为"0"，"投影颜色"值为#999999，"不透明度"为"65%"，"柔化"为"4"，"角度"为"315"，设置如图 11-30 所示，路径效果如图 11-31 所示。

图 11-30　设置滤镜属性

图 11-31　路径效果

⓭ 选择组合路径，在"属性"面板上单击"添加动态滤镜或选择预设"按钮，在弹出的对话框中选择"阴影和光晕→内侧阴影"，如图 11-32 所示。

图 11-32　添加滤镜属性

⓮ 设置"距离"为"0"，"投影颜色"值为#999999，"不透明度"为"65%"，"柔化"为"3"，"角度"为"315"，设置如图 11-33 所示，路径效果如图 11-34 所示。

图 11-33　设置滤镜属性

图 11-34　路径效果

⓯ 单击工具栏中的"椭圆"工具，打开"属性"面板，设置"填充颜色"值为#999999，在"边缘"下拉列表中选择"消除锯齿"选项，"纹理总量"为"0"，

"笔触颜色"为"无",如图 11-35 所示。在场景中绘制圆形,如图 11-36 所示。

图 11-35 设置椭圆属性

图 11-36 绘制圆形

⑯ 用同样的方法绘制另外一个圆形,如图 11-37 所示。

图 11-37 绘制圆形

⑰ 单击工具栏中的"圆角矩形"工具 ,在舞台的适当位置绘制一个圆角矩形,选择刚刚绘制的圆角矩形,在"属性"面板上的"填充类别"下拉列表中选择"渐变→线性",打开"填充色"对话框,从左向右分别设置渐变滑块颜色值为 #0082B6、#099CC8、#02627A,如图 11-38 所示。

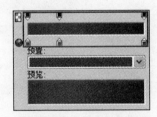

图 11-38 设置填充颜色

⑱ 在"边缘"下拉列表中选择"消除锯齿","纹理"为"点-小","纹理总量"为"11%",设置圆角矩形的"宽"为"97","高"为"32",如图 11-39 所示,圆角矩形效果如图 11-40 所示。

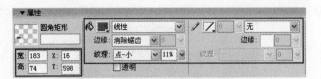

图 11-39 设置圆角矩形属性

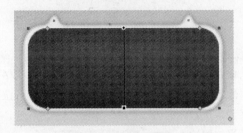

图 11-40 绘制圆角矩形

⑲ 选择刚刚绘制的圆角矩形,在"属性"面板上单击"添加动态滤镜或选择预设"按钮 ,在弹出的对话框中选择"阴影和光晕→内侧阴影",如图 11-41 所示。

图 11-41 添加滤镜属性

⑳ 设置"距离"为"7","投影颜色"值为 #0075AF,"不透明度"为"65%","柔化"为"4","角度"为"97",设置如图 11-42 所示,圆角矩形效果如图 11-43 所示。

图 11-42 设置滤镜属性

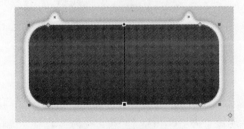

图 11-43 圆角矩形效果

㉑ 执行"文件→导入"菜单命令,将"CD\源文件\第 11 章\Fireworks\素材\gl-1.png"导入到舞台中的适当位置,如图 11-44 所示。

图 11-44　导入素材

㉒ 单击工具栏中的"文本"工具 Ａ，打开"属性"面板，设置"字体"为"黑体"，"大小"为"24"，"文本颜色"为#FFFFFF，在"消除锯齿级别"下拉列表中选择"匀边消除锯齿"选项，如图 11-45 所示。在舞台的适当位置输入文本，如图 11-46 所示。

图 11-45　设置文本属性

图 11-46　输入文本

㉓ 选择刚刚输入的文本，在"属性"面板上单击"添加动态滤镜或选择预设"按钮 ➕，在弹出的对话框中选择"阴影和光晕→投影"，如图 11-47 所示。

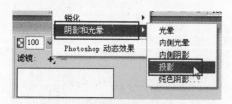

图 11-47　添加滤镜属性

㉔ 设置"距离"为"7"，"投影颜色"值为#000000，"不透明度"为"65%"，"柔化"为"3"，"角度"为"315"，设置如图 11-48 所示，文本效果如图 11-49 所示。

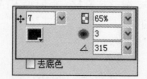

图 11-48　设置滤镜属性

图 11-49　文本效果

㉕ 单击工具栏中的"文本"工具 Ａ，打开"属性"面板，设置"字体"为"Arial"，"大小"为"11"，"文本颜色"值为#6FABCD，在"消除锯齿级别"下拉列表中选择"匀边消除锯齿"选项，如图 11-50 所示。在舞台的适当位置输入文本，如图 11-51 所示。

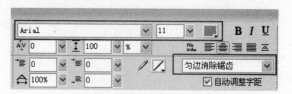

图 11-50　设置文本属性

图 11-51　输入文本

㉖ 用相同的绘制方法可以绘制出其他按钮，效果如图 11-52 所示。

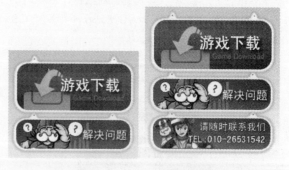

图 11-52　部分按钮绘制效果

　绘制页面公告

㉗ 执行"文件→导入"菜单命令，将"CD\源文件\第 11 章\Fireworks\素材\image3.jpg"导入到舞台中的适当位置，如图 11-53 所示。

图 11-53　导入素材

28 单击工具栏中的"文本"工具 A，打开"属性"面板，设置"字体"为"宋体"，"大小"为"13"，"文本颜色"值为#000000，设置为"粗体"，在"消除锯齿级别"下拉列表中选择"不消除锯齿"选项，如图 11-54 所示。在舞台的适当位置输入文本，如图 11-55 所示。

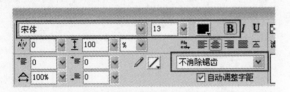

图 11-54　设置文本属性

图 11-5　输入文本

29 单击工具栏中的"多边形"工具 ○，打开"属性"面板，设置"填充颜色"值为#9B9B9B，"填充类别"为"实心"，在"边缘"下拉列表中选择"实边"选项，在"形状"下拉列表中选择"多边形"选项，设置"边数"为"3"，如图 11-56 所示。

图 11-56　设置多边形属性

30 在舞台的适当位置绘制多边形，选择刚刚绘制的多边形，在"属性"面板上设置"宽"为"3"，"高"为"5"，如图 11-57 所示，舞台中多边形效果如图 11-58 所示。

图 11-57　调整多边形大小

图 11-58　多边形效果

31 单击工具栏中的"矩形"工具 □，打开"属性"面板，设置"填充颜色"值为#F8931D，"填充类别"为"实心"，在"边缘"下拉列表中选择"清除锯齿"选项，设置"纹理总量"为"0"，如图 11-59 所示，设置"笔触颜色"为"无"。

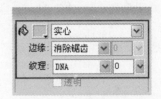

图 11-59　设置矩形属性

32 在舞台的适当位置绘制矩形，选择刚刚在舞台中绘制的矩形，在"属性"面板上设置"宽"为"390"，"高"为"2"，如图 11-60 所示，调整后的矩形效果如图 11-61 所示。

图 11-60　调整矩形大小

图 11-61　调整后矩形效果

33 执行"文件→导入"菜单命令，将"CD\源文件\第 11 章\Fireworks\素材\image14.jpg"导入到舞台中的适当位置，如图 11-62 所示。

图 11-62　导入素材

34 单击工具栏中的"圆角矩形"工具 □，在舞台的适当位置绘制一个圆角矩形，选择刚刚绘制的圆角矩形，打开"属性"面板，设置"填充颜色"值为#609DBC，"填充类别"为"实心"，在"边缘"下拉列表中选择"实边"选项，"纹理总量"为"0"，设置"笔触颜色"为#6D869C，"笔尖大小"为"1"，"描边种类"为"柔化圆形"，如图 11-63 所示。

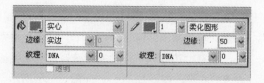

图 11-63　设置圆角矩形属性

㉟ 在舞台中绘制圆角矩形，在"属性"面板上设置圆角矩形的"宽"为"43"，"高"为"13"，如图11-64 所示，圆角矩形效果如图 11-65 所示。

图 11-64　调整圆角矩形大小

图 11-65　圆角矩形效果

㊱ 根据上述设置文本属性以及输入文本的方法输入文本，如图 11-66 所示。

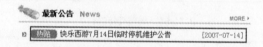

图 11-66　输入文本

㊲ 用同样方法制作出最新公告部分的其他部分，如图 11-67 所示。

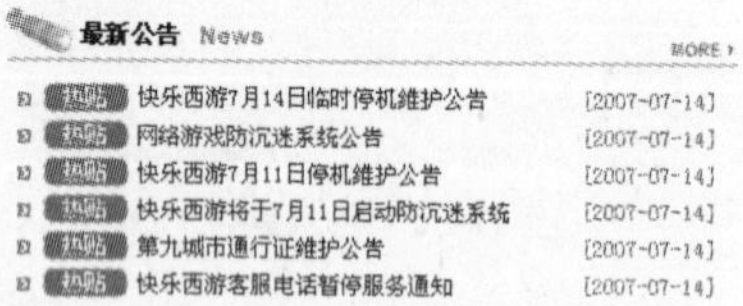

图 11-67　最新公告部分完成效果

㊳ 执行"文件→导入"菜单命令，将"CD\源文件\第 11 章\Fireworks\素材\image4.jpg"导入到舞台中的适当位置，如图 11-68 所示。

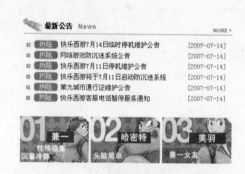

图 11-68　导入素材

㊴ 用同样方法将其他素材导入到舞台中，完成公告部分的绘制，效果如图 11-69 所示。

图 11-69　最新公告部分的绘制效果

㊵ 根据前面讲解的绘制页面的方法，完成页面中其他部分的绘制，页面效果如图 11-70 所示。

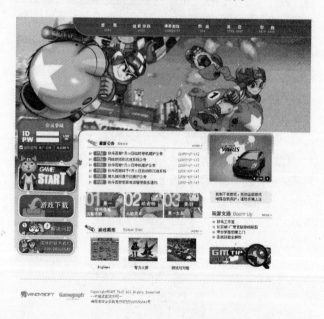

图 11-70　完成后效果预览

## 11.3　炮弹飞车——Flash 滤镜的应用

### 11.3.1　动画分析

本例制作过程中，读者要注意"图形"元件、"按钮"元件和"影片剪辑"元件的综合运用。熟悉时间轴上帧标签的使用方法。

做 Flash 按钮最重要的是创意而不是技术，由于按钮的特殊性，通常按钮动画都是鼠标移动到按钮上触发一个动作事件，产生动画，不需很复杂的动画过程。

### 11.3.2　技术点睛

#### 1．滤镜的基础和类型

当启动 Flash 以后，"滤镜"面板将与"属性"面板并列在一起，需要使用滤镜时，只需单击"滤镜"选项卡，即可切换到滤镜面板中。

滤镜效果只适用于文本、影片剪辑和按钮中。当场景中的对象不适合应用滤镜效果时，滤镜面板中的加号按钮处于灰色的不可用状态。在场景中输入一段文字，或插入一个影片剪辑，选中元件，加号按钮会变为可用状态。单击加号按钮，可以显示滤镜列表、滤镜的预设和滤镜的管理。

如果要删除、启用或禁用全部滤镜效果时，直接执行弹出菜单中的"删除全部"、"启用全部"、"禁用全部"命令即可。

#### 2．从 Fireworks PNG 文件中导入滤镜

Flash 8 支持 Fireworks 中的滤镜和混合模式。导入 Fireworks PNG 的文件时，可以保留很多应用于 Fireworks 中对象的滤镜和混合模式，在导入到 Flash 中后可以在 Flash 中继续修改这些滤镜和混合。

作为文本或影片剪辑导入的对象，Flash 只支持可修改的滤镜和混合。如果要导入的 Fireworks PNG 文件中包含了 Flash 不支持的滤镜或混合，在导入过程中必须将其光栅化。完成此项操作后，将无法对该文件进行编辑。

Flash 把表 11-1 所列的 Fireworks 效果作为可修改的滤镜导入。

表 11-1　Flash 可修改的滤镜

| Fireworks 效果 | Flash 滤镜 |
| --- | --- |
| 投影 | 投影 |
| 实心阴影 | 投影 |
| 内侧阴影 | 投影 |
| 模糊 | 模糊（其中 blurX = blurY=1） |
| 更模糊 | 模糊（其中 blurX = blurY=1） |
| 高斯模糊 | 模糊 |
| 调整颜色对比度 | 调整颜色 |
| 调整颜色亮度 | 调整颜色 |

Flash 把表 11-2 所列的 Fireworks 效果作为可修改的混合模式导入。

表 11-2　Flash 可修改的混合模式

| Fireworks 混合模式 | Flash 混合模式 |
| --- | --- |
| 正常 | 正常 |
| 变暗 | 变暗 |
| 色彩增殖 | 色彩增殖 |
| 变亮 | 变亮 |
| 滤色 | 滤色 |
| 叠加 | 叠加 |
| 强光 | 强光 |
| 添加 | 增加 |
| 差异 | 差异 |
| 反色 | 反色 |
| Alpha | Alpha |
| 擦除 | 擦除 |

#### 3．创建预设滤镜库

有些滤镜效果在同一个文件或不同的文件中经常会被使用，读者可以创建一个预设滤镜库，将经常用到的滤镜保存其中。

可以执行"预设→另存为"命令，弹出"将预设另存为"对话框，输入自定义的名称后，单击"确定"按钮，即可将滤镜效果保存，以便直接应用到其他的对象中。当要为动画中的多个对象应用同样的滤镜效果组合时，使用此命令可以大大提高工作效率。

#### 4．投影和模糊

投影：投影滤镜包括的参数很多，效果类似于 Photoshop 中的投影效果。包括的参数有：模糊、强度、品质、颜色、角度、距离、挖空、内侧阴影和隐藏对象等，其具体属性如下。

模糊：可以指定投影的模糊程度，可分别对 $X$ 轴和 $Y$ 轴两个方向设定，取值范围为 0～100。如果单击"X"和"Y"后的锁定按钮，可以解除 $X$，$Y$ 方向的比例锁定。

强度：设定投影的强烈程度。取值范围为 0%～1000%，数值越大，投影的显示越清晰强烈。

品质：设定投影的品质高低。可以选择"高"、"中"、"低"三项参数，品质越高，投影越清晰。

颜色：设定投影的颜色。单击"颜色"按钮，可以打开调色板选择颜色。

角度：设定投影的角度，取值范围为 0～360 度。

距离：设定投影的距离大小，取值范围为 −32 到 32。

挖空：将投影作为背景的基础上，挖空对象的显示。

内侧阴影：设置阴影的生成方向指向对象内侧。

隐藏对象：只显示投影而不显示原来的对象。

投影效果如图 11-71 所示。设置"属性"面板如图 11-72 所示。

图 11-71　投影效果

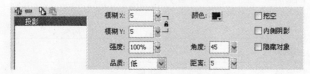

图 11-72　设置"属性"面板

**5. 模糊滤镜**

模糊滤镜的参数比较少，主要包括模糊和品质两项参数。

模糊：可以指定模糊程度，可分别对 $X$ 轴与 $Y$ 轴两个方向设定，取值范围为 0～100。如果单击"X"和"Y"后的锁定按钮，可以解除 $X$，$Y$ 方向的比例锁定，再次单击可以锁定比例。

品质：设定模糊的品质高低。可以选择"高"、"中"、"低"三项参数，品质越高，模糊效果越明显。

模糊效果如图 11-73 所示。设置"属性"面板如图 11-74 所示。

图 11-73　模糊效果

图 11-74　设置"属性"面板

**6. 发光和渐变发光**

发光滤镜的效果也类似于 Photoshop 中的发光效果，可控参数有模糊、强度、品质、挖空和内侧发光等。

模糊：可以指定发光的模糊程度，可分别对 $X$ 轴和 $Y$ 轴两个方向设定，取值范围为 0～100。如果单击"X"和"Y"后的锁定按钮，可以解除 $X$，$Y$ 方向的比例锁定，再次单击可以锁定比例。

强度：设定发光的强烈程度。取值范围为 0%～

1000%，数值越大，发光的显示越清晰强烈。

品质：设定发光的品质高低。可以选择"高"、"中"、"低"三项参数，品质越高，发光越清晰。

挖空：将发光效果作为背景，挖空对象的显示。

内侧发光：设置发光的生成方向指向对象内侧。

渐变发光滤镜的效果和发光滤镜的效果基本一样，只是可以调节发光的颜色为渐变颜色，还可以设置角度、距离和类型。可控参数有模糊、强度、品质、挖空、角度、距离、类型、渐变色等。

模糊：可以指定渐变发光的模糊程度，可分别对 $X$ 轴和 $Y$ 轴两个方向设定。取值范围为 0～100。如果单击"X"和"Y"后的锁定按钮，可以解除 $X$，$Y$ 方向的比例锁定，再次单击可以锁定比例。

强度：设定渐变发光的强烈程度。取值范围为 0%～1000%，数值越大，渐变发光的显示越清晰强烈。

品质：设定渐变发光的品质高低。可以选择"高"、"中"、"低"三项参数，品质越高，发光越清晰。

挖空：将渐变发光效果作为背景，然后挖空对象的显示。

角度：设置渐变发光的角度，取值范围为 0～360 度。

距离：设置渐变发光的距离大小，取值范围为 –32 至 32。

类型：设置渐变发光的应用位置，可以是内侧、外侧或强制齐行。

渐变色：面板中的渐变色条默认情况下为白色到黑色的渐变色。将鼠标指针移动到色条上，如果出现了带加号的鼠标指针，则表示可以在此处增加新的颜色控制点。如果要删除颜色控制点，只需拖动它到相邻的一个控制点上，当两个点重合时，就会删除被拖动的控制点。单击控制点上的颜色块，会弹出系统调色板选择要改变的颜色。

发光效果如图 11-75 所示。设置"属性"面板如图 11-76 所示。

图 11-75　发光效果

图 11-76　设置"属性"面板

**7. 斜角和渐变斜角**

使用斜角滤镜可以制作出立体的浮雕效果，其可控参数主要有模糊、强度、品质、阴影、加亮、角度、距离、挖空和类型等。

模糊：可以指定斜角的模糊程度，可分别对 $X$ 轴和 $Y$ 轴两个方向设定，取值范围为 0～100。如果单击"X"和"Y"后的锁定按钮，可以解除 $X$，$Y$ 方向的比例锁定。

强度：设定斜角的强烈程度。取值范围为 0%～1000%，数值越大，斜角的效果越明显。

品质：设定斜角倾斜的品质高低。可以选择"高"、"中"、"低"三项参数，品质越高，斜角效果越明显。

阴影：设置斜角的阴影颜色。可以在调色板中选择颜色。

加亮：设置斜角的高光加亮颜色，也可以在调色板中选择颜色。

角度：设置斜角的角度，取值范围为 0～360 度。

距离：设置斜角距离对象的大小，取值范围为 −32 至 32。

挖空：将斜角效果作为背景，然后挖空对象部分的显示。

类型：设置斜角的应用位置，可以是内侧、外侧和整个，如果选择整个，则在内侧和外侧同时应用斜角效果。

使用渐变斜角滤镜同样也可以制作出比较逼真的立体浮雕效果，它的控制参数和斜角滤镜的相似，所不同的是它更能精确控制斜角的渐变颜色。

模糊、强度、品质、角度、距离、挖空和类型的参数含义和斜角滤镜的含义一样，这里就不再讲解。

面板中的渐变色条为控制斜角渐变颜色的工具。将鼠标指针移动到色条上，如果出现了带加号的鼠标指针，则表示可以在此处增加新的颜色控制点。如果要删除颜色控制点，只需拖动它到相邻的一个控制点上，当两个点重合时，就会删除被拖动的控制点。单击控制点上的颜色块，会弹出系统调色板让我们选择要改变的颜色。它的用法和渐变发光中的颜色控制是一样的。

斜角效果如图 11-77 所示。设置"属性"面板如图 11-78 所示。

图 11-77　斜角效果

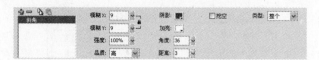

图 11-78　"属性"面板

### 11.3.3　制作步骤

制作导航菜单动画

① 打开 Flash CS3，执行"文件→新建"菜单命令，弹出"新建文档"对话框，新建一个空白的 Flash 文件（ActionScript 2.0），并执行"文件→保存"菜单命令，将文件保存为"CD\源文件\第 11 章\Flash\7-1.fla"，如图 11-79 所示。

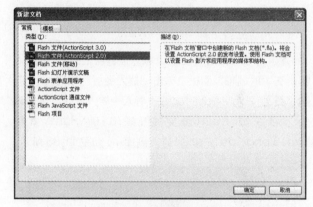

图 11-79　新建 Flash 文档

② 在"属性"面板上单击"文档属性"按钮，弹出"文档属性"对话框，在"文档属性"对话框上的"尺寸"为 1000 像素×374 像素，"背景颜色"值为 #CCCCCC，"帧频"值为"36"，如图 11-80 所示。

图 11-80　设置"文档属性"

③ 执行"插入→新建元件"菜单命令，弹出"创建新元件"对话框，新建一个"影片剪辑"元件，名称命名为"火星 1"，如图 11-81 所示。

图 11-81　创建新元件

④ 单击"图层 1"第 1 帧,执行"文件→导入→导入到舞台"菜单命令,将图像"CD\源文件\第 3 章\Flash\素材\aa12.png"导入到场景中,并调整到合适的位置,如图 11-82 所示。

图 11-82　导入位图

⑤ 单击"图层 1"第 15 帧,按键盘上的 F5 键插入帧。在"时间轴"面板上单击"插入图层"按钮,新建"图层 2",执行"文件→导入→导入到库"菜单命令,将图像"CD\源文件\第 3 章\Flash\素材\aa13.png~aa17.png"导入到库中,如图 11-83 所示。

图 11-83　导入位图

⑥ 单击"图层 2"第 1 帧,将"库"面板中的 aa13.png 拖到场景的适当位置,如图 11-83 所示。分别单击"图层 2"第 2,3,4,5 帧,按键盘上的 F6 键插入关键帧,依次将 aa14.png~aa17.png 拖到场景的适当位置,如图 11-84 所示。

图 11-84　将位图拖到场景中

⑦ 单击"图层 2"第 6 帧,执行"文件→导入→导入到舞台"菜单命令,将图像"CD\源文件\第 3 章\Flash\素材\aa18.png"导入到场景的适当位置,如图 11-85 所示。

图 11-85　导入位图

⑧ 在"时间轴"面板上单击"插入图层"按钮,新建"图层 3"。单击"图层 3"第 7 帧,按键盘上的 F6 键插入关键帧,将"库"面板中的 aa13.png 拖到场景的适当位置并将其等比例缩小,如图 11-86 所示。

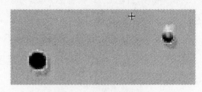

图 11-86　导入位图

⑨ 分别单击"图层 3"第 8,9,10,11 帧,按键盘上的 F6 键插入关键帧,依次将 aa14.png~aa17.png 拖到场景的适当位置,并将位图等比例缩小到场景的适当大小,时间轴效果如图 11-87 所示。

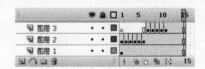

图 11-87　时间轴效果

⑩ 在"时间轴"面板上单击"插入图层"按钮,新建"图层 4",单击"图层 4"第 15 帧,按键盘上的 F6 键插入关键帧,在"动作"面板上输入"stop ();"脚本语言,如图 11-88 所示。

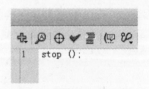

图 11-88　输入脚本语言

⑪ 执行"插入→新建元件"菜单命令,弹出"创建新元件"对话框,新建一个"影片剪辑"元件,名称命名为"烟 1",如图 11-89 所示。

图 11-89　新建元件

⑫　单击"图层 1"第 1 帧，在场景的适当位置绘制一团烟状的图形，如图 11-90 所示。选择刚刚在场景中绘制的烟状图形，按快捷键 F8 键将其转换为"图形"元件，并命名为"烟 2"，如图 11-91 所示。

图 11-90　绘制图形

图 11-91　将图形转换为元件

⑬　单击"图层 1"第 7 帧，按键盘上的 F6 键插入关键帧。将该帧上的"烟 2"元件向上移动到场景的适当位置，并将其等比例放大，如图 11-92 所示。在"属性"面板上设置"颜色"下拉列表中的"Alpha"值为"50%"，效果如图 11-93 所示。

图 11-92　调整元件大小

图 11-93　设置元件属性

⑭　在"时间轴"面板上单击"插入图层"按钮 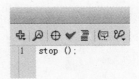，新建"图层 2"。单击"图层 2"第 8 帧，按键盘上的 F6 键插入关键帧，在"动作"面板上输入"stop ();"脚本语言，如图 11-94 所示。

图 11-94　输入脚本语言

⑮　执行"插入→新建元件"菜单命令，弹出"创建新元件"对话框，新建一个"影片剪辑"元件，名称命名为"弹 1"，如图 11-95 所示。

图 11-95　创建新元件

⑯　单击"图层 1"第 1 帧，执行"文件→导入→导入到舞台"菜单命令，将图像"CD\源文件\第 3 章\Flash\素材\aa23.png"导入到场景的适当位置，如图 11-96 所示。按快捷键 F8 键，将位图转换为"图形"元件，并命名为"弹 2"，如图 11-97 所示。

图 11-96　导入位图

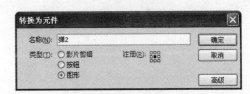

图 11-97　将位图转换为元件

⑰　分别单击"图层 1"第 2，3，4，5 帧，按键盘上的 F6 键插入关键帧，分别选择各帧上 aa23.png，依次适当地调整位图的"角度"及"颜色"下拉列表中的"Alpha"值，效果分别如图 11-98、图 11-99 所示面板设置分别如图 11-100、图 11-101 所示。

图 11-98　调整角度　　　图 11-99　调整颜色

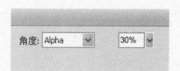

图 11-100　设置属性

图 11-101　设置属性

⑱ 在"时间轴"面板上单击"插入图层"按钮□，新建"图层 2"。单击"图层 2"第 3 帧，按键盘上的 F6 键插入关键帧，将"库"面板中的"烟 1"元件拖到场景的适当位置，并将其等比例放大到场景的适当大小，如图 11-102 所示。

图 11-102　将元件拖到场景中

⑲ 在"时间轴"面板上单击"插入图层"按钮□，新建"图层 3"。单击"图层 3"第 5 帧，按键盘上的 F6 键插入关键帧，将"库"面板中的"烟 1"元件拖到场景的适当位置，并将其等比例放大到场景的适当大小，如图 11-103 所示。

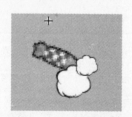

图 11-103　将元件拖到场景中

⑳ 在"时间轴"面板上单击"插入图层"按钮□，新建"图层 4"。单击"图层 4"第 5 帧，按键盘上的 F6 键插入关键帧，在"动作"面板上输入"stop ();"脚本语言，时间轴效果如图 11-104 所示。

图 11-104　输入脚本语言

㉑ 执行"插入→新建元件"菜单命令，弹出"创建新元件"对话框，新建一个"影片剪辑"元件，名称命名为"人物 1"，如图 11-105 所示。

图 11-105　创建新元件

㉒ 单击"图层 1"第 1 帧，执行"文件→导入→导入到舞台"菜单命令，将图像"CD\源文件\第 3 章\Flash\素材\aa23.png"导入到场景的适当位置，如图 11-106 所示。

图 11-106　导入位图

㉓ 单击"图层 1"第 71 帧，按键盘上的 F5 键插入帧。在"时间轴"面板上单击"插入图层"按钮□，新建"图层 2"，将"图层 2"拖到"图层 1"的下方，如图 11-107 所示。

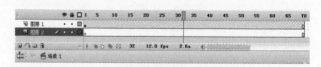

图 11-107　调整层的位置

㉔ 执行"文件→导入→导入到库"菜单命令，将图像"CD\源文件\第 3 章\Flash\素材\aa8.png"导入到库中。

㉕ 单击"图层 2"第 33 帧，按键盘上的 F6 键插入关键帧，将"库"面板中的 aa8.png 拖到场景适当位置，如图 11-108 所示。用鼠标拖动"图层 2"的第 33 帧到第 51 帧，按键盘上的 F6 键插入关键帧，如图 11-109 所示。

图 11-108　将元件拖到场景

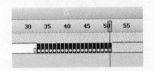

图 11-109　插入多个关键帧

 提示

在制作逐帧动画时，应该注意每帧上图形的位置，建议使用键盘进行调整。

㉖ 分别选择"图层 2"第 34，37，39，41，43，44，48，50，52 帧，将帧上的位图删除，时间轴效果如图 11-110 所示。

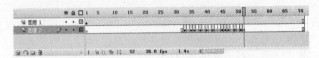

图 11-110　时间轴效果

㉗ 执行"插入→新建元件"菜单命令，弹出"创建新元件"对话框，新建一个"影片剪辑"元件，名称命名为"人物 2"，如图 11-111 所示。

图 11-111　创建新元件

㉘ 执行"文件→导入→导入到库"菜单命令，将图像"CD\源文件\第 3 章\Flash\素材\aa2.png~aa6.png"导入到库中，按照上述方法制作出射击动作的补间动画，时间轴显示如图 11-112 所示，动画效果如图 11-113 所示。

图 11-112　最后效果　　图 11-113　最后效果

㉙ 执行"插入→新建元件"菜单命令，弹出"创建新元件"对话框，新建一个"影片剪辑"元件，名称命名为"人物 3"，如图 11-114 所示。

图 11-114　创建新元件

㉚ 单击"图层 1"第 16 帧，按键盘上的 F6 键插入关键帧，将"库"面板中的"人物 1"元件拖到场景的适当位置。

㉛ 单击该层上的第 19，25，39，45，95，145 帧，按键盘上的 F6 键插入关键帧，如图 11-115 所示。选择各帧上的"人物 1"元件，适当地调整各元件的大小及位置，制作出"人物 1"元件飞出的效果，如图 11-116 所示。

图 11-115　最后效果　　图 11-116　最后效果

㉜ 单击"图层 1"第 71 帧，按键盘上的 F6 键插入关键帧，在"动作"面板上输入"stop();"脚本语言，如图 11-117 所示，时间轴效果如图 11-118 所示。

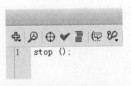

```
1    stop ();
```

图 11-117　输入脚本语言

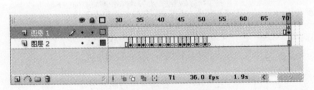

图 11-118　时间轴效果

㉝ 执行"插入→新建元件"菜单命令，弹出"创建新元件"对话框，新建一个"影片剪辑"元件，名称命名为"人物 4"，如图 11-119 所示。

图 11-119　创建新元件

❸❹ 将"库"面板中的"人物 2"元件拖到场景的适当位置，按照制作"人物 3"元件的方法制作"人物 4"元件的补间动画，如图 11-120 所示。

图 11-120　最后效果

❸❺ 执行"插入→新建元件"菜单命令，弹出"创建新元件"对话框，新建一个"按钮"元件，名称命名为"按钮 1"，如图 11-121 所示。分别单击"指针经过"、"按下"、"点击"帧，按键盘上的 F6 键插入关键帧。

图 11-121　创建新元件

❸❻ 单击"点击"帧，在场景的中心位置绘制一个"笔触颜色"为无，"填充颜色"为任意色的矩形，如图 11-122 所示。在"属性"面板上设置矩形的"高"、"宽"，如图 11-123 所示。

图 11-122　在场景中绘制矩形

图 11-123　设置矩形属性

❸❼ 执行"插入→新建元件"菜单命令，弹出"创建新元件"对话框，新建一个"图形"元件，名称命名

为"字 1"，如图 11-124 所示。

图 11-124　创建新元件

❸❽ 选择文本工具，在"属性"面板上设置"字体"为"迷您简琥珀"、"字体大小"为"14"磅、"填充颜色"为#002C39，在场景的中心位置输入"首"字，切换为粗体，如图 11-125 所示，效果如图 11-126 所示。

图 11-125　设置文本属性

图 11-126　输入字体

❸❾ 在"时间轴"面板上单击"插入图层"按钮，新建"图层 2"。选择文本工具，在"属性"面板上设置"字体"为"迷您简琥珀"、"字体大小"为"13"磅、"填充颜色"为#FFFFFF，在场景的中心位置输入"首"字，如图 11-127 所示，效果如图 11-128 所示。

图 11-127　设置文本属性

图 11-128　输入文本

❹❶ 执行"插入→新建元件"菜单命令，弹出"创建新元件"对话框，新建一个"图形"元件，名称命名为"字 2"，如图 11-129 所示。按照上述方法输入文本"页"字，如图 11-130 所示。

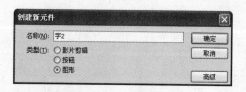

图 11-129　创建新元件

图 11-130　输入文本

**41** 执行"插入→新建元件"菜单命令，弹出"创建新元件"对话框，新建一个"影片剪辑"元件，名称命名为"下拉字 1"，如图 11-131 所示。

图 11-131　创建新元件

**42** 单击"图层 1"第 1 帧，在场景中输入"新游戏"，如图 11-132 所示，在"属性"面板上设置文本属性。单击"图层 1"第 2 帧，选择该帧上的文本，在"属性"面板上将其"颜色"值改为 #00FFFF，效果如图 11-133 所示。

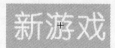

图 11-132　输入文本

图 11-133　改变文本属性

**43** 在"时间轴"面板上单击"插入图层"按钮 ，新建"图层 2"。单击"图层 2"第 2 帧，将"库"面板中的"弹 1"元件拖到场景的适当位置，如图 11-134 所示。

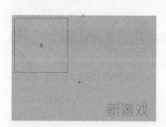

图 11-134　将元件拖到场景中

**44** 在"时间轴"面板上单击"插入图层"按钮 ，新建"图层 3"。在"动作"面板上输入"stop ();"脚本语言，如图 11-135 所示。删除"图层 3"第 2 帧，如图 11-136 所示。

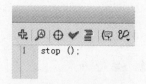

图 11-135　输入脚本语言

图 11-136　时间轴效果

**45** 用相同的方法制作出其他下拉字的动画。

**46** 执行"插入→新建元件"菜单命令，弹出"创建新元件"对话框，新建一个"影片剪辑"元件，名称命名为"下拉菜单 1"，如图 11-137 所示。

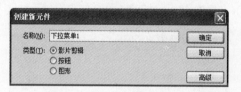

图 11-137　创建新元件

**47** 单击"图层 1"第 2 帧，将"库"面板中的"下拉字 1"元件拖到场景的适当位置。选择"下拉字 1"元件，在"属性"面板上设置"实例名称"为"sub01"，如图 11-138 所示。

图 11-138　设置实例名称

**48** 单击"图层 1"第 4，5 帧，按键盘上的 F6 键插入关键帧，分别适当地调整第 2，4，5 帧上的"下拉字 1"元件的大小，在第 2 帧处创建补间动画，在第 14 帧处插入帧。

**49** 用相同的方法制作出其他层上元件的动画，如图 11-139 所示，时间轴效果如图 11-140 所示。

图 11-139　最后效果

**50** 最后新建一层，在"动作"面板上输入脚本语言，如图 11-141 所示，详细内容请查看源文件。

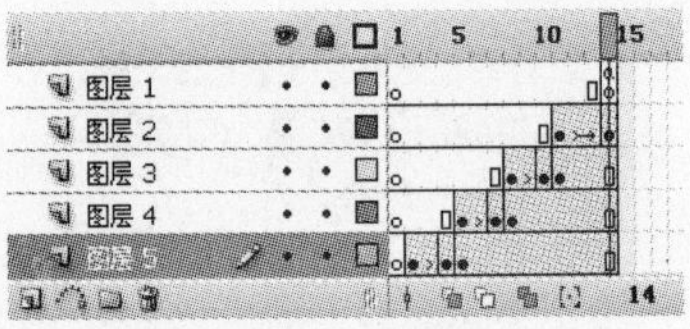


图 11-140　时间轴效果

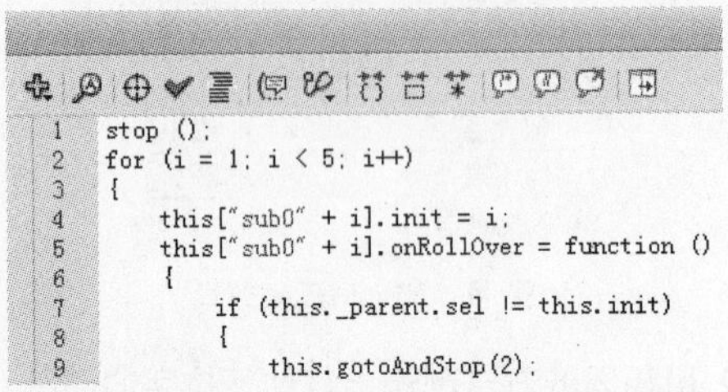

```
stop ();
for (i = 1; i < 5; i++)
{
    this["sub0" + i].init = i;
    this["sub0" + i].onRollOver = function ()
    {
        if (this._parent.sel != this.init)
        {
            this.gotoAndStop(2);
```

图 11-141　输入脚本语言

(51) 执行“插入→新建元件”菜单命令，弹出“创建新元件”对话框，新建一个“影片剪辑”元件，名称命名为“导航 1”，如图 11-142 所示。

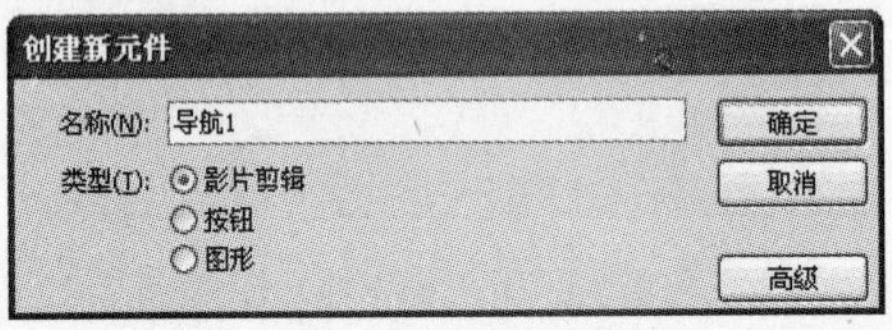


图 11-142　创建新元件

(52) 单击“图层 1”第 1 帧，将“库”面板中的“火星 1”元件拖到场景的适当位置。单击“图层 1”第 14 帧，按键盘上的 F5 键插入帧。如图 11-143 所示

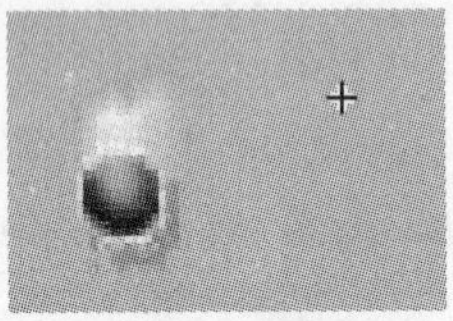

图 11-143　将元件拖到场景中

(53) 在“时间轴”面板上单击“插入图层”按钮，新建“图层 2”。将“库”面板中的“字 1”元件拖到场景适当位置，如图 11-144 所示。分别单击“图层 2”第 2，5，6 帧，按键盘上的 F6 键插入关键帧。

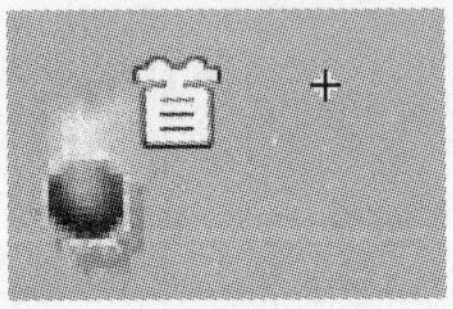

图 11-144　将元件拖到场景中

(54) 分别选择“图层 2”第 5，6 帧上的“字 1”元件，将其等比例放大到适当大小，依次在“属性”面板上设置“颜色”的“亮度”和“高级”选项，调整后效果分别如图 11-145、图 11-146 所示。

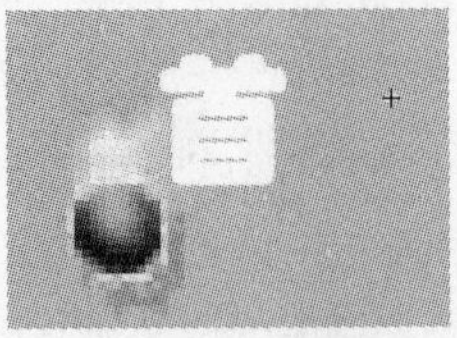

图 11-145　第 5 帧显示效果

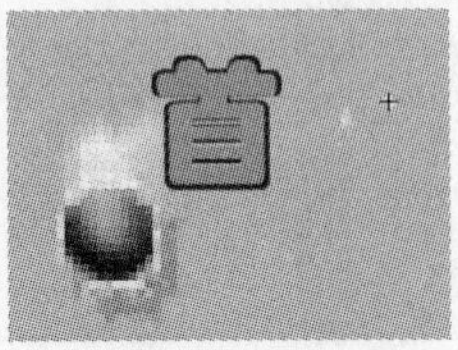

图 11-146　第 6 帧显示效果

(55) 在“时间轴”面板上单击“插入图层”按钮，新建“图层 3”。将“字 2”元件拖到场景的适当位置，按照设置“字 1”元件的相同方法，对“字 2”元件进行相同的设置，最后效果分别如图 11-147、图 11-148 所示。

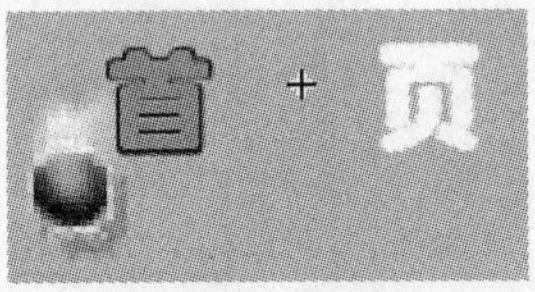

图 11-147　第 11 帧显示效果

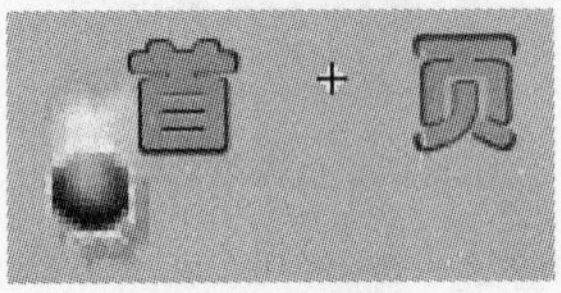

图 11-148　第 12 帧显示效果

(56) 在“时间轴”面板上单击“插入图层”按钮，新建“图层 4”。将“库”面板中的“按钮 1”元件拖到场景的适当位置，并放大到适当大小，如图 11-149 所示。

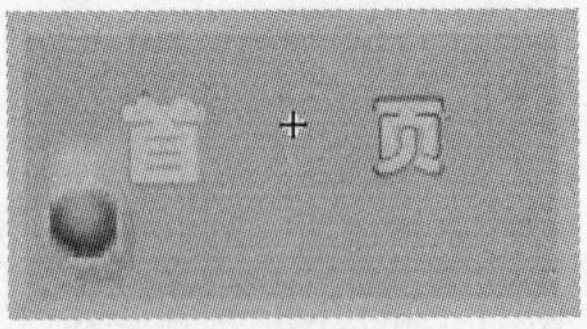

图 11-149　将元件拖到场景中

(57) 选择“按钮 1”元件，在“属性”面板上设置“实例名称”为“bn”，如图 11-150 所示。

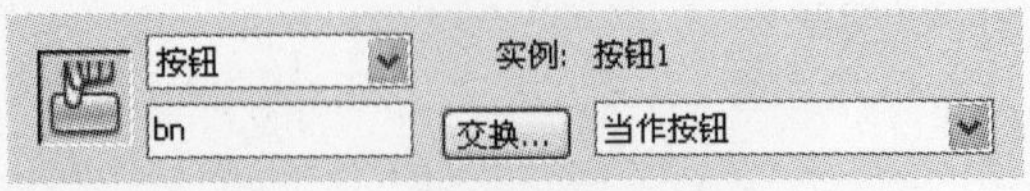


图 11-150　设置实例名称

⑤⑧ 在"时间轴"面板上单击"插入图层"按钮⬜，新建"图层 5"。单击"图层 5"第 2 帧，在场景中绘制如图 11-151 所示图形。单击"图层 5"第 9 帧，在场景中绘制如图 11-152 所示图形。

图 11-151　在场景中绘制图形

图 11-152　在场景中绘制图形

⑤⑨ 在"时间轴"面板上单击"插入图层"按钮⬜，新建"图层 6"。在第 12 帧处插入关键帧，将"库"面板中的"下拉菜单 1"元件拖到场景的适当位置，如图 11-153 所示。删除第 13，14 帧。

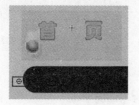

图 11-153　将元件拖到场景中

⑥⓪ 在"时间轴"面板上单击"插入图层"按钮⬜，新建"图层 7"。在第 12 帧处插入关键帧，选择该帧，在"属性"面板上设置帧标签为"endmotion"，如图 11-154 所示，删除第 13，14 帧，时间轴效果如图 11-155 所示。

图 11-154　设置帧标签

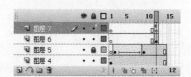

图 11-155　时间轴效果

⑥① 在"时间轴"面板上单击"插入图层"按钮⬜，新建"图层 8"，单击"图层 8"第 1 帧，在"动作"面板上输入"stop ();"脚本语言，如图 11-156 所示。

图 11-156　输入脚本语言

⑥② 单击"图层 8"第 14 帧，在"动作"面板上输入脚本语言，如图 11-157 所示。

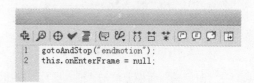

图 11-157　输入脚本语言

⑥③ 用相同的方法制作出其他导航动画元件。

⑥④ 单击"时间轴"面板上的"场景 1"按钮，返回到场景 1 中。执行"文件→导入→导入到舞台"菜单命令，将图像"CD\源文件\第 3 章\Flash\素材\aa1.jpg"导入到场景的适当位置，如图 11-158 所示。

图 11-158　导入位图到场景中

⑥⑤ 在"时间轴"面板上单击"插入图层"按钮⬜，新建"图层 2"，将"库"面板中的"人物 4"元件拖到场景的适当位置，如图 11-159 所示。

图 11-159　将元件拖到场景中

⑥⑥ 在"时间轴"面板上单击"插入图层"按钮⬜，新建"图层 3"，将"库"面板中的"人物 3"元件拖到场景的适当位置，如图 11-160 所示。

图 11-160　将元件拖到场景中

⑥⑦ 在"时间轴"面板上单击"插入图层"按钮 🗅，新建"图层 4"。执行"文件→导入→导入到舞台"菜单命令，将图像"CD\源文件\第 3 章\Flash\素材\aa9.png"导入到场景的适当位置，如图 11-161 所示。

图 11-161　导入位图到场景中

⑥⑧ 在"时间轴"面板上单击"插入图层"按钮 🗅，新建"图层 5"、"图层 6"，将图像"CD\源文件\第 3 章\Flash\素材\aa10.png、aa11.bmp"导入到场景的适当位置，如图 11-162 所示。

图 11-162　将位图导入场景

⑥⑨ 在"时间轴"面板上单击"插入图层"按钮 🗅，新建"图层 7"，在场景中输入文本，如图 11-163 所示。

图 11-163　在场景中输入文本

⑦⓪ 在"时间轴"面板上单击"插入图层"按钮 🗅，新建"图层 8"，将"库"面板中的"导航 1"元件拖到场景的适当位置，如图 11-164 所示。

图 11-164　将元件拖入场景

⑦① 选择场景中的"导航 1"元件，在"属性"面板中设置"实例名称"为"big_01"，如图 11-165 所示。

图 11-165　设置元件实例名称

⑦② 按上述方法将其他导航元件拖到场景中，并分别在"属性"面板中设置"实例名称"，如图 11-166 所示。

图 11-166　将其他元件拖入场景

⑦③ 最后新建一层，在"动作"面板上输入脚本语言，详细内容请查看源文件，如图 11-167 所示。

图 11-167　输入脚本语言

⑦④ 完成 Flash 动画的制作，执行"文件→保存"菜单命令，保存动画。按键盘上的 Ctrl+Enter 键，测试动画，效果如图 11-168 所示。

图 11-168　测试动画

**制作按钮动画**

① 执行"文件→新建"命令，新建一个 Flash 文档，单击"属性"面板上"文档属性"按钮，弹出"文档属性"对话框，设置文档"尺寸"为 237 像素×139 像素，"背景颜色"为#FFFFFF，"帧频"为"36"fps，如图 11-169 所示。

图 11-169　文档属性

❷ 执行"插入→新建元件"命令，弹出"创建新元件"对话框，创建一个"按钮"元件，名称为"反应区"，如图 11-170 所示。单击"图层 1"上"点击帧"位置，按 F6 键插入关键帧，单击"工具"面板上的"矩形"工具按钮▣，在场景中绘制一个矩形，效果如图 11-171 所示。

图 11-170　新建元件

图 11-171　绘制矩形

❸ 执行"插入→新建元件"命令，弹出"创建新元件"对话框，创建一个"图形"元件，名称为"背景"，如图 11-172 所示。单击"图层 1"第 1 帧位置，执行"文件→导入→导入到舞台"命令，将图形"CD\源文件\第 11 章\Flash\素材\image1.png"导入场景中，如图 11-173 所示。

图 11-172　新建元件

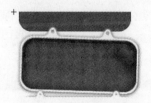

图 11-173　导入素材

❹ 执行"插入→新建元件"命令，弹出"创建新元件"对话框，创建一个"图形"元件，名称为"炸弹"，如图 11-174 所示。单击"图层 1"第 1 帧位置，执行"文件→导入→导入到舞台"命令，将图形"CD\源文件\第 11 章\Flash\素材\image2.png"导入场景中，如图

11-175 所示。

图 11-174　新建元件

图 11-175　导入素材

❺ 执行"插入→新建元件"命令，弹出"创建新元件"对话框，创建一个"影片剪辑"元件，名称为"炸弹烟雾"，如图 11-176 所示。单击"图层 1"第 2 帧位置，按 F6 键插入关键帧，执行"文件→导入→导入到舞台"命令，将图形"CD\源文件\第 11 章\Flash\素材\image58.png"导入场景中，效果如图 11-177 所示。

图 11-176　新建元件

图 11-177　导入素材

 提示

为了能更清楚地看清元件，将背景颜色暂时调整为黑色。

❻ 用同样的方法将其他的图形导入场景中，效果如图 11-178 所示，时间轴效果如图 11-179 所示。

图 11-178　导入素材

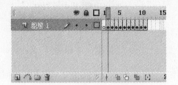

图 11-179　时间轴效果

⑦　单击"时间轴"面板上"插入图层"按钮，新建"图层 2"。单击"图层 2"第 1 帧位置，执行"窗口→动作"命令，打开"动作-帧"面板，输入脚本代码，如图 11-180 所示。单击"图层 2"第 2 帧位置，执行"窗口→动作"命令，打开"动作-帧"面板，输入脚本代码，如图 11-181 所示，时间轴效果如图 11-182 所示。

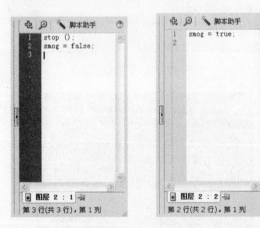

图 11-180　输入脚本代码　　图 11-181　输入脚本代码

图 11-182　时间轴效果

⑧　执行"插入→新建元件"命令，弹出"创建新元件"对话框，创建一个"影片剪辑"元件，名称为"人物动画"，如图 11-183 所示。单击"图层 1"第 1 帧位置，执行"文件→导入→导入到舞台"命令，将图形"CD\

源文件\第 11 章\Flash\素材\image3.png"导入场景中，效果如图 11-184 所示。

图 11-183　新建元件

图 11-184　导入素材

⑨　用同样的方法将其他的素材导入场景中，时间轴效果如图 11-185 所示。

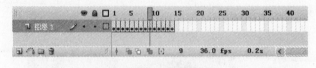

图 11-185　时间轴效果

⑩　单击"图层 1"第 15 帧位置，按 F6 键插入关键帧。鼠标拖动选中第 1 帧至第 14 帧位置，右键单击时间轴，弹出快捷菜单，选择"复制帧"选项，如图 11-186 所示。单击第 15 帧位置，单击右键弹出快捷菜单，选择"粘贴帧"选项，如图 11-187 所示。选中第 15 帧至第 27 帧位置，右键弹出快捷菜单，选择"翻转帧"选项，如图 11-188 所示，时间轴效果如图 11-189 所示。

图 11-186　选择"复制帧"

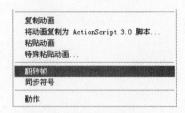

图 11-187　选择"粘贴帧"

图 11-188　选择"翻转帧"

图 11-189　时间轴效果

 提示

在 Flash 动画制作中，执行"复制帧"命令是将时间轴上所有元件，包括补间动画，都进行复制操作。可以通过"粘贴帧"命令将元件和动画复制到另外的时间轴上。

⑪ 分别调整"时间轴"面板上各帧的位置，并添加帧，时间轴效果如图 11-190 所示。

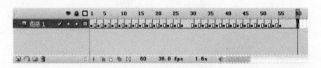

图 11-190　时间轴效果

⑫ 单击"图层 1"第 1 帧位置，执行"文件→导入→导入到舞台"命令，将图形"CD\源文件\第 11 章\Flash\素材\image17.png"导入场景中，效果如图 11-191 所示。用同样的方法将其他元件导入场景中，时间轴效果如图 11-192 所示。

图 11-191　导入素材

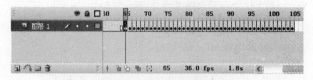

图 11-192　时间轴效果

⑬ 单击"时间轴"面板上"插入图层"按钮，新建"图层 2"。单击"图层 2"第 65 帧位置，按 F6 键插入关键帧，设置"属性"面板上帧标签为"over"，如图 11-193 所示，时间轴效果如图 11-194 所示。

图 11-193　设置帧标签

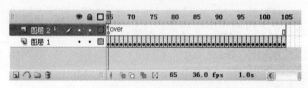

图 11-194　时间轴效果

⑭ 单击"时间轴"面板上"插入图层"按钮，新建"图层 2"。单击"图层 2"第 65 帧位置，按 F6 键插入关键帧，执行"窗口→动作"命令，打开"动作-帧"面板，输入脚本代码，如图 11-195 所示，时间轴效果如图 11-196 所示。

图 11-195　输入脚本代码

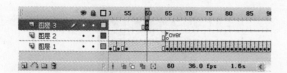

图 11-196　时间轴效果

⑮ 执行"插入→新建元件"命令，弹出"创建新元件"对话框，创建一个"影片剪辑"元件，名称为"按钮动画"，如图 11-197 所示。单击"图层 1"第 1 帧位置，执行"文件→导入→导入到舞台"命令，将图形"CD\源文件\第 11 章\Flash\素材\image68.png"导入场景中，效果如图 11-198 所示。

图 11-197　新建元件

图 11-198　导入素材

⑯ 单击"图层 1"第 7 帧位置，按 F6 键插入关键帧，执行"文件→导入→导入到舞台"命令，将图形"CD\源文件\第 11 章\Flash\素材\image69.png"导入场景中，如图 11-199 所示。用同样的方法将其他的素材导入场景中，时间轴效果如图 11-200 所示。

图 11-199　拖入元件

图 11-200　时间轴效果

⑰ 单击"时间轴"面板上"插入图层"按钮，新建"图层 2"。单击"图层 2"第 1 帧位置，将"反应区"元件拖入场景中，效果如图 11-201 所示。选中元件，执

行"窗口→动作"命令，打开"动作-帧"面板，输入脚本代码，如图 11-202 所示。

图 11-201　拖入元件

图 11-202　输入脚本代码

⑱ 单击"时间轴"面板上"插入图层"按钮，新建"图层 3"。单击"图层 3"第 27 帧位置，按 F6 键插入关键帧，将"反应区"元件拖入场景中，效果如图 11-203 所示。选中元件，执行"窗口→动作"命令，打开"动作-帧"面板，输入脚本代码，如图 11-204 所示。

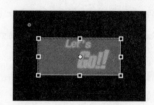

图 11-203　拖入元件

图 11-204　输入脚本代码

⑲ 单击"图层 3"第 28 帧位置，按 F7 键插入关键帧，时间轴效果如图 11-205 所示。

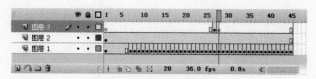

图 11-205 时间轴效果

**20** 单击"时间轴"面板上"插入图层"按钮，新建"图层 4"。单击"图层 4"第 2 帧位置，按 F6 键插入关键帧，设置"属性"面板上帧标签为"over"，如图 11-206 所示，时间轴效果如图 11-207 所示。

图 11-206 设置帧标签

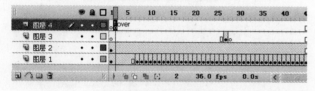

图 11-207 时间轴效果

**21** 单击"图层 4"第 28 帧位置，按 F6 键插入关键帧，设置"属性"面板上帧标签为"out"，如图 11-208 所示，时间轴效果如图 11-209 所示。

图 11-208 设置帧标签

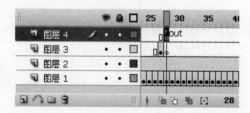

图 11-209 时间轴效果

**22** 单击"时间轴"面板上"插入图层"按钮，新建"图层 5"。分别单击"图层 5"第 1 帧和第 27 帧位置，依次按 F6 键插入关键帧，执行"窗口→动作"命令，打开"动作-帧"面板，输入"stop();"脚本代码，时间轴效果如图 11-210 所示。

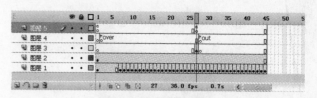

图 11-210 时间轴效果

**23** 单击"时间轴"面板上"场景 1"标签，返回场景中，单击"图层 1"第 1 帧位置，将"背景"元件拖入场景中，效果如图 11-211 所示。单击"时间轴"面板上"插入图层"按钮，新建"图层 2"，单击"图层 2"第 1 帧位置，将"炸弹"元件拖入场景中，效果如图 11-212 所示。

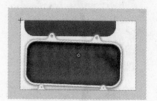

图 11-211 拖入元件

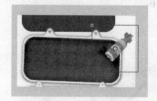

图 11-212 拖入元件

**24** 单击"时间轴"面板上"插入图层"按钮，新建"图层 3"。单击"图层 3"第 1 帧位置，将"人物动画"元件拖入场景中，效果如图 11-213 所示。设置"属性"面板上帧标签为"neco"，如图 11-214 所示。

图 11-213 拖入元件

图 11-214 设置帧标签

**25** 单击"时间轴"面板上"插入图层"按钮，新建"图层 4"。单击"图层 4"第 1 帧位置，将"炸弹烟雾"元件拖入场景中，效果如图 11-215 所示。设置"属性"面板上帧标签为"smog",如图 11-216 所示。

图 11-215　拖入元件

图 11-216　设置帧标签

㉖ 单击"时间轴"面板上"插入图层"按钮,新建"图层 5"。单击"图层 5"第 1 帧位置,将"按钮动画"元件拖入场景中,效果如图 11-217 所示。设置"属性"面板上帧标签为"tle",如图 11-218 所示。

图 11-217　拖入元件　　图 11-218　设置帧标签

㉗ 完成 Flash 动画的制作,执行"文件→保存"命令,保存文件。按 Ctrl+Enter 键测试动画效果,如图 11-219 所示。

图 11-219　测试动画效果

制作 Flash 视频动画

❶ 打开 Flash CS3,执行"文件→新建"菜单命令,弹出"新建文档"对话框,新建一个空白的 Flash 文件(ActionScript 2.0),并执行"文件→保存"菜单命令,将文件保存为"CD\源文件\第 11 章\Flash\7-3.fla",如图 11-220 所示。

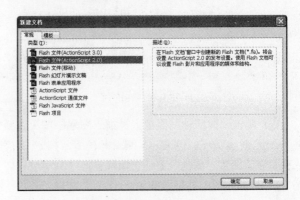

图 11-220　新建 Flash 文档

❷ 在"属性"面板上单击"文档属性"按钮,弹出"文档属性"对话框,设置"文档属性"对话框上的"尺寸"为 230 像素×180 像素,"背景颜色"值为#FFFFFF,"帧频"值为"30"fps,如图 11-221 所示。

图 11-221　设置"文档属性"

❸ 执行"插入→新建元件"菜单命令,弹出"创建新元件"对话框,新建一个"影片剪辑"元件,"名称"命名为"影片剪辑 1",如图 11-222 所示。

图 11-222　创建新元件

❹ 执行"文件→导入→导入视频"菜单命令,弹出"导入视频"对话框,如图 11-223 所示。单击"浏览"按钮,将"CD\源文件\第 11 章\Flash\素材\7-3.flv"打开,如图 11-224 所示。

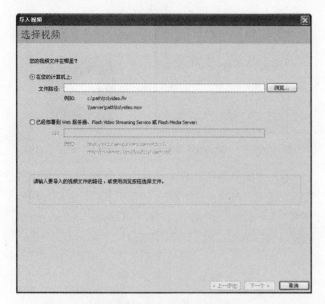

图 11-223　"导入视频"对话框

图 11-224　选择视频

⑤ 单击"下一个"按钮，进入"部署"面板，在"部署"面板上选择"在 SWF 中嵌入视频并在时间轴上播放"选项，如图 11-225 所示。

图 11-225　进行"部署"面板设置

⑥ 单击"下一个"按钮，进入"嵌入"面板，在"符号类型"下拉列表中选择"嵌入的视频"选项，如图 11-226 所示。

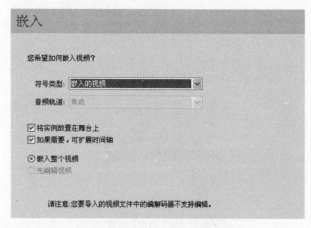

图 11-226　进行"嵌入"面板设置

⑦ 单击"下一个"按钮，进入"完成视频导入"面板，如图 11-227 所示。单击"完成"按钮，完成视频导入，屏幕上将会显示 Flash 视频编码进度，指示当前的导入进度。

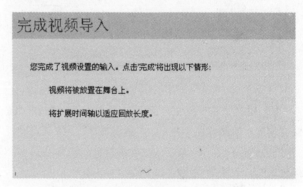

图 11-227　进入完成视频导入面板

⑧ 选择刚刚导入的视频，在"属性"面板上设置"实例名称"为"video"，如图 11-228 所示。

图 11-228　设置属性

 提示

在设置视频导入的属性时，尽量不要将视频嵌入 Flash 文档，这样会大大增加文档的大小。

⑨ 在"时间轴"面板上单击"插入图层"按钮，新建"图层 2"。单击"图层 2"第 1 帧，在"动作"面板上输入"stop();"脚本语言，如图 11-229 所示，时间轴效果如图 11-230 所示。

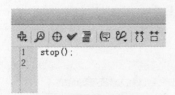

图 11-229　输入脚本语言

图 11-230　时间轴效果

⑩ 执行"插入→新建元件"菜单命令，弹出"创建新元件"对话框，新建一个"影片剪辑"元件，"名称"为"按钮 1"，如图 11-231 所示。

图 11-231　创建元件

⑪ 选择工具栏中的"矩形"工具，在"属性"面板上设置"笔触颜色"为无、"填充颜色"为#000000、"矩形边角半径"为"5"，在场景的中心位置绘制一个圆角矩形，效果如图 11-232 所示。

图 11-232　绘制圆角矩形

⑫ 选择刚刚绘制的圆角矩形，在"属性"面板上设置"宽"为"14"、"高"为"14"，如图 11-233 所示。

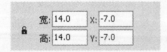

图 11-233　设置圆角矩形属性

⑬ 在"时间轴"面板上单击"插入图层"按钮，新建"图层 2"。选择工具栏中的多角星形，单击"属性"面板上的"选项"按钮，弹出"工具设置"对话框，设置"边数"为"3"，如图 11-234 所示，在场景中绘制一个三角形，效果如图 11-235 所示。

图 11-234　"工具设置"对话框　　图 11-235　绘制三角形

⑭ 选择刚刚在场景中绘制的三角形，在"属性"面板上设置"笔触颜色"为无、"填充颜色"为#FFFFFF、"宽"为"4.5"、"高"为"9.1"，如图 11-236 所示，设置后的三角形如图 11-237 所示。

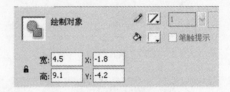

图 11-236　设置三角形属性

图 11-237　设置后的三角形

⑮ 按照相同的方法，分别新建"影片剪辑"元件，制作出"暂停"图形和"停止"图形，如图 11-238 所示。

图 11-238　制作元件

⑯ 单击"时间轴"面板上的"场景 1"按钮，返回到场景 1 中。选择工具栏中的"矩形"工具，在"属性"面板上设置"矩形边角半径"为"15"，如图 11-239 所示，在场景中绘制一个"笔触颜色"为无、"填充颜色"从#ADDBDE 到#FFFFFF 的线性渐变的圆角矩形，效果如图 11-240 所示。

图 11-239　设置属性

图 11-240　绘制圆角矩形

⑰ 选择工具栏中的"渐变变形"工具，调整圆角矩形的渐变，如图 11-241 所示，最后效果如图 11-242 所示。

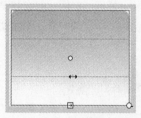

图 11-241　调整渐变　　　　　图 11-242　最后效果

⑱ 在"时间轴"面板上单击"插入图层"按钮，新建"图层 2"。将"库"面板中的"影片剪辑 1"元件拖到场景的适当位置，选择工具栏中的"任意变形"工具，同时按 Shift 键，如图 11-243 所示，将"影片剪辑 1"元件等比例缩小到场景的适当大小，效果如图 11-244 所示。

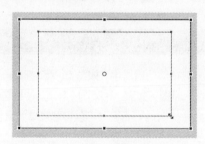

图 11-243　缩小元件

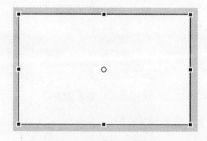

图 11-244　缩小后效果

⑲ 选择"图层 2"上的"影片剪辑 1"元件，在"属性"面板上设置"实例名称"为"vid"，如图 11-245 所示。

图 11-245　设置实例名称

⑳ 在"时间轴"面板上单击"插入图层"按钮，新建"图层 3"，按照上述绘制圆角矩形的方法在场景中绘制一个圆角矩形，效果如图 11-246 所示。

图 11-246　绘制圆角矩形

㉑ 鼠标右键单击"图层 3"，在弹出的对话框中选择"遮罩层"选项，将"图层 3"设置为遮罩层，"图层 2"变为被遮罩层，如图 11-247 所示。

图 11-247　设置图层属性

㉒ 在"时间轴"面板上单击"插入图层"按钮，新建"图层 4"。依次将"按钮 1"、"按钮 2"、"按钮 3"元件拖到场景的适当位置，利用"对齐"面板，如图 11-248 所示，将 3 个元件对齐，效果如图 11-249 所示。

图 11-248 利用"对齐"面板对齐元件

图 11-249　对齐后的 3 个元件

㉓ 选择"按钮 1"元件，在"行为"面板上单击"添加行为"按钮，在弹出的菜单中选择"嵌入的视频→播放"选项，如图 11-250 所示。弹出"播放视频"对话框，选择实例名称为"video"的元件，单击"确定"按钮，如图 11-251 所示。

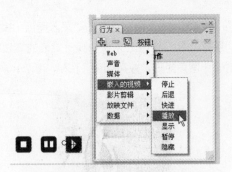

图 11-250　选择"播放"选项

图 11-251　"播放视频"对话框

㉔ 分别选择"按钮 2"、"按钮 3"元件，分别在"行为"面板上添加"暂停"、"停止"行为，如图 11-252、图 11-253 所示。

图 11-252　添加"暂停"行为

图 11-253　添加"停止"行为

㉕ 完成 Flash 动画的制作，执行"文件→保存"菜单命令，保存动画。按键盘上的 Ctrl+Enter 键，测试动画，如图 11-254 所示。

图 11-254　测试动画

## 11.4　交互表单——Dreamweaver 制作游戏网站

### 11.4.1　页面制作分析

本章主要讲述游戏类网站的制作。本章中页面的结构比较特殊，可以将页面分为三个部分进行制作。首页制作页面头部，在页面头部插入页面的 Flash 动画。接着制作页面的主体内容部分，可以将页面的主体内容部分分三列分别制作，并注意 Flash 动画与页面背景图像之间的衔接处，不要出现空隙和对不齐的现象。最后制作页面的版底信息部分。

### 11.4.2　技术点睛

#### 1．插入表单域

每个表单都是由一个表单域组成的，所有的表单元素要放到表单域中才会有效，因此，制作表单页面的第一步是插入表单域。在"插入"栏上选择"表单"选项卡，显示表单对象按钮，如图 11-255 所示。

图 11-255　表单对象按钮

单击"插入"栏的"表单"选项卡中的"表单"按钮，

表单框将出现在编辑窗口中，如图 11-256 所示。表单有对应的"属性"面板，如图 11-257 所示。选中红色虚线的表单区域，打开"属性"面板，可以设置表单的属性。

图 11-256　插入表单

图 11-257　表单属性

#### 2．插入文本域

在表单的文本域中，可以输入任何类型的文本、数字或字母。输入的内容可以单行显示，也可以多行显示。还可以将密码以型号形式来显示。

单击"插入"工具栏"表单"选项卡中的"文本字段"按钮，即可在页面中光标所在位置插入文本域，如图 11-258 所示。选中文本域，可以在"属性"面板上对文本字段的属性进行设置，如图 11-259 所示。

图 11-258 插入文本字段

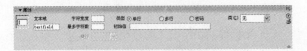

图 11-259 文本字段"属性"面板

### 3．复选框的插入方法及属性设置

单击"插入"栏上"表单"选项卡中的"复选框"按钮，即可在页面中插入复选框，如图 11-260 所示。选中复选框，可以在"属性"面板上对复选框的属性进行设置，如图 11-261 所示。

图 11-260 插入复选框

图 11-261 复选框"属性"面板

### 4．插入图像域

向表单中插入图像域后，图像域将起到提交表单的作用。本来应该用"提交表单"按钮来提交表单，但有时为了使表单更美观，需要用图像来提交表单，只需要把图像设置成图像域就可以了。单击"插入"栏上"表单"选项卡中的"图像域"按钮，即可在页面中插入图像域，如图 11-262 所示。选中图像域，可以在"属性"面板上对图像域的属性进行设置，如图 11-263 所示。

图 11-262 插入图像域

图 11-263 图像域"属性"面板

## 11.4.3 制作页面

① 执行"文件→新建"菜单命令，弹出"新建文档"对话框，新建一个空白的 HTML 文件，并保存为"CD\源文件\第 11 章\Dreamweaver \index.html"。

② 单击"CSS 样式"面板上的"附加样式表"按钮，弹出"附加外部样式表"对话框，单击"浏览"按钮，选择到需要的外部 CSS 样式表文件"CD\源文件\第 11 章\Dreamweaver\style\css.css"，单击"确定"按钮完成"链接外部样式表"对话框的设置，执行"文件→保存"菜单命令，保存页面。

③ 单击"插入"栏上的"表格"按钮，在工作区中插入 1 个 3 行 1 列，"表格宽度"为"100%"，"边框粗细"、"单元格边距"、"单元格间距"均为"0"的表格，如图 11-264 所示。

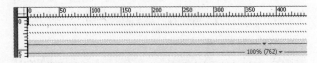

图 11-264 插入表格

④ 光标移至刚刚插入的表格第 1 行单元格中，单击"插入"栏上的 Flash 按钮，将 Flash 动画"CD\源文件\第 11 章\Dreamweaver\images\7-1.swf"插入到单元格中，如图 11-265 所示。

图 11-265 插入 Flash

⑤ 在"插入"栏上选择"布局"选项卡，单击"布局"选项卡中的"绘制 AP Div"按钮，在页面中绘制一个 AP Div，如图 11-266 所示。选中刚刚绘制的 AP Div，在"属性"面板上设置 AP Div，如图 11-267 所示。

图 11-266 绘制 AP Div

图 11-267 设置 AP Div

⑥ 光标移至刚刚绘制的 AP Div 中，单击"插入"栏上的"表格"按钮，在工作区中插入 1 行 1 列，"表格宽度"为"100%"，"边框粗细"、"单元格边距"、"单元格间距"均为"0"的表格，如图 11-268 所示。

图 11-268　插入表格

⑦ 光标移至刚刚插入表格中，在"属性"面板上设置"高"为"30"，在"样式"下拉列表中选择样式表"bg04"应用。单击"插入"栏上的"表格"按钮，在工作区中插入 1 行 1 列，"表格宽度"为"320 像素"，"边框粗细"、"单元格边距"、"单元格间距"均为"0"的表格。光标选中刚刚插入的表格，在"属性"面板上设置"对齐"属性为"居中对齐"，效果如图 11-269 所示。

图 11-269　插入表格

⑧ 光标移至刚刚插入的表格中，输入文字。拖动光标选中刚刚输入的文字，在"属性"面板的"样式"下拉列表中选择样式表"font02"应用，效果如图 11-270 所示。

图 11-270　输入文字

⑨ 光标移至第 2 行单元格中，单击"插入"栏上的"表格"按钮，在工单元格插入 1 个 1 行 3 列，"表格宽度"为"100%"，"边框粗细"、"单元格边距"、"单元格间距"均为"0"的表格，如图 11-271 所示。

图 11-271　插入表格

⑩ 光标移至刚刚插入的表格第 1 列单元格中，在"属性"面板的"样式"下拉列表中选择样式表"bg02"应用，效果如图 11-272 所示。

图 11-272　页面效果

⑪ 光标移至刚刚插入的表格第 1 列单元格中，在"属性"上设置"宽"为"212"，单击"插入"栏上的"表格"按钮，在单元格中插入 1 个 4 行 1 列，"表格宽度"为"212 像素"，"边框粗细"、"单元格边距"、"单元格间距"均为"0"的表格，如图 11-273 所示。

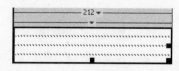

图 11-273　插入表格

⑫ 光标移至刚刚插入的表格第 1 行单元格中，在"属性"面板上设置"高"为"105"，"垂直"属性为"顶端"，在"样式"下拉列表中选择样式表"bg01"应用，效果如图 11-274 所示。

图 11-274　页面效果

⑬ 光标移至第 1 行单元格中，在"插入"栏上选择"表单"选项卡，单击"表单"按钮，在页面中插入一个表单域。光标移至该表单区域中，单击"插入"栏上的"表格"按钮，在该表单区域中插入一个 2 行 1 列，"表格宽度"为"187 像素"，"边框粗细"、"单元格边距"、"单元格间距"均为"0"的表格。光标选中刚刚插入的表格，在"属性"面板上设置"对齐"属性为"居中对齐"，效果如图 11-275 所示。

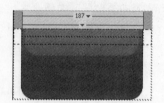

图 11-275　插入表单域与表格

⑭ 转换到代码视图，移动<form>和</form>标签位置，将红色虚线表单域隐藏，如图 11-276 所示。返回到设计视图，效果如图 11-277 所示。

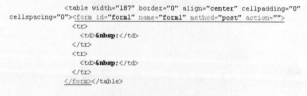

图 11-276　代码视图

图 11-277　页面效果

⑮ 光标移至刚刚插入的表格第 1 行单元格中，单击"插入"栏上的"表格"按钮，在单元格中插入 2 行 3 列，"表格宽度"为"187 像素"，"边框粗细"、"单元格边距"、"单元格间距"均为"0"的表格，如图 11-278 所示。

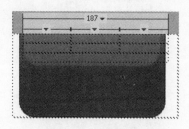

图 11-278　插入表格

⑯ 光标移至刚刚插入的表格第 1 行第 1 列单元格中，在"属性"面板上设置"宽"为"40"，"高"为"21"，"水平"属性为"居中对齐"。单击"插入"栏上的"图像"按钮，将图像"CD\源文件\第 11 章\Dreamweaver\images\3.gif"插入到单元格中，效果如图 11-279 所示。

图 11-279　插入图像

⑰ 光标移至第 1 行第 2 列单元格中，在"属性"面板上设置"宽"为"95"，"水平"属性为"居中对齐"。在"插入"栏上选择"表单"选项卡，单击"文本字段"按钮，在页面中插入文本字段，选中刚刚插入的文本字段，在"属性"的"类"下拉列表中选择样式表"table01"应用，效果如图 11-280 所示。

图 11-280　插入文本字段

⑱ 光标移至第 2 行第 1 列单元格中，在"属性"面板上设置"高"为"21"。单击"插入"栏上的"图像"按钮，将图像"CD\源文件\第 11 章\Dreamweaver\images\4.gif"插入到单元格中，如图 11-281 所示。

图 11-281　插入图像

⑲ 光标移至第 2 行第 2 列单元格中，在"插入"栏上选择"表单"选项卡，单击"文本字段"按钮，在页面中插入文本字段。选中刚刚插入的文本字段，在"属性"面板上的"类型"单选按钮组中，选择"密码"选项，如图 11-282 所示。在"类"下拉列表中选择样式表"table01"应用，效果如图 11-283 所示。

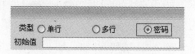

图 11-282　设置文本字段

图 11-283　插入文本字段

 提示

文本域接受任何类型的字母数字文本输入内容。文本可以单行或多行显示，也可以以密码域的方式显示。在后一种情况下，输入文本会被替换为星号或项目符号，以免别的用户看到这些文本。

⑳ 拖动光标选中第 1 行第 3 列与第 2 行第 3 列单元格，单击"属性"面板上的"合并所选单元格，使用跨度"按钮，合并单元格。光标移至刚刚合并的单元格中，在"插入"栏上选择"表单"选项卡，单击"图像域"按钮，将图像"CD\源文件\第 11 章\Dreamweaver\ images\5.gif"，如图 11-284 所示。

图 11-284　插入图像域

㉑ 光标移至第 2 行单元格中，单击"插入"栏上的"表格"按钮，在该单元格中插入一个 1 行 3 列，"表

格宽度"为"187 像素","边框粗细"、"单元格边距"、"单元格间距"均为"0"的表格,如图 11-285 所示。

图 11-285　插入表格

**22** 光标移至刚刚插入的表格第 1 列单元格中,在"属性"面板上设置"宽"为"63","高"为"29","垂直"属性为"底部",单击"插入"栏上的"表单"选项卡中的"复选框"按钮☑,在单元格中插入复选框。光标移至刚刚插入的复选框后,单击"插入"栏上的"图像"按钮▣,将图像"CD\源文件\第 11 章\Dreamweaver\images\8.gif"插入到单元格中,如图 11-286 所示。

图 11-286　插入复选框与图像

**提示**

复选框允许用户在一组选项中选择多个选项。

**23** 光标移至第 2 列单元格中,在"属性"面板上设置"垂直"属性为"底部",单击"插入"栏上的"图像"按钮▣,将图像"CD\源文件\第 11 章\Dreamweaver\images\6.gif"插入到单元格中,如图 11-287 所示。

图 11-287　插入图像

**24** 用相同方法,在第 2 行第 3 列单元格中插入相应的图形,如图 11-288 所示。

图 11-288　插入图像

**25** 光标移至上级表格第 2 行单元格中,在"属性"面板上设置"高"为"122",根据上面的方法在页面中绘制一个 AP Div,在 AP Div 中插入 Flash,如图 11-289 所示。

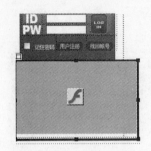

图 11-289　插入 Flash

**26** 光标移至第 3 行单元格中,单击"插入"栏上的"图像"按钮▣,将图像"CD\源文件\第 11 章\Dreamweaver\images\9.gif"插入到单元格中,如图 11-290 所示。

图 11-290　插入图像

**27** 用相同方法在其他单元格中插入相应的图像,如图 11-291 所示。

图 11-291　插入图像

**28** 光标移至上级表格第 2 列单元格中,在"属性"面板上行设置"宽"为"435","垂直"属性为"顶端",在"属性"面板的"样式"下拉列表中选择样式表"bg03"应用,效果如图 11-292 所示。

图 11-292　页面效果

㉙ 光标移至第 2 列单元格中，单击"插入"栏上的"表格"按钮，在单元格中插入一个 11 行 1 列，"表格宽度"为"410 像素"，"边框粗细"、"单元格边距"、"单元格间距"均为"0"的表格。光标选中刚刚插入的表格，在"属性"面板上设置"对齐"属性为"居中对齐"，效果如图 11-293 所示。

图 11-293　插入表格

㉚ 光标移至刚刚插入的表格第 1 行单元格中，在"属性"面板上设置"高"为"58"，"垂直"属性为"底部"，在"属性"面板上的"样式"下拉列表中选择样式表"table02"应用，如图 11-294 所示。

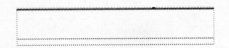

图 11-294　页面效果

㉛ 光标移至第 1 行单元格中，单击"插入"栏上的"表格"按钮，在单元格中插入一个 1 行 2 列，"表格宽度"为"410 像素"，"边框粗细"、"单元格边距"、"单元格间距"均为"0"的表格，如图 11-295 所示。

图 11-295　插入表格

㉜ 光标移至刚刚插入的表格第 1 列单元格中，单击"插入"栏上的"图像"按钮，将图像"CD\源文件\第 11 章\Dreamweaver\images\14.gif"插入到单元格中，如图 11-296 所示。

图 11-296　插入图像

㉝ 光标移至第 2 列单元格中，在"属性"面板上行设置"水平"属性为"右对齐"，单击"插入"栏上的"图像"按钮，将图像"CD\源文件\第 11 章\Dreamweaver\images\15.gif"插入到单元格中，如图 11-297 所示。

图 11-297　插入图像

㉞ 光标移至上级表格第 2 行单元格中，在"属性"面板上设置"高"为"20"。单击"插入"栏上的"表格"按钮，在单元格中插入一个 1 行 4 列，"表格宽度"为"391 像素"，"边框粗细"、"单元格边距"、"单元格间距"均为"0"的表格，如图 11-298 所示。

图 11-298　插入表格

㉟ 光标移至刚刚插入表格第 1 列单元格中，在"属性"面板上行设置"宽"为"13"，"水平"属性为"右对齐"。单击"插入"栏上的"图像"按钮，将图像"CD\源文件\第 11 章\Dreamweaver\images\16.gif"插入到单元格中。用相同方法在第 2 列单元格中插入相应的图像，如图 11-299 所示。

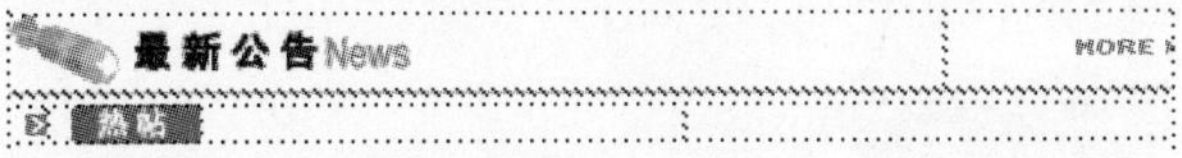

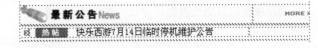

图 11-299　插入图像

㊱ 光标移至第 3 列单元格中，在"属性"面板上设置"宽"为"245"，输入文字，如图 11-300 所示。

图 11-300　输入文字

㊲ 光标移至第 4 列单元格中，输入文字，拖动光标选中刚刚输入的文字，在"属性"面板的"样式"下拉列表中选择样式表"font01"应用，效果如图 11-301 所示。

图 11-301　页面效果

㊳ 根据上面的方法，完成第 3，4，5，6，7 行单元格的制作，效果如图 11-302 所示。

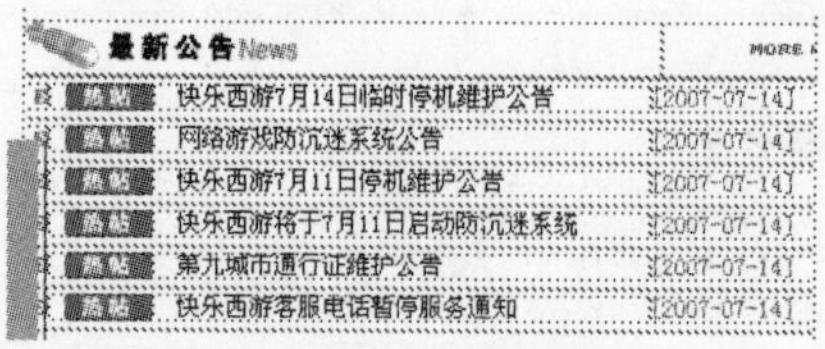

图 11-302　页面效果

**❽** 光标移至第 8 行单元格中，设置"高"为"109"，"垂直"属性为"底部"。单击"插入"栏上的"表格"按钮囲，在单元格中插入一个 1 行 3 列，"表格宽度"为"410 像素"，"边框粗细"、"单元格边距"、"单元格间距"均为"0"的表格，如图 11-303 所示。

图 11-303　插入表格

**❹** 光标移至刚刚插入的表格第 1 列单元格中，单击"插入"栏上的"图像"按钮囼，将图像"CD\源文件\第 11 章\Dreamweaver\images\18.gif"插入到单元格中，如图 11-304 所示。

图 11-304　插入图像

**❹** 用相同方法在其他单元格中插入相应的图像，如图 11-305 所示。

图 11-305　插入图像

**❷** 根据上面方法完成第 9 行单元格的制作，如图 11-306 所示。

图 11-306　页面效果

**❸** 光标移至第 10 行单元格中，设置"高"为"91"，

"垂直"属性为"底部"。单击"插入"栏上的"表格"按钮囲，在该单元格中插入一个 1 行 3 列，"表格宽度"为"410 像素"，"边框粗细"、"单元格边距"、"单元格间距"均为"0"的表格，如图 11-307 所示。

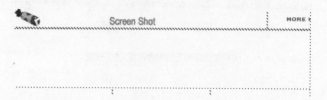

图 11-307　插入表格

**❹** 光标移至刚刚插入的表格第 1 列单元格中，在"属性"面板上设置"水平"属性为"居中对齐"，并在该单元格中插入图像"CD\源文件\第 11 章\Dreamweaver\images\22.gif"，如图 11-308 所示。

图 11-308　插入图像

**❺** 用相同方法在其他单元格中插入相应的图像，如图 11-309 所示。

图 11-309　插入图像

**❻** 光标移至第 11 行单元格中，单击"插入"栏上的"表格"按钮囲，在该单元格中插入一个 1 行 3 列，"表格宽度"为"410 像素"，"边框粗细"、"单元格边距"、"单元格间距"均为"0"的表格，如图 11-310 所示。

图 11-310　插入表格

**❼** 光标移至刚刚插入的表格第 1 列单元格中，在"属性"面板上行设置"宽"为"137"，"高"为"62"，"水平"属性为"居中对齐"，输入文字。用相同方法，在其他单元格中输入相应的文字，效果如图 11-311 所示。

图 11-311　输入文字

48 光标移至上级表格第 3 列单元格中，在"属性"面板上设置"垂直"属性为"顶部"。单击"插入"栏上的"表格"按钮▦，在单元格中插入一个 5 行 1 列，"表格宽度"为"230 像素"，"边框粗细"、"单元格边距"、"单元格间距"均为"0"的表格，如图 11-312 所示。

图 11-312　插入表格

49 光标移至刚刚插入表格第 1 行单元格中，单击"插入"栏上的 Flash 按钮🎬▾，将 Flash 动画"CD\源文件\第 11 章\Dreamweaver\images\7-3.swf"插入到单元格中，如图 11-313 所示。

图 11-313　插入 Flash

50 光标移至第 2 行单元格中，设置"高"为"76"，单击"插入"栏上的"图像"按钮▣，将图像"CD\源文件\第 11 章\Dreamweaver\images\25.gif"插入到单元格中，如图 11-314 所示。

图 11-314　插入图像

51 根据上面方法，完成第 3，4 行单元格的制作，效果如图 11-315 所示。

图 11-315　页面效果

52 光标移至第 5 行单元格中，设置"高"为"99"，"垂直"属性为"底部"，单击"插入"栏上的"图像"按钮▣，将图像"CD\源文件\第 11 章\images\25.gif"插入到单元格中，如图 11-316 所示。

图 11-316　插入图像

53 光标移至上级表格第 3 行单元格中，在"属性"面板上设置"高"为"107"，在"属性"面板的"样式"下拉列表中选择样式表"table04"应用，效果如图 11-317 所示。

图 11-317　页面效果

54 单击"插入"栏上的"表格"按钮▦，在单元格中插入一个 1 行 3 列，"表格宽度"为"628 像素"，"边框粗细"、"单元格边距"、"单元格间距"均为"0"的表格，如图 11-318 所示。

图 11-318　插入表格

55 光标移至刚刚插入的表格第 1 列单元格中，设置"宽"为"132"，单击"插入"栏上的"图像"按钮▣，将图像"CD\源文件\第 11 章\Dreamweaver\images\28.gif"插入到单元格中，如图 11-319 所示。

图 11-319　插入图像

56 用相同方法在第 2 列单元格中插入相应的图像，如图 11-320 所示。

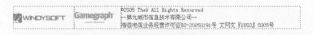

图 11-320　插入图像

⑤⑦ 光标移至第 3 列单元格中，输入文字，拖动光标选中刚刚输入的文字，在"属性"面板的"样式"下拉列表中选择样式表"font01"应用，效果如图 11-321 所示。

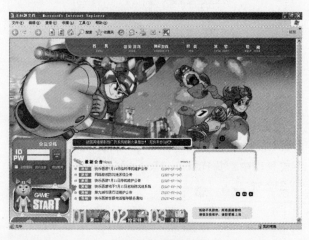

图 11-321　页面效果

⑤⑧ 执行"文件→保存"菜单命令，保存页面。单击"文档"工具栏上的"预览"按钮 ，在浏览器中预览整个页面，如图 11-322 所示。

图 11-322　页面效果

## ➡ 11.5　技巧集合

### 11.5.1　Fireworkes 中的图像优化

图形设计的最终目标是创建精美图像。为此，必须在最大限度地保持图像品质的同时，选择压缩比最高的文件格式。这就是优化，即寻找、压缩比和品质的最佳组合。

选择最佳文件格式。每种文件格式都有不同的压缩颜色信息的方法。为某些类型的图形选择适当的格式可以减小文件大小。

设置格式特定的选项。每种图形文件格式都有一组选项。可以用色阶这样的选项来减小文件大小。某些图形格式 (如 GIF 和 JPEG) 还具有控制图像压缩的选项。

调整图形中的颜色。可以将图像设置特定颜色集来限制颜色，然后修剪掉调色板中未使用的颜色。调色板中的颜色越少意味着图像中的颜色也越少，因此使用该调色板的图像文件的文件大小也越小。

### 11.5.2　Flash 跟随鼠标变化的滤镜效果

在 Flash 中添加如下代码段，可实现随鼠标位置变化，动画画面发生改变的效果。

```
import flash.filters.*;//载入滤镜类
//定义初始斜角滤镜的偏移距离
var maxbeveldistance:Number = 5;
//创建一个斜角滤镜
varbevel:BevelFilter= new BevelFilter();
//定义初始斜角滤镜的强度
bevel.strength = .6;
//创建一个投影滤镜
var    dropshadow:DropShadowFilter    =    new
DropShadowFilter();
//投影滤镜初始化
dropshadow.color = 0x000000;
dropshadow.alpha = .75;
dropshadow.blurX = 10;
dropshadow.blurY = 10;
//跟随鼠标变化更新滤镜数据
onMouseMove = function(){
// 计算当前鼠标与 mc 之间的距离差
var dx = _xmouse -myMC._x;
var dy = _ymouse -myMC._y;
//计算距离
var distance = Math.sqrt(dx*dx + dy*dy);
//计算偏移角
var angle = Math.atan2(dy, dx);
//应用斜角发光的偏移距离和角度
bevel.distance = Math.min(maxbeveldistance,
distance/50);
bevel.angle = 180 + angle * 180/Math.PI; //
convert and rotate 180 degress
//应用投影偏移距离和角度
dropshadow.distance = distance/20;
dropshadow.angle = 180 + angle * 180/Math.PI;
// convert and rotate 180 degress
//在 mc 上增加滤镜
myMC.filters = [bevel, dropshadow];
}
//初始化
onMouseMove();
```

### 11.5.3　Dreamweaver 表单的应用

#### 1.　表单的工作过程

（1）访问者在浏览有表单的网页时，填写必需的信息，然后按提交按钮提交填写的信息。

（2）这些信息通过 Internet 传送到服务器上。

（3）服务器上有专门的程序对这些数据进行处理，如果有错误会返回错误信息，并要求纠正错误。

（4）当数据完整无误后，服务器反馈一个输入完成信息。

### 2．mailto 标签的使用

在许多情况下，特别是制作个人主页时，服务器端的权限是不开放的，就没有办法用服务端程序的方法来处理表单。如果还想使用表单，只有用 mailto 标签，填上邮件地址，这样表单就会通过电子邮件传送给您。

### 3．表单元素的主要属性

其中"方法"表示表单提交的方式是 POST 还是 GET。"动作"告诉表单将收集到的数据送到什么地方，一般这里指向处理表单数据的服务端程序或是 mailto 标签。可以使用"MIME 类型"弹出菜单指定对提交给服务器进行处理的数据使用 MIME 编码类型，默认设置 application /x-www-form-urlencode 通常与 POST 方法协同使用。如果要创建文件上传域，请指定 multipart/form-data MIME 类型。

### 4．POST 和 GET 的区别

一般 GET 方式是将数据附在 URL 后发送，数据长度不能超过 100 个字符，一般搜索引擎中查找关键词等简单操作通过 GET 方式进行。而 POST 则不存在字符长度的限制，并且不会把内容附到 URL 后，比较适合内容较多的表单。数据的默认传输方式是 POST。

### 5．文本字段的形式

文本域主要有三种形式，即单行、密码、多行，可在"属性"面板的"类型"选项组中进行切换。文本域的尺寸通过一次能够显示的字符数量进行计量。通过在"字符宽度"文本框中插入数值就能改变文本框的长度。默认方式下，Dreamweaver 会插入一个大约 20 个字符宽的文本域。除非用户在"最多字符数"文本框中输入一个正整数值来限制字符的数量，否则就可以输入任意数量的字符，而文本框也会滚动地显示它们。

密码文本域的主要特点是不在表单中显示输入的内容。它主要被用来验证密码，具体的验证仍然需要通过 JavaScript 等程序来进行。

多行文本域可以显示和输入多行文字，可以通过"行数"选项控制显示的行数。

# 第12章　影视类网站页面

　　影视类网站通常运用电影中的画面构成有趣的页面，并且用图像和文本组成并不太复杂的布局，将上映中的或即将上映的电影信息明确地呈现在浏览者面前。影视类网站要提供有效的、多样的影视信息，要以此为目标做出以整体构造和使用便利为中心的设计。本章将详细介绍影视类网站的设计制作。

## ↘ 本章学习目标

- 了解影视类网站页面的色彩及布局特点
- 掌握网页设计的方法
- 掌握网页动画的制作方法
- 学习使用表格布局制作整个页面
- 掌握在页面中加入背景音乐的方法

## ↘ 本章学习流程

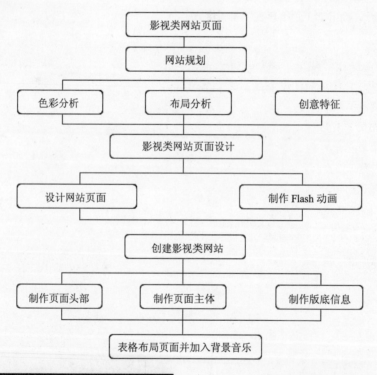

## 12.1　网站规划

　　与其他网站相比，影视类网站具有很强的时效性，重视视觉，要求具有丰富信息。在这类网站中，经常运用 Flash 动画、生动的图像及视频片段等。影视类网站的色彩设计多用透明度和饱和度高的颜色，给人的视觉带来强烈的刺激。本章主要向大家介绍如何设计制作影视信息网站，效果如图 12-1 所示。

### 12.1.1　影视类网站分析

　　创意原则：影视类网站应该立意鲜明，要能够体现出与影视相关的内容，贴近影视主题，让浏览者一进入网站就知道网站的类型。

　　整体原则：影视类网站需要能够展现影视带来的震憾效果，没有什么特别的表现禁忌，但也不能过分追求自由和个性，以至于失去了均衡感和使用的便利性。

图 12-1

构图原则：页面中图像与文本的排列构成应该尽量清晰，一目了然，让人看起来很舒服，充分使用页面留白。为了避免页面过于直白，需要灵活运用图片来构成简练的页面。

内容原则：设计制作网站前需要明确网站的内容、功能和要向浏览者展示的内容，整个网站的设计围绕这几个方面进行。与网站主题内容无关的信息不要有，以免分散浏览者的注意力。

色彩原则：影视类网站常常使用红色系等暖色来进行配色，色彩的数量也比较多。重要信息可以使用白色背景，也可以使用给人洗练感觉的配色，或清爽、柔和的配色。

## 12.1.2　影视类网站创意形式

影视类网站的色彩设计多用透明度和饱和度高的颜色。在影视类网站中，深色背景下透明度高的紫色组合会给人幻想的感觉，这种配色方法经常使用。动作片常用银色和蓝色的组合，爱情片则常用白色和粉红色的组合。

## 12.2　精彩假期——Fireworks 热点的应用

### 案例分析

本实例是设计制作一个影视类网站，页面主要是要向浏览者展示相关的影视信息。页面的布局比较简单，简单地处理网页中的文本和图像，使整个页面看起来很舒服。

色彩分析：本实例以纯白色为底色，应用不同颜色的色块有效地区分不同板块。板块的颜色主要应用灰色的渐变，给人洗练、清爽、柔和的感觉。

布局设计：在页面布局设计上，本实例采用最基本的上下页面布局，导航菜单和通栏的 Banner 在页面顶部，下面是页面的主体内容。在页面主题内容的处理上，使用了不同的色块来有效区分不同的板块，使页面看起来结构清晰，舒服。

## 12.2.1　技术点睛：创建网页图像热点

通常情况下，一幅图像只能有一个超级链接目标。其实，同一个图像的不同部分也可以链接到不同的文档，这就是热点链接。要使图像特定部分成为超级链接，就要在图像中设置多个"热点区域"。

#### 1．创建热点

在源图像中标识出可作为导航点的区域后，就可以创建热点，然后为它们指定 URL 链接、弹出菜单、状态栏消息和替换文本。创建热点的具体操作步骤如下。

❶ 打开图像文档，在工具栏中选择要创建不同形状的"热点"工具，如图 12-2 所示。

图 12-2　"热点"工具

❷ 在图像上要创建热点的位置拖动鼠标创建热点，如图 12-3 所示。

### 提示

Fireworks 包含 3 个热点制作工具："矩形热点"工具、"图形热点"工具和"多边形热点"工具。

图 12-3　创建热点

#### 2．编辑热点

可以使用"指针"工具、"部分选定"工具和"变形"工具对热点进行编辑，还可以在"属性"面板中设置热点的位置和大小，甚至可以更改热点的形状，使其在网页创作中更加灵活多样。

（1）改变热点形状

选中热点之后，利用"指针"工具或者"选择"工具拖动热点边框上的控制点可以改变热点的形状。对于"矩形"热点和"圆形"热点，只能通过控制点改变大小而不能改变形状。如需要将一种形状的热点变为另一种形状的热点，只需要在选中需要改变形状的热点之后，在其"属性"面板的"形状"下拉列表中选择需要的形状即可，如图 12-4 所示。

图 12-4　改变热点形状

（2）选择热点

选择热点可以运用工具栏上的"指针"工具、"部分选定"工具来实现，也可以通过单击"层"面板中的热点对象来选择热点，如图 12-5 所示。

图 12-5　选择热点

**3．热点链接**

可以利用"属性"面板或 URL 面板为热点添加链接，在选中某个热点之后，可以为该热点设置链接地址，如图 12-6 所示。

图 12-6　设置"热点链接"属性

热点"属性"面板主要有以下参数。

- "热点"：可以设置热点的名称。
- "宽"和"高"：分别是热点的宽度和高度。
- "X"和"Y"：分别是距图像左边缘和上边缘的距离。
- "形状"：包含"矩形"、"圆形"和"多边形"3 个选项，用于设置热点的形状。
- ■按钮：选中一个热点以后单击■，可以为热点选择不同的颜色。
- "替代"：用于说明目标网页中的主题文字，当浏览器无法显示图像时或鼠标放上去停一段时间后，能够在图像的位置显示的文字，其主要目的是方便浏览者了解网页上的内容。

- "目标"：表示以何种方式打开网页，它有 4 个选项，分别如下。
  "_blank"：在新的窗口中打开链接的目标网页。
  "_self"：在当前页面的窗口或者框架中打开链接的目标页面。
  "_parent"：在当前页面的父级框架页中打开链接的目标页面。
  "_top"：在本页面所在的窗口中展开页面，如果窗口中包含框架，则会删除所有的框架。

### 12.2.2　绘制步骤

❶ 打开 Fireworks CS3，执行"文件→新建"菜单命令，弹出"新建文档"对话框，新建一个 1003 像素×1046 像素，分辨率为"300"像素/英寸，画布颜色为"白色"的 Fireworks 文件，如图 12-7 所示。执行"文件→保存"菜单命令，将文件保存为"CD\源文件\第 12 章\Fireworks\12.png"。

图 12-7　新建文档

❷ 单击工具栏中"文本工具" A，在"属性"面板上设置"文本颜色"值为#000000，并设置相应的文本属性，如图 12-8 所示。在舞台中输入文本，如图 12-9 所示。

图 12-8　设置"文本"属性

图 12-9　输入文本

③　选择刚刚输入的文本中的一个字符，在"属性"面板上设置"文本"颜色值为#FF3D24，文本效果如图12-10 所示。

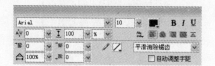

图 12-10　修改"文本"属性

④　单击工具栏中"文本工具" A，在"属性"面板上设置"文本颜色"值为#000000，并设置相应的文本属性，如图 12-11 所示。在舞台中输入文本，如图 12-12 所示。

图 12-11　设置"文本"属性

图 12-12　输入文本

⑤　单击工具栏中"圆角矩形"工具 O，在"属性"面板上设置"填充颜色"值为#000000，"描边颜色"为"无"，在舞台中绘制圆角矩形，如图 12-13 所示。

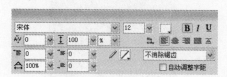

图 12-13　绘制圆角矩形

⑥　单击工具栏中"文本"工具 A，在"属性"面板上设置"文本颜色"值为#000000，并设置相应的文本属性，如图 12-14 所示。在舞台中输入文本，如图 12-15 所示。

图 12-14　设置"文本"属性

图 12-15　输入文本

⑦　用相同的方法绘制其他部分，如图 12-16 所示。

图 12-16　图形效果

⑧　执行"文件→导入"菜单命令，将图像"CD\源文件\第 12 章\Fireworks\素材\801.png"导入到舞台中，如图 12-17 所示。

图 12-17　导入图像

⑨　单击工具栏中"圆角矩形"工具 O，在舞台中绘制圆角矩形，如图 12-18 所示。

图 12-18　绘制圆角矩形

⑩　选择刚刚绘制的图形，在"属性"面板上的"填充类型"下拉列表中选择"渐变→线性"，打开"填充色"对话框，从左向右分别设置渐变滑块颜色值为#FE0103，#C30000，如图 12-19 所示，图形效果如图 12-20 所示。

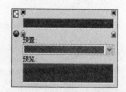

图 12-19　设置渐变填充颜色

图 12-20　图形效果

⑪　单击工具栏中"文本"工具 A，在舞台中输入文本，如图 12-21 所示。

图 12-21  输入文本

⑫ 用相同的方法，使用"文本"工具在舞台中输入文本，如图 12-22 所示。

图 12-22  输入文本

⑬ 单击工具栏中"直线"工具╱，在舞台中绘制直线，如图 12-23 所示。选择刚刚绘制的直线，复制一条直线，并调整位置，如图 12-24 所示。

图 12-23  绘制直线

图 12-24  复制直线

⑭ 单击工具栏中"圆角矩形"工具▢，在"属性"面板上设置"填充颜色"值为#000000，在舞台中绘制圆角矩形，如图 12-25 所示。

图 12-25  绘制圆角矩形

⑮ 单击工具栏中"文本"工具▣，在"属性"面板上设置"文本颜色"值为#FFFFFF，在舞台中输入文本，如图 12-26 所示。

图 12-26  输入文本

⑯ 用相同的方法绘制其他部分，如图 12-27 所示。

图 12-27  绘制图形

⑰ 单击工具栏中"文本"工具▣，在"属性"面板上设置"文本颜色"值为#FFFFFF，在舞台中输入文本，如图 12-28 所示。

图 12-28  输入文本

⑱ 单击工具栏中"圆角矩形"工具▢，在"属性"面板上设置"填充颜色"值为#090909，在舞台中绘制圆角矩形，如图 12-29 所示。

图 12-29 绘制圆角矩形

⑲ 单击工具栏中"圆角矩形"工具，在"属性"面板上设置"填充颜色"值为#595959，在舞台中绘制图形，如图 12-30 所示。

图 12-30 绘制图形

⑳ 根据前面的方法，在舞台中输入文本，如图 12-31 所示。

图 12-31 输入文本

㉑ 单击工具栏中"文本"工具，在"属性"面板上设置"文本颜色"值为#FFFFFF，并设置相应的文本属性，如图 12-32 所示。在舞台中输入文本，如图 12-33 所示。

图 12-32 设置"文本"属性

图 12-33 输入文本

㉒ 单击工具栏中"文本"工具，在"属性"面板上设置"文本颜色"值为#FFFFFF，并设置相应的文本属性，如图 12-34 所示。在舞台中输入文本，如图 12-35 所示。

图 12-34 设置"文本"属性

图 12-35 输入文本

㉓ 单击工具栏中"文本"工具，在"属性"面板上设置"文本颜色"值为#FFFFFF，并设置相应的文本属性，如图 12-36 所示。在舞台中输入文本，如图 12-37 所示。

图 12-36 设置"文本"属性

图 12-37 输入文本

㉔ 用相同的方法输入其他文本，如图 12-38 所示。

图 12-38 输入文本

㉕ 执行"文件→导入"菜单命令，将图像"CD\源文件\第 12 章\Fireworks\素材\803.png"导入到舞

台中，如图 12-39 所示。

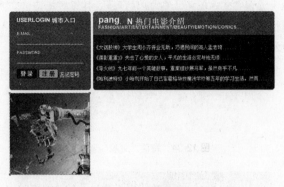

图 12-39　导入图像

㉖ 单击工具栏中"圆角矩形"工具 ，在"属性"面板上设置"填充颜色"值为#ECEAEB，"描边颜色"值为#D2D2D2，并设置相应的圆角矩形属性，如图 12-40 所示。在舞台中绘制图形，如图 12-41 所示。

图 12-40　设置"圆角矩形"属性

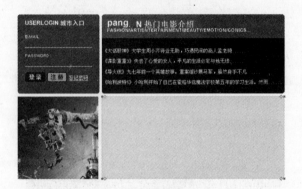

图 12-41　绘制圆角矩形

㉗ 单击工具栏中"文本"工具 A，在舞台中输入文本，如图 12-42 所示。

图 12-42　输入文本

㉘ 单击工具栏中"直线"工具 ，在"属性"面板上设置"描边颜色"值为#A3A1A2，并设置相应的直线属性，如图 12-43 所示。在舞台中绘制直线，如图 12-44 所示。

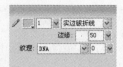

图 12-43　设置"直线"属性

图 12-44　绘制直线

㉙ 执行"文件→导入"菜单命令，将图像"CD\源文件\第 12 章\ Fireworks\素材\803.png"导入到舞台中，如图 12-45 所示。

图 12-45　导入图像

㉚ 单击工具栏中"文本"工具 A，舞台中输入文本，如图 12-46 所示。

图 12-46　输入文本

㉛ 执行"文件→导入"菜单命令，将图像"CD\源文件\第 12 章\ Fireworks\素材\802.png"导入到舞台中，如图 12-47 所示。

图 12-47　导入图像

㉜ 单击工具栏中“圆角矩形”按钮 Q，在“属性”面板上设置“填充颜色”值为#000000，“描边颜色”值为#D2D2D2，在舞台中绘制图形，如图 12-48 所示。

图 12-48　绘制圆角矩形

㉝ 单击工具栏中“文本”工具 A，在舞台中输入文本，如图 12-49 所示。

图 12-49　输入文本

㉞ 执行“文件→导入”菜单命令，将图像“CD\源文件\第 12 章\ Fireworks\素材\802.png”导入到舞台中，如图 12-50 所示。

图 12-50　导入图像

㉟ 根据前面的方法绘制图形，如图 12-51 所示。

图 12-51　绘制图形

㊱ 单击工具栏中“文本”工具 A，在舞台中输入文本，如图 12-52 所示。

图 12-52　输入文本

㊲ 根据前面的方法绘制其他部分，如图 12-53 所示。

㊳ 单击工具栏中“圆角矩形”按钮 Q，在舞台中绘制图形，如图 12-54 所示。

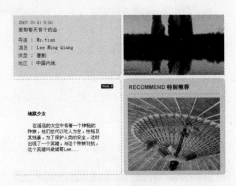

图 12-53　绘制图形

图 12-54　绘制圆角矩形

㊴ 选择刚刚绘制的图形，在“属性”面板上的“填充类型”下拉列表中选择“渐变→线性”，打开“填充色”对话框，从左向右分别设置渐变滑块颜色值为#EBEBEB，#D6D4D5，#F4F2F3，如图 12-55 所示，设置“描边颜色”值为#D5D3D4，图形效果如图 12-56 所示。

图 12-55　设置渐变填充颜色

图 12-56　渐变色效果

㊵ 单击工具栏中“文本”工具 A，在舞台中输入文本，如图 12-57 所示。

图 12-57 输入文本

㊶ 根据前面的方法绘制图形，如图 12-58 所示。

图 12-58 绘制图形

㊷ 单击工具栏中"文本"工具 A，在舞台中输入文本，如图 12-59 所示。

图 12-59 输入文本

㊸ 单击工具栏中"圆角矩形"按钮，在"属性"面板上设置"填充颜色"值为#5E5C5D，在舞台中绘制圆角矩形，如图 12-60 所示。

图 12-60 绘制圆角矩形

㊹ 单击工具栏中"文本"工具 A，在舞台中输入文本，如图 12-61 所示。

图 12-61 输入文本

㊺ 单击工具栏中"钢笔"工具，在"属性"面板上设置"填充颜色"值为#8E8C8D，在舞台中绘制图形，如图 12-62 所示。

图 12-62 绘制图形

㊻ 用相同的方法，使用"钢笔"工具，在舞台中绘制图形，如图 12-63 所示。

图 12-63 绘制图形

㊼ 用相同的方法，使用"钢笔"工具，在"属性"面板上设置"填充颜色"值为#5E5C5D，在舞台中绘制图形，如图 12-64 所示。

图 12-64 绘制图形

㊽ 执行"文件→保存"菜单命令，完成页面的绘制，如图 12-65 所示。

图 12-65 完成效果

## 12.3 创意文字——Flash 制作 Banner 动画

### 12.3.1 动画分析

影视类网站中有较多的文字说明，但影视类网站中的 Flash 并不需要较多的文字，只起到宣传作用即可，所以这类动画比较容易制作。在制作此类动画时应该注意其美观性和协调性，和整个页面形成一个整体。

## 12.3.2　技术点睛之 Flash 文本

### 1．创建文本

要创建文本，可以使用文本工具将文本块放在舞台上。创建静态文本时，可以将文本放在单独的一行中，该行会随着键入的文本扩展，也可以使用定宽文本块或定高文本块来放置文字，文本块会自动扩展并自动折行。在创建动态文本或输入文本时，可以将文本放在单独的一行中，或创建定宽或定高的文本块。

### 2．静态文本

"静态文本"是在工作区中输入的文字。"静态"不是指文字不能"动"，是指文字内容是"静态"的，其"属性"面板如图 12-66 所示。

图 12-66　静态文本"属性"面板

### 3．动态文本

"动态文本"不固定显示输入到工作区中的字符，而是在影片播放过程中，根据程序设定的数据或用户输入的动作，显示相应字符。例如设置一个动态文本，让它显示当前时间，文本中的字符随着时间的变化而变化，其"属性"面板如图 12-67 所示。

图 12-67　动态文本"属性"面板

### 4．输入文本

"输入文本"是在播放时接收用户输入的字符，并将接收的信息提交给相应的程序，程序根据得到的信息作相应的动作，其"属性"面板如图 12-68 所示。

图 12-68　输入文本"属性"面板

### 5．文本属性的基本设置

可以设置文本的字符和段落属性。字符属性包括字体、磅值、样式、颜色、字母间距、自动字距微调和字符位置。段落属性包括对齐、边距、缩进和行距。

文本可以优化，使较小的文本更清晰易读。

对于静态文本，字体轮廓在所发布的 SWF 文件中导出。用户可以选择使用设备字体，而不是导出字体轮廓（仅限水平文本）。

### 6．字体、磅值、样式和颜色

设置文字的各种属性时，可以使用"属性"检查器设置选定文本的字体、磅值、样式和颜色。设置文本颜色时，只能使用纯色，而不能使用渐变色。

### 7．字符间距、字距微调和字符位置

字符间距是在字符之间插入统一数量的空格。可以使用字符间距调整选定字符或整个文本块的间距。

字距微调控制着字符对之间的距离。许多字符都有内置的字距微调信息。例如，$A$ 和 $V$ 之间的间距通常小于 $A$ 和 $D$ 之间的间距。要使用字体的内置字距微调信息来调整字符间距，可以使用字距调整选项。

对于水平文本，间距和字距微调设置了字符间的水平距离。对于垂直文本，间距和字距微调设置了字符间的垂直距离。

对于垂直文本，可以在 Flash 首选参数中将字距微调设置为默认关闭。当在首选参数中关闭垂直文本的字距微调设置时，可以让该选项在"属性"检查器中处于选中状态，这样字距微调就只适用于水平文本。

### 8．对齐、边距、缩进和行距

文本的对齐方式确定了段落中每行文本相对于文本块边缘的位置。水平文本相对于文本块的左侧或右侧边缘对齐，垂直文本相对于文本块的顶部或底部边缘对齐。文本可以与文本块的一侧边缘对齐，或者在文本块中居中对齐，或者与文本块的两侧边缘对齐（两端对齐）。行距确定了段落中相邻行之间的距离。对于垂直文本，行距调整各个垂直列之间的距离。

### 9．文本的消除锯齿

Flash 提供了增强的字体光栅化处理功能，可以指定字体的消除锯齿属性。在 Flash 8 中打开现有 FLA 文件时，文本不会自动更新为使用"高级消除锯齿"选项；要使用"高级消除锯齿"选项，必须选择各个文本字段，然后手动更改消除锯齿设置。

### 10．文本的调整

可以使用对其他对象进行变形的方式来变形文本块。可以缩放、旋转、倾斜和翻转文本块以产生有趣的效果。将文本块当做对象进行缩放时，磅值的增减不会

反映在"属性"检查器中。

已变形文本块中的文本依然可以编辑，尽管严重的变形可能会使文本变得难以阅读。

### 11．将文本转换成形状

还可以将文本转换为组成它的线条和填充，以便对它进行改变形状、擦除和其他操作。如同任何其他形状一样，可以单独将这些转换后的字符分组，或将它们更改为元件并制作为动画，如图12-69所示。

图 12-69　文本转换成图形

**给文本添加超级链接**

可以将水平文本链接到 URL，用户单击该文本就可以跳转到其他文件，其"属性"面板如图12-70所示。

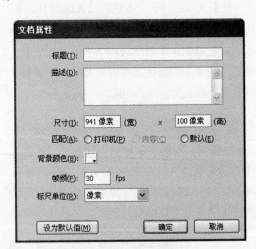

图 12-70　"属性"面板

### 12.3.3　制作步骤

❶ 执行"文件→新建"命令，新建一个 Flash 文档，单击"属性"面板上"文档属性"按钮，弹出"文档属性"对话框，设置文档大小为 941 像素×100 像素，"背景颜色"为#D0D0D0，"帧频"为"20"fps，如图12-71所示。

图 12-71　设置"文档属性"

❷ 执行"插入→新建元件"命令，弹出"创建新元件"对话框，创建一个"图形"元件，名称为"文字1"，如图12-72所示。单击"图层1"上第1帧位置，执行

"文件→导入→导入到舞台"命令，将图形"CD\源文件\第 12 章\Flash\素材\image2. png"导入场景中。如图12-73所示。

图 12-72　新建元件

图 12-73　导入素材

❸ 用同样的方法制作"背景"元件效果，如图12-74所示。

图 12-74　导入素材

❹ 执行"插入→新建元件"命令，弹出"创建新元件"对话框，创建一个"影片剪辑"元件，名称为"文字2"，如图12-75所示。单击"图层1"第1帧位置，单击"工具"面板上"文本"工具按钮，在场景中输入文本，如图12-76所示。

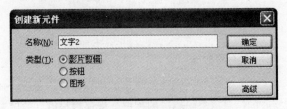

图 12-75　新建元件

图 12-76　输入文字

❺ 设置文本的"属性"面板如如图12-77所示。

图 12-77　设置"属性"面板

**提示**

为了保证 Flash 动画无论在任何地方播放都能以正确的效果显示字体，如果制作中使用了特殊字体，最后输出时都会将文本分离成图形。

⑥ 选中场景中的元件，单击"滤镜"面板上"添加滤镜"按钮 ✚，添加"发光"效果，设置"滤镜"面板，如图 12-78 所示，元件效果如图 12-79 所示。

图 12-78　设置"滤镜"面板

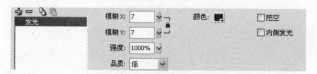

图 12-79　元件效果

⑦ 用同样的方法制作"文字 3"元件，效果如图 12-80 所示。

图 12-80　元件效果

⑧ 单击"时间轴"面板上"场景 1"标签，返回场景 1 中。单击"图层 1"第 5 帧位置，按 F6 键插入关键帧，将"背景"元件拖入场景中，效果如图 12-81 所示。单击"图层 1"第 170 帧位置，按 F5 键插入帧，时间轴效果如图 12-82 所示。

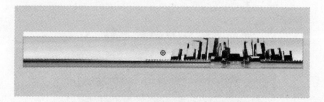

图 12-81　拖入元件

图 12-82　时间轴效果

⑨ 单击"图层 1"第 10 帧位置，按 F6 键插入关键帧，并调整元件的位置。单击第 5 帧位置，设置其"属

性"面板上"颜色"样式下的"高级"选项，如图 12-83 所示，元件效果如图 12-84 所示。

图 12-83　设置高级选项

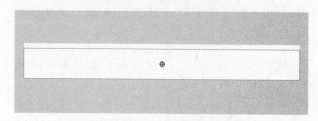

图 12-84　元件效果

⑩ 单击"图层 1"第 5 帧位置，设置"属性"面板上"补间类型"为"动画"，时间轴效果如图 12-85 所示。

图 12-85　时间轴效果

⑪ 单击"时间轴"面板上"插入图层"按钮，新建"图层 2"，单击"图层 2"第 10 帧位置，将"文字 3"元件拖入场景中，效果如图 12-86 所示。单击"图层 2"第 18 帧位置，按 F6 键插入关键帧，调整元件的位置，效果如图 12-87 所示。

图 12-86　拖入元件

图 12-87　调整元件位置

⑫ 单击"图层 2"第 20 帧位置，按 F6 键插入关键帧，并调整元件的位置，效果如图 12-88 所示。分别单

击"图层 2"第 10 帧和第 18 帧位置，依次设置"属性"面板上"补间类型"为"动画"，时间轴效果如图 12-89 所示。

图 12-88　调整元件

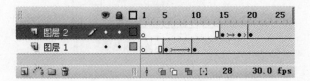

图 12-89　时间轴效果

⑬　分别单击"图层 2"第 40 帧、第 41 帧、第 42 帧、第 43 帧和第 45 帧位置，依次按 F6 键插入关键帧。分别选中第 41 帧和第 43 帧位置上元件，依次设置"属性"面板上"颜色"样式下的"高级"选项，如图 12-90 所示。元件效果如图 12-91 所示，时间轴效果如图 12-92 所示。

图 12-90　设置高级选项

图 12-91　元件效果

图 12-92　时间轴效果

⑭　分别单击"图层 2"第 85 帧和第 100 帧位置，依次按 F6 键插入关键帧。单击第 100 帧位置，选中元件，设置其"属性"面板上"颜色"样式下"Alpha"

值为"0%"，如图 12-93 所示，元件效果如图 12-94 所示。

图 12-93　设置 Alpha 值

图 12-94　元件效果

⑮　单击"图层 2"第 85 帧位置，设置其"属性"面板上"补间类型"为"动画"，时间轴效果如图 12-95 所示。

图 12-95　时间轴效果

⑯　单击"时间轴"面板上"插入图层"按钮，新建"图层 3"。单击"图层 3"第 110 帧位置，按 F6 键插入关键帧，将"文字 2"元件拖入场景中，效果如图 12-96 所示。单击"图层 3"第 120 帧位置，按 F6 键插入关键帧，并调整元件位置，效果如图 12-97 所示。

图 12-96　拖入元件

图 12-97　调整元件位置

⑰　单击第 110 帧位置，选中元件，设置其"属性"

面板上"颜色"样式下"Alpha"值为"0%",如图 12-98 所示,元件效果如图 12-99 所示。

图 12-98　设置"Alpha"值

图 12-99　元件效果

⑱ 单击"图层 3"第 110 帧位置,设置其"属性"面板上"补间类型"为"动画",时间轴效果如图 12-100 所示。

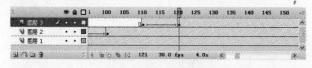

图 12-100　时间轴效果

⑲ 分别单击"图层 3"第 155 帧和第 165 帧位置,依次按 F6 键插入关键帧,单击第 155 帧位置,选中元件,设置其"属性"面板上"颜色"样式下"Alpha"值为"0%",如图 12-101 所示,元件效果如图 12-102 所示。

图 12-101　设置"Alpha"值

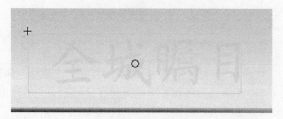

图 12-102　元件效果

⑳ 单击"图层 3"第 155 帧位置,设置其"属性"面板上"补间类型"为"动画",时间轴效果如图 12-103 所示。

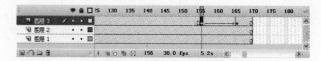

图 12-103　时间轴效果

㉑ 单击"时间轴"面板上"插入图层"按钮,新建"图层 4"。单击"图层 4"第 115 帧位置,按 F6 键插入关键帧,将"文字 3"元件拖入场景中,效果如图 12-104 所示。单击"图层 3"第 125 帧位置,按 F6 键插入关键帧,并调整元件位置,效果如图 12-105 所示。

图 12-104　拖入元件

图 12-105　调整元件位置

㉒ 单击第 115 帧位置,选中元件,设置其"属性"面板上"颜色"样式下"Alpha"值为"0%",如图 12-106 所示,元件效果如图 12-107 所示。

图 12-106　设置"Alpha"值

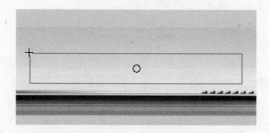

图 12-107　元件效果

㉓ 单击"图层 4"第 115 帧位置，设置其"属性"面板上"补间类型"为"动画"，时间轴效果如图 12-108 所示。

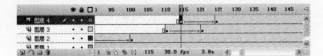

图 12-108　时间轴效果

㉔ 分别单击"图层 4"第 160 帧和第 170 帧位置，依次按 F6 键插入关键帧，单击第 160 帧位置，选中元件，设置其"属性"面板上"颜色"样式下"Alpha"值为 0%，如图 12-109 所示，元件效果如图 12-110 所示。

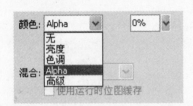

图 12-109　设置"Alpha"值

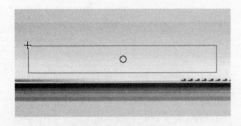

图 12-110　元件效果

## 提示

设置"Alpha"值时，"0%"为完全透明，"100%"为不透明。

㉕ 单击"图层 4"第 160 帧位置，设置其"属性"面板上"补间类型"为"动画"，时间轴效果如图 12-111 所示。

图 12-111　时间轴效果

㉖ 完成 Flash 动画的制作，执行"文件→保存"命令，保存文件。按 Ctrl+Enter 键测试动画效果，如图 12-112 所示。

图 12-112　测试动画效果

## 12.4　美妙音符——用 Dreamweaver 制作影视网站

### 12.4.1　页面制作分析

创意鲜明、页面能够体现出影视相关的内容，让浏览者看到网页就知道网站的类型，明确网站的内容、网站的功能和要展示的内容——影视类网站的设计就需要围绕这几个方面进行。本实例的影视类网站页面，应用很简单常见的页面布局，简单地处理网页中的文本和图像，使整个页面看起来很舒服。

### 12.4.2　技术点睛

#### 1. 插入 Flash 动画

在"插入"工具栏上单击 Flash 按钮，在鼠标所在位置插入 Flash 动画，如图 12-113 所示。

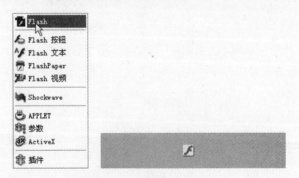

图 12-113　在页面中插入 Flash

#### 2. Flash 动画设置

在网页中插入 Flash 动画后，可以在"属性"面板对 Flash 动画进行编辑和查看等操作，如图 12-114 所示。

图 12-114 设置 Flash 动画

### 3．在页面中加入背景音乐

可以通过"插入"工具栏"媒体"下拉列表中的"插件"选项，在页面中插入背景音乐，然后在"属性"面板上设置相应的播放参数，使背景音乐在页面中的播放，如图 12-115 所示。

图 12-115 添加背景音乐

## 12.4.3 制作页面

❶ 执行"文件→新建"菜单命令，弹出"新建文档"对话框，新建一个空白的 HTML 文件，并保存为"CD\源文件\第 12 章\Dreamweaver\index.html"。

❷ 单击"CSS 样式"面板上的"附加样式表"按钮，弹出"附加外部样式表"对话框，单击"浏览"按钮，选择到需要的外部 CSS 样式表文件"CD\源文件\第 12 章\Dreamweaver\style\style.css"，单击"确定"按钮完成"链接外部样式表"对话框的设置，执行"文件→保存"菜单命令，保存页面。

❸ 单击"插入"栏上的"表格"按钮，在工作区中插入一个 7 行 1 列，"表格宽度"为"940 像素"，"边框粗细"、"单元格边距"、"单元格间距"均为"0"的表格。光标选中刚刚插入的表格，在"属性"面板上设置"对齐"属性为"居中对齐"，如图 12-116 所示。

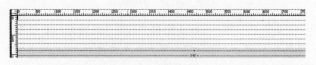

图 12-116 插入表格

❹ 光标移至刚刚插入的表格第一行单元中，在"属性"面板上设置"高"为"73"。单击"插入"栏上的"图像"按钮，将图像"CD\源文件\第 12 章\Dreamweaver\images\1.gif"插入到单元格中，如图 12-117 所示。

图 12-117 插入图像

❺ 光标移至第 2 行单元格中，单击"插入"栏上的"表格"按钮，在单元格中插入一个 1 行 9 列，"表格宽度"为"940 像素"，"边框粗细"、"单元格边距"、"单元格间距"均为"0"的表格，如图 12-118 所示。

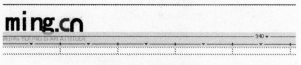

图 12-118 插入表格

❻ 光标移至刚刚插入的表格第 1 列单元格中，在"属性"面板上设置"水平"属性为"居中对齐"。单击"插入"栏上的"图像"按钮右侧的下拉列表按钮，在下拉列表中单击"鼠标经过图像"按钮，弹出"插入鼠标经过图像"对话框，如图 12-119 所示。单击"原始图像"文本框后的"浏览"按钮，选择原始图像即鼠标没有移动到图像上时的图像 "CD\源文件\第 12 章\Dreamweaver\images\11.gif"，单击"确定"按钮。单击"鼠标经过图像"文本框后的"浏览"按钮，选择鼠标经过时的图像 "CD\源文件\第 12 章\Dreamweaver\images\2.gif"，单击"确定"按钮，在单元格中插入鼠标经过图像，如图 12-120 所示。

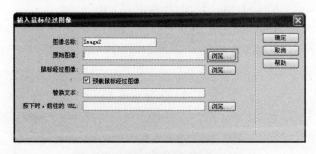

图 12-119 插入鼠标经过图像对话框

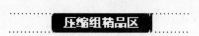

图 12-120 插入鼠标经过图像

❼ 用相同方法在其他单元格中插入鼠标经过图像，如图 12-121 所示。

图 12-121 页面效果

❽ 光标移至上级表格第 3 行单元格中，在"属性"

面板上设置"高"为"114",单击"插入"栏上的"Flash"按钮旁的向下箭头按钮,弹出下拉菜单,在下拉菜单中选择"Flash"选项,如图 12-122 所示。

图 12-122　选择"Flash"选项

⑨ 弹出"选择文件"对话框,选择"CD\源文件\第 12 章\Dreamweaver\images\8-1.swf"文件,单击"确定"按钮,弹出"对象标签辅助功能属性"对话框,如图 12-123 所示。

图 12-123　"对象标签辅助功能属性"对话框

**提示**

在"对象标签辅助功能属性"对话框中可以为插入的 Flash 指定标题。如果插入多媒体文件不想再弹出"对象标签辅助功能属性"对话框,可以通过执行"编辑→首选参数"命令,在"首选参数"对话框的左侧"分类"列表中选择"辅助功能"选项,进行设置。

⑩ 单击"确定"按钮,在页面上的指定位置就插入了一个 Flash 动画,如图 12-124 所示。

图 12-124　插入 Flash

⑪ 光标移至第 4 行单元格中,单击"插入"栏上的"表格"按钮,在单元格中插入一个 2 行 3 列,"表格宽度"为"940 像素","边框粗细"、"单元格边距"、"单元格间距"均为"0"的表格,如图 12-125 所示。

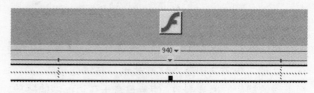

图 12-125　插入表格

**提示**

默认情况下,在网页编辑状态下的 Flash 动画是以图标的方式出现的,用户可以通过在浏览器中预览页面来预览 Flash 动画,也可以通过"属性"面板上的"播放"按钮来预览 Flash 动画或是在"属性"面板上更改 Flash 动画的相应参数,如图 12-126 所示。

图 12-126　修改 Flash 动画属性

⑫ 光标移至刚刚插入的表格第 1 行第 1 列单元格中,在"属性"面板上设置"宽"为"202","高"为"191","垂直"属性为"顶端",在"属性"面板上的"样式"下拉列表中选择样式表"bg01"应用,如图 12-127 所示。

图 12-127　页面效果

⑬ 在"插入"栏上选择"表单"选项卡,单击"表单"按钮,在单元格中插入一个表单域,如图 12-128 所示。光标移至刚刚插入的表单中,单击"插入"栏上的"表格"按钮,在表单域中插入一个 3 行 1 列,"表格宽度"为"202 像素","边框粗细"、"单元格边距"、"单元格间距"均为"0"的表格,如图 12-129 所示。

图 12-128 插入表单域

图 12-129 插入表格

(14) 转换到代码视图，在代码视图中将 "<form id="form1" name="form1" method="post" action="">" 拖动到 "<table width="202" border="0" cellspacing="0"cellpadding="0">" 后面，再将 </form> 拖动到 </table>前面，这样就能隐藏表单域的红色虚线框，如图 12-130 所示。光标移至刚刚插入表格第 1 行单元格中，在"属性"面板上设置"高"为"80"，"水平"属性为"居中对齐"，"垂直"属性为"底部"，如图 12-131 所示。

图 12-130 隐藏表单域

图 12-131 设置表格属性

(15) 光标移至第 1 行单元格中，单击"插入"栏上的"文本字段"按钮，在表格中插入文本字段，选中刚

刚插入的文本字段，在"属性"面板上的"类"下拉列表中选择样式表"table01"应用，如图 12-132 所示。

图 12-132 页面效果

(16) 用相同的方法，在第 2 行单元格中插入文本字段，选择文本字段，在"属性"面板上的"类型"单选按钮组中，将"密码"单选按钮选中，在"类"下拉列表中选择样式表"table02"应用，如图 12-133 所示。

图 12-133 页面效果

(17) 光标移至第 3 行单元格中，在"属性"面板上设置"高"为"50"，"水平"属性为"居中对齐"。单击"插入"栏上的"表格"按钮，在表单中插入一个 3 行 1 列，"表格宽度"为"156 像素"，"边框粗细"、"单元格边距"、"单元格间距"均为"0"的表格，如图 12-134 所示。

图 12-134 插入表格

(18) 光标移至刚刚插入的表格第 1 列单元格中，在"属性"面板上设置"宽"为"54"，在"插入"栏上选择"表单"选项卡，单击"图像域"按钮，将"CD\源文件\第 12 章\Dreamweaver\images\21.gif"插

入到单元格中，如图 12-135 所示。

图 12-135　插入图像域

⑲ 光标移至第 2 列单元格中，在"属性"面板上设置"宽"为"54"。单击"插入"栏上的"图像"按钮，将图像"CD\源文件\第 12 章\Dreamweaver\images\22.gif"插入到单元格中。在第 3 列单元格中输入文字，选中刚刚输入的文字，在"属性"面板上的"样式"下拉列表运用样式表"font01"应用，如图 12-136 所示。

图 12-136　页面效果

⑳ 光标移至上级表格第 1 行第 2 列单元格中，在"属性"面板上设置"宽"为"468"。单击"插入"栏上的"表格"按钮，在单元格中插入一个 3 行 1 列，"表格宽度"为"456 像素"，"边框粗细"、"单元格边距"、"单元格间距"均为"0"的表格。选中刚刚插入的表格，在"属性"面板上设置"对齐"属性为"居中对齐"， 如图 12-137 所示。

图 12-137　插入表格

㉑ 光标移至刚刚插入的表格第 1 行单元格中，单击"插入"栏上的"图像"按钮，将图像"CD\源文件\第 12 章\Dreamweaver\images\23.gif"插入到单元格中。用相同方法在第 3 行单元格中插入相应的图像，如图 12-138 所示。

图 12-138　插入图像

㉒ 光标移至第 2 行单元格中，在"属性"面板上设置"高"为"130"，"背景颜色"为#000000，单击"插入"栏上的"表格"按钮，在单元格中插入一个 4 行 1 列的表格，"表格宽度"为"456 像素"，如图 12-139 所示。

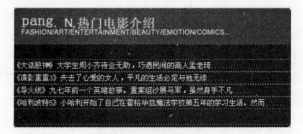

图 12-139　插入表格

㉓ 光标移至刚刚插入的表格第 1 行单元格中，在"属性"面板上设置"高"为"20"，输入文字。用相同方法在其他单元格中输入相应的文字，如图 12-140 所示。

图 12-140　输入文字

㉔ 光标移至上级表格第 2 行第 1 列单元格中，在"属性"面板上设置"高"为"213"，单击"插入"栏上的"图像"按钮，将图像"CD\源文件\第 12 章\Dreamweaver\images\25.gif"插入到单元格中，如图 12-141 所示。

图 12-141　插入图像

㉕ 光标移至第 2 行第 2 列单元格中，单击"插入"栏上的"表格"按钮▦，在单元格中插入一个 3 行 3 列的表格，"表格宽度"为"456 像素"。光标选中刚刚插入的表格，在"属性"面板上设置"对齐"属性为"居中对齐"，如图 12-142 所示。

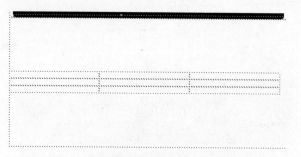

图 12-142　插入表格

㉖ 光标移至刚刚插入表格第 1 行第 1 列单元格中，在"属性"面板上设置"宽"为"5"。单击"插入"栏上的"图像"按钮▣，将图像"CD\源文件\第 12 章\Dreamweaver\images\26.gif"插入到单元格中。用相同方法，在第 1 行第 3 列、第 3 行第 1 列与第 3 行第 3 列单元格中插入相应的图像，如图 12-143 所示。

图 12-143　插入图像

㉗ 光标移至第 1 行第 2 列单元格中，在"属性"面板的"样式"下拉列表中选择样式表"bg02"应用。转换到代码视图，将"<td class="bg02"> </td>"之间的" "删除用相同方法在第 2 行第 1、第 3 列与第 3 行第 2 列单元格中加入相应的样式表，如图 12-144 所示。

 **提示**

" "在 HTML 代码中表示"空格"的意思，即在有" "的地方都可以加入页面内容，并且" "也可以在文本中，与空格含义一样。

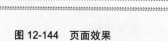

图 12-144　页面效果

㉘ 光标移至第 2 行第 2 列单元格中，在"属性"面板上设置"高"为"192"，"背景颜色"为#ECEAEB。单击"插入"栏上的"表格"按钮▦，在单元格中插入一个 2 行 2 列的表格，"表格宽度"为"421 像素"。选中刚刚插入的表格，在"属性"面板上设置"对齐"属性为"居中"对齐，如图 12-145 所示。

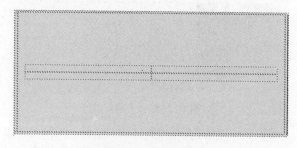

图 12-145　插入表格

㉙ 光标选中刚刚插入表格的第 1 行第 1、第 2 列单元格，合并单元格。光标移至刚刚合并的单元格中，在"属性"面板上设置"高"为"37"，在"属性"面板的"样式"下拉列表中选择样式表"table02"应用。单击"插入"栏上的"图像"按钮▣，将图像"CD\源文件\第 12 章\Dreamweaver\images\34.gif"插入到单元格中，如图 12-146 所示。

图 12-146　插入图像

㉚ 光标移至第 2 行第 1 列单元格中，在"属性"面板上设置"宽"为"162"。单击"插入"栏上的"图像"按钮▣，将图像"CD\源文件\第 12 章\Dreamweaver\images\35.gif"插入到单元格中，如图 12-147 所示。

图 12-147　插入图像

㉛ 光标移至第 2 行第 2 列单元格中，，单击"插入"栏上的"表格"按钮▦，在单元格中插入一个 6 行 1 列的表格，"表格宽度"为"160 像素"，如图 12-148 所示。

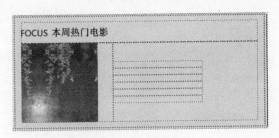

图 12-148　插入表格

(32) 光标移至刚刚插入表格第 1 行单元格中，在"属性"面板上设置"高"为"20"。输入文字，选中刚刚输入的文字，在"属性"面板的"样式"下拉列表中选择样式表"font02"应用用相同方法在其他单元格中输入相应的文字，并给文字加上相应的样式，如图 12-149 所示。

图 12-149　页面效果

(33) 光标选中上级表格第 1 行第 3 列与第 2 行第 3 列单元格，合并单元格。光标移至刚刚合并的单元格中，单击"插入"栏上的"图像"按钮，将图像"CD\源文件\第 12 章\Dreamweaver\images\36.gif"插入到单元格中，如图 12-150 所示。

图 12-150　插入图像

(34) 光标移至上级表格第 3 行单元格中，单击"插入"栏上的"表格"按钮，在单元格中插入一个 1 行 2 列，"表格宽度"为"940 像素"，"边框粗细"、"单元格边距"、"单元格间距"均为"0"的表格，如图 12-151 所示。

图 12-151　插入表格

(35) 光标移至刚刚插入表格第 1 列单元格中，在"属性"面板上设置"宽"为"630"，根据上面方法完成单元格的制作，如图 12-152 所示。

图 12-152　页面效果

(36) 光标移至第 2 列单元格中，根据上面的方法完成第 2 列单元格的制作，如图 12-153 所示。

图 12-153　页面效果

(37) 光标移至上级表格第 4 行单元格中，在"属性"面板上设置"高"为"123"。单击"插入"栏上的"表格"按钮，在单元格中插入一个 1 行 4 列，"表格宽度"为"940 像素"，"边框粗细"、"单元格边距"、"单元格间距"均为"0"的表格，如图 12-154 所示。

图 12-154　插入表格

(38) 光标移至刚刚插入的表格第 1 列单元格中，单击"插入"栏上的"图像"按钮，将图像"CD\源文件\第 12 章\Dreamweaver\images\54.gif"插入到单元格中，如图 12-155 所示。

图 12-155　插入图像

**39** 用相同方法在其他单元格中插入相应的图像,如图 12-156 所示。

图 12-156　插入图像

**40** 光标移至上级表格第 5 行单元格中,单击"插入"栏上的"表格"按钮 ▦,在单元格中插入一个 1 行 3 列,"表格宽度"为"940 像素","边框粗细"、"单元格边距"、"单元格间距"均为"0"的表格,如图 12-157 所示.

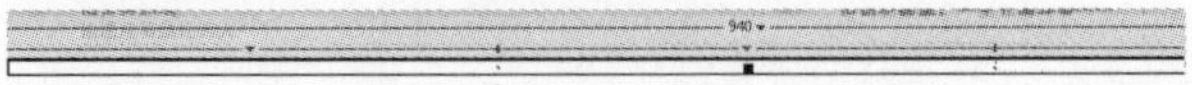

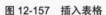

图 12-157　插入表格

**41** 光标移至刚刚插入的表格第 1 列单元格中,在"属性"面板上设置"宽"为"8"。单击"插入"栏上的"图像"按钮 ▣,将图像"CD\源文件\第 12 章\Dreamweaver\images\58.gif"插入到单元格中。用相同方法在其他单元格中插入相应的图像,如图 12-158 所示。

图 12-158　插入图像

**42** 光标移至第 2 列单元格中,在"属性"面板上设置"背景颜色"为# 5E5C5D。单击"插入"栏上的"表格"按钮 ▦,在单元格中插入一个 2 行 8 列,"表格宽度"为"440 像素","边框粗细"、"单元格边距"、"单元格间距"均为"0"的表格,如图 12-159 所示。

图 12-159　插入表格

**43** 光标移至刚刚插入表格第 1 行第 1 列单元格中,在"属性"面板上设置"宽"为"55","高"为"20","水平"属性为"居中对齐",输入文字。用相同方法,在其他单元格中输入文字,如图 12-160 所示。

图 12-160　输入文字

**44** 光标选中第 2 行所有单元格,合并单元格。光标移至刚刚合并的单元格中,在"属性"面板上设置"高"为"20",输入文字,选中刚刚输入的文字,在"属性"面板的"样式"下拉列表中选择样式表"fotn05"应用,如图 12-161 所示。

图 12-161　页面效果

**45** 将光标移至表格后,按键盘上的快捷键 Shift+Enter,插入一个换行符,将光标移至换行符后,单击"插入"工具栏"媒体"下拉列表中的"插件"选项,如图 12-162 所示。

图 12-162　选择"插件"选项

**46** 在弹出的"选择文件"对话框中选择要加入的音频文件"CD\源文件\第 8 章\images\801.wma",单击"确定"按钮,将音乐插入页面中,在页面中会显示一个插件的图标,如图 12-163 所示。

图 12-163　页面效果

**47** 单击选中页面中刚插入的插件,在"属性"面板上设置"宽"和"高"均为"0"。单击"参数"按钮,弹出"参数"对话框,如图 12-164 所示。

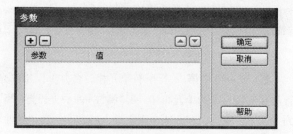

图 12-164 "参数"对话框

❹ 单击"参数"对话框上的加号按钮，在"参数"栏中输入"hidden"，在"值"中输入"true"。添加"autostart"参数，"值"设置为"true"。添加"loop"参数，"值"为"infinite"，如图 12-165 所示。

图 12-165 添加参数

❹ 执行"文件→保存"菜单命令，保存页面。单击"文档"工具栏上的"预览"按钮 ，在浏览器中预览整个页面，可以听到设置的背景音乐，如图 12-166 所示。

图 12-166 页面效果

## 12.5 技巧集合

### 12.5.1 在 Fireworks 中导出图像

如果对优化和导出图形不熟悉，可以使用"导出向导"。该向导将完成导出过程提示，用户无须了解优化和导出的细节。它还将显示"图像预览"，作为导出过程的一部分。

使用"导出向导"导出文档，可执行"文件→导出向导"菜单命令，在弹出的"导出向导"对话框中选择相应的导出属性，并单击"继续"按钮。在向导的"分析结果"窗口中单击"退出"按钮，完成"导出向导"对话框的设置，导出文档。

### 12.5.2 在 Flash 中运用代码实现滚动文本效果

```
function txtScoll(t:String, t_color) {
    this.createTextField("txt",
getNextHighestDepth(), 100, 200, 200, 15);
    txt.border = true;
    txt.html = true;
    var i:Number = 0;
    setInterval(function () {
        var _t:String = t;
        _t+="_____"+_t+"_____";//
txt.text  =  _t.substring(i,  i+_t.length/2+1);
txt.htmlText  =  "<font  Color='#"+t_color+"'>"
+_t.substring(i, i+_t.length/2+1)+"</font>";
        trace(txt.text);
        i++;
        if (i>=_t.length/2) {
        i = 0;
        }
    }, 100);
}
txtScoll("FLASH", "000000");//前面填入滚动字幕，
                            //后面是文字颜色
//滚动文本效果
```

完成效果如图 12-167 所示。

图 12-167 滚动字母效果

### 12.5.3 在 Dreamweaver 中使 Flash 动画在网页中背景透明

为了使页面的背景在 Flash 动画下显示出来，可以使 Flash 动画的背景透明。选中想要设置透明背景的 Flash 对象，在"属性"面板上单击"参数"按钮，弹出"参数"对话框，如图 12-168 所示。

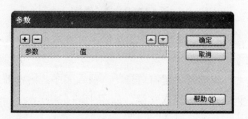

图 12-168 弹出"参数"对话框

在"参数"对话框中,设置参数为"wmode",参数值为"transparent"即可,如图 12-169 所示。这样在任何背景色下,Flash 动画都能实现透明显示背景。

图 12-169 设置"参数"对话框

在 Dreamweaver 中插入 Flash 按钮或 Flash 文本时,经常会弹出如图 12-170 所示的错误提示窗,这是因为 Dreamweaver 站点或站点中的文件夹是中文名称的原因。将站点名称和站点中的文件夹名称都改为英文,就可以正常地在页面中插入 Flash 按钮或 Flash 文本了。

图 12-170 错误提示对话框

### 12.5.4 在 Dreamweaver 中插入声音的第二种方法

前面讲了用插件添加背景音乐,还可以使用另一种方法添加背景音乐。切换到 Dreamweaver 的代码视图中,将光标定位到</BODY>标记之前的位置,在光标所在处写下如下的这行代码,如图 12-171 所示。

```
<BGSOUND SRC=images/8-1.wma>
```

按键盘上的 F12 键,在浏览器中查看制作效果,此时也可以听到背景音乐声响起。

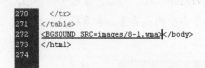

图 12-171 输入代码

### 12.5.5 在 Dreamweaver 中循环播放音乐

如果希望循环播放音乐,只需将上面的输入的代码修改为以下代码即可。

```
<BGSOUND SRC=images/8-1.wma loop=true>
```

# 第13章　电子商务类网站页面

对电子商务类网站页面而言，最重要的是制作可以方便地寻找到商品的导航栏，并能够明显地标示出商品的图像及名称，最终让用户购买商品。电子商务网站的中心是商品。为了使商品看起来美观，就需要合理的布局和使商品图像很明显的图像处理。而且，在电子商务网站中，要细致地注意所用到的诸如篮子等购物要素、为购物提供帮助的信息、色彩等各个构成要素。本章将详细介绍电子商务类网站的设计制作。

## ↘ 本章学习目标

- 了解电子商务类网站页面的色彩及布局特点
- 掌握网页设计的方法
- 掌握网页动画的制作方法
- 学习如何制作 Dreamweaver 的模板页面
- 掌握如何在模板页面中插入可编辑区域、可选区域等
- 掌握如何运用模板制作页面

## ↘ 本章学习流程

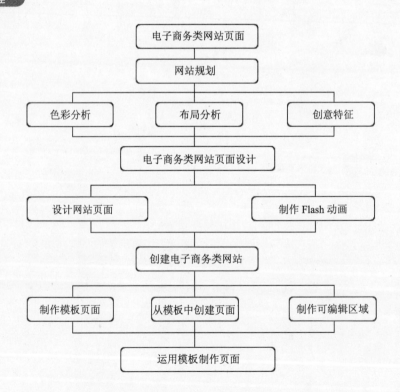

## 13.1　网站规划

在电子商务类网站中，经常看到的色彩是红色、黄色、朱黄、蓝色、草绿等颜色。红色、黄色、朱黄等温暖的颜色给人明亮的印象，可以有效地唤起人们的购买欲。蓝色、草绿等颜色如果过分地使用会给人不安的感觉，如果恰当地使用则会给人信赖感和安全感。电子商务类网站的配色应该使暖色和冷色保持均衡。本章主要向大家介绍如何设计制作电子商务类网站，效果如图 13-1 所示。

图 13-1

### 13.1.1　电子商务类网站分析

整体原则：在电子商务类网站中，浏览者需要能够方便地找到商品的导航信息并能够明显地标示出商品的图像及名称等信息。在页面中还需要注意利用购物车等元素，并提供购物的帮助信息等。简单地说，就是一切以用户的便利为中心。

构图原则：在电子商务类网站中，图像的构成要简单明了，在图像中运用对比鲜明的颜色突出商品信息。

内容原则：电子商务类网站的中心是商品，所以网页的内容要以商品为主，突出商品的优势。可以通过合理的布局和鲜明的图像处理来突出商品的内容信息。

色彩原则：电子商务类网站通常会使用红色和黄色等暖色调颜色，或蓝色和草绿色等冷色调的颜色。

### 13.1.2　电子商务类网站创意形式

电子商务类网站的中心是商品。为了使商品看起来美观，就需要合理的布局和使商品图像很鲜明的图像处理。

电子商务类网站经常用到红色、黄色、朱黄、蓝色和草绿等。红色、黄色和朱黄等温暖的颜色给人明亮的印象，可以有效地唤起人们的购买欲。蓝色和草绿等颜色恰当使用，则会给人以信赖感和安定感。电子商务类网站的配色应该有效地使用暖色和冷色调，并使二者保持均衡。

## 13.2　数码世界——使用 Fireworks 设计电子商务网站

**案例分析**

本实例是设计制作一个电子商务类的网站页面，主要是用来向浏览者推荐介绍相关的商品，以达到使浏览者购买的目的。

色彩分析：本实例运用白色作为页面的主色调，突出页面中的商品。配以蓝色和灰色，起到点睛的作用。页面看起来板块划分清楚，页面内容整齐、清晰。

布局设计：在页面布局设计上，本实例运用了左右布局，左侧为网站产品快速导航，右侧正文部分为相关

商品的列表。页面的结构比较简单，并且在整个网站中页面结构较为统一，所以在制作页面时，我们考虑使用模板的制作方法，减少网站制作的工作量。

### 13.2.1　技术点睛——在 Fireworks 中创建动态按钮

按钮是网页的重要组成元素之一，发挥着十分重要的作用。它主要起着两个作用：第一是提示性的作用，由提示性的文本或者图形来告诉浏览者点击后有什么变

化；第二是动态响应的作用，即浏览者在进行不同的操作时，按钮能够呈现出不同的效果。

**1** 打开 Fireworks CS3，执行"文件→新建"菜单命令，弹出"新建文档"对话框，新建一个 200 像素× 200 像素，分辨率为"300 像素/英寸"，画布颜色为"白色"的 Fireworks 文件，如图 13-2 所示。

图 13-2　新建文档

**2** 执行"编辑→插入→新建按钮"菜单命令，打开"按钮"编辑窗口，如图 13-3 所示。

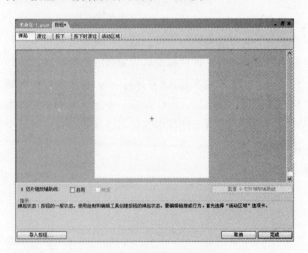

图 13-3　打开"按钮"编辑窗口

**3** 在按钮编辑器的"弹起"选项卡中，单击工具栏中的"椭圆"工具，在"属性"面板上设置"填充类型"为"渐变→放射性"，"渐变颜色"为白色（#FFFFFF）到灰色（#999999），"描边填充"设置为"无"，如图 13-4 所示。在舞台中绘制正圆，并调整渐变方向，如图 13-5 所示。

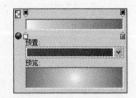

图 13-4　设置"渐变"属性

图 13-5　绘制正圆

**4** 单击工具栏中的"椭圆"工具，在"属性"面板上设置"填充类型"为"渐变→线性"，"渐变颜色"为白色（#FFFFFF）到白色（#FFFFFF），"不透明度"值为"70%"到"0%"，"描边填充"设置为"无"，如图 13-6 所示。在舞台中绘制椭圆，并调整渐变方向，如图 13-7 所示。

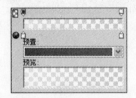

图 13-6　设置"渐变"属性

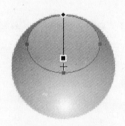

图 13-7　绘制椭圆

**5** 单击工具栏中的"多边形"工具，在"属性"面板上设置"边"为"3"，"填充颜色"为#FFFFFF，并设置相应的多边形属性，如图 13-8 所示。在舞台中绘制多边形，如图 13-9 所示。

图 13-8　设置"多边形"属性

图 13-9　绘制多边形

⑥ 在舞台中同时选择前面绘制的两个椭圆，按键盘上的 Ctrl+C 键，切换到"滑过"选项卡，按键盘 Ctrl+V 键进行粘贴，效果如图 13-10 所示。

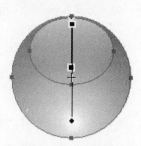

图 13-10　粘贴图形

⑦ 单击工具栏中的"文本"工具 A，在"属性"面板上将"文本颜色"值设为#FFFFFF，并设置相应的文本属性，如图 13-11 所示。在舞台中输入文本，如图 13-12 所示。

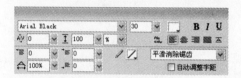

图 13-11　设置"文本"属性

图 13-12　输入文本

⑧ 单击"按下"标签，切换到"按下"选项卡，按键盘上的 Ctrl+V 键粘贴椭圆。单击工具栏中的"矩形"工具，按住 Shift 键在舞台中绘制一个正方形，并在"属性"面板上设置"填充颜色"为#FFFFFF，"描边颜色"为"无"，效果如图 13-13 所示。

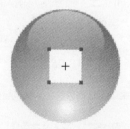

图 13-13　绘制正方形

⑨ 单击"按下时滑过"标签，切换到"按下时滑过"选项卡，单击"复制按下时的图形"按钮，如图 13-14

所示。

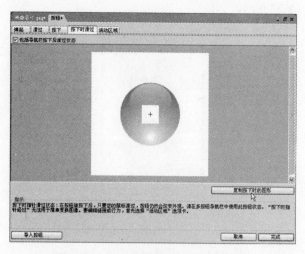

图 13-14　单击"复制按下时的图形"按钮

⑩ 单击窗口上的"关闭"按钮，关闭按钮编辑窗口。此时舞台中将显示按钮编辑窗口"弹起"选项卡中的图形，并且在热区上出现半透明绿色矩形，如图 13-15 所示。

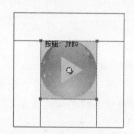

图 13-15　舞台中图形效果

⑪ 执行"文件→导出"命令，弹出"导出"对话框，设置"保存类型"为"HTML 和图像"，HTML 为"导出 HTML 文件"，"切片"为"导出切片"，选中"将图像放入子文件夹"复选框，单击"导出"按钮，即可导出，如图 13-16 所示。

图 13-16　导出 HTML

⑫ 在浏览器中打开图像文档，预览动画，如图 13-17 所示。

图 13-17 在"浏览器"中预览动画

### 13.2.2 绘制步骤

绘制页面导航部分

① 打开 Fireworks CS3，执行"文件→新建"菜单命令，弹出"新建文档"对话框，新建一个大小为 1001 像素×1702 像素，分辨率为"72 像素/英寸"，画布颜色为"透明"的 Fireworks 文件，如图 13-18 所示。执行"文件→保存"菜单命令，将文件保存为"CD\源文件\第 13 章\Fireworks\13.png"。

② 单击文档底部"状态栏"上的"缩放比率"按钮，弹出菜单，选择"50%"选项，设置文档的缩放比率为 50%，将页面呈 50%显示，如图 13-19 所示。

图 13-18 新建 Flash 文档

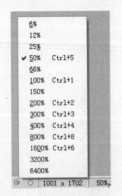

图 13-19 设置缩放比率

③ 单击工具栏中的"矩形"按钮，在舞台中绘制一个"颜色"值为 #FFFFFF 的矩形，在"属性"面板上设置矩形的"宽"为"1001"，"高"为"1702"，如图 13-20 所示，矩形效果如图 13-21 所示。

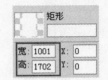

图 13-20 设置矩形属性

图 13-21 页面效果

④ 执行"文件→导入"菜单命令，将"CD\源文件\第 13 章\Fireworks\素材\image1.jpg"导入到舞台中的适当位置，如图 13-22 所示。

图 13-22 导入素材

⑤ 执行"文件→导入"菜单命令，将"CD\源文件\第 13 章\Fireworks\素材\image2.gif"导入到舞台中的适当位置，如图 13-23 所示。

图 13-23 导入素材

⑥ 单击工具栏中 "文本"工具 A，在场景中输入如图 13-24 所示的文本，选择刚刚输入的文本，在"属性"面板上设置"字体"为"宋体"，"大小"为"12"，"字体颜色"值为 #000000，设置"消除锯齿级别"为"不消除锯齿"， 如图 13-25 所示。

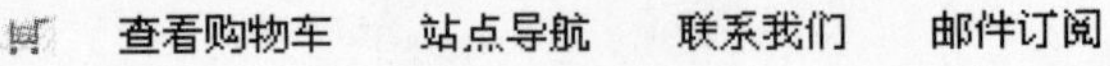

查看购物车　　站点导航　　联系我们　　邮件订阅

图 13-24 输入文本版式

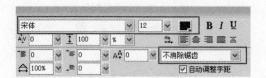

图 13-25　设置文本属性

**7** 选择刚刚输入的"查看购物车"文本，在"属性"面板上设置"大小"为"13"，"字体颜色"为#0480C0，如图 13-26 所示，文本效果如图 13-27 所示。

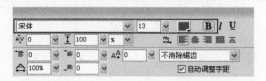

图 13-26　设置文本属性

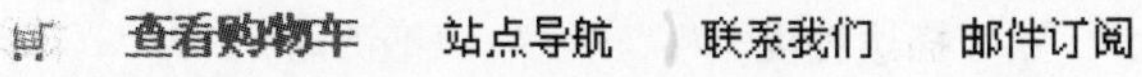

图 13-27　文本效果

**8** 单击工具栏中的"线条"工具 ✏，在"属性"面板上设置线条"颜色"值为#1182BE，"笔尖大小"为"1"，"描边种类"为"1 像素"柔化，如图 13-28 所示。在场景的适当位置绘制线条，如图 13-29 所示。

图 13-28　设置线条属性

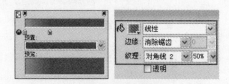

图 13-29　绘制线条

**9** 单击工具栏中的"矩形"工具 ▢，在"属性"面板上设置"颜色"为"线性"，从左至右分别设置色标颜色值为#72C5F1 到#168CBC 的线性渐变，在"边缘"下拉列表中选择"消除锯齿"选项，在"纹理"下拉列表中选择"对角线 2"、"纹理总量"为 50%，如图 13-30 所示。在场景中绘制矩形，如图 13-31 所示。

图 13-30　设置矩形属性

图 13-31　绘制矩形

**10** 选择刚刚绘制的矩形，在"属性"面板上设置矩形的"宽"为"1001"，"高"为"34"。

**11** 单击工具栏中的"矩形"工具 ▢，在舞台的适当位置绘制一个矩形，在"属性"面板上设置矩形的"填充颜色"值为#5A5B5D 的"实心"填充，在"边缘"下拉列表中选择"消除锯齿"选项，设置"矩形"的"宽"为"1001"，"高"为"4"，如图 13-32 所示，矩形效果如图 13-33 所示。

图 13-32　设置矩形属性

图 13-33　矩形效果

**12** 单击工具栏中的"圆角矩形"工具 ▢，在舞台的适当位置绘制一个圆角矩形。选择刚刚绘制的圆角矩形，在"属性"面板上的"填充类别"下拉列表中选择"渐变→线性"，打开"填充色"对话框，从左向右分别设置渐变滑块颜色值为#FFFFFF，#EFEFEF，#FFFFFF，如图 13-34 所示。

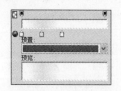

图 13-34　设置填充颜色

**13** 在"边缘"下拉列表中选择"消除锯齿"选项，设置圆角矩形的"宽"为"97"，"高"为"32"，如图 13-35 所示，圆角矩形效果如图 13-36 所示。

图 13-35　设置圆角矩形属性

图 13-36　圆角矩形效果

⑭ 选择刚刚绘制的圆角矩形，按住键盘上的 Alt 键调整下方的黄色滑块，将圆角矩形下方变成直角，如图 13-37 所示。

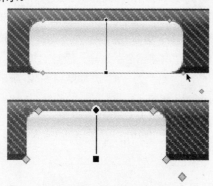

图 13-37　将圆角变成直角

⑮ 选择刚刚绘制的圆角矩形，在"属性"面板上单击"添加动态滤镜或选择预设"按钮 +，在弹出的对话框中选择"阴影和光晕→投影"，如图 13-38 所示。

图 13-38　添加滤镜属性

⑯ 设置"距离"为"3"，"投影颜色"值为#FFFFFF，"不透明度"为"42%"，"柔化"为"2"，"角度"为"102"，设置如图 13-39 所示。

图 13-39　设置滤镜属性

⑰ 单击工具栏中的"文本"工具 A，在刚刚绘制的圆角矩形上输入文本"首页"，选择输入的文本，在"属性"面板上设置"字体"为"宋体"，"大小"为"12"，"文本颜色"为#000000，设置"消除锯齿级别"为"不消除锯齿"选项，如图 13-40 所示，文本效果如图 13-41 所示。

图 13-40　设置文本属性

图 13-41　文本效果

⑱ 用相同的绘制方法可以绘制出其他的导航菜单按钮，并分别在每个按钮上输入相应的文本，完成页面导航部分绘制。最后导航效果如图 13-42 所示。

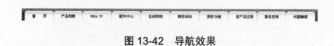

图 13-42　导航效果

绘制页面登录框

① 单击工具栏中的"线条"工具 ，在"属性"面板上设置线条"颜色"值为#DFDDE0，"笔尖大小"为"1"，"描边种类"为"实线"，"不透明度"为"100"，"混合模式"为"正常"，如图 13-43 所示。在场景的适当位置绘制线条，如图 13-44 所示。

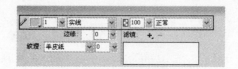

图 13-43　设置线条属性

图 13-44　绘制线条

② 单击工具栏中的"矩形"工具 ，打开"属性"面板，设置"填充颜色"值为#F6F4F7，在"边缘"下拉列表中选择"消除锯齿"选项，将"纹理总量"设置为"0"，如图 13-45 所示。在舞台的适当位置绘制矩形，如图 13-46 所示。

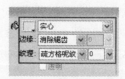

图 13-45　设置矩形属性

图 13-46　绘制矩形

③ 选择刚刚在舞台中绘制的矩形，在"属性"面板上设置"宽"为"181"，"高"为"99"，如图 13-47 所示。

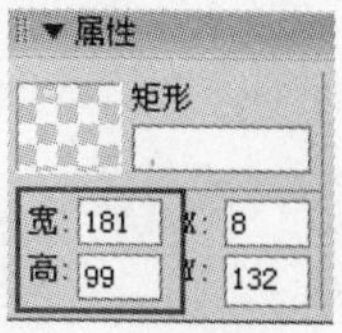

图 13-47　调整矩形大小

④ 用同样的方法在刚刚绘制的矩形下方绘制线条，如图 13-48 所示。

图 13-48　绘制线条

⑤ 单击工具栏中的"文本"工具 A，打开"属性"面板，设置"字体"为"宋体"，"大小"为"12"，"文本颜色"值为 #000000，在"消除锯齿级别"下拉列表中选择"不消除锯齿"选项，如图 13-49 所示。在舞台的适当位置输入文本，如图 13-50 所示。

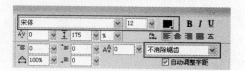

图 13-49　设置文本属性

图 13-50　输入文本

⑥ 单击工具栏中的"矩形"工具 □，打开"属性"面板，设置"填充颜色"值为 #FFFFFF，"填充类别"为"实心"，在"边缘"下拉列表中选择"实边"选项，设置"笔触颜色"值为 #CDCDCD，设置"笔尖大小"为"1"，"描边种类"为"实线"，如图 13-51 所示。在场景中绘制矩形。

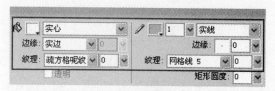

图 13-51　设置矩形属性

⑦ 选择刚刚绘制的矩形，在"属性"面板上设置"宽"为"76"，"高"为"18"，如图 13-52 所示，舞台中矩形效果如图 13-53 所示。

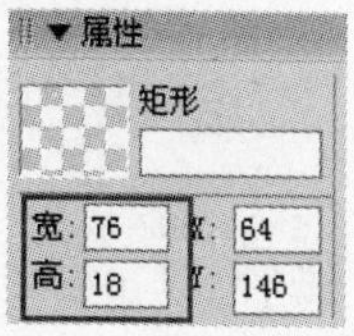

图 13-52　调整矩形大小

图 13-53　矩形效果

⑧ 单击工具栏中的"文本"工具 A，打开"属性"面板，设置"字体"为"宋体"，"大小"为"12"，"文本颜色"为 #000000，在"消除锯齿级别"下拉列表中选择"不消除锯齿"选项，如图 13-54 所示。在舞台的适当位置输入文本，如图 13-55 所示。

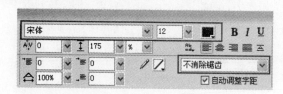

图 13-54　设置文本属性

用户名：
密　码：

图 13-55　输入文本

⑨ 单击工具栏中的"矩形"工具 □，打开"属性"面板，设置"填充颜色"值为 #FFFFFF，"填充类别"为"实心"，在"边缘"下拉列表中选择"实边"选项，设置"笔触颜色"值为 #CDCDCD，"笔尖大小"为"1"，"描边种类"为"实线"，如图 13-56 所示。在场景中绘制矩形。

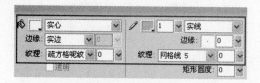

图 13-56　设置矩形属性

⑩ 选择刚刚绘制的矩形,在"属性"面板上设置"宽"为"76","高"为"18",如图 13-57 所示,舞台中矩形效果如图 13-58 所示。

图 13-57 调整矩形大小

图 13-58 矩形效果

⑪ 单击工具栏中的"圆角矩形"工具 ◯,在舞台的适当位置绘制一个圆角矩形。选择刚刚绘制的圆角矩形,打开"属性"面板,设置"填充颜色"值为 43ADE7,"填充类别"为"实心",在"边缘"下拉列表中选择"消除锯齿"选项,设置"笔触颜色"值为#4DA0CA,"笔尖大小"为"1",在"描边种类"的下拉列表中选择"柔化圆形"选项,如图 13-59 所示。

图 13-59 设置矩形属性

⑫ 选择刚刚绘制的圆角矩形,在"属性"面板上设置圆角矩形的"宽"为"39","高"为"39",如图 13-60 所示,圆角矩形效果如图 13-61 所示。

图 13-60 调整矩形大小

图 13-61 矩形效果

⑬ 选择刚刚绘制的圆角矩形,单击圆角矩形右下方的黄色滑块向外拖动,如图 13-62 所示。调整"圆角矩形"的圆角度到适当大小,调整后圆角矩形效果如图 13-63 所示。

图 13-62 拖动滑块调整圆角度

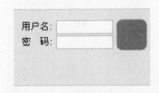

图 13-63 调整后圆角矩形效果

⑭ 单击工具栏中的"文本"工具 A,打开"属性"面板,设置"字体"为"Arial","大小"为"12","文本颜色"值为#FFFFFF,在"消除锯齿级别"下拉列表中选择"不消除锯齿"选项,如图 13-64 所示。在舞台的适当位置输入文本,如图 13-65 所示。

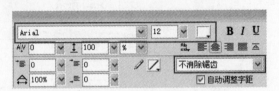

图 13-64 设置文本属性

图 13-65 输入文本

⑮ 执行"文件→导入"菜单命令,将"CD\源文件\第 13 章\Fireworks\素材\image61.gif"导入到舞台中的适当位置,如图 13-66 所示。

图 13-66 导入素材

⑯ 执行"文件→导入"菜单命令,将"CD\源文件\第 13 章\Fireworks\素材\image62.gif"导入到舞

台中的适当位置，如图 13-67 所示。完成页面登录部分
的绘制。

图 13-67　导入素材

**绘制页面商品展示部分**

① 单击工具栏中的"矩形"工具 □，在舞台的适
当位置绘制一个矩形。选择刚刚绘制的矩形，在"属
性"面板上的"填充类别"下拉列表中选择"渐变→
线性"，打开"填充色"对话框，从左向右分别设置
渐变滑块颜色值为 #E8E6F1，#F7F6FE，如图 13-68
所示。

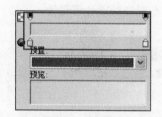

图 13-68　设置填充颜色

② 在"边缘"下拉列表中选择"实边"选项，如
图 13-69 所示。

图 13-69　设置矩形属性

③ 在页面中合适的位置绘制一个矩形，选中刚刚
绘制的矩形，设置矩形的"宽"为"615"，"高"为
"186"，如图 13-70 所示，页面中的矩形效果如图
13-71 所示。

图 13-70　调整矩形大小

图 13-71　矩形效果

④ 单击工具栏中的"线条"工具 ╱，在"属性"
面板上设置线条"颜色"值为 #DEDEE8，"笔尖大小"
为"1"，"描边种类"为"实线"，"不透明度"为"100"，
"混合模式"为"正常"，如图 13-72 所示。在场景的
适当位置绘制线条，如图 13-73 所示。

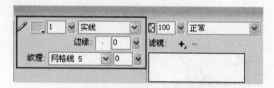

图 13-72　设置线条属性

图 13-73　绘制线条

⑤ 用同样的方法在矩形的下方绘制线条，如图
13-74 所示。

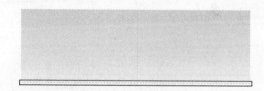

图 13-74　绘制线条

⑥ 执行"文件→导入"菜单命令，将"CD\源文
件\第 13 章\Fireworks\素材\ image4.png"导入到舞
台中的适当位置，如图 13-75 所示。

图 13-75　导入素材

⑦ 单击工具栏中的"文本"工具 **A**，打开"属性"面板，设置"字体"为"Arial Narrow"，"大小"为"17"，"文本颜色"值为 #514F52，在"消除锯齿级别"下拉列表中选择"不消除锯齿"选项，如图 13-76 所示。在舞台的适当位置输入文本，如图 13-77 所示。

图 13-76　设置文本属性

图 13-77　输入文本

⑧ 单击工具栏中的"文本"工具 **A**，打开"属性"面板，设置"字体"为"宋体"，"大小"为"14"，"文本颜色"值为 #8D8D8D，在"消除锯齿级别"下拉列表中选择"不消除锯齿"选项，如图 13-78 所示。在舞台的适当位置输入文本，如图 13-79 所示。

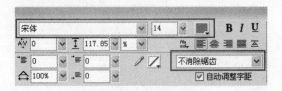

图 13-78　设置文本属性

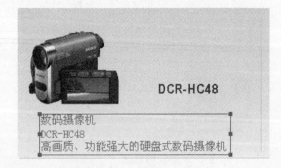

图 13-79　输入文本

⑨ 执行"文件→导入"菜单命令，将"CD\源文

件\第 13 章\Fireworks\素材\image6.png"导入到舞台中的适当位置，如图 13-80 所示。

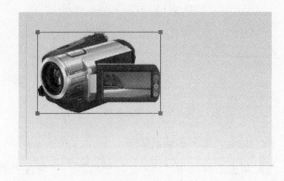

图 13-80　导入素材

⑩ 单击工具栏中的"文本"工具 **A**，打开"属性"面板，设置"字体"为"Arial Narrow"，"大小"为"17"，"文本颜色"值为 #514F52，在"消除锯齿级别"下拉列表中选择"不消除锯齿"选项，如图 13-81 所示。在舞台的适当位置输入文本，如图 13-82 所示。

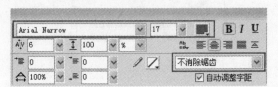

图 13-81　设置文本属性

图 13-82　输入文本

⑪ 单击工具栏中的"文本"工具 **A**，打开"属性"面板，设置"字体"为"宋体"，"大小"为"14"，"文本颜色"值为 #8D8D8D，在"消除锯齿级别"下拉列表中选择"不消除锯齿"选项，如图 13-83 所示。在舞台的适当位置输入文本，如图 13-84 所示。

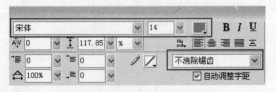

图 13-83　设置文本属性

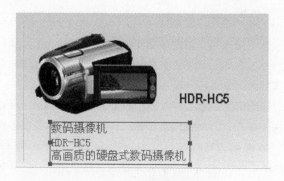

图 13-84　输入文本

⑫ 完成页面中商品展示部分的绘制，效果如图 13-85 所示。

图 13-85　商品展示部分效果

⑬ 按照前面讲解的绘制页面的方法，可以完成页面中其他部分的绘制，页面效果如图 13-86 所示。

图 13-86　完成后效果预览

## 13.3　图像跟随——Flash 制作菜单动画

### 13.3.1　动画分析

商务网站是通过网络上琳琅满目的商品信息、完善的物流配送系统和方便安全的资金结算系统进行交易的。电子商务网站中的动画，应以向浏览者表达信息为主，将所需要表达的信息，通过动画的表现形式来展现给浏览者，这样可以加深浏览者的印象，吸引浏览者的注意力。

动画的色彩搭配要与网站的色彩达到一致的风格，动画中可以采用卡通的形象来表达需要表达的信息，这样可以更加丰富页面的内容。

### 13.3.2　技术点睛之 ActionScript

#### 1．ActionScript 的概念

ActionScript 是 Flash 的脚本语言，是一种面向对象的编程语言。使用 ActionScript 可以控制 Flash 动画中的对象，创建导航元素和交互元素，扩展 Flash 创作交互动画和网络应用的能力。

#### 2．ActionScript 的应用范围

有了 ActionScript，就可以通过设置动作来创建交互动画。使用 Normal Mode 动作面板上的控件，无须编写任何动作脚本就可以插入动作。如果已经熟悉 ActionScript，也可以使用专家模式动作面板编写脚本。

命令的形式可以是一个动作（如命令动画停止播放），也可以是一系列动作。很多动作的设置只要求有少量的编程经验，而其他一些动作的应用则要求比较熟悉编程语言，用于高级开发。

#### 3．ActionScript 的基本术语

ActionScript 同样拥有语法、变量、函数等，而且与 JavaScript 类似，它也由许多行语句代码组成，每行语句又由一些命令、运算符、分号等组成。

#### 4．ActionScript 编辑器的模式

在普通模式下，在程序编辑区内单击选中一条语句，参数设置区的选项会自动出现。如果使用专家模式，参数设置区不会出现。在普通模式下，如果编辑的脚本程序含有错误，错误的语句将以红色显示出来。

在专家模式下编辑脚本程序，就好像使用一些文本编辑器，可以自由地更改、添加和删除脚本程序。关键字都用特殊的颜色显示出来，语句或者函数用蓝色，属性用绿色，注释用品红色，字符串用灰色。

#### 5．脚本编写的其他功能

脚本助手旨在帮助规范脚本，以避免新手用户编写 ActionScript 时可能会遇到的语法和逻辑错误。但要使用脚本助手，您必须熟悉 ActionScript，知道创建脚本时要使用什么方法、函数和变量。

### 6．ActionScript 编辑器参数设置

脚本导航器可显示包含脚本的 Flash 元素（影片剪辑、帧和按钮）的分层列表。使用脚本导航器可在 Flash 文档中的各个脚本之间快速移动。 如果单击脚本导航器中的某一项目，则与该项目关联的脚本将显示在"脚本"窗格中，并且播放头将移到时间轴上的相应位置。

### 7．语法的高亮显示

语法突出显示即用特定的颜色区分某些动作脚本元素。这有助于防止语法错误，如不正确的关键字大写。当语法突出显示功能打开时，文本按以下方式被突出显示：关键字和预定义的标识符（如 gotoAndStop，play 和 stop）是蓝色，属性是绿色，注释是品红色，由引号引住的字符串是灰色。

### 8．输出面板辅助排错

为了使用户更注意到出现的问题，所有的语法错误均以红色背景在普通模式的脚本窗口中突出显示。如果把鼠标指针移到有语法错误的动作上，就会显示该动作有关的出错消息。当选择该动作时，出错消息仍然显示在参数区的嵌板标题栏中。

### 9．给帧分配动作

要使影片在播放磁头到达时间轴的某一帧时立即执行某项动作，则可以将动作分配给帧。例如，要在时间轴的第 20 帧和第 10 帧之间创建循环，则可以在第 20 帧上添加如下动作，将播放磁头返回到第 10 帧位置。

```
gotoAndPlay(10);
```

还有一种常见的做法是在影片的第一帧附加动作，定义函数和设置变量，以便设置影片的初始环境。一般来说，在影片的第一帧中可以分配任何在影片一开始就需要执行的动作。

要给帧分配动作，执行以下步骤：

① 选择时间轴中的关键帧，执行"窗口→动作"菜单命令，打开"动作"面板。

② 单击打开"动作"面板左边工具栏中的文件夹，双击某一动作即可将它添加到右面的脚本窗格中。也可以选中工具栏中的某个动作，直接拖动到脚本窗格中。

③ 也可以单击加号按钮，从弹出菜单中选择一个动作。

④ 也可以直接在动作的参数文本框中输入参数。

⑤ 已经分配了动作的帧将在时间轴中显示一个小写字母"a"。

### 10．给按钮分配动作

如果要在某个按钮被单击或鼠标悬停时，影片执行某一动作，则可以将动作分配给该按钮。动作必须分配给按钮的实例，按钮符号的其他实例不受影响。

在给按钮分配动作时，动作必须嵌入 on(MouseEvent) 处理程序中，以便指定触发该动作的鼠标事件或按键操作。如果用户在标准模式下给按钮分配动作。则 on MouseEvent 处理程序将自动插入，并且用户以已列表中选择所需的事件。

要给按钮分配动作，执行以下操作步骤：

① 选择舞台上的按钮实例，打开"动作"面板。如果"动作"面板已经打开，则可以从"动作"面板的跳转菜单中选择按钮实例。

② 可以单击打开"动作"面板左边工具栏中的文件夹，双击某一动作即可将它添加到右面的脚本窗格中。也可以选中工具栏中的某个动作，直接拖动到脚本窗格中。

③ 也可以单击加号按钮，从弹出菜单中选择一个动作。

④ 也可以直接在动作的参数文本框中输入参数。根据所选动作的不同，参数也将发生变化。

### 11．给影片剪辑分配动作

如果要在某个影片剪辑被载入或接收数据之后，影片执行某一动作，则可以将动作分配给该影片剪辑。动作必须分配给影片剪辑的实例，影片剪辑符号的其他实例不受影响。

在给影片剪辑分配动作时，动作必须嵌入 onClipEvent 处理程序中，以便指定触发动作的影片剪辑事件。如果用户在标准模式下给影片分配动作，则 onClipEvent 处理程序将自动插入，并且用户可以从列表中选择所需的事件。

给影片剪辑分配动作的操作方法与给帧、按钮分配动作的操作方法相同。

### 12．使用 ActionScript 控制影片播放

使用 ActionScript 可以创建脚本告知 Flash，当某一事件发生时需要影片剪辑载入或卸载，如使用鼠标或按键盘时。

### 13．跳转到帧或场景

要跳转到影片中指定的帧或场景，可以使用 goto 动作。当影片跳转到帧时，用户可以选择参数，决定是从新帧位置播放，还是在该帧停止。在专家模式中，goto 动作被列表显示为两个动作：gotoAndPlay 和

gotoAndStop。影片也可以跳转到某个场景并播放指定的帧或前后场景的第一帧。

要跳转到帧或场景，执行以下步骤：

❶ 选择要分配动作的按钮、帧或影片剪辑实例，打开"动作"面板。

❷ 在"动作"面板左侧的分类中，单击"动作"分类，单击选择"影片控制"分类，双击 goto 动作,Flash 将在"动作"面板中插入 gotoAndPlay 动作。

❸ 要在跳转之后继续播放影片，可以保持"默认"选项；如果要在跳转之后停止播放影片，则可以选择"转到并停止"选项。

❹ 以下动作可以使播放磁头跳转到第 50 帧，并且从第 50 帧继续播放：

```
gotoAndPlay(50);
```

以下动作可以使播放磁头从动作所在帧向前移动 5 帧然后停止：

```
gotoAndStop(_currentframe +5);
```

### 14．播入和停放影片

使用 play 和 stop 动作可以控制主时间轴，也可以控制任何影片剪辑或载入影片的时间轴。如果要控制影片剪辑，则必须先给影片剪辑命名，并且该影片剪辑存在于当前时间轴内。

要使影片停止播放，执行以下步骤：

❶ 选择要分配动作的按钮、帧或影片剪辑实例，打开"动作"面板。

❷ 在"动作"面板左侧的列表中，单击"动作"分类，然后单击"影片剪辑"分类，双击 stop 动作。

如果动作被分配给了帧，则在动作列表中将出现以下代码：

```
stop();
```

如果动作被分配给了按钮，则它将自动被放入 on(MouseEvent)处理程序中。如下所示：

```
on(release){
stop();
}
```

如果动作被分配给了影片剪辑，则它将自动被放入 onClipEvent 处理程序中。如下所示：

```
onClipEvent(load){
stop();
}
```

如果要播放影片，用相同的方法，在"动作"面板左侧的列表中单击"动作"分类，然后单击"影片控制"

分类，双击 play 动作。

如果动作被分配给了帧，则在动作列表中将出现以下代码：

```
myMovieClip.play();
```

如果动作被分配给了按钮，则它将自动被放入 on(MouseEvent)处理程序中。如下所示：

```
on(release){
myMovieClip.play();
}
```

如果动作被分配给了影片剪辑，则它将自动被放入 onClipEvent 处理程序中。如下所示：

```
onClipEvent(load){
play();
}
```

### 15．控制影片剪辑位移

先新建一个"影片剪辑"，然后用这个"影片剪辑"加载控件，再用函数控制"影片剪辑"的位置就可以了。

```
mc._x = 50
mc._y = 50
```

### 16．控制影片剪辑缩放

_xscale 控制影片剪辑的横向缩放比例，以百分比为单位。

_yscale 控制影片剪辑的纵向缩放比例，以百分比为单位。

### 17．拖动影片剪辑

可以使用全局 startdrag() 函数或 movieclip.startdrag() 方法使影片剪辑可拖动。例如，可以为游戏、拖放功能、自定义界面、滚动条和滑块制作可拖动影片剪辑。

除非用 stopdrag() 明确停止或用 startdrag() 将另一个影片剪辑作为目标，否则影片剪辑一直是可拖动的。一次只能拖动一个影片剪辑。

若要创建更复杂的拖放行为，可以评估正被拖动的影片剪辑的 _droptarget 属性。

### 18．控制对象的多个属性

为影片剪辑添加动作的方法是，选中场景上要为其添加动作的影片剪辑，这时"动作"面板标题栏上显示的标题是"动作-影片剪辑"，这表明当前要为其添加脚本的对象是影片剪辑，然后在脚本编辑窗口中添加动作。

### 19．设置对象颜色

在程序中，Flash 会将关键字、标识符、注释文本、字符串用不同的颜色来分别显示。默认情况下，关键字显示为深蓝色，如 play、on()、_root 等；标识符显示为黑色，如 shu_mc、；字符串显示为天蓝色，如 abc、123；注释文本显示为灰色。可以利用语法着色来阅读代码和发现错误。

### 20. 动感遮罩

脚本里的遮罩和图层上的遮罩有一点区别。脚本遮罩是一个 MC 遮罩另外一个 MC，而图层遮罩可以是一个图层同时遮罩几个图层。一个遮罩组合里作为遮罩的 MC 和被遮罩的 MC 的深度层可不区分上下，这和图层遮罩也不同，图层遮罩里遮罩层必须在被遮罩层之上。

各个遮罩组合里被遮罩的 MC 的深度层是要明确上下关系的，级别高的在级别低的之上，这点过去我们已经学习过，这里再次强调。

### 21. 捕获键盘事件

响应键盘的方法作为 AS 中的一个重要组成部分，如今已经越来越广泛地被使用。尤其是在 Flash 游戏制作中，如果缺少了响应键盘的方法，那是不可能的，而响应键盘主要的 4 种方法分别是：

- 利用按钮进行检测
- 利用 KEY 对象
- 利用键盘侦听的方法
- 利用影片剪辑的 keyUp 和 keyDown 事件来实现响应键盘

### 22. 用"行为"面板创建移动图片框

图片 MC 的制作，中心点是该元件的注册点，又是图片首尾交接处。依据这点判断元件位置，在重新定位后可以保证图片的准确衔接。

下列代码依鼠标在中心点的左侧或右侧及其距离的大小，为 MC 设定运动方向及步长。

```
tu._x = tu._x-(m/2-_xmouse)/10;
```

### 23. 控制声音

可以使用内置 Sound 类控制 SWF 文件中的声音。若要使用 Sound 类的方法，必须先创建一个 Sound 对象，然后可以使用 attachSound() 方法在 SWF 文件运行时将库中的声音插入该 SWF 文件。

### 24. 冲突检测

MovieClip 类的 hitTest() 方法可以检测 SWF 文件中的冲突。它检查某个对象是否与影片剪辑有冲突，然后返回一个布尔值（true 或 false）。

### 25. 自制滚动文本

在 Flash 中创建滚动文本的方法有多种。通过选择"文本"菜单或上下文菜单中的"可滚动"选项或按住 Shift 键双击文本字段句柄，可以将动态和输入文本字段设置为可滚动模式。

可以使用 TextField 对象的 scroll 和 maxscroll 属性在文本字段中控制垂直滚动，使用 hscroll 和 maxhscroll 属性在文本字段中控制水平滚动。scroll 和 hscroll 属性分别指定当前垂直和水平滚动位置；您可以对这些属性进行读写操作。maxscroll 和 maxhscroll 属性分别指定最大垂直和水平滚动位置，您只能读取这些属性。

TextArea 组件提供了一种简便的方法，可以通过撰写最少的脚本来创建滚动文本字段。

### 26. 载入 HTML 文档

用 loadMovie() 加载的外部文件是加载到一个 MC 元件上，所以，外部文件中指向场景（_root）的路径此时应该是指向这个 MC 元件而不是主文件的场景。使用 MovieClip._lockroot 可以使加载的文件中的_root 仍然是指向原来文件的场景

### 27. 载入 XML 文档

在 Flash 中，有两个对象与 XML 相关，一个是 XMKSocket 对象，另一个是 XML 对象。

XMLSocket 对象：XMLSocket 对象允许控制接口连接，因此能转移 XML 文档给 XML 兼容服务器，也可从 XML 兼容服务器转移出文档，加强客户端与服务器端交互性。要使用 XMLSocket 对象，必须先使用构造函数来建立新的 XMLSocket 对象。

XML 对象：使用方法来完成 XML 对象道具的载入、解析、发送、建立和操作 XML 文档树。在调用任何方法之前，必须使用 new XML() 构造函数来建立 XML 对象的实体。然后，在调用任何操作 XML 文档元素或文本节点的方法之前，必须调用 createElement 或 createTextnode 方法。使用 XML 接口对象来建立和管理接口连接，以便用来发送 XML 文档到远程服务器上。

### 13.3.3 制作步骤

❶ 执行"文件→新建"命令，新建一个 Flash 文档，单击"属性"面板上"文档属性"按钮，弹出"文档属性"对话框，设置文档大小为 181 像素×360 像素，"背景颜色"为#FFFFFF，"帧频"为"60"fps，如图 13-87 所示。

图 13-87　设置"文档属性"

② 执行"插入→新建元件"命令，弹出"创建新元件"对话框，创建一个"按钮"元件，名称为"反应区"，如图 13-88 所示。单击"图层 1"上"点击"帧位置，单击"工具"面板上"矩形"工具，在场景中绘制一个 156 像素×24 像素的矩形，如图 13-89 所示。

图 13-88　新建元件

图 13-89　绘制图像

③ 执行"插入→新建元件"命令，弹出"创建新元件"对话框，创建一个"图形"元件，名称为"矩形 1"，如图 13-90 所示。单击"图层 1"第 1 帧位置，单击"工具"面板上"矩形"工具，在场景中绘制一个 150 像素×24 像素的矩形，如图 13-91 所示。

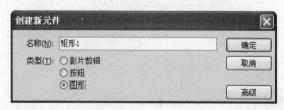

图 13-90　新建元件

图 13-91　绘制矩形

④ 选中图形，设置其"属性"目标上"填充颜色"效果如图 13-92 所示，图形效果如图 13-93 所示。

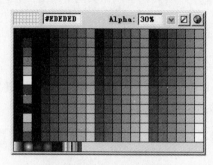

图 13-92　设置"填充颜色"

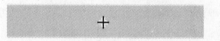

图 13-93　图形效果

⑤ 执行"插入→新建元件"命令，弹出"创建新元件"对话框，创建一个"图形"元件，名称为"矩形 2"，如图 13-94 所示。单击"图层 1"第 1 帧位置，单击"工具"面板上"矩形"工具，在场景中绘制一个 150 像素×2 像素的矩形，如图 13-95 所示。

图 13-94　新建元件

图 13-95　绘制矩形

⑥ 执行"插入→新建元件"命令，弹出"创建新元件"对话框，创建一个"影片剪辑"元件，名称为"鼠标跟随"，如图 13-96 所示。单击"图层 1"第 1 帧位置，将"矩形 1"元件拖入场景中，如图 13-97 所示。

图 13-96　新建元件

图 13-97　拖入元件

(7) 单击"图层 1"第 100 帧位置，按 F5 键插入帧，时间轴效果如图 13-98 所示。

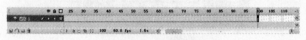

图 13-98　时间轴效果

(8) 单击"时间轴"面板上"插入图层"按钮，新建"图层 2"。单击"图层 2"第 1 帧位置，单击"工具"面板上"矩形"工具按钮，在场景中绘制一个矩形。设置"颜色"面板如图 13-99 所示。单击"工具"面板上"颜料桶工具"按钮，对场景中的形状进行填充，效果如图 13-100 所示。

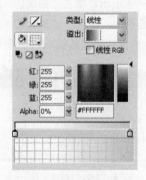

图 13-99　设置"颜色"面板

图 13-100　图形效果

(9) 单击"图层 2"第 17 帧位置，按 F6 键插入关键帧。单击"工具"面板上"矩形"工具按钮，在场景中绘制一个矩形，设置"颜色"面板如图 13-101 所示。单击"工具"面板上"颜料桶工具"按钮，对场景中的形状进行填充，效果如图 13-102 所示。

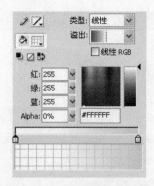

图 13-101　设置"颜色"面板

图 13-102　图形效果

**提示**

由于上图显示不是很明显，详细效果请参考源文件。

(10) 单击"图层 2"第 18 帧位置，按 F7 键插入空白关键帧。单击"图层 2"第 1 帧位置，设置其"属性"面板上"补间类型"为"形状"，时间轴效果如图 13-103 所示。

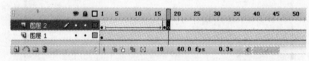

图 13-103　时间轴效果

(11) 单击"图层 2"第 45 帧位置，按 F6 键插入关键帧。单击"工具"面板上"矩形工具"按钮，在场景中绘制一个矩形。设置"颜色"面板如图 13-104 所示。单击"工具"面板上"颜料桶工具"按钮，对场景中的形状进行填充，效果如图 13-105 所示。

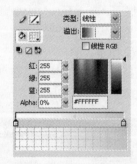

图 13-104　设置"颜色"面板

图 13-105　图形效果

⑫ 单击"图层 2"第 62 帧位置，按 F6 键插入关键帧。单击"工具"面板上"矩形"工具按钮，在场景中绘制一个矩形。设置"颜色"面板如图 13-106 所示。单击"工具"面板上"颜料桶工具"按钮，对场景中的形状进行填充，效果如图 13-107 所示。

图 13-106　设置"颜色"面板

图 13-107　图形效果

⑬ 单击"图层 2"第 63 帧位置，按 F7 键插入空白关键帧。单击"图层 2"第 45 帧位置，设置其"属性"面板上"补间类型"为"形状"，时间轴效果如图 13-108 所示。

图 13-108　时间轴效果

⑭ 单击"时间轴"面板上"插入图层"按钮，新建"图层 3"，单击"图层 3"第 1 帧位置，将"矩形 2"元件拖入场景中，效果如图 13-109 所示。时间轴效果如图 13-110 所示。

图 13-109　拖入元件

图 13-110　时间轴效果

⑮ 单击"时间轴"面板上"场景 1"标签，返回场景中。单击"图层 1"第 1 帧位置，执行"文件→导入→导入到场景"命令，将"CD\第 13 章\Flash\素材

\1.jpg"导入场景中，如图 13-111 所示。单击"图层 1"第 30 帧位置，按 F5 键插入帧。单击"时间轴"面板上"插入图层"按钮，新建"图层 2"，单击"图层 2"第 1 帧位置将"鼠标跟随"元件拖入场景中，效果如图 13-112 所示。选中元件，设置其"属性"面板上"实例名称"为"move"。

图 13-111　导入素材

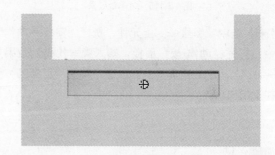

图 13-112　拖入元件

⑯ 单击"时间轴"面板上"插入图层"按钮，新建"图层 3"，将"反应区"元件拖入场景中，如图 13-113 所示。用同样的方法制作其他层的动画，效果如图 13-114 所示。时间轴效果如图 13-115 所示。

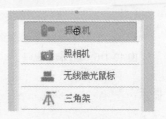

图 13-113　拖入元件

图 13-114　制作其他图层效果

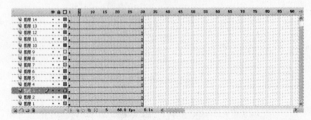

图 13-115　时间轴效果

⑰ 选中"图层 2"上元件，执行"窗口→动作"命令，打开"动作-帧"面板，输入脚本代码，效果如图 13-116 所示。用同样的方法选中其他"反应区"元件并添加代码。

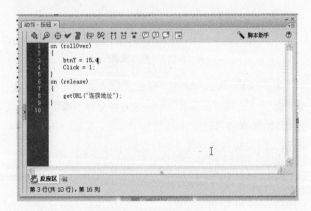

图 13-116　输入脚本代码

 提示

on 处理函数

```
on(mouseEvent:Object) {
}
```

mouseEvent 是一个称为事件的触发器，当事件发生

时，执行该事件后面大括号（{ }）中的语句。可以为 mouseEvent 参数指定下面的任一值：

press 当鼠标指针移到按钮上时按下鼠标按钮。

release 当鼠标指针移到按钮上时释放鼠标按钮。

releaseOutside 当鼠标指针移到按钮上时按下鼠标按钮，然后在释放鼠标按钮前移出此按钮区域。

rollOut 鼠标指针移出按钮区域。

rollOver 鼠标指针移到按钮上。

dragOut 当鼠标指针移到按钮上时按下鼠标按钮，然后移出此按钮区域。

dragOver 当鼠标指针移到按钮上时按下鼠标按钮，然后移出该按钮区域，接着移回到该钮上。

keyPress "< key >" 按下指定的键盘键。

⑱ 单击"时间轴"面板上"插入图层"按钮，新建"图层 15"。单击"图层 15"第 1 帧位置，执行"窗口→动作"命令，打开"动作-帧"面板，输入脚本代码，效果如图 13-117 所示。单击"图层 15"第 2 帧位置，按 F6 键插入关键帧，打开"动作-帧"面板，输入脚本代码，如图 13-118 所示，时间轴效果如图 13-119 所示。

图 13-117　输入脚本代码

图 13-118　输入脚本代码

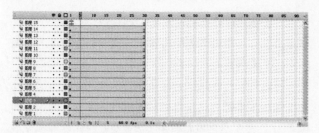

图 13-119  时间轴效果

⑲ 完成 Flash 动画的制作，执行"文件→保存"命令，保存文件。按 Ctrl+Enter 键测试动画效果，如图 13-120 所示。

图 13-120  测试动画效果

## 13.4  批量模板——Dreamweaver 制作电子商务网站

### 13.4.1  页面制作分析

本实例中的电子商务网站的页面布局主要突出商品信息。在页面设计上，本实例的布局方式很简单，重点体现网页中的商品。为了使商品看起来美观，运用了合理的布局方式，并且配以鲜明的商品图像。

### 13.4.2  技术点睛

#### 1. 创建模板

在 Dreamweaver 中可以通过在"新建文档"对话框中选中"HTML 模板"选项新建一个模板页面，如图 13-121 所示。

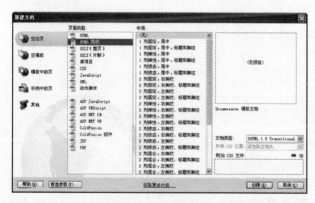

图 13-121  新建模板

#### 2. 可编辑区域

在 Dreamweaver 中可以在模板页中创建可编辑区域。光标移至需要创建可编辑区域的单元格中，执行"插入记录→模板对象→可编辑区域"命令，弹出"新建可编辑区域"对话框，如图 13-122 所示，即可插入一个可编辑区域，如图 13-123 所示。

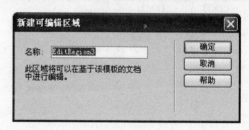

图 13-122  "新建可编辑区域"对话框

图 13-123  可编辑区域

#### 3. 可选区域

在 Dreamweaver 的模板页中，可以设置某一个单元格或表格的内容为可选区域，执行"插入记录→模板对象→可选区域"命令，弹出"可选区域"对话框，如图 13-124 所示。可以在 Dreamweaver 中设置可选区域是否显示，如图 13-125 所示。

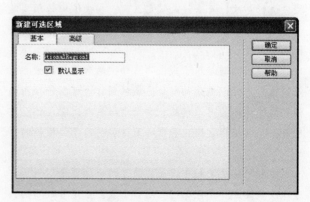

图 13-124  可选区域

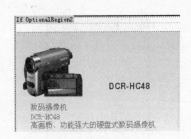

图 13-125　可选区域

### 13.4.3　制作页面

❶ 执行"文件→新建"菜单命令，弹出"新建文档"对话框，在"新建文档"对话框左侧单击选中"空模板"选项，在"模板类型"列表中选择"HTML 模板"选项，如图 13-126 所示。单击"创建"按钮，新建一个 HTML 模板页面。

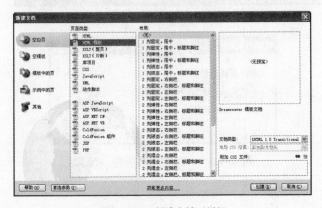

图 13-126　新建文档对话框

 **提示**

将文档另存为模板时，Dreamweaver 自动锁定文档的大部分区域。模板创作者指定基于模板的文档中的哪些区域可编辑，方法是在模板中插入可编辑区域或可编辑参数。

创建模板时，可编辑区域和锁定区域都可以更改。但是，在基于模板的文档中，模板用户只能在可编辑区域中进行更改，无法修改锁定区域。在模板中必须要定义可编辑区，如果没有定义可编辑区，Dreamweaver 会提示用户。

**可编辑区域**是基于模板的文档中的未锁定区域。它是模板用户可以编辑的部分。模板创作者可以将模板的任何区域指定为可编辑的。要让模板生效，它应该至少包含一个可编辑区域，否则将无法编辑基于该模板的页面。

**重复区域**是文档中设置为重复的布局部分。例如，可以设置重复一个表格行。通常重复部分是可编辑的，这样模板用户可以编辑重复元素中的内容，同时使设计

本身处于模板创作者的控制之下。在基于模板的文档中，模板用户可以根据需要使用重复区域控制选项添加或删除重复区域的副本。

**可选区域**是在模板中指定为可选的部分，用于保存有可能在基于模板的文档中出现的内容（如可选文本或图像）。在基于模板的页面上，模板用户通常控制是否显示内容。

**可编辑标签属性**使用户可以在模板中解锁标签属性，以便该属性可以在基于模板的页面中编辑。例如，可以"锁定"在文档中出现的图像，但让模板用户将对齐设为左对齐、右对齐或居中对齐。

❷ 执行"文件→保存"菜单命令，弹出"提示"对话框，提示页面中不包括任何要编辑区域，如图 13-127 所示。单击"确定"按钮，弹出"另存模板"对话框，在"另存为"文本框中输入模板名称，如图 13-128 所示。

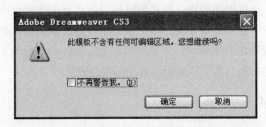

图 13-127　提示对话框

图 13-128　"另存模板"对话框

❸ 单击"CSS 样式"面板上的"附加样式表"按钮，弹出"附加外部样式表"对话框，单击"浏览"按钮，选择到需要的外部 CSS 样式表文件"CD\源文件\第 13 章\Dreamweaver\style\style.css"，单击"确定"按钮完成"链接外部样式表"对话框，执行"文件→保存"菜单命令，保存页面。

 **提示**

Dreamweaver 将模板文件保存在站点本地根文件夹中的 Templates 文件夹中，使用文件扩展名.dwt。如果该 Templates 文件夹在站点中尚不存在，Dreamweaver 将在

保存新建模板时自动创建该文件夹。不要将模板移动到 Templates 文件夹之外或者将任何非模板文件放在 Templates 文件夹中。此外，不要将 Templates 文件夹移动到本地根文件夹之外，否则将在模板中的路径中引起错误。

④ 单击"插入"栏上的"表格"按钮，在工作区中插入一个 3 行 1 列，"表格宽度"为"1001 像素"，"边框粗细"、"单元格边距"、"单元格间距"均为"0"的表格，如图 13-129 所示。

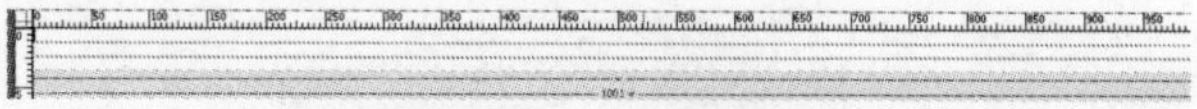

图 13-129 插入表格

⑤ 光标移至刚刚插入表格的第 1 行单元格中，单击"插入"栏上的"表格"按钮，在单元格中插入一个 2 行 1 列，"表格宽度"为"1001 像素"，"边框粗细"、"单元格边距"、"单元格间距"均为"0"的表格，如图 13-130 所示。

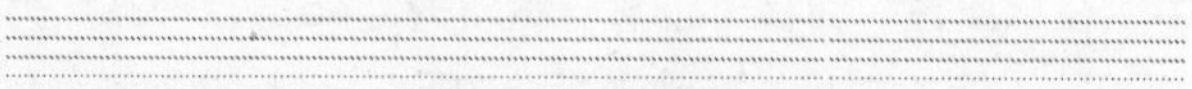

图 13-130 插入表格

⑥ 光标移至刚刚插入表格的第 1 行单元格中，单击"插入"栏上的"表格"按钮，在单元格中插入一个 1 行 2 列，"表格宽度"为"1001 像素"，"边框粗细"、"单元格边距"、"单元格间距"均为"0"的表格，如图 13-131 所示。

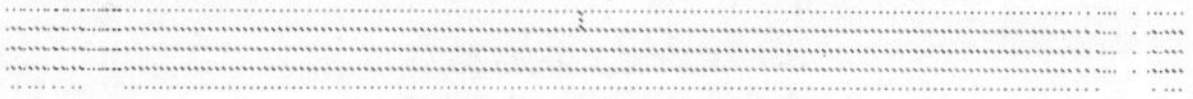

图 13-131 插入表格

⑦ 光标移至刚刚插入表格的第 1 列单元格中，在"属性"面板上设置"宽"为"181"，"高"为"80"，"水平"属性为"居中对齐"。单击"插入"栏上的"图像"按钮，将图像"CD\源文件\第 13 章\Dreamweaver\images\1.gif"插入到单元格中，如图 13-132 所示。

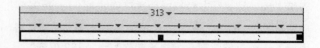

图 13-132 插入图像

⑧ 光标移至第 2 列单元格中，单击"插入"栏上的"表格"按钮，在单元格中插入一个 7 行 1 列，"表格宽度"为"313 像素"，"边框粗细"、"单元格边距"、"单元格间

距"、"单元格间距"均为"0"的表格，光标选中刚刚插入的表格，在"属性"面板上设置"对齐"属性为"居中对齐"，如图 13-133 所示。

图 13-133 插入表格

⑨ 光标移至刚刚插入表格的第 1 列单元格中，在"属性"面板上设置"宽"为"100"，单击"插入"栏上的"图像"按钮，将图像"CD\源文件\第 13 章\Dreamweaver\images\2.gif"插入到单元格中，在刚刚插入的图像后输入文字，拖动光标选中刚刚输入的文字，在"属性"面板上的"样式"下拉列表中选择样式表"font01"，如图 13-134 所示。

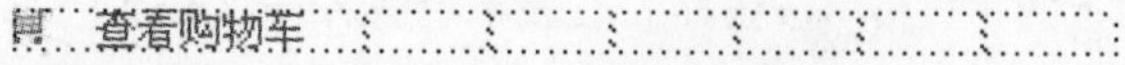

图 13-134 页面效果

⑩ 用相同方法在其他单元格中插入相应的图像，输入相应的文字，给文字加上相应的样式，如图 13-135 所示。

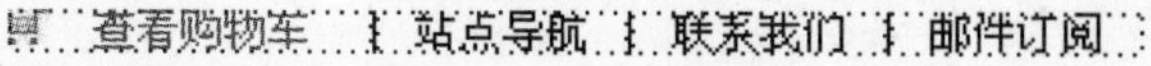

图 13-135 页面效果

⑪ 光标移至上级表格第 2 行单元格中，在"属性"面板上设置"高"为"41"，"垂直"属性为"底部"，在"属性"面板上的"样式"下拉列表中选择样式表"bg01"应用。单击"插入"栏上的"表格"按钮，在单元格中插入一个 1 行 10 列，"表格宽度"为"972 像素"，"边框粗细"、"单元格边距"、"单元格间距"均为"0"的表格，光标选中刚刚插入的表格，在"属性"面板上设置"对齐"属性为"居中对齐"，如图 13-136 所示。

图 13-136 插入表格

⑫ 光标移至刚刚插入表格的第 1 列单元格中，单击"插入"栏上的"图像"按钮，将图像"CD\源文件\第 13 章\Dreamweaver\images\5.gif"插入到单元格中。用相同方法在其他单元格中插入相应的图像，如图 13-137 所示。

图 13-137　插入图像

⓭　光标移至上级表格第 2 行单元格中，在"属性"面板上的"样式"下拉列表中选择样式表"table01"应用。单击"插入"栏上的"表格"按钮▦，在单元格中插入一个 1 行 3 列，"表格宽度"为"983 像素"，"边框粗细"、"单元格边距"、"单元格间距"均为"0"的表格，光标选中刚刚插入的表格，在"属性"面板上设置"对齐"属性为"居中对齐"，如图 13-138 所示。

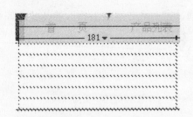

图 13-138　插入表格

⓮　在"插入"栏上选择"表单"选项卡，单击"表单"按钮▣，在单元格中插入一个表单域，单击"插入"栏上的"表格"按钮▦，在表单中插入一个 6 行 1 列，"表格宽度"为"181 像素"，"边框粗细"、"单元格边距"、"单元格间距"均为"0"的表格，根据前面章节所讲方法隐藏表单域，如图 13-139 所示。

图 13-139　插入表格

⓯　光标移至刚刚插入表格的第 1 行单元格中，在"属性"面板上设置"高"为"111"，"垂直"属性为"底部"，单击"插入"栏上的"表格"按钮▦，在单元格中插入一个 1 行 1 列，"表格宽度"为"181 像素"，"边框粗细"、"单元格边距"、"单元格间距"均为"0"的表格，如图 13-140 所示。

图 13-140　插入表格

⓰　光标移至刚刚插入的表格中，在"属性"面板

上设置"高"为"101"，在"属性"面板上的"样式"下拉列表中选择样式表"bg02"。单击"插入"栏上的"表格"按钮▦，在单元格中插入一个 3 行 3 列，"表格宽度"为"166 像素"，"边框粗细"、"单元格边距"、"单元格间距"均为"0"的表格，光标选中刚刚插入的表格，在"属性"面板上设置"对齐"属性为"居中对齐"，如图 13-141 所示。

图 13-141　插入表格

⓱　光标移至刚刚插入表格的第 1 行第 1 列单元格中，在"属性"面板上设置"宽"为"45"，"高"为"20"，输入文字，拖动光标选中刚刚输入的文字，在"属性"面板上的"样式"下拉列表中选择样式表"font02"应用。用相同方法在第 2 行第 1 列单元格中输入相应的文字，如图 13-142 所示。

图 13-142　页面效果

⓲　光标移至第 1 行第 2 列单元格中，在"属性"面板上设置"宽"为"76"，在"插入"栏上选择"表单"选项卡，单击"文本字段"按钮▢，选中刚刚插入的文本字段，在"属性"面板上的"类"下拉列表中选择样式表"table02"应用，如图 13-143 所示。

图 13-143　插入文本字段

⓳　用相同方法在第 2 行第 2 列单元格中插入文本字段，选中刚刚插入的文本字段，在"属性"面板上的"类型"单选按钮组中选择"密码"选项，在"属性"面板上的"类"下拉列表中选择样式表"table02"应用，如图 13-144 所示。

图 13-144　插入文本字段

⑳ 拖动光标选中第 1 行第 3 列与第 2 行第 3 列单元格，合并单元格，光标移至刚刚合并的单元格中，在"属性"面板上设置"水平"属性为"右对齐"，在"插入"栏上选择"表单"选项卡，单击"图像域"按钮⬚，将"CD\源文件\第 13 章\Dreamweaver\images\15.gif"插入到单元格中，如图 13-145 所示。

图 13-145　插入图像域

㉑ 拖动光标选中第 3 行的所有单元格，合并单元格，光标移至刚刚合并的单元格中，在"属性"面板上设置"高"为"33"，"垂直"属性为"底部"。 单击"插入"栏上的"表格"按钮⬚，在单元格中插入一个 1 行 2 列，"表格宽度"为"145 像素"，"边框粗细"、"单元格边距"、"单元格间距"均为"0" 的表格，光标选中刚刚插入的表格，在"属性"面板上设置"对齐"属性为"居中对齐"，如图 13-146 所示。

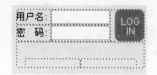

图 13-146　插入表格

㉒ 光标移至刚刚插入表格第 1 列单元格中，在"属性"面板上设置"宽"为"77"，单击"插入"栏上的"图像"按钮⬚，将图像"CD\源文件\第 13 章\Dreamweaver\images\16.gif"插入到单元格中。用相同方法在第 2 列单元格中插入相应的图像，如图 13-147 所示。

图 13-147　插入图像

㉓ 光标移至上级表格第 2 行单元格中，在"属性"面板上设置"高"为"57"，在"属性"的"样式"下拉列表中选择样式表"bg03"应用。单击"插入"栏上

的"表格"按钮⬚，在单元格中插入一个 1 行 3 列，"表格宽度"为"160 像素"，"边框粗细"、"单元格边距"、"单元格间距"均为"0"的表格，光标选中刚刚插入的表格，在"属性"面板上设置"对齐"属性为"居中对齐"，如图 13-148 所示。

图 13-148　插入表格

㉔ 根据前面的方法，完成刚刚插入的单元格的制作，如图 13-149 所示。

图 13-149　页面效果

㉕ 光标移至第 3 行单元格中，单击"插入"栏上的"表格"按钮⬚，在单元格中插入一个 2 行 1 列，"表格宽度"为"181 像素"，"边框粗细"、"单元格边距"、"单元格间距"均为"0"的表格，如图 13-150 所示。

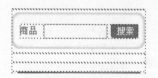

图 13-150　插入表格

㉖ 光标移至刚刚插入表格的第 1 行单元格中，单击"插入"栏上的"图像"按钮⬚，将图像"CD\源文件\第 13 章\Dreamweaver\images\21.gif"插入到单元格中，如图 13-151 所示。

图 13-151　插入图像

㉗ 光标移至第 2 行单元格中，单击"插入"栏上

的 Flash 按钮 ，将 Flash 动画 "CD\源文件\第 13 章\Dreamweaver\Templates\images\9-1.swf" 插入到单元格中，如图 13-152 所示。

图 13-152　插入 Flash

28 光标移至上级表格第 4 行单元格中，单击 "插入" 栏上的 "图像" 按钮 ，将图像 "CD\源文件\第 13 章\Dreamweaver\images\34.gif" 插入到单元格中，如图 13-153 所示。

图 13-153　插入图像

29 光标移至上级表格第 5 行单元格中，单击 "插入" 栏上的 "图像" 按钮 ，将图像 "CD\源文件\第 13 章\Dreamweaver\images\35.gif" 插入到单元格中，如图 13-154 所示。

图 13-154　插入图像

30 光标移至第 6 行单元格中，单击 "插入" 栏上的 "表格" 按钮 ，在单元格中插入一个 9 行 1 列，"表格宽度" 为 "181 像素"，"边框粗细"、"单元格边距"、"单元格间距" 均为 "0" 的表格，如图 13-155 所示。

图 13-155　插入表格

31 光标移至刚刚插入表格第 1 行单元格中，在 "属性" 面板上设置 "高" 为 "60"。单击 "插入" 栏上的 "图像" 按钮 ，将图像 "CD\源文件\第 13 章\Dreamweaver\images\22.gif" 插入到单元格中，如图 13-156 所示。

图 13-156　插入图像

32 用相同方法在其他单元格中插入相应的图像，如图 13-157 所示。

图 13-157　插入图像

33 光标移至上级表格第 2 列单元格中，在 "属性"

面板上设置"宽"为"617"，"垂直"属性为"顶端"。单击"插入"栏上的"表格"按钮 ⊞，在单元格中插入一个 1 行 1 列，"表格宽度"为"617 像素"，"边框粗细"、"单元格边距"、"单元格间距"均为"0"的表格，如图 13-158 所示。

图 13-158　插入表格

❸❹ 光标移至刚刚插入的表格中，单击"插入"栏上的"图像"按钮 ⊡，将图像"CD\源文件\第 13 章\Dreamweaver\images\36.gif"插入到单元格中，如图 13-159 所示。

图 13-159　插入图像

❸❺ 单击选中刚刚插入的图片，单击"状态"栏上"标签"选择器中最靠近<img>标签的第一个<table>标签，以选中整个表格。单击"插入"栏上"创建模板"按钮右边的向下箭头，弹出下拉菜单，在下拉菜单中选择"可选区域"选项，如图 13-160 所示。弹出"新建可选区域"对话框，如图 13-161 所示。

图 13-160　选择"可选区域"选项

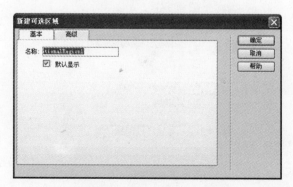

图 13-161　"新建可选区域"对话框

提　示

如果需要取消一个可选区域，只需要执行"修改→模板→删除模板标记"菜单命令，即可以将页面中的可选区域取消。

❸❻ 单击"确定"按钮，完成"新建可选区域"对话框，将页面中选中的表格设置为可选区域，在 Dreamweaver 设计视图中将会在可选区域的左上角显示可选区域标签，如图 13-162 所示。

图 13-162　可选区域标签

❸❼ 光标选中刚刚插入图像的表格，单击"状态"栏上"标签"选择器中的"mmtemplate.if"标签，按键盘上的右方向键，单击"插入"栏上的"表格"按钮 ⊞，在单元格中插入一个 1 行 1 列，"表格宽度"为"617 像素"，"边框粗细"、"单元格边距"、"单元格间距"均为"0"的表格，光标选中刚刚插入的表格，在"属性"面板上设置"对齐"属性为"居中对齐"，如图 13-163 所示。

图 13-163　插入表格

❸❽ 光标移至刚刚插入的表格中，在"属性"面板上设置"高"为"228"，单击"插入"栏上的"表格"按钮 ⊞，在单元格中插入一个 1 行 2 列，"表格宽度"为"617 像素"，"边框粗细"、"单元格边距"、"单元格间距"均为"0"的表格，如图 13-164 所示。

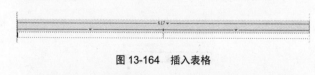

图 13-164　插入表格

❸❾ 光标移至刚刚插入表格的第 1 列单元格中，单击"插入"栏上的"图像"按钮 ⊡，将图像"CD\源文件\第 13 章\Dreamweaver\images\37.gif"插入到单元格中。用相同方法在第 2 列单元格中插入相应的图像，如图 13-165 所示。

图 13-165　插入图像

（40）将刚刚插入的图像表格选中，根据上面方法将表格转换为可选区域，如图 13-166 所示。

图 13-166　可选区域标签

（41）光标选中刚刚插入图像的表格，单击"状态"栏上"标签"选择器中的"mmtemplate.if"标签，按键盘上的右方向键，单击"插入"栏上的"表格"按钮 ，在单元格中插入一个 1 行 1 列，"表格宽度"为"608 像素"，"边框粗细"、"单元格边距"、"单元格间距"均为"0"的表格，光标选中刚刚插入的表格，在"属性"面板上设置"对齐"属性为"居中对齐"，如图 13-167 所示。

图 13-167　插入表格

（42）光标移至刚刚插入的表格中，在"属性"面板上的"样式"下拉列表中选择样式表"table04"应用，单击"插入"栏上的"表格"按钮 ，在单元格中插入一个 1 行 3 列，"表格宽度"为"96 像素"，"边框粗细"、"单元格边距"、"单元格间距"均为"0"的表格，如图 13-168 所示。

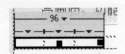

图 13-168　插入表格

（43）光标移至刚刚插入表格的第 1 列单元格中，在"属性"面板上设置"宽"为"22"，单击"插入"栏上的"图像"按钮 ，将图像"CD\源文件\第 13 章\Dreamweaver\images\39.gif"插入到单元格中，如

图 13-169 所示。

图 13-169　插入图像

（44）光标移至第 2 列单元格中，输入文字，拖动光标选中刚刚输入的文字，在"属性"面板上的"样式"下拉列表中选择样式表"font02"应用，如图 13-170 所示。

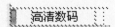

图 13-170　页面效果

（45）光标移至第 3 列单元格中，在"属性"面板上设置"宽"为"1"，输入符号"|"，如图 13-171 所示。

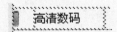

图 13-171　插入符号

（46）光标选中刚刚设置完的表格，按键盘上的右方向键，单击"插入"栏上的"表格"按钮 ，在单元格中插入一个 3 行 4 列，"表格宽度"为"560 像素"，"边框粗细"、"单元格边距"、"单元格间距"均为"0"的表格，光标选中刚刚插入的表格，在"属性"面板上设置"对齐"属性为"居中对齐"，如图 13-172 所示。

图 13-172　插入表格

（47）光标选中刚刚插入的表格，单击"插入"栏上"创建模板"按钮右边的向下箭头，弹出下拉菜单，在下拉菜单中选择"可编辑区域"选项，如图 13-173 所示。弹出"新建可编辑区域"对话框，如图 13-174 所示。

图 13-173　选择"可编辑区域"选项

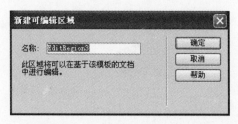

图 13-174 "新建可编辑区域"对话框

**48** 单击"确定"按钮,完成"新建可编辑区域"对话框,将页面中选中的表格设置为可编辑区域,在 Dreamweaver 设计视图中将会在可编辑区域的左上角显示可编辑区域标签,如图 13-175 所示。

图 13-175 可编辑区域标签

 **提示**

在模板中可编辑对应网页中的可编辑部分,锁定区域是不可编辑的部分,例如有共同特征的标题和标签。在默认的方式下,Dreamweaver 将新模板上所有部分设置为不可编辑的区域。在编辑模板时,无论是可编辑区域还是锁定区域都是可以编辑的。但是将一个模板应用到网页当中后,锁定区域是不可编辑的。

**49** 用相同的方法完成页面的相应部分内容的制作,将相应的表格设置可编辑区域,效果如图 13-176 所示。

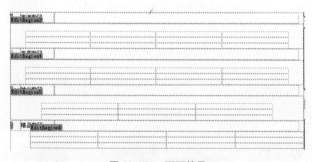

图 13-176 页面效果

**50** 光标移至上级表格第 3 列单元格中,在"属性"面板上设置"垂直"属性为"顶端",单击"插入"栏上的"表格"按钮 ,在单元格中插入一个 6 行 1 列,"表格宽度"为"178 像素","边框粗细"、"单元格边距"、"单元格间距"均为"0"的表格,光标选中刚刚插入的表格,在"属性"面板上设置"对齐"属性为"居中对齐", 如图 13-177 所示。

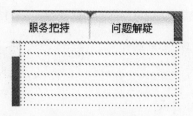

图 13-177 插入表格

**51** 用相同方法完成页面其他部分内容的制作,效果如图 13-178 所示。

图 13-178 模板页效果

**52** 执行"文件→新建"菜单命令,弹出"新建文档"对话框,在"新建文档"对话框左侧单击选中"模板中的页"选项,在"站点"列表中选择创建了模板的站点,如图 13-179 所示。

图 13-179　创建模板中的页

㊾ 单击"创建"按钮，新建一个基于该模板的页面。在 Dreamweaver 中通过模板新建基于模板的页面，在 Dreamweaver 设计视图中，页面的四周会出现黄色边框，并且在设计视图右上角显示模板的名称，如图 13-180 所示。执行"文件→保存"菜单命令，将该页面保存为"CD\源文件\第 13 章\Dreamweaver\index.html"。

图 13-180　页面效果

㊴ 光标移至名为"EditRegion3"的可编辑区域的表格第 1 行第 1 列单元格中，在"属性"面板上设置"宽"为"140"，"高"为"94"，单击"插入"栏上的"图像"按钮 ，将图像"CD\源文件\第 13 章\Dreamweaver\images\41.gif"插入到单元格中，如图 13-181 所示。

图 13-181　插入图像

㊶ 光标移至第 2 行第 1 列单元格中，在"属性"面板上设置"高"为"94"，输入文字，拖动光标选中刚刚输入的文字，在"属性"面板上的"样式"下拉列表中选择样式表"font03"应用，如图 13-182 所示。

图 13-182　输入效果

㊷ 光标移至第 3 行第 1 列单元格中，在"属性"面板上设置"高"为"26"，"水平"属性为"居中对齐"，"垂直"属性为"顶端"，输入文字，拖动光标选中刚刚输入的文字，在"属性"面板上的"样式"下拉列表中选择样式表"font04"应用，如图 13-183 所示。

图 13-183　页面效果

㊸ 根据上面方法完成其他单元格的制作，如图 13-184 所示。

图 13-184　页面效果

㊹ 用相同的制作方法，可以完成页面中可编辑区域的内容制作，效果如图 13-185 所示。

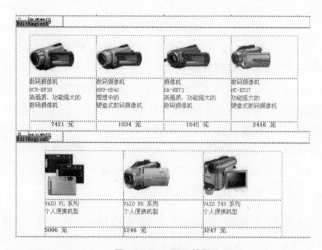

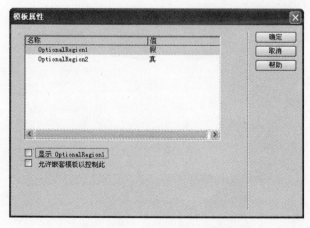

图 13-185　页面效果

⑤⑨ 完成页面的制作，执行"文件→保存"菜单命令，保存页面。单击"文档"工具栏上的"预览"按钮 🔍，在浏览器中预览整个页面，如图 13-186 所示。

图 13-186　页面效果

⑥⓪ 返回 Dreamweaver 中，执行"修改→模板属性"菜单命令，弹出"模板属性"对话，在对话框中设置"OptionalRegion1"值为"假"，如图 13-187 所示。

图 13-187　"模板属性"对话框

⑥① 单击"确定"按钮，完成"模板属性"对话框的设置，返回页面视图，页面中名称为"OptionalRegion1"的可选区域就会在页面中隐藏。可以根据需要设置模板页面中可选区域的显示和隐藏。完成整个页面的制作，保存页面，如图 13-188 所示。

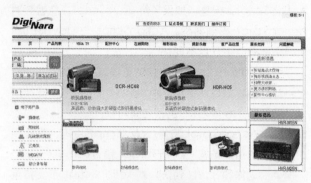

图 13-188　页面效果

## 🔖 13.5　技巧集合

### 13.5.1　Fireworks 之切片

切片是用于在 Fireworks 中创建交互效果的基本构造块。切片是网页对象，但它们不是以图像的形式存在，而是以 HTML 代码的形式出现。可以打开"层"面板中的"网页层"查看、选择和重命名它们。

使用拖放变换图像方法将交互性附加到切片上，可以在工作区中快速创建变换图像和交换图像效果。还可以在"行为"面板中查看指定的行为并使用此面板创建更复杂的交互。

### 13.5.2　Fireworks 之批处理

设计者经常花费大量的时间做重复的工作，如优化图像或转换图像以满足某些条件。作为 Fireworks CS3 强大功能的一部分，"批处理"可以使许多枯燥乏味的工作得以简化并自动完成。

批处理功能可以将自定义的优化设置应用于文件组，还可以将整组的图像文件转换为其他格式或更改其调色板或调整一组文件的大小。批处理功能是创建缩略图的理想工具。

批处理是自动转换一组图形文件的一种简便方法，执行"文件→批处理"菜单命令，选择要处理的文件。可以从不同的文件夹中选择文件，也可以在批处理中包括当前打开的所有文件。如果希望保存批处理脚本，则在使用向导时也可以选择"不选定任何文件"。

### 13.5.3 Flash ActionScript 与 JavaScript 之间的差异

ActionScript 与 JavaScript 核心编程语言很相似，同样具有函数、变量、语句、操作符、条件和循环等基本的编程概念。不了解 JavaScript 也可以学习和使用 ActionScript。但是，如果了解 JavaScript，您就会对 ActionScript 感到熟悉。ActionScript 与 JavaScript 之间主要有以下几点不同：

- ActionScript 不支持浏览器特有的对象，如文档、窗口和锚点。ActionScript 不完全支持所有 JavaScript 的预定义对象。
- ActionScript 支持 JavaScript 中不允许使用的语法结构（如 tellTarget 和 ifFrameLoaded 动作和 slash 语法）。ActionScript 不支持某些 JavaScript 语法结构（switch, continue, try, catch, throw 和 labels 语句）。
- ActionScript 不支持 JavaScript 的函数结构体。在 ActionScript 中，eval 动作仅执行变量的引用。在 JavaScript 中，未定义的 toString 的值是 undefined，而在 Flash 5 中，为了与 Flash 4 兼容，未定义的 toString 的值是 ""。
- 在 JavaScript，计算未定义数值型变量或表达式，得到的结果是 NaN。而在 Flash 5 中，为了与 Flash 4 兼容，计算结果是 0。
- ActionScript 不支持 Unicode 编码，它支持 ISO-8859-1 和 Shift-JIS 字符集。

### 13.5.4 Flash ActionScript 的术语

- Actions: Actions（动作）是命令一个动画在播放时做某些事情的一些语句。例如，

gotoAndStop 把播放头送到指定的帧或标签。请读者注意，在本教程中，动作和语句这两个术语常常交换使用。

- Classes: Classes（类）是可以创建的数据类型，用以定义新的对象类型。要定义对象的类，需要创建一个构造函数。
- Constants: Constants（常数）是不能改变的元素。例如，常数 TAB 总是具有相同的意思。常数在比较值时很有用。

### 13.5.5 Dreamweaver 之模板应用

#### 1. 创建模板的另外两种方法

第一种方法：新建一个空白的 HTML 文档，单击"插入"工具栏"模板"按钮旁边的下拉箭头，弹出模板下拉列表；选择"创建模板"选项，弹出"另存为模板"对话框；从"站点"下拉列表中选择一个用来保存模板的站点，并在"另存为"文本框中为模板输入一个惟一的名称，单击"保存"按钮保存模板。

第二种方法：执行"窗口→资源"命令，打开"资源"面板，然后单击"资源"面板左侧的"模板"按钮，显示"模板"类别；单击"资源"面板右下角的"新建模板"按钮，在模板列表框中为新建的模板输入模板名称；双击模板图标，在 Dreamweaver 中编辑模板。

#### 2. 将模板应用到页面中的另外两种方法

第一种方法：新建一个 HTML 页面，在"资源"面板中的"模板"类别中选中要插入的模板，单击"应用"按钮。

第二种方法：执行"修改→模板→套用模板到页"命令。还可以将模板列表中的模板直接拖动到网页中。

# 第14章　休闲旅游类网站页面

休闲旅游给人的感觉是兴备、自由和舒适的。所以，休闲旅游网站的设计大部分都是明朗而富有活力的。休闲旅游网站是为了表现旅行的乐趣和有效地提供信息而制作的网页。本章将主要介绍休闲旅游类网站的设计制作。

**↘ 本章学习目标**

- 了解休闲旅游类网站页面的色彩及布局特点
- 掌握网页设计的方法
- 掌握网页动画的制作方法
- 学习使用表格布局制作整个页面
- 掌握为页面添加各种动态行为效果的方法

**↘ 本章学习流程**

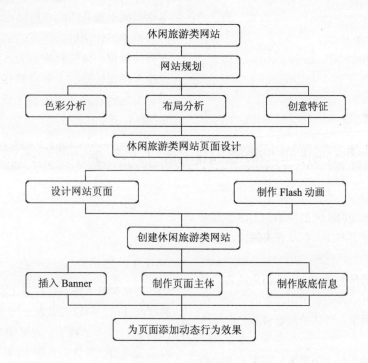

## 14.1 网站规划

休闲旅游类网站大多表现活力与愉快的气氛。使用鲜明的色彩，运用有趣的插图，可以帮助我们构成让人愉快的页面。休闲旅游类网站还会为浏览者提供一些相关的旅游信息，为了更容易地了解各种信息，就需要能够保持一贯性和体系化的导航栏。网页适当使用可以感受到休闲旅游气氛的图像，使浏览者能够感兴趣而且兴奋。本章主要向大家介绍如何设计制作游乐园网站，效果如图 14-1 所示。

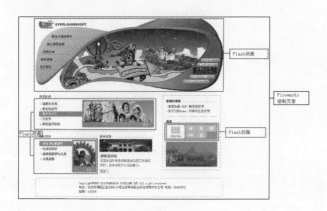

图 14-1

### 14.1.1 休闲旅游类网站分析

整体原则：在休闲旅游类网站的设计制作过程中，为了使浏览者能够更容易地了解网站的各种信息，就需要在整个网站中的导航栏保持一贯性，并且能够使用独特的创意设计出不一样的导航去吸引浏览者的目光。

构图原则：在休闲旅游类网站中，使用鲜明的色彩和有趣的插图，有助于构成让人愉快的页面。通常会用高质量的照片和足够的余白来构成页面。

内容原则：休闲旅游类网站的中心是旅游信息和产品。所以在制作该类网站时一定需要表现出旅游的乐趣和有效地提供信息。

色彩原则：休闲旅游类网站通常会使用蓝色、绿色或是红色、朱黄色。蓝色和绿色等冷色调给人带来明朗有活力的感觉，营造一种欢乐的气氛。而恰当地运用红色和朱黄色等暖色调则可以充分展示优雅和格调，给人一种优雅、舒适的感觉。

### 14.1.2 休闲旅游类网站创意形式

休闲旅游类网站应该能够给浏览者兴奋和自由的感觉，感觉置身于欢乐的海洋中，或是置身于宁静的大自然中，休闲旅游类网站的设计大部分都明朗而有活力。宾馆、度假村网站大多给人亲切的感觉，图像优雅且格调较高，大多充满活力和欢乐的气氛。旅游信息或旅行社网站都是为了能表现旅游的乐趣和有效地提供信息。

## 14.2 欢乐海洋——使用 Fireworks 设计游乐园网站

**案例分析**

本实例是设计制作一个游乐园的网站，主要是用来推介和展示该游乐园的旅游产品，以及相关的活动资讯等内容。

色彩分析：本实例信息量较大，以纯白色作为页面底色，使页面看起来整齐、大方。使用大量的色彩，主要是为了表现出欢快的景象，传达给浏览者活力和欢乐的气氛。

布局设计：该页面的布局比较简单，采用上下结构的版式，页面上部运用 Flash 动画制作了一个比较大的宣传广告和导航，下面为页面的正文部分，正文部分结构清晰有条理，页面中运用了许多小的旅游相关图片，图片与文字的结合使用更加丰富了页面的信息结构，使页面充满活力，展现出旅游的乐趣。

### 14.2.1 技术点睛——在 Fireworks 中创建动画

动画实际上是一系列静止图像连续显示，由于人眼有视觉残留，所以图像看上去就像是动了起来。每一张图像就叫做一"帧"，它是组成动画的基本单位。GIF动画为网页增添许多活泼生动、复杂多变的元素，因此GIF 动画在网页制作中广泛应用。下面就通过例子讲述利用 Fireworks 制作网页 GIF 动画的方法。

在 Fireworks 中，可以通过动画元件来创建动画。一个元件的动画被分解成多个帧，帧中包含组成每一步动画的图像和对象。下面利用动画元件制作淡入淡出动画。

① 打开 Fireworks CS3，执行"文件→新建"菜单命令，弹出"新建文档"对话框，新建一个 632 像素×141 像素，分辨率为"300 像素/英寸"，画布颜色为"白色"的 Fireworks 文件，如图 14-2 所示。

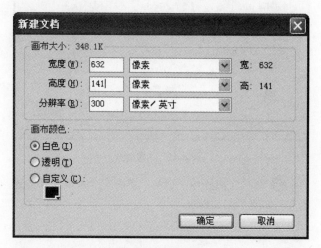

图 14-2　新建文档

② 执行"编辑→插入→新建元件"菜单命令，在弹出的对话框中设置"类型"为"动画"，"名称"为默认的"元件"，如图 14-3 所示。

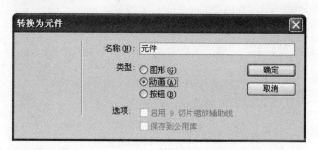

图 14-3　新建元件

③ 执行"文件→导入"菜单命令，在弹出的对话框中选择需要导入的图像，单击"打开"按钮，即可导入图像，如图 14-4 所示。

图 14-4　导入图像

④ 关闭元件编辑器窗口，Fireworks 将元件放入库中，并将一个副本放在文档的中间位置，如图 14-5 所示。

图 14-5　"库"面板

⑤ 选中舞台中的元件实例，在"属性"面板中设置"不透明度"从"100"至"0"，设置"帧"数目为"6"，如图 14-6 所示。

图 14-6　设置"元件"属性

⑥ 执行"窗口→帧"菜单命令，打开"帧"面板，单击"新建→复制帧"添加"帧 7"，如图 14-7 所示。

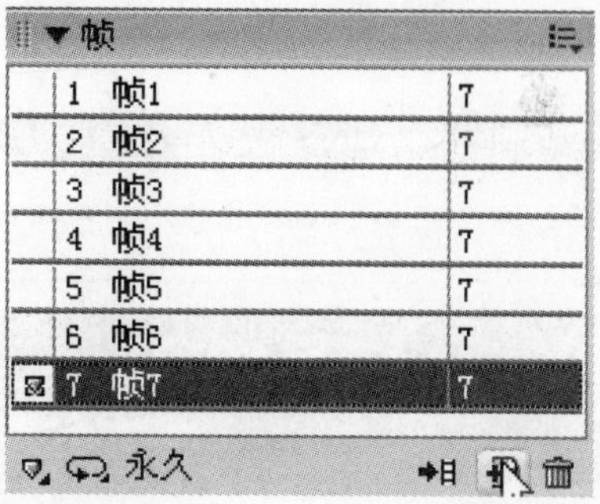

| | 帧 | |
|---|---|---|
| 1 | 帧1 | 7 |
| 2 | 帧2 | 7 |
| 3 | 帧3 | 7 |
| 4 | 帧4 | 7 |
| 5 | 帧5 | 7 |
| 6 | 帧6 | 7 |
| 7 | 帧7 | 7 |

图 14-7　"帧"面板

⑦ 打开"库"面板，把实例中的动画元件拖动到舞台上，如图 14-8 所示。

图 14-8　拖入元件

⑧ 在"属性"面板中设置"不透明度"从"0"至"100"，设置"帧"数为"6"，如图 14-9 所示。

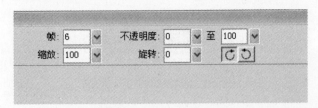

图 14-9　设置"元件"属性

⑨　执行"文件→图像预览"菜单命令，设置输出文档格式为"GIF 动画"，单击"导出"按钮，如图 14-10 所示。

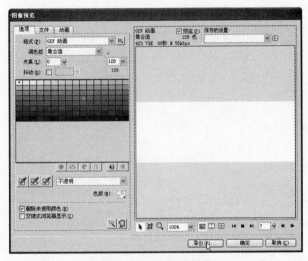

图 14-10　导出 GIF 动画

⑩　在浏览器中打开图像文档，预览动画，如图 14-11 所示。

图 14-11　在"浏览器"中预览动画

### 14.2.2　绘制步骤

①　打开 Fireworks CS3，执行"文件→新建"菜单命令，弹出"新建文档"对话框，新建一个 1003 像素×721 像素，分辨率为"300 像素/英寸"，画布颜色为"白色"的 Fireworks 文件，如图 14-12 所示。并执行"文件→保存"菜单命令，将文件保存为"CD\源文件\第14章\Fireworks\14.png"。

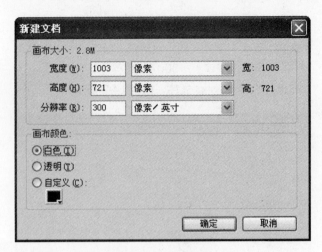

图 14-12　新建文档

②　单击工具栏中"钢笔"工具，在舞台中绘制图形，如图 14-13 所示。

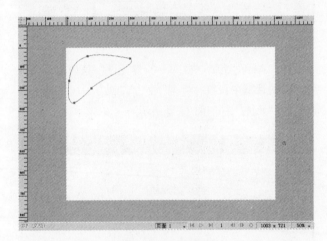

图 14-13　绘制图形

③　选择刚刚绘制的图形，在"属性"面板上的"填充类型"下拉列表中选择"渐变→线性"，打开"填充色"对话框，从左向右分别设置渐变滑块颜色值为#FBEC79，#FFCC00，如图 14-14 所示，并调整渐变方向，如图 14-15 所示。

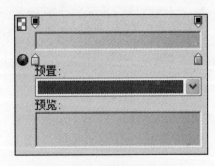

图 14-14　设置渐变填充颜色

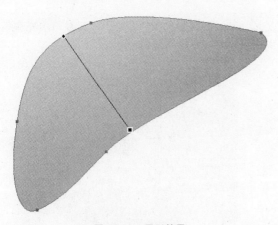

图 14-15　图形效果

④ 单击工具栏中"钢笔"工具 🖊，在舞台中绘制图形，选择刚刚绘制的图形，在"属性"面板上的"填充类型"下拉列表中选择"实心"，设置"填充颜色"值为#80D64D，如图 14-16 所示。

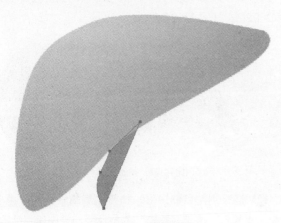

图 14-16　绘制图形

⑤ 用相同的方法，使用"钢笔"工具绘制图形，选择刚刚绘制的图形，在"属性"面板上的"填充类型"下拉列表中选择"实心"，设置"填充颜色"值为#4C8E2C，如图 14-17 所示。

图 14-17　绘制图形

⑥ 用相同的方法，使用"钢笔"工具绘制图形，选择刚刚绘制的图形，在"属性"面板上的"填充类型"下拉列表中选择"实心"，设置"填充颜色"值为#D19302，

如图 14-18 所示。

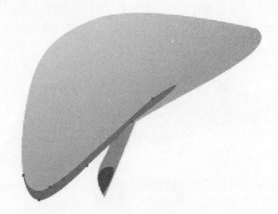

图 14-18　绘制图形

⑦ 单击工具栏中"钢笔"工具 🖊，在舞台中绘制图形，如图 14-19 所示。

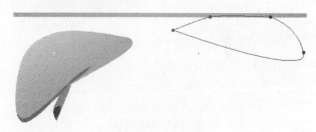

图 14-19　绘制图形

⑧ 选择刚刚绘制的图形，在"属性"面板上的"填充类型"下拉列表中选择"渐变→线性"，打开"填充色"对话框，从左向右分别设置渐变滑块颜色值为#E87652，#FF9471，#FE4C02，#FA4D01，如图 14-20 所示，并调整渐变方向，如图 14-21 所示。

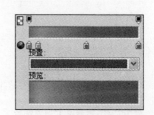

图 14-20　设置渐变填充颜色

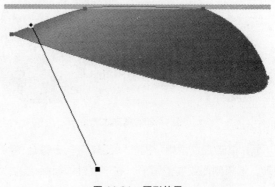

图 14-21　图形效果

⑨ 单击工具栏中"钢笔"工具 ，在舞台中绘制图形，选择刚刚绘制的图形，在"属性"面板上的"填充类型"下拉列表中选择"实心"，设置"填充颜色"值为#C73E07，如图 14-22 所示。

图 14-22　绘制图形

⑩ 单击工具栏中"钢笔"工具 ，在舞台中绘制图形，如图 14-23 所示。

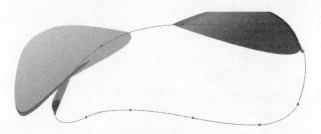

图 14-23　绘制图形

⑪ 选择刚刚绘制的图形，在"属性"面板上的"填充类型"下拉列表中选择"渐变→线性"，打开"填充色"对话框，从左向右分别设置渐变滑块颜色值为#33CCFF, #64B7FD, #66CCFF, #2A9BF7，如图 14-24 所示，并调整渐变方向，如图 14-25 所示。

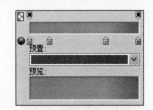

图 14-24　设置渐变填充颜色

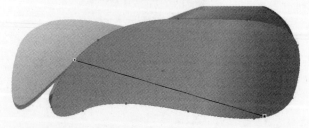

图 14-25　图形效果

⑫ 单击工具栏中"钢笔"工具 ，在舞台中绘制图形，选择刚刚绘制的图形，在"属性"面板上的"填

充类型"下拉列表中选择"实心"，设置"填充颜色"值为#0B559C，如图 14-26 所示。

图 14-26　绘制图形

⑬ 用相同的方法，使用"钢笔"工具绘制图形，选择刚刚绘制的图形，在"属性"面板上的"填充类型"下拉列表中选择"实心"，设置"填充颜色"值为#4C8E2C，如图 14-27 所示。

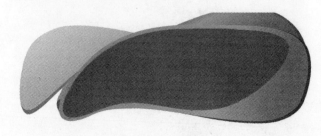

图 14-27　绘制图形

⑭ 选择刚刚绘制图形，执行"编辑→复制"菜单命令，再执行"编辑→粘贴"菜单命令，并使用"缩放"工具 ，调整刚刚复制出来的图形大小，并在"属性"面板上的"填充类型"下拉列表中选择"无"，如图 14-28 所示。

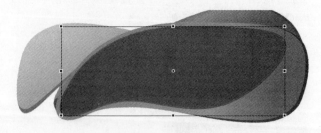

图 14-28　复制图形

⑮ 执行"文件→导入"菜单命令，将图像"CD\源文件\第 14 章\Fireworks\素材\801.png"导入到舞台中，如图 14-29 所示。

图 14-29　导入图形

⑯ 打开"层"面板，在"层"面板上将前面复制的图层拖动到刚刚导入的图层上面，在舞台中同时选择前面复制的图形和刚刚导入的图形，执行"修改→蒙版→组合为蒙版"菜单命令，如图 14-30 所示。

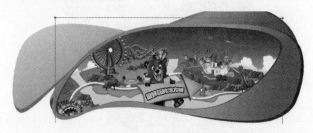

图 14-30　组合为蒙版

⑰ 单击工具栏中"矩形"工具 ▢ ，在舞台中绘制矩形，选择刚刚绘制矩形，在"属性"面板上的"填充类型"下拉列表中选择"实心"，设置"填充颜色"值为#CC9900，如图 14-31 所示。

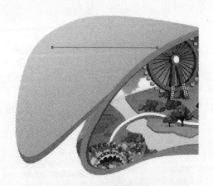

图 14-31　绘制图形

⑱ 用相同的方法，使用"矩形"工具在舞台中绘制矩形，选择刚刚绘制矩形，在"属性"面板上的"填充类型"下拉列表中选择"实心"，设置"填充颜色"值为#FF9999，如图 14-32 所示。

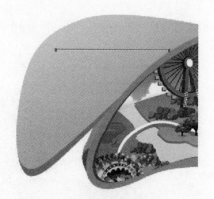

图 14-32　绘制图形

⑲ 用相同的方法绘制其他图形，如图 14-33 所示。

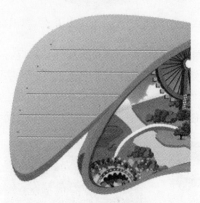

图 14-33　图形效果

⑳ 单击工具栏中"文本"工具 Ａ ，在"属性"面板上设置"文本颜色"值为#8C5300，并设置相应的文本属性，如图 14-34 所示。在舞台中输入文字，如图 14-35 所示。

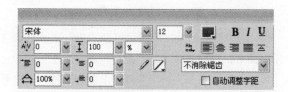

图 14-34　设置"文本"属性

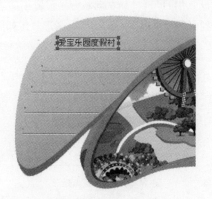

图 14-35　输入文字

㉑ 用相同的方法输入其他文字，如图 14-36 所示。

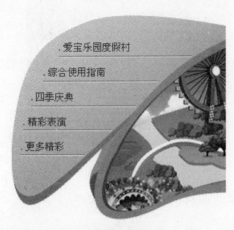

图 14-36　输入文字

㉒ 单击工具栏中"圆角矩形"工具 ⬜，在舞台中绘制圆角矩形，选择刚刚绘制的圆角矩形，在"属性"面板上的"填充类型"下拉列表中选择"实心"，设置"填充颜色"值为 #68C8FA，如图 14-37 所示。

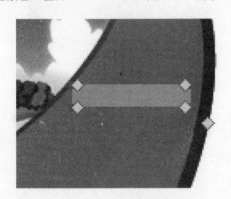

图 14-37　绘制圆角矩形

㉓ 用相同的方法，使用"圆角矩形"工具在舞台中绘制图形，选择刚刚绘制的图形，在"属性"面板上的"填充类型"下拉列表中选择"渐变→线性"，打开"填充色"对话框，从左向右分别设置渐变滑块颜色值为 #FFFFFF，#FFFFFF，从左向右分别设置不透明度值为"70%"到"0%"，如图 14-38 所示，图形效果如图 14-39所示。

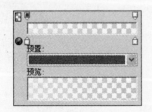

图 14-38　绘制圆角矩形

图 14-39　设置渐变填充颜色

㉔ 根据前面的方法，绘制其他的图形，如图 14-40所示。

图 14-40　图形效果

㉕ 单击工具栏中"文本"工具 Ａ，在"属性"面板上设置"文本颜色"值为 #FFFFFF，并设置相应的文本属性，如图 14-41 所示，在舞台中输入文字，如图 14-42所示。

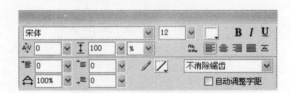

图 14-41　设置"文本"属性

图 14-42　输入文字

㉖ 执行"文件→导入"菜单命令，将图像"CD\源文件\第 14 章\ Fireworks\素材\807.png"导入到舞

台中，如图 14-43 所示。

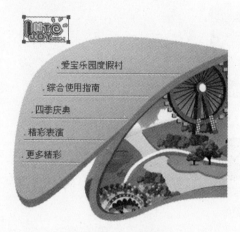

图 14-43　导入图像

❷❼ 单击工具栏"文本"工具 **A**，在"属性"面板上设置"文本颜色"值为#7C6F9D，并设置相应的文本属性，如图 14-44 所示，在舞台中输入文字，如图 14-45 所示。

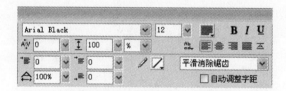

图 14-44　设置"文本"属性

图 14-45　输入文字

❷❽ 单击工具栏中"直线"工具 ，在舞台中绘制一条直线，选择刚刚绘制的直线，在"属性"面板上设置"描边颜色"值为#E4E4E4，并设置其他相应属性，如图 14-46 所示，直线效果如图 14-47 所示。

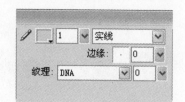

图 14-46　设置"直线"属性

图 14-47　直线效果

❷❾ 单击工具栏中"文本"工具 **A**，在"属性"面板上设置"文本颜色"值为#DA4725，并设置相应的文本属性，如图 14-48 所示。在舞台中输入文字，如图 14-49 所示。

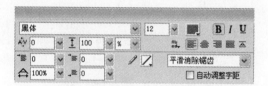

图 14-48　设置"文本"属性

图 14-49　输入文字

❸⓪ 执行"文件→导入"菜单命令，将图像"CD\源文件\第 14 章\ Fireworks\素材\803.png"导入到舞台中，如图 14-50 所示。

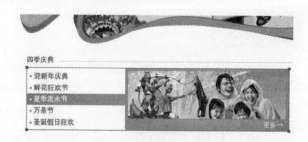

图 14-50　导入图像

❸❶ 根据前面的方法，绘制其他部分，如图 14-51 所示。

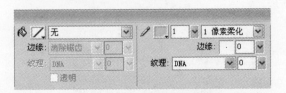

图 14-51　图形效果

㉜ 单击工具栏中"圆角矩形"工具 ▭，在舞台中绘制圆角矩形，选择刚刚绘制的圆角矩形，在"属性"面板上设置"填充颜色"值为"无"，"描边颜色"值为#DADADA，并设置相应的图形属性，如图 14-52 所示，圆角矩形效果如图 14-53 所示。

艺优雅的
↑。

图 14-54　绘制直线

㉞ 单击工具栏中"文本"工具 A，在"属性"面板上设置"文本颜色"值为#DA4725，并设置相应的文本属性，如图 14-55 所示，在舞台中输入文字，如图 14-56 所示。

图 14-52　设置"圆角矩形"属性

图 14-53　图形效果

㉝ 单击工具栏中"直线"工具 ／，在舞台中绘制直线，如图 14-54 所示。

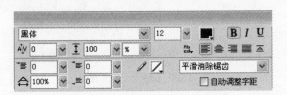

图 14-55　设置"文本"属性

度假村消息

图 14-56　输入文字

㉟ 根据前面的方法，在舞台中输入文字，如图 14-57 所示。

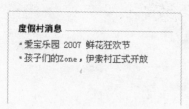

图 14-57　输入文字

㊱ 单击工具栏中"直线"工具 ✐，在舞台中绘制直线，选择刚刚绘制的直线，在"属性"面板上设置"描边颜色"值为#6E6E6E，并设置相应的直线属性，如图 14-58 所示，直线效果如图 14-59 所示。

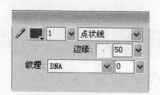

图 14-58　设置"直线"属性

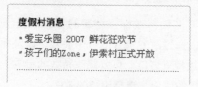

图 14-59　直线效果

㊲ 单击工具栏中"文字"工具 A，在舞台中输入文字，如图 14-60 所示。

图 14-60　输入文字

㊳ 执行"文件→导入"菜单命令，将图像"CD\源文件\第 14 章\ Fireworks\素材\805.png"导入到舞台中，如图 14-61 所示。

图 14-61　导入图像

㊴ 用相同的方法导入其他图像，如图 14-62 所示。

图 14-62　导入图像

㊵ 单击工具栏中"圆角矩形"工具 ▢，在舞台中绘制圆角矩形，选择刚刚绘制圆角矩形，在"属性"面板上的"填充类型"下拉列表中选择"实心"，设置"填充颜色"值为#FFFFFF，"描边颜色"值为#DADADA，并设置相应圆角矩形的属性，如图 14-63 所示，圆角矩形效果如图 14-64 所示。

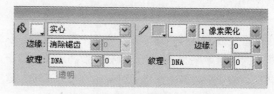

图 14-63　设置"圆角矩形"属性

图 14-64　图形效果

㊶ 单击工具栏中"文本"工具 **A**，在舞台中输入文字，如图 14-65 所示。

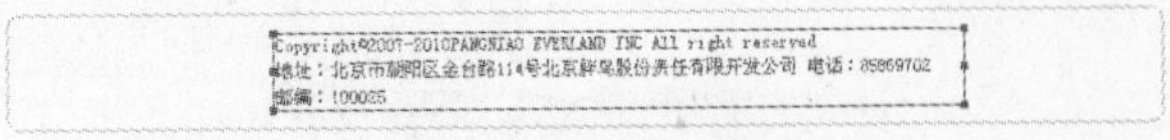

图 14-65　输入文字

㊷ 执行"文件→保存"菜单命令，完成页面的绘制，如图 14-66 所示。

图 14-66　完成效果

## 14.3　动感按钮——Flash 制作按钮动画

### 14.3.1　动画分析

旅游类网站大多有自己的特色，所以在制作 Flash 动画的时候也是多种多样的，应该依据页面的整体内容来制作 Flash 动画效果。

### 14.3.2　技术点睛

#### 1. 添加、编辑和删除时间轴特效

给一个对象添加时间轴特效时，Flash 会新建一个层，然后把该对象传送到新建的层中。该对象被放置在特效图形中，特效所需的所有过渡和变形存放在新建层的图形中。新建层的名称与特效的名称相同，后加一个编号，表示特效应用的顺序。添加时间轴特效时，在图符库中会添加一个以特效名命名的文件夹，内含创建该特效所用的元素。

给一个对象添加时间轴特效的基本步骤为：选中对象，执行"插入→时间轴特效"命令，在下拉菜单中选择需要的特效效果即可。也可以在选取的对象上右击，然后从右键快捷菜单上选择"时间轴特效"选项，再从其下级菜单中选择一种特效。

如果对添加的时间轴特效不满意，可以利用特效设置对话框编辑特效。操作方法为，在编辑区中选择要编辑特效的对象。在属性面板中单击"编辑"按钮，或在选定对象上右击，在右键快捷菜单上选择"时间轴特效→编辑特效"选项，在弹出对话框中即可对对象进行编辑和修改。

如果想删除以前为对象添加的时间轴特效效果，可以在编辑区中选择要删除特效的对象，右键单击该对象，在弹出的快捷菜单中选择"时间轴特效→删除特效"选项，即可将时间轴特效删除。

#### 2. 变形/转换

每个时间轴特效都以特定的方式来处理图形或图符。您可以通过改变特效的各个参数，以获得理想的特效。在特效预览窗口，可以修改特效的参数，快速预览修改参数后的变化，选择满意的效果。

Flash 8 内建的时间轴特效有：变形、转换、复制到网格、分散式直接复制、模糊、投影、展开、分离。

通过设置不同的参数，可以获得不同的效果。

选中对象，执行"插入→时间轴特效→变形/转换→变形"命令，弹出"变形"对话框，可以给选定对象添加"变形"特效，其各参数设置如下。

- 效果持续时间：设置特效持续的时间长度（以帧为单位）。
- 移动位置：设置 x 轴和 y 轴方向的偏移量（以像素为单位）。
- 更改位置方式：设置 x 轴和 y 轴方向的偏移量（以像素为单位）。
- 缩放比例：锁定时，x 轴和 y 轴使用相同的比例缩放（以百分数表示）。
- 旋转：设置对象的旋转角度（以度为单位）。
- 更改颜色：勾选此复选框将改变对象的颜色；取消对此复选框的选择，不改变对象的颜色。
- 最终颜色：单击此按钮，可以指定对象最后的颜色（RGB16 进制值表示）。

- 最终的 Alpha：设置对象最后的 Alpha 透明度百分数。可以在其右边的文本框中直接输入百分数，也可以左右拖曳其下面的滑块进行调整。
- 移动减慢：可以设置开始时慢速，然后逐渐变快，或开始时快，然后逐渐变慢。
- 帮助：在时间轴特效的"帮助"选项中包含了分散式复制和复制到网格两种选项，下面将对其做以介绍。转换效果如图 14-67 所示，变化效果如图 14-68 所示。

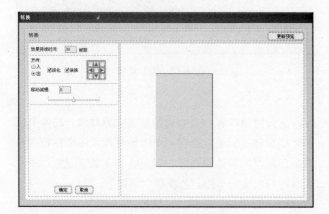

图 14-67　制作"转换"效果

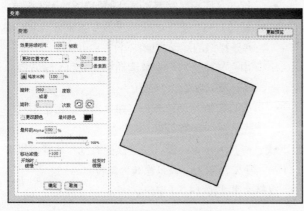

图 14-68　"变化"效果

### 3．分散式复制

分散式复制特效的作用是根据设置的次数复制选定对象。第一个元素是原对象的复件，然后按一定的增量修改该对象，直至最后的对象反映设定的参数。其各参数如下。

- 复本数量：设置要拷贝的复件数。
- 偏移距离：
  - x 位置：x 轴方向的偏移量（以像素为单位）。
  - y 位置：y 轴方向的偏移量（以像素为单位）。

- 偏移旋转：设置偏移旋转的角度（以度为单位）。
- 偏移起始帧：设置偏移开始的帧编号。
- 指数缩放：按 delta 百分数在 x 轴和 y 轴方向同时缩放。
- 线性缩放：按 delta 百分数在 x 轴和 y 轴方向同时缩放。
- 更改颜色：勾选此复选框将改变复件的颜色。
- 最终颜色：单击此按钮，可以指定最后复件的颜色（RGB16 进制值表示），中间的复件逐渐过渡到这种颜色。
- 最后的 Alpha：设置最后复件的 Alpha 透明度百分数。可以在其右边的文本框中直接输入百分数，也可以左右拖曳其下面的滑块进行调整。

分散式直接复制的效果如图 14-69 所示。

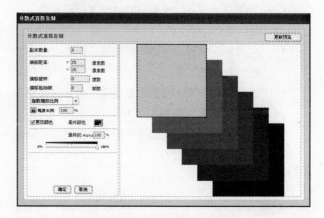

图 14-69　分散式直接复制效果

### 4．复制到网格

复制到网格特效是按列数复制选定的对象，然后按照行数乘以列数，创建该元素的网格。其各参数如下。

- 网格尺寸
  - 行数：设置网格的行数。
  - 列数：设置网格的列数。
- 网格间距
  - 行数：设置行间距（以像素为单位）。
  - 列数：设置列间距（以像素为单位）。
- 效果：在时间轴特效的"效果"选项中包含了"分离"、"展开"、"投影"和"模糊" 4 个选项，下面将对其做以介绍。

复制到网格效果如图 14-70 所示。

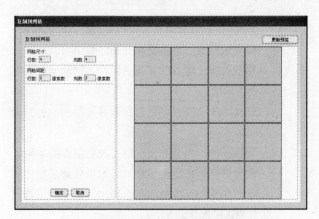

图 14-70　复制到网格效果

### 5．模糊

模糊特效的作用是，通过改变对象的 Alpha 值、位置或缩放比例，创建运动模糊特效。其各参数如下。

- 效果持续时间：设置特效持续的时间长度（以帧为单位）。
- 允许水平模糊：勾选此复选框，设置在水平方向产生模糊效果。
- 允许垂直模糊：勾选此复选框，设置在垂直方向产生模糊效果。
- 移动方向：单击此图标中的方向按钮，可以设置运动模糊的方向。

模糊效果如图 14-71 所示。

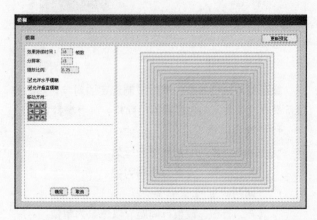

图 14-71　模糊效果

### 6．投影

投影特效是在选定的对象下面创建一个阴影。各参数介绍如下。

- 颜色：单击此按钮，可以设置阴影的颜色（用 RGB16 进制值表示）。
- Alpha 透明度：设置阴影的 Alpha 透明度百分数。可以在其右边的文本框中直接输入百分数，也可以通过拖曳其下面的滑块进行调整。
- 阴影偏移：设置阴影在 x 轴和 y 轴方向的偏移量（以像素为单位）。

投影效果如图 14-72 所示。

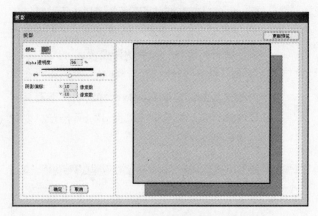

图 14-72　投影效果

### 7．展开

展开特效扩展、收缩或扩展与收缩对象。对两个或多个组合在一起或组合在一个电影剪辑或图形图符中的对象应用本特效效果最好。对包含文本或字母的对象应用本特效效果也不错。各参数介绍如下。

- 效果持续时间：设置特效持续的时间长度（以帧为单位）。
- 展开／压缩／两者皆是：设置特效的运动形式。
- 移动方向：单击此图标中的方向按钮，可设置展开特效的运动方向。
- 中心转换方式：设置运动在 x 轴和 y 轴方向的偏移量（以像素为单位）。
- 碎片偏移：设置碎片（如文本中的每个中文字或字母）的偏移量。
- 碎片大小更改量：通过改变高度和宽度值来改变碎片的大小（以像素为单位）。

展开效果如图 14-73 所示。

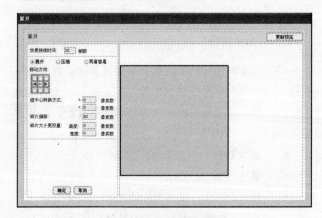

图 14-73　展开效果

**8．分离**

分离特效产生对象分离的幻觉。文本或复杂组合对象（图符、矢量图或视频剪辑）的元素被打散、旋转或向外抛撒。各参数介绍如下。

- 效果持续时间：设置特效持续的时间长度（以帧为单位）。
- 分离方向：单击此图标中的方向按钮，可设置分离特效的运动方向。
- 弧线大小：设置 x 轴和 y 轴方向的偏移量（以像素为单位）。
- 碎片旋转量：设置碎片的旋转角度（以度为单位）。
- 碎片大小更改量：设置碎片的大小（以像素为单位）。
- 最终的 Alpha 值：设置分离特效最后的 Alpha 透明度百分数。可以在其右边的文本框中直接输入百分数，也可以通过拖曳其下面的滑块进行调整。

分离效果如图 14-74 所示。

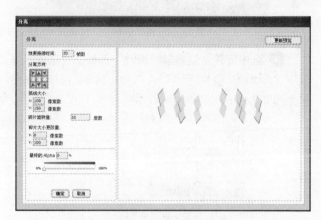

图 14-74　分离效果

### 14.3.3　制作步骤

❶ 执行"文件→新建"命令，新建一个 Flash 文档，单击"属性"面板上"文档属性"按钮，弹出"文档属性"对话框，设置文档大小为 210 像素×63 像素，"背景颜色"为#FFFFFF，"帧频"为"30"fps，如图 14-75 所示。

图 14-75　设置"文档属性"

❷ 执行"插入→新建元件"命令，弹出"创建新元件"对话框，创建一个"图形"元件，名称为"背景"，如图 14-76 所示。单击"图层 1"第 1 帧位置，执行"文件→导入→导入到舞台"命令，将图形"CD\源文件\第 14 章\Flash\素材\image1.jpg"导入场景中，如图 14-77 所示。

图 14-76　新建元件

图 14-77　导入素材

❸ 用同样的方法制作其他的图形元件，效果如图 14-78 所示。

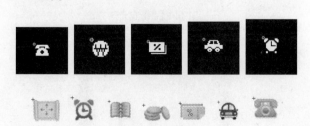

图 14-78　图形效果

**提示**

图片格式中，GIF 格式和 PNG 格式都支持透底效果，但是由于 PNG 格式支持颜色数目较多，所以一些色彩丰富的图片制作透底，最好存储为 PNG 格式。

④ 执行"插入→新建元件"命令，弹出"创建新元件"对话框，创建一个"按钮"元件，名称为"反应区"，如图 14-79 所示。单击"图层 1"上"点击"帧位置，单击"工具"面板上"矩形"工具按钮，在场景中绘制图形，如图 14-80 所示。

图 14-79　新建元件

图 14-80　绘制图形

⑤ 执行"插入→新建元件"命令，弹出"创建新元件"对话框，创建一个"图形"元件，名称为"背景 2"，如图 14-81 所示。单击"图层 1"上第 1 帧位置，单击"工具"面板上"矩形"工具按钮，在场景中绘制图形，如图 14-82 所示。

图 14-81　新建元件

图 14-82　绘制矩形

⑥ 执行"插入→新建元件"命令，弹出"创建新元件"对话框，创建一个"影片剪辑"元件，名称为"菜单动画 1"，如图 14-83 所示。单击"图层 1"上第 1 帧位置，将"背景 2"元件拖入场景中，如图 14-84 所示。

图 14-83　新建元件

图 14-84　拖入元件

⑦ 选中元件，设置其"属性"面板上"颜色"样式下"Alpha"值为"50%"，如图 14-85 所示，元件效果如图 14-86 所示。

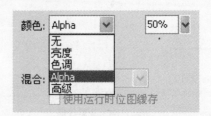

图 14-85　设置 Alpha

图 14-86　元件效果

⑧ 选中元件，设置其"属性"面板上高级样式如图 14-87 所示，元件效果如图 14-88 所示。

图 14-87　设置高级选项

图 14-88　元件效果

**⑨** 单击"图层 1"第 1 帧位置,设置"属性"面板上"补间类型"为"动画",时间轴效果如图 14-89 所示。

图 14-89　时间轴效果

**⑩** 单击"时间轴"面板上"插入图层"按钮,新建"图层 2",单击"图层 2"第 1 帧位置,将"菜单 4"元件拖入场景中,效果如图 14-90 所示。单击"时间轴"面板上"插入图层"按钮,新建"图层 3",单击"图层 3"第 1 帧位置,执行"窗口→动作"命令,打开"动作-帧"面板,输入脚本代码,如图 14-91 所示,时间轴效果如图 14-92 所示。

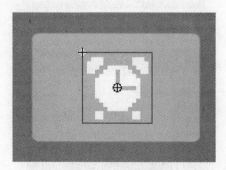

图 14-90　拖入元件

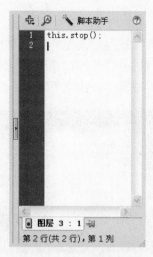

图 14-91　输入脚本代码

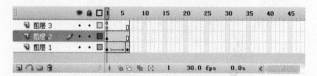

图 14-92　时间轴效果

**⑪** 用同样的方法制作其他的菜单元件,效果如图 14-93 所示。

图 14-93　元件效果

**⑫** 执行"插入→新建元件"命令,弹出"创建新元件"对话框,创建一个"影片剪辑"元件,名称为"图形动画",如图 14-94 所示。单击"图层 1"上第 1 帧位置,将"背景 2"元件拖入场景中,如图 14-95 所示。

图 14-94　新建元件

图 14-95　拖入元件

⑬ 单击"图层 1"第 7 帧位置，按 F5 键插入帧，单击"时间轴"面板上"插入图层"按钮，新建"图层 2"，单击"图层 2"第 1 帧位置，将"图形 1"元件拖入场景中，效果如图 14-96 所示，时间轴效果如图 14-97 所示。

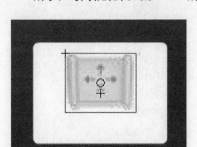

图 14-96　拖入元件

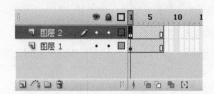

图 14-97　时间轴效果

 提示

将元件拖入场景时为了能与前面的元件对齐，在元件尺寸相同时，尽量确定元件的坐标位置。

⑭ 单击"图层 2"第 2 帧位置，将"图形 2"元件拖入场景中，效果如图 14-98 所示。单击"图层 2"第 3 帧位置，将"图形 3"元件拖入场景中，效果如图 14-99 所示。

图 14-98　拖入元件

图 14-99　拖入元件

⑮ 单击"图层 2"第 4 帧位置，将"图形 4"元件拖入场景中，效果如图 14-100 所示。单击"图层 2"第 5 帧位置，将"图形 5"元件拖入场景中，效果如图 14-101 所示。

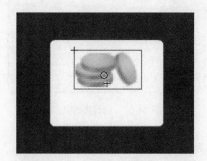

图 14-100　拖入元件

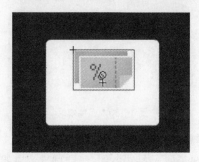

图 14-101　拖入元件

⑯ 单击"图层 2"第 6 帧位置，将"图形 6"元件拖入场景中，效果如图 14-102 所示。单击"图层 2"第 7 帧位置，将"图形 7"元件拖入场景中，效果如图 14-103 所示。

图 14-102　拖入元件

图 14-103　拖入元件

⑰ 单击"时间轴"上"插入图层"按钮，新建"图层 3"，单击"图层 3"第 1 帧位置，单击"工具"面板上的"文本"工具按钮，在场景中输入文字，效果如图 14-104 所示。设置"属性"面板，如图 14-105 所示，时间轴效果如图 14-106 所示。

图 14-104　文字效果

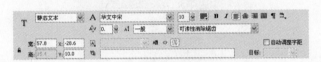

图 14-105　设置"属性"面板

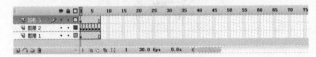

图 14-106　时间轴效果

⑱ 用同样的方法制作其他帧，效果如图 14-107 所示。

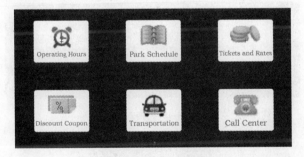

图 14-107　元件效果

⑲ 单击"时间轴"面板上"插入图层"按钮，新建"图层 4"。单击"图层 4"第 1 帧位置，执行"窗口→动作"命令，打开"动作-帧"面板，输入脚本代码，如图 14-108 所示，时间轴效果如图 14-109 所示。

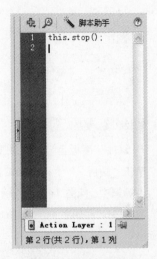

图 14-108　输入代码

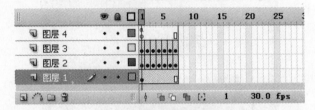

图 14-109　时间轴效果

⑳ 执行"插入→新建元件"命令，弹出"创建新元件"对话框，创建一个"影片剪辑"元件，名称为"菜单动画效果"，如图 14-110 所示。单击"图层 1"上第 1 帧位置，将"图形动画"元件拖入场景中，如图 14-111 所示。选中元件，设置其"属性"面板上"实例名称"为"icon_mc"，效果如图 14-112 所示。

图 14-110　新建元件

图 14-111　拖入元件

图 14-112　设置"实例名称"

㉑ 单击"时间轴"面板上"插入图层"按钮，新建"图层 2"。单击"图层 2"上第 1 帧位置，将"菜单动画 1"元件拖入场景中，如图 14-113 所示。选中元件，设置其"属性"面板上"实例名称"为"icon2"，效果如图 14-114 所示。

图 14-113　拖入元件

图 14-114　设置"实例名称"

㉒ 单击"时间轴"面板上"插入图层"按钮，新建"图层 3"。单击"图层 3"上第 1 帧位置，将"菜单动画 2"元件拖入场景中，如图 14-115 所示。选中元件，设置其"属性"面板上"实例名称"为"icon4"，效果如图 14-116 所示。

图 14-115　拖入元件

图 14-116　设置"实例名称"

㉓ 单击"时间轴"面板上"插入图层"按钮，新建"图层 4"。单击"图层 4"上第 1 帧位置，将"菜单动画 3"元件拖入场景中，如图 14-117 所示。选中元件，设置其"属性"面板上"实例名称"为"icon5"，效果如图 14-118 所示。

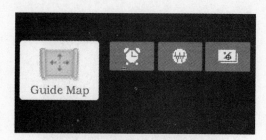

图 14-117　拖入元件

图 14-118　设置"实例名称"

㉔ 单击"时间轴"面板上"插入图层"按钮，新建"图层 5"。单击"图层 5"上第 1 帧位置，将"菜单动画 4"元件拖入场景中，如图 14-119 所示。选中元件，设置其"属性"面板上"实例名称"为"icon6"，效果如图 14-120 所示。

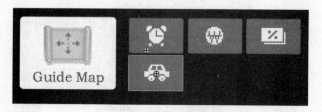

图 14-119　拖入元件

图 14-120　设置"实例名称"

㉕ 单击"时间轴"面板上"插入图层"按钮，新建"图层 6"。单击"图层 6"上第 1 帧位置，将"菜单动画 5"元件拖入场景中，如图 14-121 所示。选中元件，设置其"属性"面板上"实例名称"为"icon7"，效果如图 14-122 所示。

图 14-121　拖入元件

图 14-122　设置"实例名称"

㉖ 单击"时间轴"面板上"插入图层"按钮，新建"图层 7"。单击"图层 7"上第 1 帧位置，将"反应区"元件拖入场景中，如图 14-123 所示。选中元件，设置其"属性"面板上"实例名称"为"btn1"，效果如图 14-124 所示。

图 14-123　拖入元件

图 14-124　设置"实例名称"

㉗ 用同样方法制作其他图层的动画效果，如图 14-125 所示。

图 14-125　拖入元件

㉘ 单击"时间轴"面板上"插入图层"按钮，新建"图层 13"，单击"图层 13"第 1 帧位置，执行"窗口→动作"命令，打开"动作-帧"面板，输入脚本代码，如图 14-126 所示，时间轴面板如图 14-127 所示。

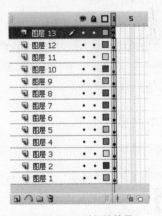

```
for (i = 1; i <= 7; i++)
{
    btn = this["btn" + i];
    btn.num = i;
    btn.onRollOver = function ()
    {
        over = this.num;
        icon_mc.gotoAndStop(this.num);
    };
    btn.onRollOut = function ()
    {
        over = 0;
        icon_mc.gotoAndStop(1);
    };
}
this.onEnterFrame = function ()
{
    for (i = 1; i <= 7; i++)
    {
        icon = this["icon" + i];
        if (i == over)
        {
            icon.nextFrame();
            continue;
        }
        icon.prevFrame();
    }
};
```

图层 13 : 1
第 15 行(共 29 行)，第 3 列

图 14-126　输入代码

图 14-127　时间轴效果

**提示**

gotoAndPlay 函数的语法格式为：

```
gotoAndPlay([scene:String],
frame:Object) : Void
```

将播放头转到场景中指定的帧并从该帧开始播放。如果未指定场景，则播放头将转到当前场景中的指定帧。

scene:String - 一个字符串，指定播放头要转到其中的场景的名称。

frame:Object - 表示播放头转到的帧编号的数字，或者表示播放头转到的帧标签的字符串。

㉙ 单击"时间轴"面板上"场景 1"按钮，单击"图层 1"第 1 帧位置，将"背景"元件拖入场景中，效果如图 14-128 所示。单击"时间轴"面板上"插入图层"按钮，新建"图层 2"，单击"图层 2"第 1 帧位置，将"菜单动画效果"拖入场景中，效果如图 14-129 所示。

图 14-128　拖入元件

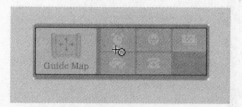

图 14-129　拖入元件

㉚ 完成 Flash 动画的制作，执行"文件→保存"命令，保存文件。按 Ctrl+Enter 键测试动画效果，效果如图 14-130 所示。

图 14-130　测试动画效果

## 14.4　行为魔法——使用 Dreamweaver 制作游乐园网站

### 14.4.1　页面制作分析

本实例制作一个休闲旅游类网站页面，主要是用来推介和展示旅游信息产品，以及相关的旅游资讯内容。页面的布局结构相对比较简单，在页面中多运用 Flash 动画的形式来体现休闲旅游的主题。

### 14.4.2　技术点睛

#### 1. "行为"面板

行为是为响应某一具体事件而采取的一个或多个动作，当指定的事件触发时，将运行相应的 JavaScript 程序，执行相应的动作。所以在创建行为时，必须先指定一个动作，然后再指定触发动作的事件。行为是针对网页中的所有对象，要结合一个对象添加行为。

在 Dreamweaver 中提供了"行为"面板，如图 14-131 所示。可以通过"行为"面板添加 Dreamweaver 内置的行为事件，可以通过单击"行为"面板上的"添加行为"按钮 +，在弹出菜单中选择需要添加的行为，如图 14-132 所示。

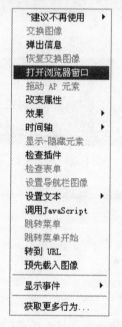

图 14-132　"添加行为"弹出菜单

#### 2. 添加"状态栏文本"行为

在 Dreamweaver 中，可以通过"行为"面板很方便地为页面添加状态栏文本的效果，该效果在网页中的应用是非常普遍的。如果需要为页面添加状态栏文本效果，可以单击"行为"面板中"添加行为"按钮 +，在弹出菜单中选择"设置文本→设置状态栏文本"选项，弹出"设置状态栏文本"对话框，设置相应的状态栏文本内容即可，如图 14-133 所示。

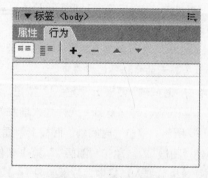

图 14-131　"行为"面板

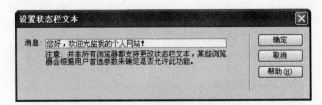

图 14-133　设置"设置状态栏文本"对话框

### 3．添加"弹出信息"行为

在 Dreamweaver 中，还可以通过"行为"面板为页面添加弹出信息的效果，当浏览者在打开该网页时，页面会自动弹出对话框，显示相应的提示信息。如果需要为页面添加弹出信息效果，可以单击"行为"面板中"添加行为"按钮 +，在弹出菜单中选择"弹出信息"选项，弹出"弹出信息"对话框，设置弹出信息即可，如图 14-134 所示。在"行为"面板中还可以设置触发行为的事件，如图 14-135 所示。这样就可以实现产生不同的事件时，触发相应的行为。

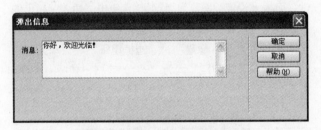

图 14-134　设置"弹出信息"对话框

图 14-135　修改触发事件

### 14.4.3　制作页面

❶ 执行"文件→新建"菜单命令，弹出"新建文档"对话框，新建一个空白的 HTML 文件，并保存为"CD\源文件\第 14 章\Dreamweaver\index.html"。

❷ 单击"CSS 样式"面板上的"附加样式表"按钮，弹出"附加外部样式表"对话框，单击"浏览"按钮，选择到需要的外部 CSS 样式表文件"CD\源文件\第 14 章\Dreamweaver\style\style.css"，单击"确定"按钮，完成"链接外部样式表"对话框的设置，执

行"文件→保存"菜单命令，保存页面。

❸ 单击"插入"栏上的"表格"按钮，在工作区中插入一个 3 行 1 列，"表格宽度"为"770 像素"，"边框粗细"、"单元格边距"、"单元格间距"均为"0"的表格，选中刚刚插入的表格，在"属性"面板上设置"对齐"属性为"居中对齐"，如图 14-136所示。

图 14-136　插入表格

❹ 光标移至刚刚插入表格的第 1 行单元格中，单击"插入"栏上 Flash 按钮，将 Flash 动画"CD\源文件\第 14 章\Dreamweaver\banner.swf"插入到单元格中，如图 14-137 所示。

图 14-137　插入 Flash 动画

❺ 在 Dreamweaver 设计视图中，单击选中刚刚插入的 Flash 动画，单击"属性"面板上的"播放"按钮，可以在 Dreamweaver 设计视图中播放 Flash 动画，查看 Flash 动画效果，如图 14-138 所示。

图 14-138　查看 Flash 动画效果

❻ 光标移至第 2 行单元格中，单击"插入"栏上的"表格"按钮，在单元格中插入一个 1 行 2 列，"表格宽度"为"770 像素"，"边框粗细"、"单元格边距"、"单元格间距"均为"0"的表格，如图 14-139所示。

图 14-139　插入表格

⑦ 光标移至刚刚插入表格第 1 列单元格中，在"属性"面板上设置"宽"为"504"，单击"插入"栏上的"表格"按钮图，在单元格中插入一个 3 行 1 列，"表格宽度"为"504 像素"，"边框粗细"、"单元格边距"、"单元格间距"均为"0"的表格，如图 14-140 所示。

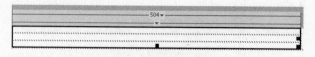

图 14-140　插入表格

⑧ 光标移至刚刚插入表格第 1 行单元格中，单击"插入"栏上的"表格"按钮图，在单元格中插入一个 1 行 2 列，"表格宽度"为"504 像素"，"边框粗细"、"单元格边距"、"单元格间距"均为"0"的表格，如图 14-141 所示。

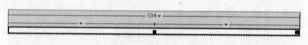

图 14-141　插入表格

⑨ 光标移至刚刚插入表格第 1 列单元格中，在"属性"面板上设置"宽"为"61"，单击"插入"栏上的"图像"按钮图，将图像"CD\源文件\第 14 章\Dreamweaver\images\1.gif"插入到单元格中，如图 14-142 所示。

图 14-142　插入图像

⑩ 光标移至第 2 列单元格中，在"属性"面板上的"样式"下拉列表中选择样式表"table01"应用，如图 14-143 所示。

图 14-143　页面效果

⑪ 光标移至上级表格第 2 行单元格中，在"属性"面板上设置"高"为"130"，"水平"属性为"居中对齐"，在"属性"面板上的"样式"下拉列表中选择样式表"table01"应用，单击 "插入"栏上的 Flash 按钮图，将 Flash 动画"CD\源文件\第 14 章\Dreamweaver\images\10-2.swf"插入到单元格中，如图 14-144 所示。

图 14-144　插入 Flash

⑫ 光标移至第 3 行单元格中，单击"插入"栏上的"表格"按钮图，在单元格中插入一个 1 行 2 列，"表格宽度"为"463 像素"，"边框粗细"、"单元格边距"、"单元格间距"均为"0"的表格，选中刚刚插入的表格，在"属性"面板上设置"对齐"属性为"居中对齐"，如图 14-145 所示。

图 14-145　插入表格

⑬ 光标移至刚刚插入表格第 1 列单元格中，在"属性"面板上设置"宽"为"245"，单击"插入"栏上的"表格"按钮图，在单元格中插入一个 2 行 1 列，"表格宽度"为"233 像素"，"边框粗细"、"单元格边距"、"单元格间距"均为"0"的表格，如图 14-146 所示。

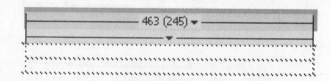

图 14-146　插入表格

⑭ 光标移至刚刚插入表格第 1 行单元格中，单击"插入"栏上的"表格"按钮图，在单元格中插入一个 1 行 2 列，"表格宽度"为"233 像素"，"边框粗细"、"单元格边距"、"单元格间距"均为"0"的表格，如图 14-147 所示。

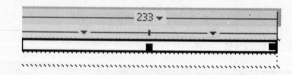

图 14-147　插入表格

⑮ 根据第 9 步的方法完成该表格内容的制作，如图 14-148 所示。

图 14-148　页面效果

⑯ 光标移至第 2 行单元格中，在"属性"面板上设置"高"为"160"，单击"插入"栏上 的 Flash 按钮 ，将 Flash 动画"CD\源文件\第 14 章\Dreamweaver\images\10-3.swf"插入到单元格中，如图 14-149 所示。

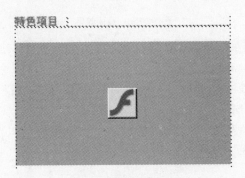

图 14-149　插入 Flash

⑰ 光标移至上级表格第 2 列单元格中，单击"插入"栏上的"表格"按钮 ，在单元格中插入一个 5 行 1 列，"表格宽度"为"213 像素"，"边框粗细"、"单元格边距"、"单元格间距"均为"0"的表格，如图 14-150 所示。

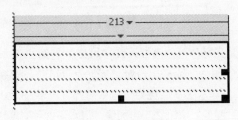

图 14-150　插入表格

⑱ 光标移至刚刚插入表格第 1 行单元格中，单击"插入"栏上的"表格"按钮 ，在单元格中插入一个 1 行 2 列，"表格宽度"为"213 像素"，"边框粗细"、"单元格边距"、"单元格间距"均为"0"的表格，如图 14-151 所示。

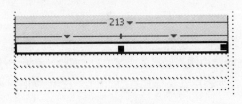

图 14-151　插入表格

⑲ 根据第 9 步的方法完成该表格内容的制作，如图 14-152 所示。

图 14-152　插入表格

⑳ 光标移至上级表格第 2 行单元格中，在"属性"面板上设置"高"为"66"，单击"插入"栏上的"图像"按钮 ，将图像"CD\源文件\第 14 章\Dreamweaver\images\4.gif"插入到单元格中，如图 14-153 所示。

图 14-153　插入图像

㉑ 光标移至第 3 行单元格中，单击"插入"栏上的"图像"按钮 ，将图像"CD\源文件\第 14 章\Dreamweaver\images\5.gif"插入到单元格中，如图 14-154 所示。

图 14-154　插入图像

㉒ 光标移至第 4 行单元格中，在"属性"面板上设置"高"为"47"，输入文字，拖动光标选中刚刚输入的文字，在"属性"面板上的"样式"下拉列表中选择样式表"font01"应用，如图 14-155 所示。

图 14-155　页面效果

㉓ 光标移至第 5 行单元格中，在"属性"面板上设置"高"为"33"，"垂直"属性为"顶端"，单击"插入"栏上的"图像"按钮 ，将图像"CD\源文件\第 14 章\Dreamweaver\images\6.gif"插入到单元格中，如图 14-156 所示。

图 14-156 插入图像

㉔ 光标移至上级表格第 2 列单元格中，单击"插入"栏上的"表格"按钮，在单元格中插入一个 1 行 1 列，"表格宽度"为"236 像素"，"边框粗细"、"单元格边距"、"单元格间距"均为"0"的表格，如图 14-157 所示。

图 14-157 插入表格

㉕ 光标移至刚刚插入的表格中，在"属性"面板上设置"高"为"294"，"水平"属性为"居中对齐"，在"属性"面板上的"样式"下拉列表中选择样式表"table02"，单击"插入"栏上的"表格"按钮，在单元格中插入一个 5 行 1 列，"表格宽度"为"210 像素"，"边框粗细"、"单元格边距"、"单元格间距"均为"0"的表格，如图 14-158 所示。

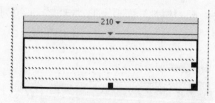

图 14-158 插入表格

㉖ 光标移至刚刚插入表格的第 1 行单元格中，单击"插入"栏上的"表格"按钮，在单元格中插入一个 1 行 2 列，"表格宽度"为"210 像素"，"边框粗细"、"单元格边距"、"单元格间距"均为"0"的表格，如图 14-159 所示。

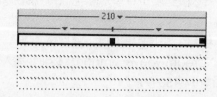

图 14-159 插入表格

㉗ 根据第 9 步的方法完成该表格内容的制作，如

图 14-160 所示。

图 14-160 页面效果

㉘ 光标移至第 2 行单元格中，在"属性"面板上设置"高"为"56"，在"属性"面板上的"样式"下拉列表中选择样式表"table03"应用，单击"插入"栏上的"表格"按钮，在单元格中插入一个 2 行 2 列，"表格宽度"为"210 像素"，"边框粗细"、"单元格边距"、"单元格间距"均为"0"的表格，如图 14-161 所示。

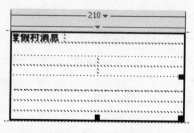

图 14-161 插入表格

㉙ 光标移至刚刚插入表格的第 1 行第 1 列单元格中，在"属性"面板上设置"宽"为"11"，"高"为"20"，"水平"属性为"居中对齐"，单击"插入"栏上的"图像"按钮，将图像"CD\源文件\第 14 章\Dreamweaver\images\8.gif"插入到单元格中，如图 14-162 所示。

图 14-162 插入图像

㉚ 光标移至第 1 行第 2 列单元格中，输入文字，拖动光标选中刚刚输入的文字，在"属性"面板上的"样式"下拉列表中选择样式表"font02"应用，如图 14-163 所示。

图 14-163 页面效果

㉛ 用相同方法在其他单元格中插入相应的图像，输入相应的文字，如图 14-164 所示。

图 14-164　页面效果

㉜ 光标移至上级表格第 3 行单元格中，在"属性"面板上设置"高"为"28"，单击"插入"栏上的"图像"按钮，将图像"CD\源文件\第 14 章\Dreamweaver\images\9.gif"插入到单元格中，如图 14-165 所示。

图 14-165　插入图像

㉝ 光标移至第 4 行单元格中，单击"插入"栏上的 Flash 按钮，将 Flash 动画"CD\源文件\第 14 章\Dreamweaver\images\10-1.swf"插入到单元格中，如图 14-166 所示。

图 14-166　插入 Flash

㉞ 光标移至第 5 行单元格中，在"属性"面板上设置"高"为"114"，单击"插入"栏上的"图像"按钮，将图像"CD\源文件\第 14 章\Dreamweaver\images\10.gif"插入到单元格中，如图 14-167 所示。

图 14-167　插入图像

㉟ 光标移至上级表格第 3 行单元格中，单击"插入"栏上的"表格"按钮，在单元格中插入一个 3 行 3 列，"表格宽度"为"760 像素"，"边框粗细"、"单元格边距"、"单元格间距"均为"0"的表格，光标选中刚刚插入的表格，在"属性"面板上设置"对齐"属性为"居中对齐"，如图 14-168 所示。

图 14-168　插入表格

㊱ 光标移至刚刚插入表格第 1 行第 1 列单元格中，在"属性"面板上设置"宽"为"6"，单击"插入"栏上的"图像"按钮，将图像"CD\源文件\第 14 章\Dreamweaver\images\10.gif"插入到单元格中，如图 14-169 所示。

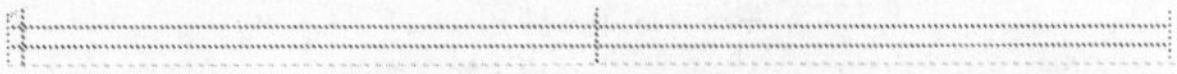

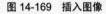

图 14-169　插入图像

㊲ 用相同方法在第 1 行第 3 列、第 3 行第 1 列和第 3 行第 3 列单元格中插入相应的图像，如图 14-170 所示。

图 14-170　插入图像

㊳ 光标移至第 1 行第 2 列单元格中，在"属性"面板上的"样式"下拉列表中选择样式表"table04"应用，转换到代码视图，将该单元格中的空格代码" "删除。用相同方法，在第 2 行第 1 列、第 2 行第 3 列和第 3 行第 2 列单元格分别应用相应的样式，如图 14-171 所示。

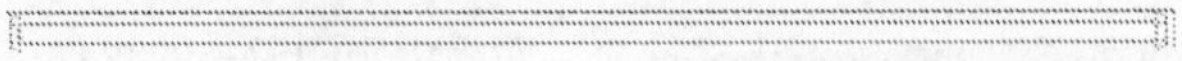

图 14-171　页面效果

㊴ 光标移至第 2 行第 2 列单元格中，在"属性"面板上设置"高"为"60"，单击"插入"栏上的"表格"按钮，在单元格中插入一个 1 行 1 列，"表格宽度"为"500 像素"，"边框粗细"、"单元格边距"、"单元格间距"均为"0"的表格，光标选中刚刚插入的表格，在"属性"面板上设置"对齐"属性为"居中对齐"，如图 14-172 所示。

图 14-172　插入表格

㊵ 光标移至刚刚插入表格中，输入文字，拖动光标选中刚刚输入的文字，在"属性"面板上的"样式"下拉列表中选择样式表"font01"应用，如图 14-173 所示。

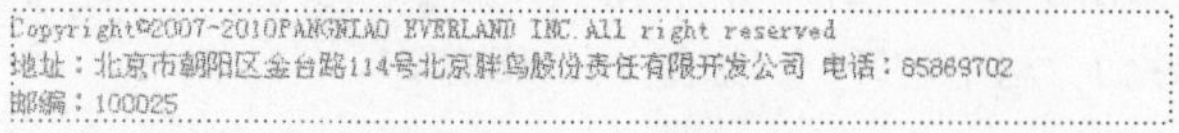

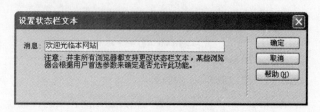

图 14-173 页面效果

㊶ 打开"行为"面板，在"状态栏"中的"标签选择器"中选择<body>标签，单击"行为"面板上的"添加行为"按钮，在弹出的列表中选择"设置文本→设置状态栏文本"菜单命令，如图 14-174 所示。

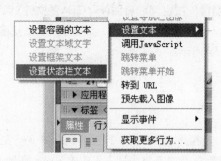

图 14-174 选择"设置状态栏文本"选项

㊷ 弹出"设置状态栏文本"对话框，在该对话框的"消息"文本框中输入浏览器状态栏所需要显示的文本内容，如图 14-175 所示。

图 14-175 设置状态栏文本

㊸ 单击"确定"按钮，完成"设置状态栏文本"对话框的设置，单击"行为"面板中刚刚添加的事件，选择"onLoad"选项，如图 14-176 所示。

图 14-176 修改触发事件

㊹ 单击"行为"面板上的"添加行为"按钮，在弹出的列表中选择"弹出信息"菜单命令，弹出"弹出信息"对话框，在该对话框中的"消息"文本框中输入弹出信息的内容，如图 14-177 所示。

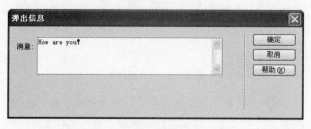

图 14-177 设置"弹出信息"对话框

㊺ 用相同的方法在"行为"面板中选中刚刚添加的"弹出信息"行为，选择触发事件为"Onload"选项。

㊻ 还可以在"行为"面板中添加多种 Dreamweaver 中自带的行为事件，因篇幅有限，这里不做过多介绍。

㊼ 执行"文件→保存"菜单命令，保存页面。单击"文档"工具栏上的"预览"按钮，在浏览器中预览整个页面，如图 14-178 所示。

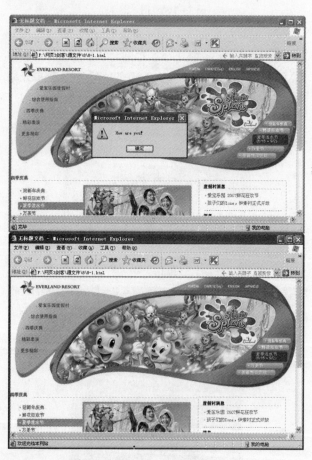

图 14-178 页面效果

## 14.5 技巧集合

### 14.5.1 Fireworks 动画

为了增加网站活泼生动、复杂多变的外观，在 Fireworks 中，可以创建横幅广告、徽标和卡通形象的动画图形。

在 Fireworks 中制作动画的一种方法是通过创建元件并不停地更改它们的属性来产生运动的错觉。元件的动作都储存在帧中，在按顺序播放所有帧时，就成了动画。

可以对元件应用不同的设置以逐渐改变连续帧的内容。可以让一个元件在画布上来回移动、淡入或淡出、变大或变小或者旋转。

因为单个文件中可以有多个元件，这样就可以创建不同类型的动作同时发生的复杂动画。

"优化"面板可以设置优化和导出，以控制文件的创建方式。Fireworks 可以将动画作为 GIF 动画文件或 SWF 文件导出。也可以将 Fireworks 动画直接导入到 Flash 中进行编辑。

### 14.5.2 Flash 中矢量图的优化处理

矢量图是用包含颜色位置属性的直线或曲线公式来描述图像的，因此矢量图可以任意放大而不变形，它的大小与图形的尺寸无关，但与图形的复杂程度有关。当我们在 Flash 中把位图转化为矢量图时，所得到的图形是相当复杂的，得到的矢量图体积比较大，因此，我们还须对矢量图做进一步的优化。

在 Flash 中我们还可以这样来对转换得到的矢量图进行优化：按 Ctrl+A 组合键选中矢量图，然后按 Ctrl+Alt+Shift+C 组合键打开"最优化曲线"对话框，通过滑杆调节它的优化率。向右调节，图像的优化率越高。我们还可以勾选"使用多重过渡"一项来增强优化效果，如图 14-179 所示。矢量图经过这样优化后，冗余曲线就大大减小。优化结果如图 14-180 所示。

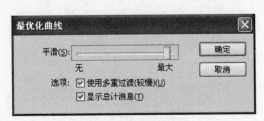

图 14-179 设置"最优化曲线"面板

图 14-180 优化结果

### 14.5.3 Flash 中 Alpha 通道遮罩的应用

遮罩与被遮罩元件都必须是影片剪辑（MovieClip）。因为 Alpha 通道的遮罩效果必须用 AS 来完成，遮罩层的方式无法出现类似朦胧状的遮罩效果。语句范例是：

```
mc.setMask(Mask_mc)
```

被遮罩的一方（需要显示的一方）一定要在属性面板中选中"使用运行时位图缓存"这个选项。否则，绝对看不到半透明的遮罩效果。不过，如果曾经给被遮罩的一方施加了滤镜效果，那就等于自动添加了位图缓存，也就无须再选中该选项。

遮罩的一方（显示区域的一方）如果只做半透明遮罩，就必选"使用运行时位图缓存"这个选项，否则半透明遮罩失效。如果要做朦胧效果的遮罩，就必须添加滤镜，并在滤镜中突出模糊效果。

**制作步骤：**

新建一个影片剪辑，命名为"ball"（场景实例名同），里面有个填充任意色的圆。导入一张图片，Flash8 转成影片剪辑，命名为"img"（场景实例名同），将两个元件全部拖入到场景，分别在"属性"面板中选中"使用运行时位图缓存"选项；然后在第一帧输入代码"img.setMask(ball);startDrag("ball",true)"，效果如图 14-181 所示。

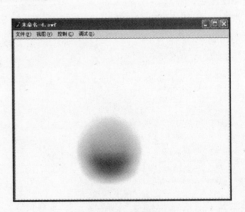

图 14-181 测试效果

### 14.5.4 Dreamweaver 中的行为

#### 1."行为"是"事件"和"动作"的组合

事件是在特定的时间或是用户发出指令后紧接着发生的，例如，网页下载完毕、网页错误、用户按键或是单击鼠标等。而动作是在事件发生后所要做出的反应，例如，打开新的浏览器窗口、弹出菜单、播放音乐、变换图像、图像还原和转到另一个网页等。

#### 2.应用"检查插件"行为

❶ 在标签选择器中选择触发动作的对象标签，如<body>标签。

❷ 单击"行为"面板上的"添加行为"按钮，在弹出的菜单中选择"检查插件"命令。

❸ 弹出"检查插件"对话框，在该对话框中的"插件"下拉列表中选择插件的格式。如果在"选择"下拉列表中没有要检测的插件，可在"输入"文本框中输入要检测的插件格式，如图14-182所示。

图14-182 "检查插件"对话框

❹ 在"如果有，转到URL"文本框中填入包含多媒体内容的网址，也可以使用"浏览"按钮选择。

❺ 在"否则，转到URL"文本框中填入一个提供下载插件服务的网址，也可以使用"浏览"按钮选择。

❻ 单击"确定"按钮，完成"检查插件"对话框的设置。

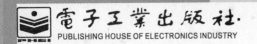 

**《Dreamweaver CS3+Flash CS3+Fireworks CS3 创意网站构建实例详解(含光盘 1 张)》**

# 读者交流区

**尊敬的读者:**

感谢您选择我们出版的图书,您的支持与信任是我们持续上升的动力。为了使您能通过本书更透彻地了解相关领域,更深入的学习相关技术,我们将特别为您提供一系列后续的服务,包括:

1. 提供本书的修订和升级内容、相关配套资料;
2. 本书作者的见面会信息或网络视频的沟通活动;
3. 相关领域的培训优惠等。

请您抽出宝贵的时间将您的个人信息和需求反馈给我们,以便我们及时与您取得联系。

您可以任意选择以下三种方式与我们联系,我们都将记录和保存您的信息,并给您提供不定期的信息反馈。

### 1. 短信

您只需编写如下短信:05772+您的需求+您的建议

移动用户发短信至1065575580366116或者1065575585322116,联通用户发短信至10655020666116。(资费按照相应电信运营商正常标准收取,无其他收费)

### 2. 电子邮件

您可以发邮件至jsj@phei.com.cn或editor@broadview.com.cn。

### 3. 信件

您可以写信至如下地址:北京万寿路173信箱博文视点,邮编:100036。

如果您选择第2种或第3种方式,您还可以告诉我们更多有关您个人的情况,及您对本书的意见、评论等,内容可以包括:

(1)您的姓名、职业、您关注的领域、您的电话、E-mail地址或通信地址;
(2)您了解新书信息的途径、影响您购买图书的因素;
(3)您对本书的意见、您读过的同领域的图书、您还希望增加的图书、您希望参加的培训等。

同时,我们非常欢迎您为本书撰写书评,将您的切身感受变成文字与广大书友共享。我们将挑选特别优秀的作品转载在我们的网站(www.broadview.com.cn)上,或推荐至CSDN.NET等专业网站上发表,被发表的书评的作者将获得价值50元的博文视点图书奖励。

**我们期待您的消息!**
**博文视点愿与所有爱书的人一起,共同学习,共同进步!**

通信地址:北京万寿路 173 信箱　博文视点(100036)　　电话:010-51260888
E-mail:jsj@phei.com.cn,editor@broadview.com.cn

# 反侵权盗版声明

电子工业出版社依法对本作品享有专有出版权。任何未经权利人书面许可，复制、销售或通过信息网络传播本作品的行为；歪曲、篡改、剽窃本作品的行为，均违反《中华人民共和国著作权法》，其行为人应承担相应的民事责任和行政责任，构成犯罪的，将被依法追究刑事责任。

为了维护市场秩序，保护权利人的合法权益，我社将依法查处和打击侵权盗版的单位和个人。欢迎社会各界人士积极举报侵权盗版行为，本社将奖励举报有功人员，并保证举报人的信息不被泄露。

举报电话：（010）88254396；（010）88258888

传　　真：（010）88254397

E-mail：　dbqq@phei.com.cn

通信地址：北京市万寿路 173 信箱

　　　　　电子工业出版社总编办公室

邮　　编：100036